天文观测

完全指南 第5版

［英］伊恩·里德帕斯
（Ian Ridpath）

［荷］维尔·蒂里翁
（Wil Tirion）

著

齐 锐

译

COLLINS
STARS &
PLANETS

The Complete Guide to the Stars,
Constellations and the Solar System
(5th Edition)

人民邮电出版社

北 京

图书在版编目（CIP）数据

天文观测完全指南 : 第5版 / （英）伊恩·里德帕斯
（Ian Ridpath），（荷）维尔·蒂里翁（Wil Tirion）著 ;
齐锐译. -- 北京 : 人民邮电出版社，2021.1（2021.12重印）
ISBN 978-7-115-54650-0

Ⅰ．①天… Ⅱ．①伊… ②维… ③齐… Ⅲ．①天文观
测—指南 Ⅳ．①P12-62

中国版本图书馆CIP数据核字(2020)第148742号

版 权 声 明

◆ 著　　　[英]伊恩·里德帕斯（Ian Ridpath）
　　　　　[荷]维尔·蒂里翁（Wil Tirion）

　　译　　　齐　锐

　　责任编辑　杜海岳

　　责任印制　陈　犇

◆ 人民邮电出版社出版发行　　北京市丰台区成寿寺路 11 号
　邮编　100164　电子邮件　315@ptpress.com.cn
　网址　https://www.ptpress.com.cn

◆ 临西县阅读时光印刷有限公司印刷

◆ 开本：690×970　1/16
　印张：25.75　　　　　　　　2021 年 1 月第 1 版
　字数：550 千字　　　　　　2021 年 12 月河北第 3 次印刷
　著作权合同登记号　图字：01-2019-5570 号

定价：139.00 元

读者服务热线：(010)81055410　印装质量热线：(010)81055316
反盗版热线：(010)81055315
广告经营许可证：京东市监广登字 20170147 号

内容提要

随着小型天文观测设备的普及和观测条件的日渐成熟，越来越多的人加入天文爱好者的行列，将目光对准了绚烂的星空。一本资料翔实、内容全面、编排合理、使用方便的观测手册是天文爱好者的好帮手。

本书由英国资深业余天文学家伊恩·里德帕斯和世界著名星座制图师维尔·蒂里翁联合编写。本书包括3个部分：第一部分首先给出了北半球和南半球全年12个月的详细星图，然后详细介绍了全天88个星座，其中包括主要天体的特点、位置、距离、亮度等信息；第二部分主要介绍恒星、星云、双星、聚星、变星、星系、太阳、月球、水星、金星、火星、木星、土星、天王星、海王星、彗星、流星、小行星等的详细信息和观测要点；第三部分简要介绍观测设备的选择和使用方法。

在本书编写过程中，作者参阅了大量星图、星表、数据库以及其他重要文献资料，采用了许多精美的图片和制作精良的星图，便于读者使用。本书自1984年出版以来，先后进行了4次修订，长期以来得到了广大读者的肯定。

本书可供天文爱好者参考。

译者序：共享同一片天空

我从小就对星空充满了好奇，特别喜欢看星星，买不到望远镜就自己动手做，拿到学校里和小伙伴们一起找星星。热爱天文的种子从那时起就在我的心中埋下了。我现在回想起来，在那个年代，天文类的书籍简直太少了，一本《十万个为什么》几乎被我翻烂了。

最近这 20 年来我主要做天文科普和教育工作，也曾在天文科普杂志的岗位上工作过 10 年，在此期间读到不少天文学的入门书籍，特别是国外的一些译著内容丰富，制作精美，但是我总感觉距离国内天文爱好者的实际情况比较远。近几年，我欣喜地看到国内天文爱好者的队伍越来越壮大，各方面表现的水准也越来越高。单从业余天文摄影来看，不少国内作品的水平已经可以跻身全球前列。这一现象的带动效应十分明显，业余天文本来只是一个很小的圈子，而今我身边越来越多的人对它产生了兴趣。我就经常被人问到，能不能给推荐一本天文入门书。那么现在你看到的这本《天文观测完全指南（第 5 版）》就是我强烈推荐的一本。

2019 年上半年，人民邮电出版社的编辑问我，是否有时间翻译这本书。我一接到这本书就很快答应了下来。因为我发现这真的是一本对天文初学者很有实际指导作用的难得的入门好书。

这本书可以作为天文爱好者的手册，前半部分给出了一系列星图，很有实用价值。除了南北半球的全天星图外，书中还有适合每个月观测的星图。此外，更是逐个绘制了全天 88 个星座图，并列出了每个星座中的主要天体和它们的特点，以及适于观察的设备。作者在设计星图时一方面注意便于爱好者用肉眼或者小型望远镜进行观察，另一方面还特意针对一些有趣的天体画出了详细的局部星图。

本书可谓图文并茂，在第二部分中详细介绍了银河恒星、太阳系等天体的特点，尤其是对学习天文时常遇到的一些名词概念给出了详细的解释。通过阅读这本书，天文初学者完全可以掌握与业余观测相关的大多数知识。

这本手册的原版自从出版后受到全世界读者的欢迎。这次翻译的外文版是最新的第 5 版，其中的内容都与最新的天文学发展同步。已经入门的天文爱好者也能从中学习到很多。

我们每个人都共享着同一片天空，还等什么，赶紧让这本书成为你探索日月星辰的好助手吧。

北京天文馆　齐锐

2020 年 8 月

目　录

引　言

夜空是自然界中最美丽的景色之一，然而很多人面对着满天繁星却很迷茫，对随着时间和季节的变化而不断变化着的星空更感到无比困惑。这本书中的星图和文字会引导你去认识那些最壮观的天象，其中不少都可以用双筒望远镜这种简单的光学设备去观测，而使用业余天文学家常用的中等大小的望远镜能够将它们全部观测到。

需要强调的是，你不一定非要用望远镜来观星。利用这本书中的星图，你一开始只需要用裸眼来观星，然后再借助双筒望远镜去观察更多的星星。购买双筒望远镜是很值得的，因为它相对便宜，而且携带方便，另外，除了观星，它还有很多其他用途。

恒星与行星

用裸眼观察夜空中的星星，你会发现它们总在一刻不停地闪烁着，星光往往还带着芒刺。那些位于地平线附近的星星，在闪烁的同时还不停地变幻着颜色。其实，星光闪烁并非缘于恒星本身，而是由于地球的大气层——大气湍流导致恒星的光线发生抖动。用来表示天文观测的目标受大气湍流的影响而看起来变得模糊和闪烁的程度的物理量称为视宁度，稳定的大气会带来良好的视宁度。星光的芒刺则是观察者的眼睛本身造成的光学效应。事实上，每颗恒星都是球形的，和太阳一样，是自己发光发热的气体星球。

恒星的大小各异，既有巨星也有矮星，它们的温度决定了它们的颜色。乍一看，所有的恒星都是白色的，但如果仔细观察就会发现，有些星光偏橙色（例如参宿四、心宿二、毕宿五和大角星），而有的则呈蓝色（如参宿七、角宿一和织女星）。使用双筒望远镜比裸眼更容易分辨出恒星的颜色。在本书的第二部分中，从第 275 页开始，将对不同类型的恒星给出全面的解释。

相比之下，行星则是低温天体，它们通过反射太阳光而发光。在本书第二部分，从第 312 页开始对其会有详细的描述。行星围绕太阳不停地做公转运动。太阳系中有 4 颗大行星——金星、火星、木星和土星——可以用裸眼轻易看到。金星是所有天体中最亮的一颗，出现在傍晚和清晨的天空中，相当耀眼和醒目。

在晴朗、漆黑的夜晚，我们用裸眼可以看到大约 2000 颗星星，但你并不需要把它们全部记住。你可以先确定最亮的星星和主要的星座，然后用它们作为路标，去识别那些比较暗或不太醒目的星星和星座。一旦掌握了夜空的主要特征，你就再也不会迷失在繁星之中了。

星座

全天的星空被划分为 88 个部分，它们被称为星座。天文学家们用星座来定位和命名天体。同一星座中的大多数恒星彼此之间根本没有真正的联系，它们与地球的距离可能相差甚远，只是彼此之间偶然构成了某种图形样式而已。顺便说一句，当天文学家说一个天体"在"某个星座中时，意思是它位于天空的某

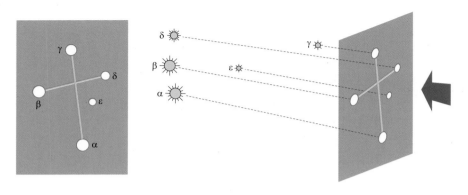

星座：同一星座中的星星通常彼此并不相关。图中是南十字座的恒星，左图是从地球上看时它们的样子，右图是它们在太空中实际的3D图像。（维尔·蒂里翁）

个特定区域之内。

有些星座很容易辨认，比如巨大的猎户座、形状独特的仙后座和南十字座；有些则较为暗淡和不知名，比如天猫座和望远镜座。无论大小和亮度如何，每个星座在本书中都有单独的星图和描述。

大部分星座是由中东地区历史上最早的先民创造的，他们以丰富的想象力，把传说中的动物和神话中的人物与夜空中的星星对应起来。其中最重要的星座为黄道带上的 12 个星座，太阳每年在天空中运行时都会经过它们。不过要知道，用于占星术的黄道十二宫的"星座"与现代天文学中的星座并不相同，尽管它们有着相同的名字。

现代的星座体系源于公元 150 年希腊天文学家托勒密划定的 48 个星座。后世的航海家和星图绘制家们进一步扩增了星座的数目，特别是荷兰人彼得·迪克佐恩·凯泽（约 1540—1596）和弗雷德里克·德·豪特曼（1571—1627）、波兰人约翰内斯·赫维留（1611—1687，见第 169 页）和法国人尼古拉·路易·德·拉卡伊（1713—1762，见第 224 页）。

凯泽和豪特曼创立了 12 个新的星座，拉卡伊则创立了 14 个，它们都是在地中海地区无法看到的南方天空中的星座。赫维留等人则在古希腊人创立的星座之间的缝隙中添加了一些新的星座。增添星座的过程相当随意，新创立的星座中有些后来又被废弃了，最终留下了 88 个星座，在 1922 年被国际天文学联合会（IAU）正式采用（见第 3 ~ 5 页的表格）。

除了正式的星座外，夜空中还有一些著名的星群。星群是由属于一个或多个星座的恒星组成的，著名的例子有北斗七星（大熊座的一部分）、飞马座和仙女座组成的"秋季四边形"、狮子座的"镰刀"和人马座的"茶壶"。

星名

人们用希腊字母来标记每个星座中的主要恒星，最亮的恒星通常被称为 α（阿尔法）星。但也有例外，最著名的例子是猎户座和双子座，这些星座中最亮的恒星被称为 β（贝塔）星。完整的希腊字母表在第 6 页上。

88 星座表

中文名称	英文名称	缩写	面积 / 平方度	大小排序	来源
白羊座	Aries	Ari	441	39	1
半人马座	Centaurus	Cen	1060	9	1
宝瓶座	Aquarius	Aqr	980	10	1
北冕座	Corona Borealis	CrB	179	73	1
波江座	Eridanus	Eri	1138	6	1
苍蝇座	Musca	Mus	138	77	3
豺狼座	Lupus	Lup	334	46	1
长蛇座	Hydra	Hya	1303	1	1
船底座	Carina	Car	494	34	6
船帆座	Vela	Vel	500	32	6
船尾座	Puppis	Pup	673	20	6
大犬座	Canis Major	CMa	380	43	1
大熊座	Ursa Major	UMa	1280	3	1
雕具座	Caelum	Cae	125	81	6
杜鹃座	Tucana	Tuc	295	48	3
盾牌座	Scutum	Sct	109	84	5
飞马座	Pegasus	Peg	1121	7	1
飞鱼座	Volans	Vol	141	76	3
凤凰座	Phoenix	Phe	469	37	3
海豚座	Delphinus	Del	189	69	1
后发座	Coma Berenices	Com	386	42	2
狐狸座	Vulpecula	Vul	268	55	5
绘架座	Pictor	Pic	247	59	6
唧筒座	Antlia	Ant	239	62	6
剑鱼座	Dorado	Dor	179	72	3
金牛座	Taurus	Tau	797	17	1
鲸鱼座	Cetus	Cet	1231	4	1
矩尺座	Norma	Nor	165	74	6
巨爵座	Crater	Crt	282	53	1
巨蛇座	Serpens	Ser	637	23	1
巨蟹座	Cancer	Cnc	506	31	1
孔雀座	Pavo	Pav	378	44	3
猎户座	Orion	Ori	594	26	1
猎犬座	Canes Venatici	CVn	465	38	5
六分仪座	Sextans	Sex	314	47	5
鹿豹座	Camelopardalis	Cam	757	18	4
罗盘座	Pyxis	Pyx	221	65	6

88 星座表					
中文名称	英文名称	缩写	面积 / 平方度	大小排序	来源
摩羯座	Capricornus	Cap	414	40	1
牧夫座	Boötes	Boo	907	13	1
南极座	Octans	Oct	291	50	6
南冕座	Corona Australis	CrA	128	80	1
南三角座	Triangulum Australe	TrA	110	83	3
南十字座	Crux	Cru	68	88	4
南鱼座	Piscis Austrinus	PsA	245	60	1
麒麟座	Monoceros	Mon	482	35	4
人马座	Sagittarius	Sgr	867	15	1
三角座	Triangulum	Tri	132	78	1
山案座	Mensa	Men	153	75	6
蛇夫座	Ophiuchus	Oph	948	11	1
狮子座	Leo	Leo	947	12	1
时钟座	Horologium	Hor	249	58	6
室女座	Virgo	Vir	1294	2	1
双鱼座	Pisces	Psc	889	14	1
双子座	Gemini	Gem	514	30	1
水蛇座	Hydrus	Hyi	243	61	3
天秤座	Libra	Lib	538	29	1
天鹅座	Cygnus	Cyg	804	16	1
天鸽座	Columba	Col	270	54	4
天鹤座	Grus	Gru	366	45	3
天箭座	Sagitta	Sge	80	86	1
天龙座	Draco	Dra	1083	8	1
天炉座	Fornax	For	398	41	6
天猫座	Lynx	Lyn	545	28	5
天琴座	Lyra	Lyr	286	52	1
天坛座	Ara	Ara	237	63	1
天兔座	Lepus	Lep	290	51	1
天蝎座	Scorpius	Sco	497	33	1
天燕座	Apus	Aps	206	67	3
天鹰座	Aquila	Aql	652	22	1
网罟座	Reticulum	Ret	114	82	6
望远镜座	Telescopium	Tel	252	57	6
乌鸦座	Corvus	Crv	184	70	1
武仙座	Hercules	Her	1225	5	1
仙后座	Cassiopeia	Cas	598	25	1

续表

中文名称	英文名称	缩写	面积/平方度	大小排序	来源
仙女座	Andromeda	And	722	19	1
仙王座	Cepheus	Cep	588	27	1
显微镜座	Microscopium	Mic	210	66	6
小马座	Equuleus	Equ	72	87	1
小犬座	Canis Minor	CMi	183	71	1
小狮座	Leo Minor	LMi	232	64	5
小熊座	Ursa Minor	UMi	256	56	1
蝎虎座	Lacerta	Lac	201	68	5
蝘蜓座	Chamaeleon	Cha	132	79	3
印第安座	Indus	Ind	294	49	3
英仙座	Perseus	Per	615	24	1
玉夫座	Sculptor	Scl	475	36	6
御夫座	Auriga	Aur	657	21	1
圆规座	Circinus	Cir	93	85	6

来源：

1. 希腊天文学家托勒密最初划定的 48 个星座之一。南船座后来被分为船底座、船尾座、船帆座和罗盘座。
2. 希腊人认为是狮子座的一部分。1536 年由卡斯帕·沃佩尔独立创制。
3. 公元 1600 年左右，彼得·迪克佐恩·凯泽和弗雷德里克·德·豪特曼引入的 12 个南方天空的星座。
4. 这 4 个星座由皮特鲁斯·普兰修斯添加。
5. 赫维留创立的 7 个星座。
6. 拉卡伊创立的 14 个南方天空的星座，他还把托勒密划定的南船座划分为船底座、船尾座、船帆座和罗盘座。

特别让人困惑的是南方天空中的船帆座和船尾座，它们曾经与船底座和罗盘座连在一起，形成巨大的南船座——传说运载古希腊诸英雄的名为"阿尔戈"的大船。后来拉卡伊把南船座一分为四，这使得船帆座和船尾座中都没有被标记为 α 和 β 的恒星，而且船底座中星名的希腊字母序列也并不连续。

17 世纪初，德国天文学家约翰·拜耳（1572—1625）在他的《测天图》（*Uranometria*，见第 182 页）中介绍了采用希腊字母来标记星名的系统，因此，这一命名方法通常被称为拜耳星名字母。在恒星密集的星座中，希腊字母用完了以后，较暗的恒星就被标以罗马字母，包括小写字母和大写字母，如船底座 1、天鹅座 P 和船尾座 L。

另一种恒星命名方法是弗兰斯蒂德星号，该系统源于英国首位皇家天文学家约翰·弗兰斯蒂德（1646—1719）在格林尼治天文台编制的恒星星表，例如天鹅座 61 和蛇夫座 70。有关弗兰斯蒂德星号的更多信息，请参见第 253 页。

希腊字母表			
小写	英文注音	小写	英文注音
α	alpha	ν	nu
β	beta	ξ	xi
γ	gamma	o	omicron
δ	delta	π	pi
ε	epsilon	ρ	rho
ζ	zeta	σ	sigma
η	eta	τ	tau
θ 或 ϑ	theta	υ	upsilon
ι	iota	φ 或 ϕ	phi
κ	kappa	χ	chi
λ	lambda	ψ	psi
μ	mu	ω	omega

在西方语言中，星座名称的所有格通常用于指代星座内的某颗恒星。例如，当大犬座（Canis Major）写作 Canis Majoris 时，α Canis Majoris 的意思是大犬座中的 α 星。所有星座名称都有标准的三字母缩写，例如大犬座 Canis Major 的缩写形式就是 CMa。

在 1930 年以前，没有官方承认的星座边界，有些星座的范围相互重叠，而有些恒星则被多个星座所共有。1930 年，国际天文学联合会公布了所有星座的确切界线。在这个过程中，原本根据拜耳和弗兰斯蒂德命名系统划分在同一星座中的一些恒星竟然被划分到了邻近的星座中去，因此，有的星座内星名的字母和数字序列出现了不连续的现象。

有些恒星有众所周知的专有名称。例如，天空中最亮的恒星大犬座 α 更广为人知的名字是天狼星。恒星的专有名称有几个来源，例如天狼星、北河二和大角星这些星名可以追溯到古希腊时期，而有些星名，例如毕宿五，则起源于阿拉伯语。还有一些是最近由欧洲天文学家添加的，他们借用了阿拉伯语单词的错误形式，Betelgeuse（参宿四）就是一个例子，它的拼法在阿拉伯语中毫无意义。本书中使用的恒星名称是国际天文学联合会正式认可的。

与恒星相比，星团、星云和星系有不同的命名系统，其中最著名的是法国天文学家查尔斯·梅西耶（1730—1817）在 18 世纪末编撰的星表，天体名称以字母 M 开头，再加上数字。例如，M1 是蟹状星云，M31 是仙女星系。

梅西耶的星表中有 103 个天体。后来其他天文学家又增加了一些，使总数达到 110 个。德雷尔（1852—1926）编撰的星云和星团新总表（NGC）更加全面，包含了成千上万个天体，另外还有两个补充星表（IC）。

天文学家一直在使用梅西耶星表和 NGC/IC 星表，这两个系统都会在本书中出现。在星图中，如果某天体有一个梅西耶星表编号，就用它来标记，否则就用它的 NGC 星表编号（不带"NGC"前缀）或 IC 编号（前缀为"I"）来标记。

恒星的亮度

天空中的恒星亮度看上去不同，这有两个原因。首先，它们本身发出光的强弱不同。但同样重要的是，它们与我们的距离也不一样。因此，一颗离我们很近的较暗的恒星比一颗离我们很远的较亮的恒星看起来要更亮一些。

天文学家把恒星的亮度定义为星等。星等是由希腊天文学家希帕恰斯在公元前 129 年提出的。希帕恰斯将裸眼可见的恒星按照亮度分为 6 个等级——从 1 等（最亮的恒星）到 6 等（裸眼可见的最暗的恒星）。在他生活的那个年代，

将星等差转换为亮度差	
星等差	亮度差
0.5	1.6 倍
1.0	2.5 倍
1.5	4.0 倍
2.0	6.3 倍
2.5	10 倍
3.0	16 倍
3.5	25 倍
4.0	40 倍
5.0	100 倍
6.0	250 倍
7.5	1000 倍
10	10000 倍
12.5	100000 倍
15	1000000 倍

没有精确测量恒星亮度的方法，所以这种粗略的分类就足够了。后来，随着科技的发展，测量一颗恒星的亮度时可以精确到小数点后两位。

1856 年，英国天文学家诺曼·波格森（1829—1891）将星等标度建立在精确的数学基础上，他将 1 等星的亮度精确地定义为 6 等星的 100 倍。这样的话，两颗相差 5 个星等的恒星的亮度相差 100 倍，相差 1 个星等时亮度相差 2.5 倍多（100 的 5 次方根）。

比 6 等星亮 250 倍以上的天体的亮度被定义为负星等。例如，天空中最亮的恒星——天狼星的星等是 −1.46。在星等的另一端，亮度小于 6 等的恒星则有数值越来越大的正星等。地球上的望远镜探测到的最微弱的天体的亮度大约为 27 等。

亮度超过 1.49 等的天体称为 1 等星。亮度在 1.50 等和 2.49 等之间的天体称为 2 等星，以此类推。星等系

统一开始听起来也许有点令人困惑，但在实践中很好用。它的优点是可以无限地向两个方向扩展，即扩展到描述非常亮的和非常暗的天体。

"星等"一词在没有做进一步限定的情况下，指的是在天空中看到的恒星有多亮。严格地说，这只是恒星的视星等。但是，由于恒星与我们的距离会影响它看起来的亮度，所以视星等与它的实际光输出量或绝对星等几乎没有关系。

恒星的绝对星等定义为，与我们相距 10 秒差距（32.6 光年）这一标准距离时，恒星看上去的亮度。第 9 页解释了秒差距的来源。下页上表是夜空中最亮的 10 颗恒星的视星等和绝对星等。天文学家可以通过恒星的性质和与我们的距离来计算绝对星等。

绝对星等是比较恒星固有亮度的好方法。例如，太阳的视星等为 −26.7，但绝对星等为 4.8（如果没有标出星等值的正负号，则认为星等值是正的）。天津四（天鹅座 α 星）的视星等为 1.3，但绝对星等是 −6.9。通过对绝对星等的大小进行比较，我们就可以推断天津四发出的光的亮度大约是太阳的 5 万倍，可见它非常明亮，尽管在夜空中它并不起眼。

由于各种原因，很多恒星的亮度实际上是在变化的，这是业余天文学家最喜欢研究的课题。第 292~295 页讨论了这种所谓的变星的性质。

恒星的距离

在宇宙中，恒星彼此之间的距离是如此之远，以至于天文学家们放弃

在地球上观察到的 10 颗最亮的恒星				
星名	星座	视星等	绝对星等	距离 / 光年
天狼星	大犬座	−1.46	+1.43	8.60
老人星	船底座	−0.74	−5.62	309
南门二	半人马座	−0.27	+4.12	4.32
大角星	牧夫座	−0.05	−0.31	36.7
织女星	天琴座	−0.03	+0.60	25.0
五车二	御夫座	−0.08	−0.51	42.8
参宿七	猎户座	−0.13	−6.98	863
南河三	小犬座	−0.37	+2.64	11.5
参宿四	猎户座	+0.4（变星）	−5.52	498
水委一	波江座	−0.46	−2.69	139

了微不足道的长度单位千米，而发明了新的长度单位，其中我们最熟悉的是光年，即一束光在一年内传播的距离。光速是宇宙中已知最快的速度，即 299792.5 千米 / 秒。1 光年相当于 9.46 万亿千米。

平均来说，恒星之间基本上都相隔数光年。例如，离太阳最近的恒星比邻星（实际上是半人马座 α 三星系统中的一员）到我们的距离是 4.2 光年。天狼星在 8.6 光年外，而天津四则距我们 1400 光年。

距离太阳最近的 10 颗恒星				
星名	星座	视星等	绝对星等	距离 / 光年
比邻星	半人马座	11.13	15.57	4.23
半人马座 α-A	半人马座	−0.01	4.38	4.32
半人马座 α-B	半人马座	1.33	5.74	4.32
巴纳德星	蛇夫座	9.51	13.21	5.95
沃尔夫 359	狮子座	13.51	16.61	7.80
拉朗德 21185	大熊座	7.52	10.49	8.31
天狼星 A	大犬座	−1.46	1.43	8.60
天狼星 B	大犬座	8.44	11.33	8.60
鲸鱼座 UV-A	鲸鱼座	12.61	15.47	8.73
鲸鱼座 UV-B	鲸鱼座	13.06	15.93	8.73

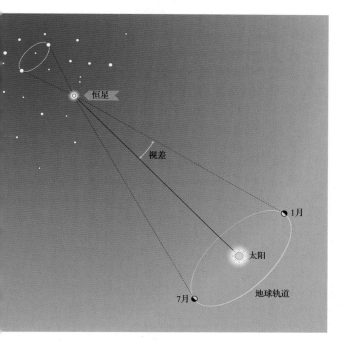

视差：当地球绕着轨道运行时，附近的一颗恒星在天空背景下的位置看上去会发生变化。这种位置的移动称为恒星的视差。恒星距离我们越近，视差就越大。为了更清晰地表现出来，图中恒星的视差值被夸大了。（维尔·蒂里翁）

离我们比较近的恒星与地球的距离可以用下面的方法直接测量：当地球在太阳的一侧时，精确地测量出恒星的位置；6 个月后，当地球绕轨道运行到太阳的另一侧时，重新测量出恒星的位置。以这种方式从空间中两个不同的点观察时，近处的恒星相对于较远处的恒星的位置就会发生轻微的移动（见上图）。这种效应称为视差，适用于在固定背景下从两个位置观察物体，比如地平线上的一棵树。恒星的视差位移都非常小，在正常情况下并不明显。以比邻星为例，它的视差位移是所有恒星中最大的，大约相当于在 2 千米外看到的一枚硬币的宽度。一旦恒星的视差位移被测量出来，通过简单的计算就能得出它离地球有多远。

当一颗恒星显示出 1 角秒的视差位移时，用天文学的行话说就是它位于 1 秒差距的距离，这相当于 3.26 光年。

实际上，并没有哪颗恒星能离我们这么近，例如比邻星具有 0.77 角秒的视差。天文学家经常使用秒差距值而不是光年来表示恒星的距离，因为将视差转换成距离是很容易的。一颗恒星的距离（秒差距值）就是视差（以角秒为单位）的倒数。例如，一颗恒星具有 0.5 角秒的视差，则距离就是 2 秒差距；视差为 0.25 角秒的恒星距离我们 4 秒差距。

恒星离地球越远，其视差就越小。50 光年以外的恒星的视差非常小，无法用地球上的望远镜来精确测量。在 1989 年欧洲空间局（简称欧空局）的依巴谷高精视差测量卫星（简称依巴谷天文卫星）发射之前，天文学家从地球上能够测量出不到 1000 颗恒星的视差。从太空中，依巴谷天文卫星能够测量出有效视差的恒星的数量增加到 100000 多颗。2013 年发射的名为"盖亚"的卫星将这一数字增加到了 10 亿多颗。

在精确的视差测量方法出现之前，天文学家不得不使用一种间接的方法来测定恒星与我们的距离。首先，他们通过研究恒星的光谱来估计恒星的绝对星等。然后，他们将这个估计的绝对星等与观测到的视星等进行比较，以确定恒星的距离。用这种方法得到的恒星距离可能有很大的误差，因此不同书籍和星表中所给出的距离数值往往相差很大。

本书中给出的恒星距离取自 2007 年修订的依巴谷星表，其中大多数恒星距离的精度都高于 10%。恒星距离我们越远，其不确定性往往越大。

恒星的位置

为了确定天体的位置，天文学家采用了一套类似地球经纬度的天球坐标系统。天球上的纬度等值线称为赤纬，经度等值线称为赤经。赤纬以度（°）、分（'）和秒（"）表示从天球赤道（0°）到天极（90°）的弧长。天极正好位于地球的南北两极之上，而天赤道则是地球赤道在天球上的投影。

赤经以小时（h）、分（m）和秒（s）为单位，从 0h 到 24h 进行度量。赤经0h 线相当于本初子午线（通过格林尼治天文台旧址）在天球上的投影，被定义为太阳每年经过天球赤道进入北半球的点。在天文学上，这一点称为春分点。

由于地球绕太阳公转，从地球上看，太阳每年围绕天空运行的路径正好为一圈，称为黄道。黄道和天赤道的交角是 23.5°，这正是地球自转轴与黄道垂直轴之间的夹角。黄道上太阳每年在天空中能到达的最北点和最南点称为二至点，它们分别位于天赤道以北和以南 23.5° 处。假如地轴相对于绕太阳公转的轨道是垂直的，那么

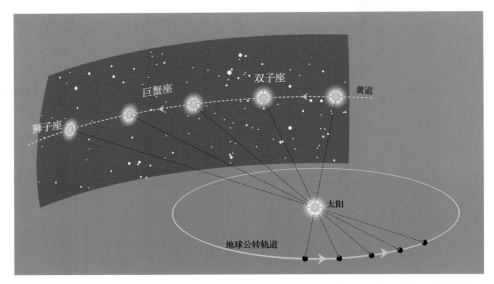

黄道：当地球沿着公转轨道运行时，太阳在恒星背景下从不同的方向出现。太阳在恒星之间的运动路径称为黄道。一年中太阳经过的星座称为黄道带星座。在本图中，太阳正在通过双子座、巨蟹座和狮子座。（维尔·蒂里翁）

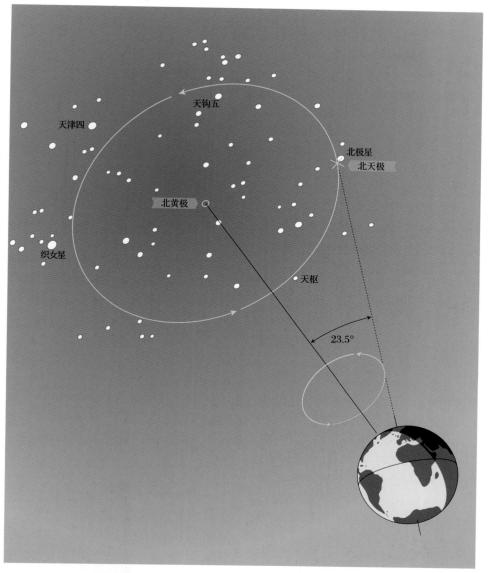

岁差：地球在太空中非常缓慢地进动着，就像一个倾斜的旋转陀螺，这种运动引起春分点沿着黄道西移，致使回归年短于恒星年，这被称为岁差。因此，天极每26000年在天空中画出一个完整的圆。图中只显示了北天极的运动路径，这种效应也适用于南天极。（维尔·蒂里翁）

天赤道和黄道就会重合。那样的话，我们的地球将没有季节变化，因为太阳永远保持在地球赤道的正上方。

从长时间来看，另一个重要的影响是，目前地球的自转轴正在慢慢地绕着某一中心旋转（称为进动），就像一个旋转的陀螺，而自转轴与黄道垂直轴的夹角仍然是23.5°，但地球的北天极和南天极的指向则在发生缓慢的变化。地球在太空中的这种进动引起春分点沿着黄道西移，致使回归年短于恒星年，这被称为岁差。

由于岁差的作用，地球的南北两天极在天空中的轨迹形成了一个大圆，需要 26000 年才能回到它们的起始位置（见第 11 页中的图）。因此，天极的位置总是在变化，不过很难被察觉。岁差同样还使太阳的路径（黄道）与天赤道相交的两点在不停地改变。

作为岁差效应的一个例子，北极星并不总是指向北极。虽然北极星目前距离北天极不到 1°，但这只是一个巧合。在 11000 年后，北天极将位于天琴座织女星的附近，其间它将穿过仙王座和天鹅座。同样的原因，春分点在公元前 1865 年至公元前 67 年间位于白羊座，而现在位于双鱼座，到公元 2597 年它将进入宝瓶座。

岁差的影响意味着所有天体的坐标——恒星、星系在星表中的位置甚至星座的边界——都在不断地漂移。天文学家在编制星表和绘制星图时，都会标明一个标准的参考日期（它被称为历元，通常选择一个世纪的开始或中间）。在这本书中，恒星位置的历元是 2000 年。一般来说，岁差在大约 50 年后才会引起明显的误差，所以这本书中的星图直到 21 世纪中期才需要修改。

恒星的自行

天空中所有可见的恒星都是一个巨大的恒星群的成员，这个恒星群称为星系。我们裸眼可见的恒星都是银河系中离我们最近的恒星的一部分。银河系中较远的恒星聚集在一起形成一条朦胧的光带，我们称之为银河。在黑暗的夜晚我们可以看到，银河在天空中就像一座拱桥。

太阳和其他恒星都绕着银河系的中心运动，太阳运动一周需要大约 2.5 亿年。其他恒星也以不同的速度运动着，就像高速公路上不同车道上的汽车一样。因此，所有的恒星都在非常缓慢地改变着它们彼此之间的位置。

这种恒星运动称为自行，它非常微小，甚至在人的一生中用裸眼都无法观察到，但可以通过望远镜来观测。依巴谷天文卫星和盖亚天文卫星大大提高了我们对恒星自行的测量精度。

如果让古希腊的天文学家穿越到今天，他们会发现此时的天空和他们的那个时代几乎没有什么不同，除了大角星。它是一颗快速移动的明亮恒星，在天空中已经从当时的位置移动了相当于月球直径两倍以上的距离。长时间来看，恒星的自行运动会在一定程度上扭曲所有星座的形状。对页上的星图显示了自行运动是如何改变一些我们熟悉的星座的样子的。

恒星自行运动的另一个长期影响是，当恒星朝向我们或远离我们运动时，视星等会发生变化。例如，天狼星将在未来 6 万年中变亮 20%，因为它与我们的距离会缩短 0.8 光年。然后，它会渐行渐远，织女星会取代它成为天空中最亮的恒星，织女星的亮度将在 30 万年后达到 −0.8 等。

星空的样子

以下这些因素影响着星空的样子：观测当晚的时刻、所处的一年中的时

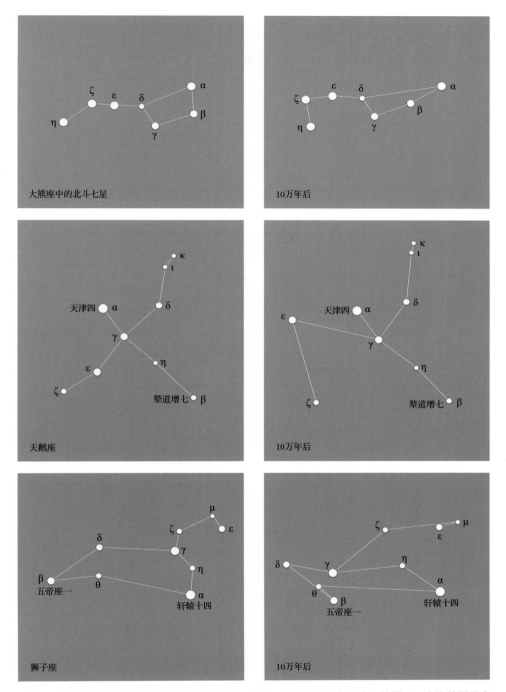

自行：本页中的图展示了人们熟知的3个星座，其中，左边的图是它们今天的样子，右边的图是它们在10万年后的样子。星座形状的变化是由恒星的自行造成的。（维尔·蒂里翁）

间和观测者在地球上的纬度。首先，我们来考虑纬度的影响。

当观测者位于地球的极点（即南北纬90°）时，他头顶上的是天极（在天顶位置）。当地球旋转时，所有的恒星都会围绕天极旋转，既不升起也不落下（见对页上图）。

另一个极端情况是，对于一个恰好站在地球赤道上的观测者来说，他所在的纬度为0°，其头顶上的是天赤道，如对页的中图所示。南北天极则分别位于南北地平线上，天空的任何一部分在某一时刻都将是可见的。随着地球的自转，所有的恒星都会从东方升起，然后在西方落下。

对于大多数观测者来说，真正的星空是位于这两个极端位置之间的情况：天极位于地平线和天顶之间的某个中等高度，离它最近的恒星围绕着它旋转而不会落到地平线以下（它们被称为拱极星），而其余的恒星则会升起和落下。

天极在地平线上的高度角取决于观测者所处的纬度。例如，对于处于北纬50°的人来说，北天极在北方地平线以上50°（见对页下图）。再举个例子，如果你在南纬30°，南天极应该在南方地平线以上30°。换句话说，天极在地平线上的高度正好等于你所在的纬度，这是航海家早就知道的事实。

地球每24小时完成一次360°的自转，恒星则以每小时15°的速度划过天空。因此，星空的样子会随着夜晚的时刻发生变化。更复杂的情况是，由于地球每年还绕着太阳公转，所以我们看到的星座还会随着季节的变化而不同。

例如，在12月和1月，我们在北半球的夜晚能看到猎户座，6个月后它会出现在白天的天空中，因此也就看不见了。借助第20～71页上的星图，我们就能找出一年中的每个月在地球上的什么地方能看到哪些恒星。

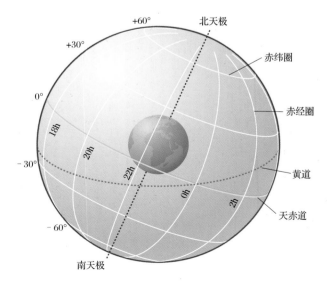

天球：为了理解天体的坐标和运动，可以把天体想象成位于一个围绕着地球的透明球面上，如左图所示。赤经和赤纬可以被想象成这个球面上的圆圈，天赤道和黄道也是这样。（维尔·蒂里翁）

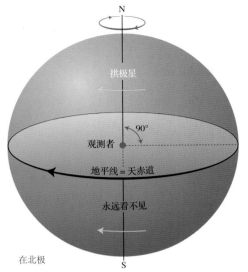

在地球上的不同纬度所看到的星空。

对于位于地球极点的观测者来说，只有一半的星空是可见的，而另一半则永远在地平线以下。

相比之下，在赤道上观测，星空所有的部分都是可见的。随着地球的自转，星星从东方升起，在西方落下。

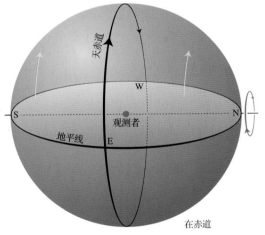

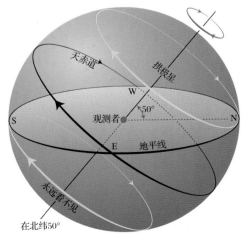

在中纬度地区，情况介于以上两个极端之间。星空的一部分总是在地平线以上（标记为"拱极星"的部分），但另一部分总是在地平线以下，因此是看不见的。在这两个区域之间的星星会在夜间升起和落下。

（维尔·蒂里翁）

第一部分　星图

南北半球星图

第 20 ～ 23 页是完整的北半球和南半球星图。除了每个半球的主要恒星外，星图中还描绘了银河。图中的红色虚线是黄道，即太阳在天空中运行的路径。行星一般都会出现在黄道附近。

在星图的旁边列出了一年中哪几个月最适合使用这张星图。具体观测时刻是当地时间晚上（pm）10 点左右或者夏令时（DST）晚上 11 点左右。

北半球中纬度地区的观测者应该使用北半球的星图，并且根据星图底部标出的月份来对应观测。该星图显示了当天晚上正对南方时可以看到的星空。如果观测时间在晚上 10 点以后，则每过 1 小时，可以将星图逆时针旋转 15° 来观测。同样道理，如果在晚上 10 点以前观测，则每提前 1 小时，就把星图顺时针旋转 15°。

南半球中纬度地区的观测者应该使用南半球的星图，按照星图底部标出的月份来对应观测。当面朝正北使用星图时，晚上 10 点以后，每过 1 小时，可将星图顺时针旋转 15°；晚上 10 点以前，则按逆时针方向每过 1 小时旋转 15°。

每月星图

接下来是一系列星图，它们以不同的纬度显示出在每月的月中晚上 10 点（夏令时晚上 11 点）朝北或朝南观测到的星空。第一套星图适用于赤纬北 60° ～ 10°，第二套适用于从赤道到赤纬南 50°（在超出这个范围大约 10° 的区域内使用时，不会有明显的误差）。在每张星图上都用曲线描绘了不同纬度的地平线。如果把这些每月星图和完整的天球图结合起来进行观测，那么无论在地球的什么地方，我们都应该能够辨认出天空中的星星。

星座图

从本书的第 72 页开始是每个星座的单独星图，其中包括对最亮的恒星和读者感兴趣的主要天体的描述。星图中每个星座内恒星的亮度最暗为 6.0 等，星点的大小代表按 0.5 等标准划分时的亮度。此外，星图中还有比较明亮的深空天体（如星团、星云和星系）。这部分所显示的恒星总数约为 5000 颗。

所有的星座图都采用相同的比例绘制，除了长蛇座，它是所有星座中最大的，为了适应页面的大小，采用了比较小的绘制比例。对某些星座中读者特别感兴趣的区域，如金牛座的毕星团和昴星团、猎户座大星云等，本书都采用更大的比例绘制了细节图。

希望这本书中的星图和图注能够成为你在星空下探索的可靠伙伴。祝你观星愉快！

旋转的地球：位于加那利群岛拉帕尔马岛上的威廉·赫歇尔望远镜圆顶上方的恒星移动轨迹（称为星轨）。由于在曝光的这段时间中地球在不停地自转，因而形成了星轨。靠近中心的那颗明亮的恒星就是北极星。（尼克·西马内克）

北半球
总图

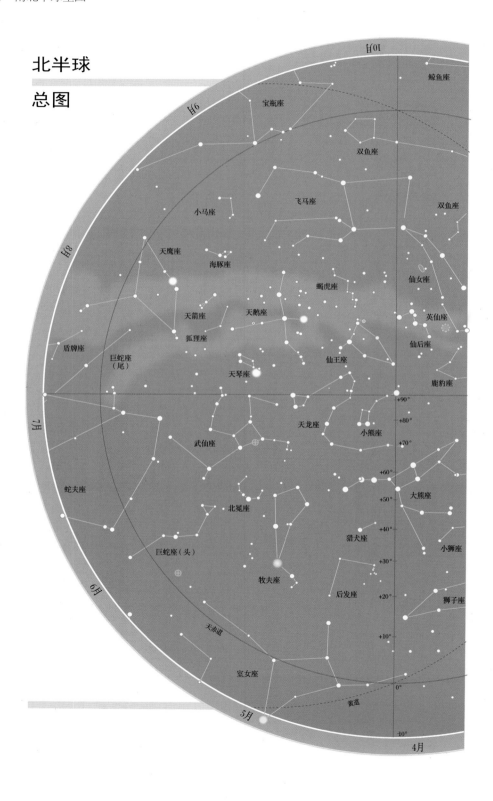

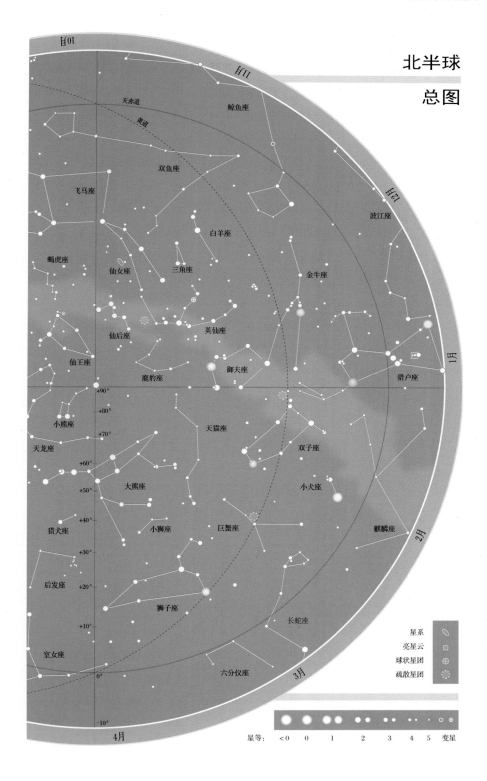

北半球
总图

星系
亮星云
球状星团
疏散星团

星等： <0 0 1 2 3 4 5 变星

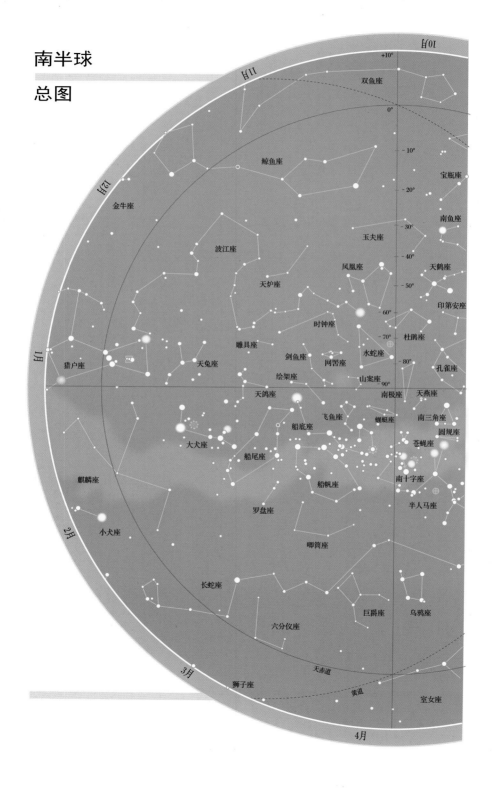

南半球
总图

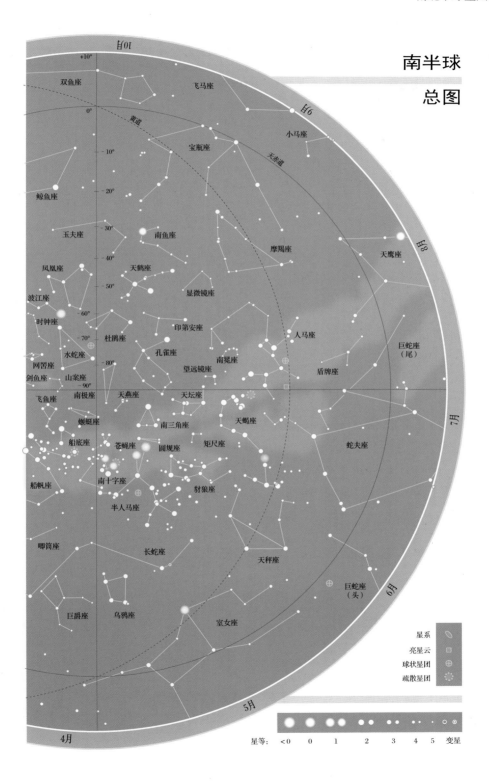

南半球
总图

星系
亮星云
球状星团
疏散星团

星等：　<0　0　1　2　3　4　5　变星

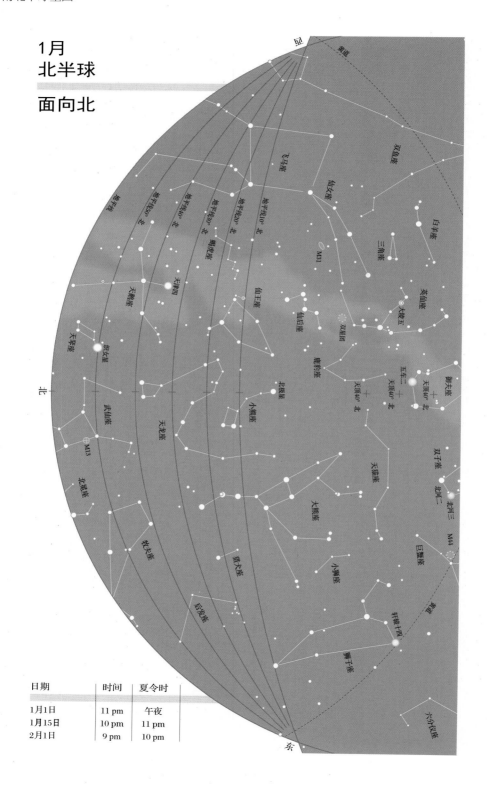

1月
北半球

面向北

日期	时间	夏令时
1月1日	11 pm	午夜
1月15日	10 pm	11 pm
2月1日	9 pm	10 pm

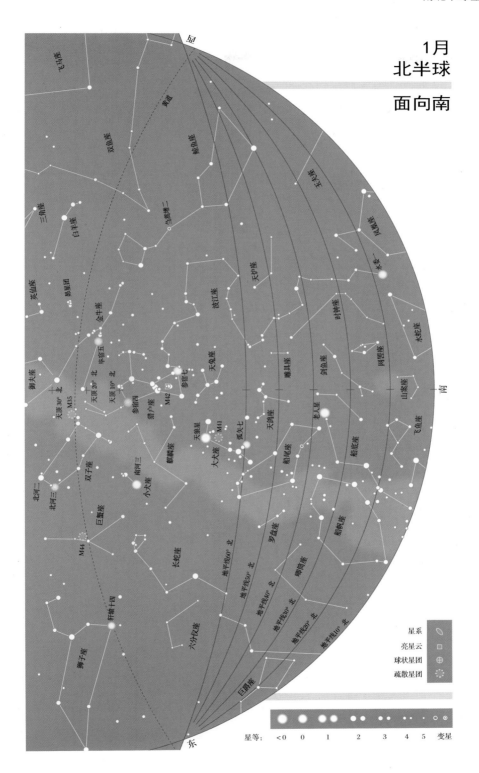

1月
北半球

面向南

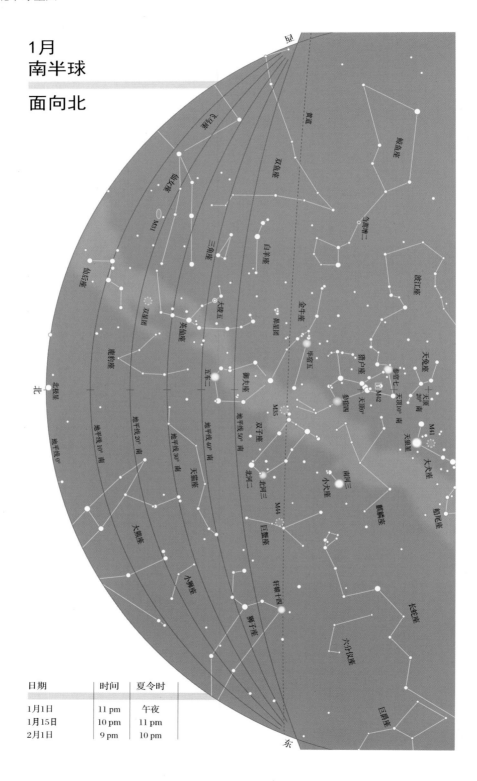

1月
南半球

面向北

日期	时间	夏令时
1月1日	11 pm	午夜
1月15日	10 pm	11 pm
2月1日	9 pm	10 pm

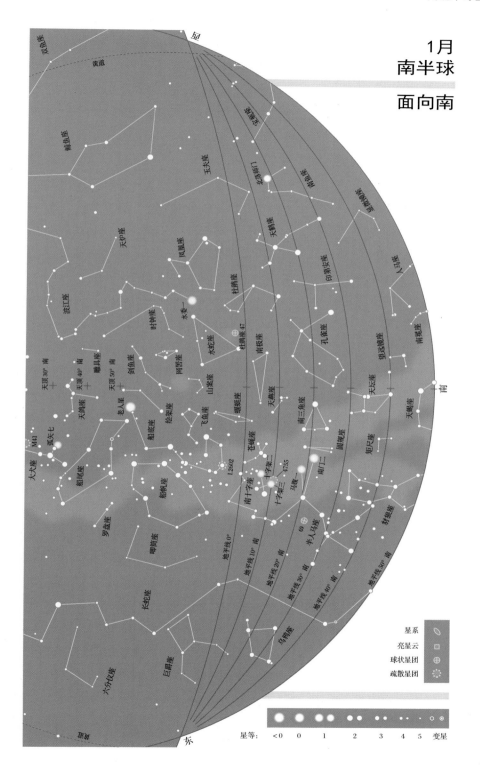

1月
南半球

面向南

星系
亮星云
球状星团
疏散星团

星等: <0 0 1 2 3 4 5 变星

2月
北半球

面向北

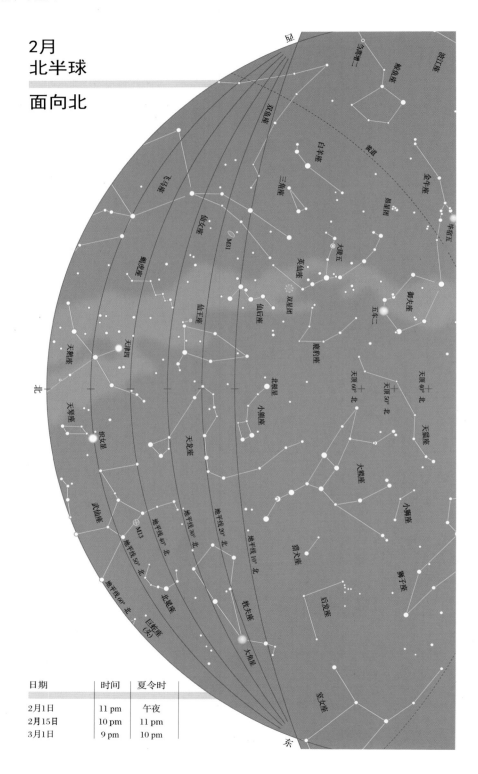

日期	时间	夏令时
2月1日	11 pm	午夜
2月15日	10 pm	11 pm
3月1日	9 pm	10 pm

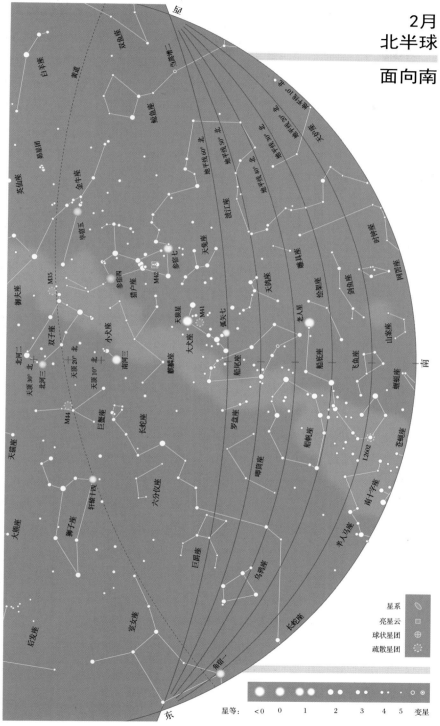

2月
北半球

面向南

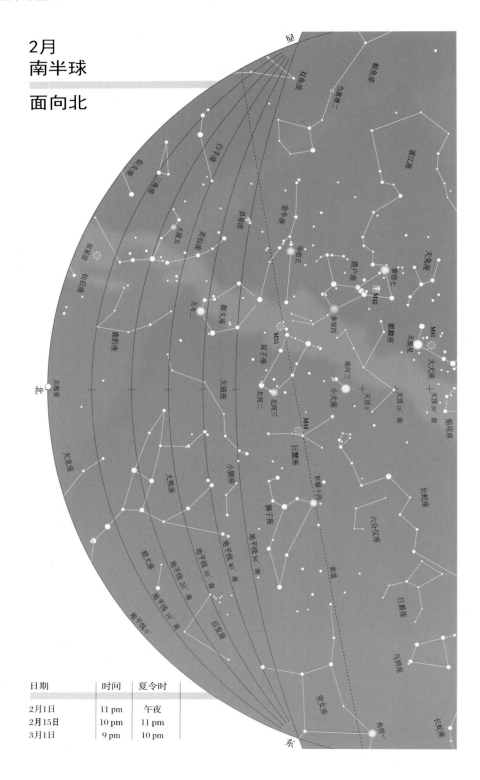

2月
南半球

面向北

日期	时间	夏令时
2月1日	11 pm	午夜
2月15日	10 pm	11 pm
3月1日	9 pm	10 pm

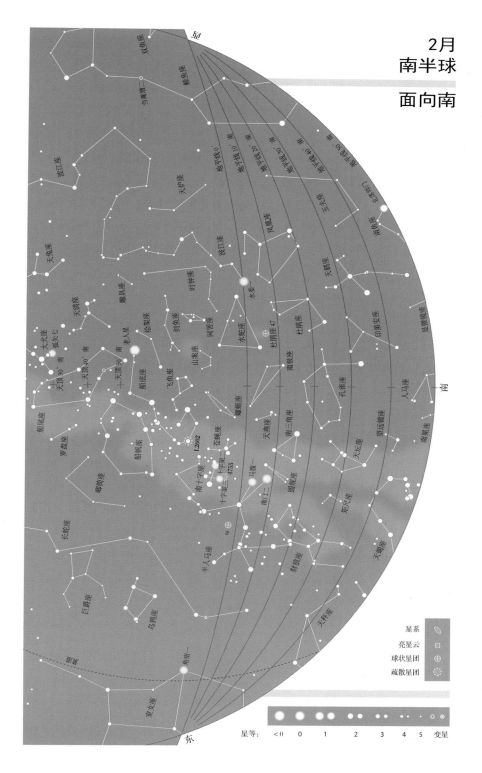

2月
南半球

面向南

星系
亮星云
球状星团
疏散星团

星等：　< 0　0　1　2　3　4　5　变星

3月
北半球

面向北

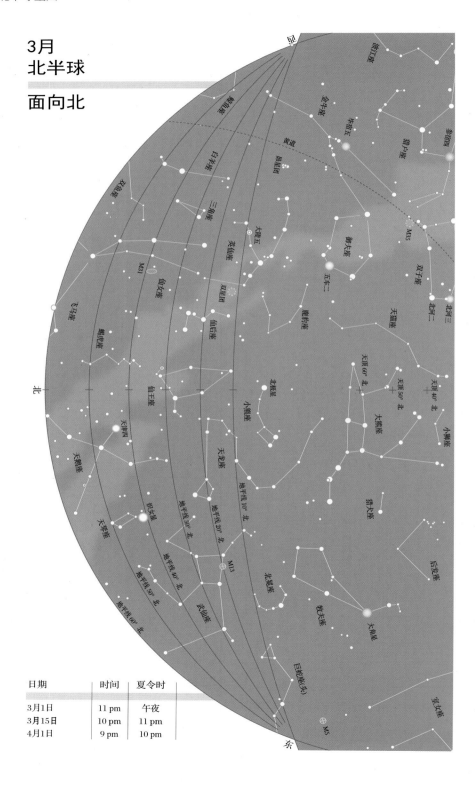

日期	时间	夏令时
3月1日	11 pm	午夜
3月15日	10 pm	11 pm
4月1日	9 pm	10 pm

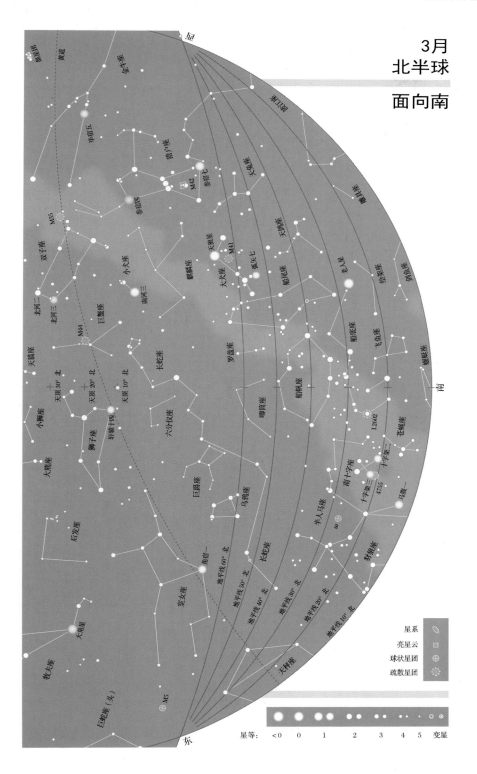

星系
亮星云
球状星团
疏散星团

星等：　<0　0　1　2　3　4　5　变星

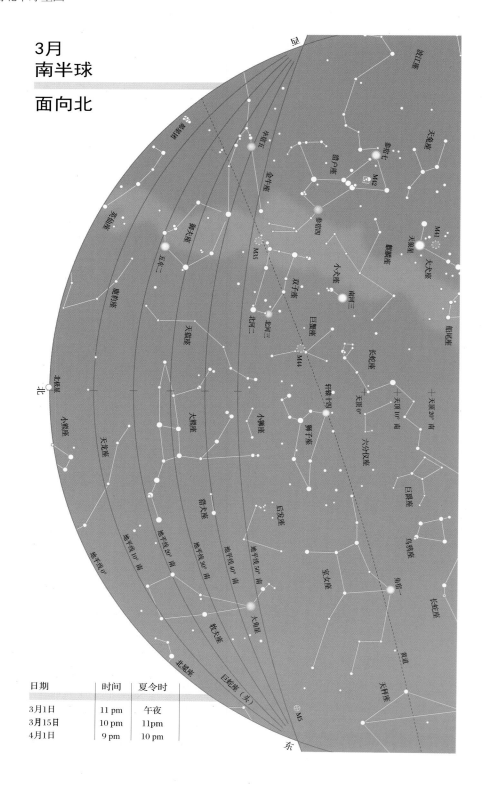

3月
南半球

面向北

日期	时间	夏令时
3月1日	11 pm	午夜
3月15日	10 pm	11pm
4月1日	9 pm	10 pm

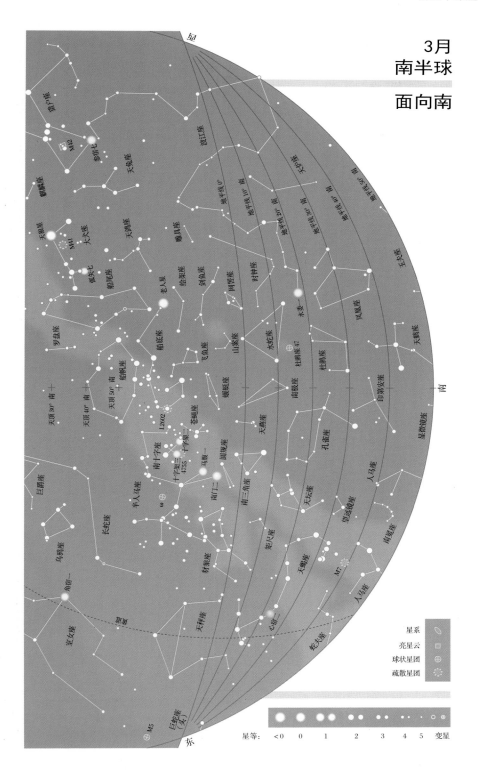

3月
南半球

面向南

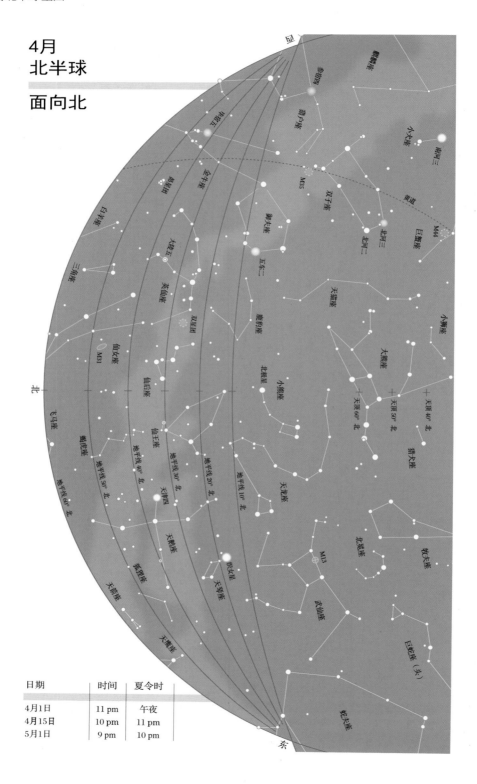

4月
北半球

面向北

日期	时间	夏令时
4月1日	11 pm	午夜
4月15日	10 pm	11 pm
5月1日	9 pm	10 pm

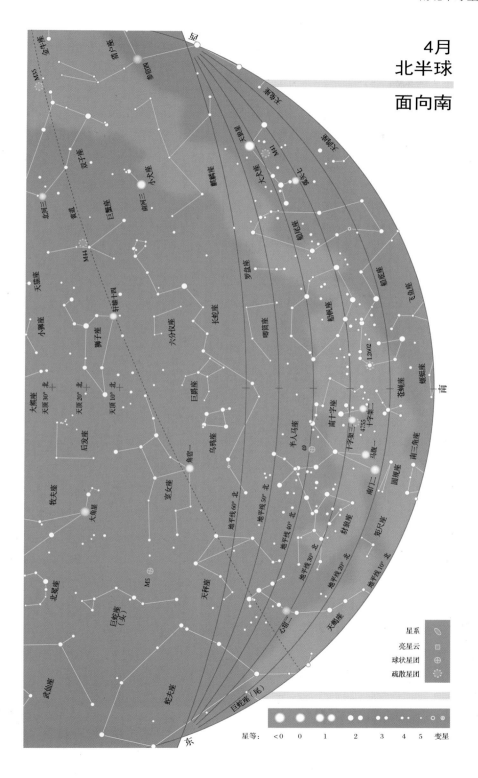

**4月
北半球**

面向南

星系
亮星云
球状星团
疏散星团

星等　　<0　0　1　2　3　4　5　变星

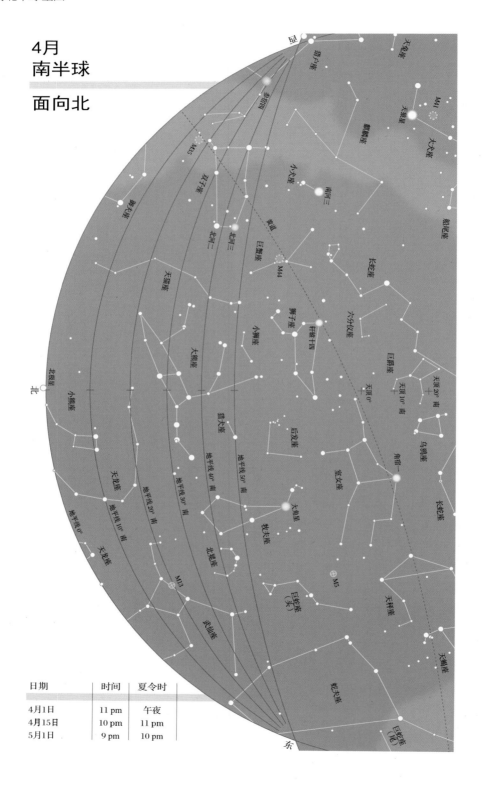

4月
南半球

面向北

日期	时间	夏令时
4月1日	11 pm	午夜
4月15日	10 pm	11 pm
5月1日	9 pm	10 pm

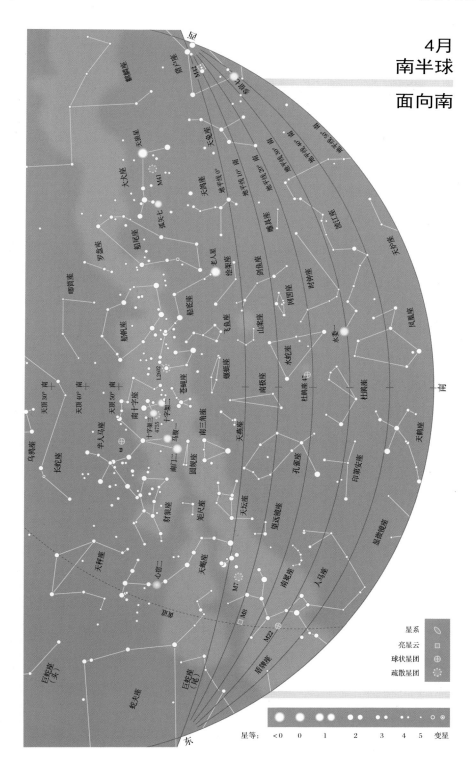

4月
南半球

面向南

星系
亮星云
球状星团
疏散星团

星等: <0　0　1　2　3　4　5　变星

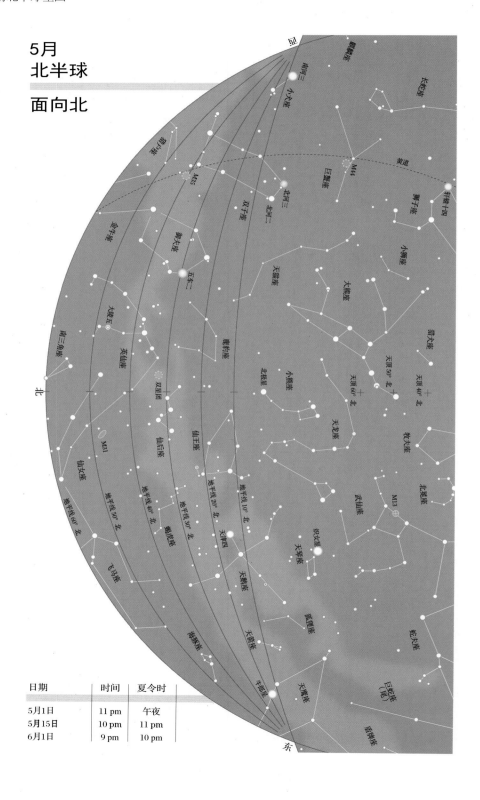

5月
北半球

面向北

日期	时间	夏令时
5月1日	11 pm	午夜
5月15日	10 pm	11 pm
6月1日	9 pm	10 pm

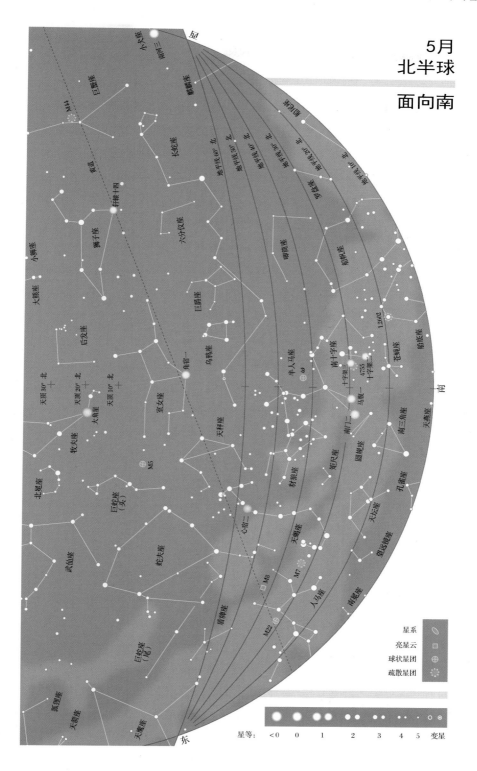

5月
北半球

面向南

5月
南半球

面向北

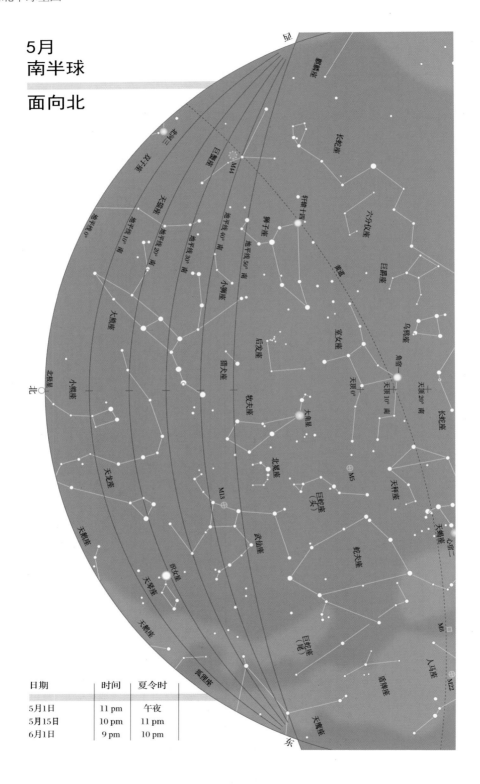

日期	时间	夏令时
5月1日	11 pm	午夜
5月15日	10 pm	11 pm
6月1日	9 pm	10 pm

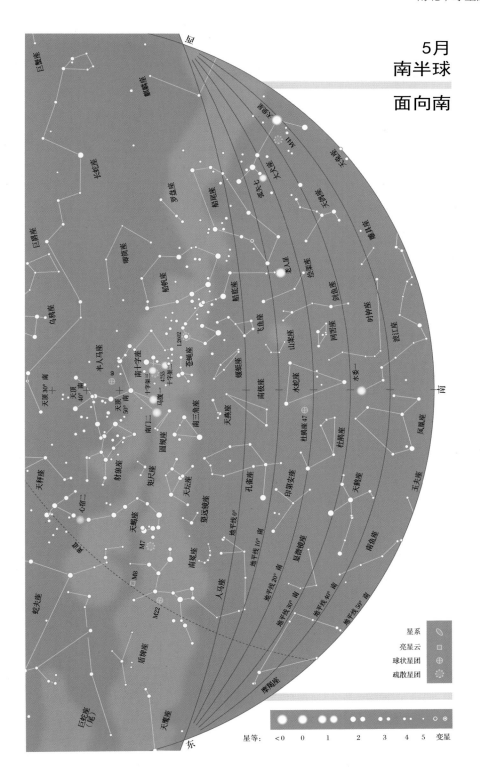

5月
南半球

面向南

星系
亮星云
球状星团
疏散星团

星等：　＜0　0　1　2　3　4　5　变星

6月
北半球

面向北

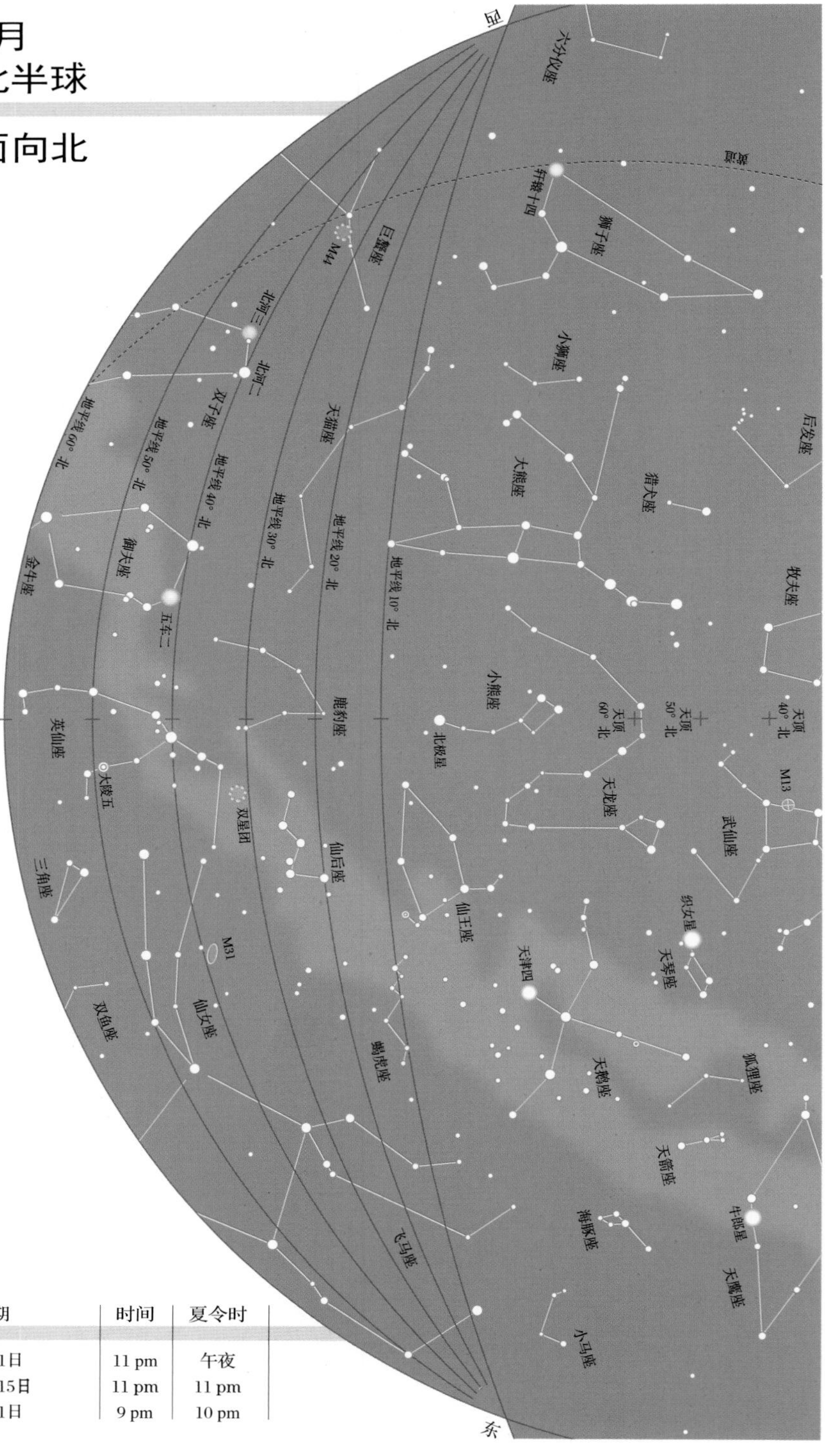

天顶

大熊座

北斗七星

天猫座

猎犬座

后发座

牧夫座

小熊座

大熊座

五车二

巨蟹座

M44

小狮座

狮子座

轩辕十四

双子座

御夫座

北河三

北河二

地平线60°北

金牛座

昴大座

三角座

地平线50°北

地平线40°北

地平线30°北

地平线20°北

地平线10°北

英仙座

大陵五

双星团

双鱼座

仙后座

M31

仙女座

鲸鱼座

蝎虎座

北极星

小熊座

天龙座

武仙座

M13

仙王座

天顶60°北

天顶50°北

天顶40°北

织女星

天琴座

天津四

天鹅座

狐狸座

天箭座

海豚座

牛郎星

天鹰座

飞马座

小马座

北

东

日期	时间	夏令时
6月1日	11 pm	午夜
6月15日	11 pm	11 pm
7月1日	9 pm	10 pm

6月
北半球

面向南

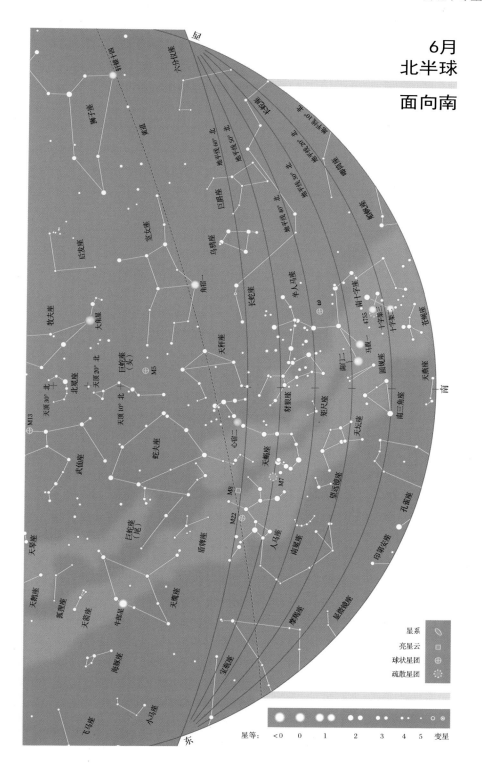

星系

亮星云

球状星团

疏散星团

星等：　<0　0　1　2　3　4　5　变星

6月
南半球

面向北

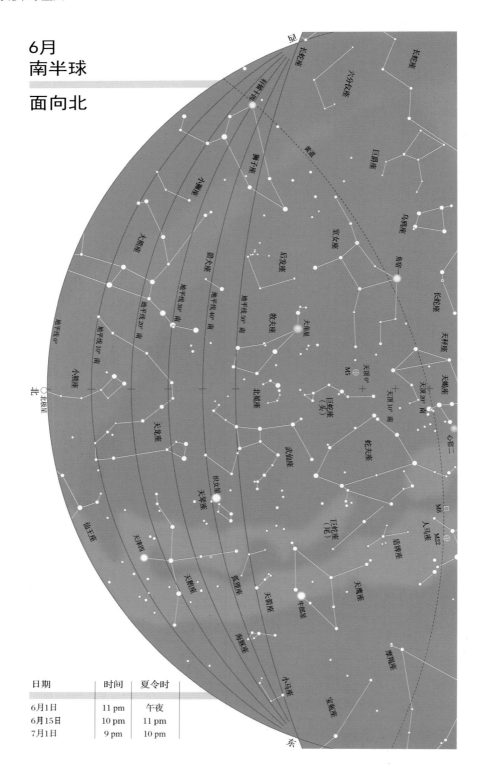

日期	时间	夏令时
6月1日	11 pm	午夜
6月15日	10 pm	11 pm
7月1日	9 pm	10 pm

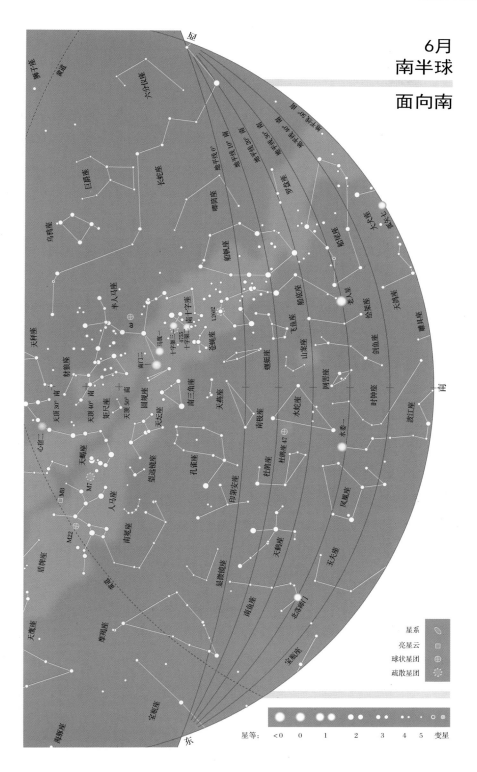

6月
南半球

面向南

星系
亮星云
球状星团
疏散星团

星等: <0　0　1　2　3　4　5　变星

7月
北半球

面向北

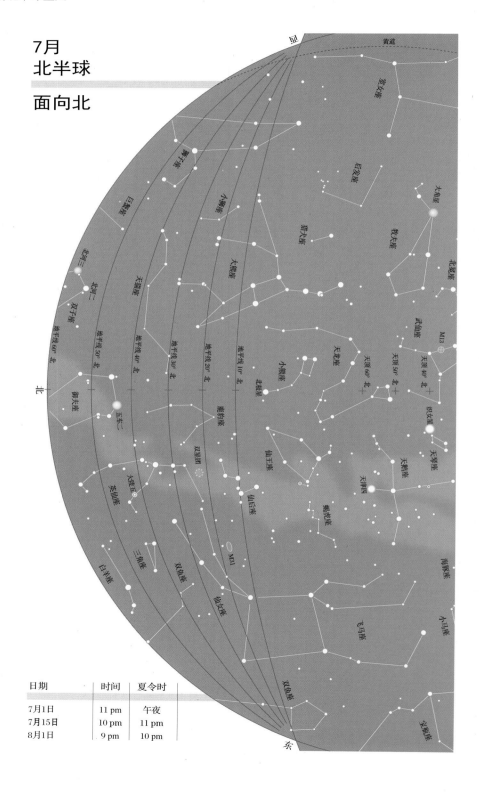

日期	时间	夏令时
7月1日	11 pm	午夜
7月15日	10 pm	11 pm
8月1日	9 pm	10 pm

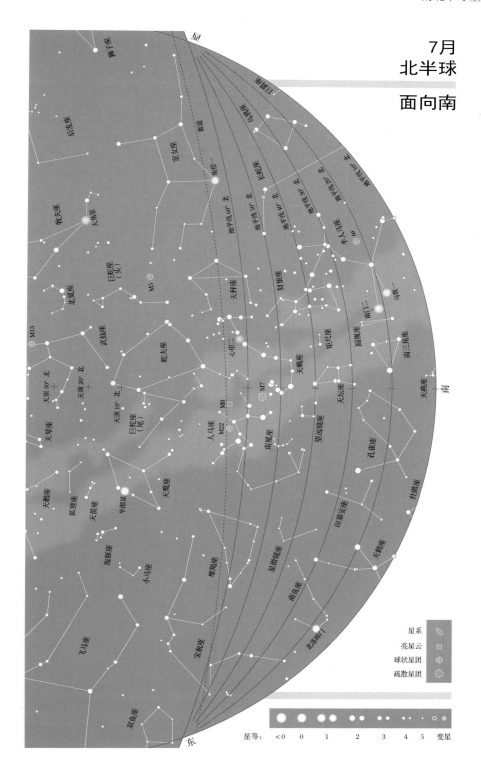

7月
北半球

面向南

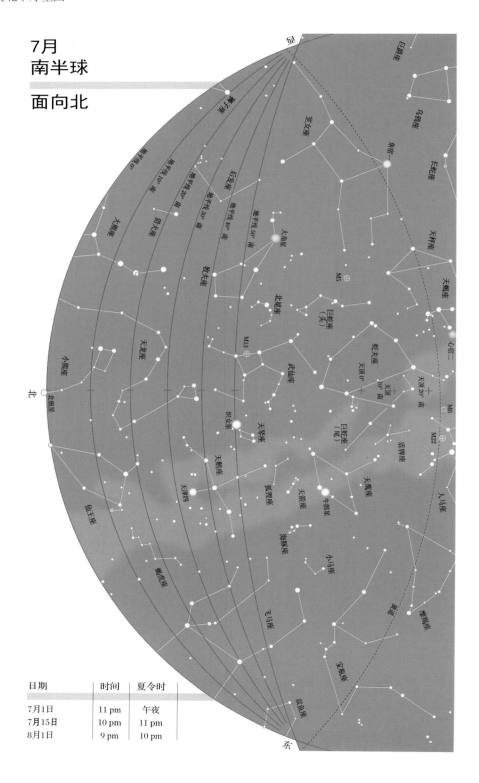

7月
南半球

面向北

日期	时间	夏令时
7月1日	11 pm	午夜
7月15日	10 pm	11 pm
8月1日	9 pm	10 pm

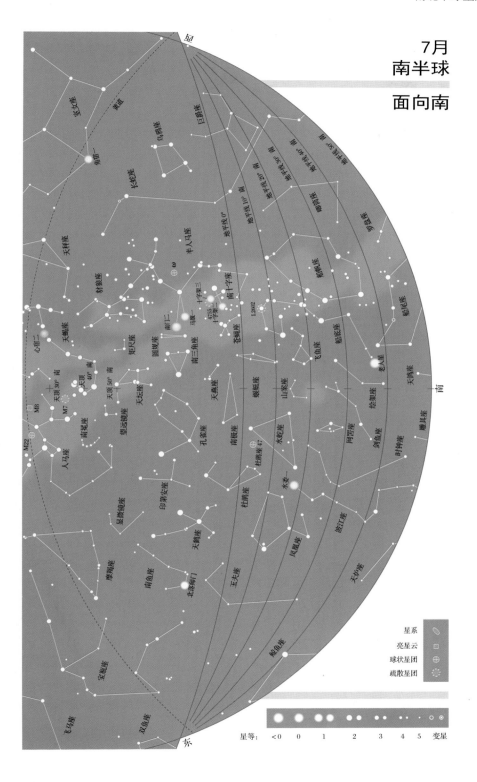

7月
南半球

面向南

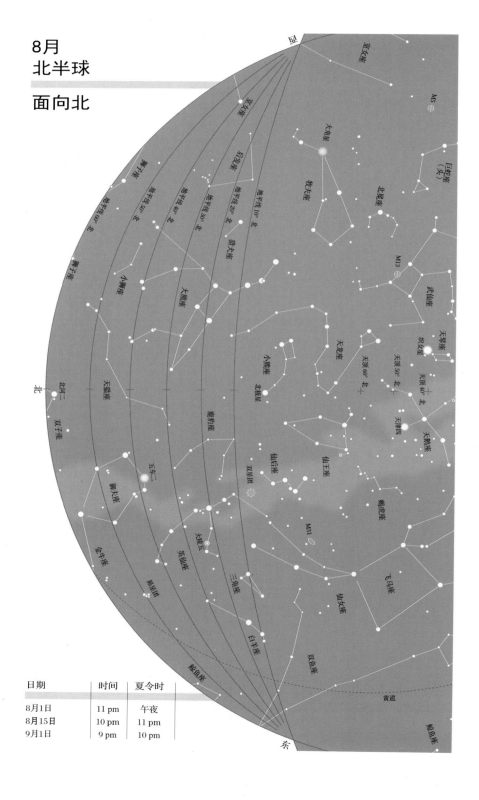

8月
北半球

面向北

日期	时间	夏令时
8月1日	11 pm	午夜
8月15日	10 pm	11 pm
9月1日	9 pm	10 pm

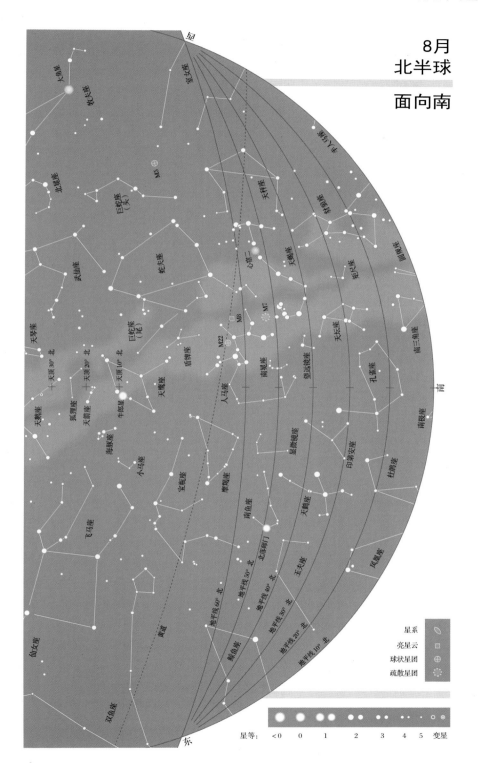

8月
北半球

面向南

星系
亮星云
球状星团
疏散星团

星等： <0　0　1　2　3　4　5　变星

8月
南半球

面向北

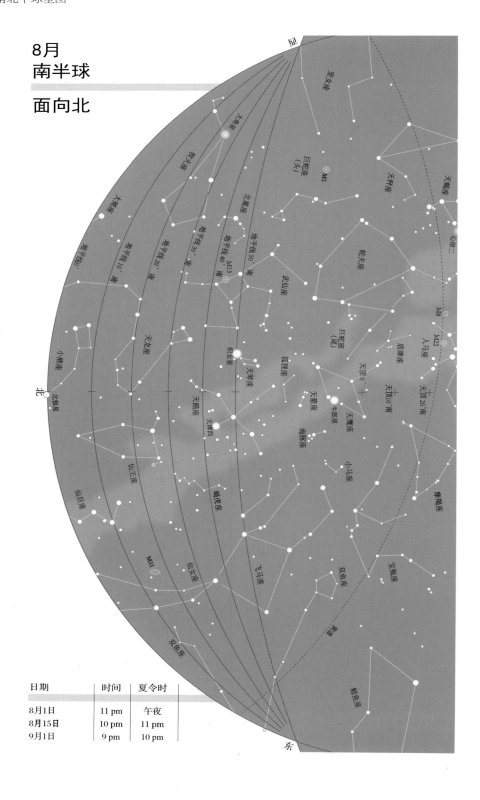

日期	时间	夏令时
8月1日	11 pm	午夜
8月15日	10 pm	11 pm
9月1日	9 pm	10 pm

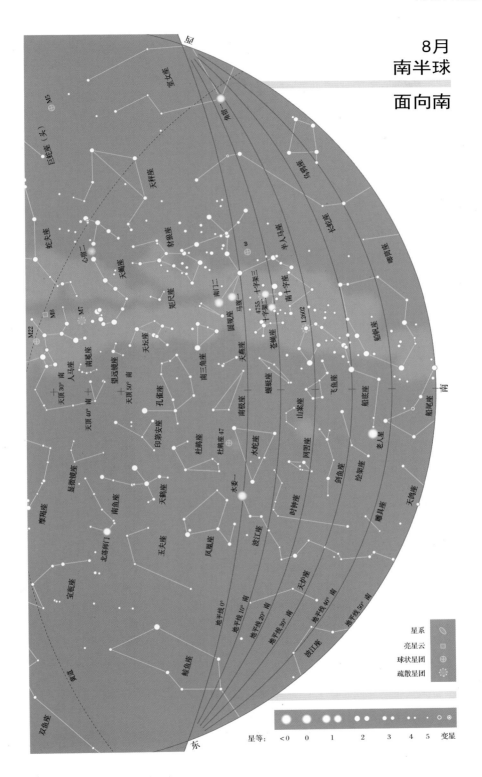

8月
南半球

面向南

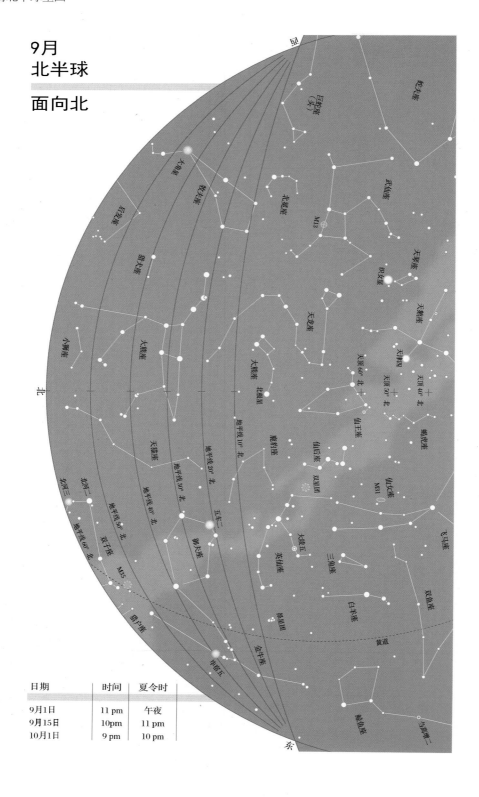

9月
北半球

面向北

日期	时间	夏令时
9月1日	11 pm	午夜
9月15日	10pm	11 pm
10月1日	9 pm	10 pm

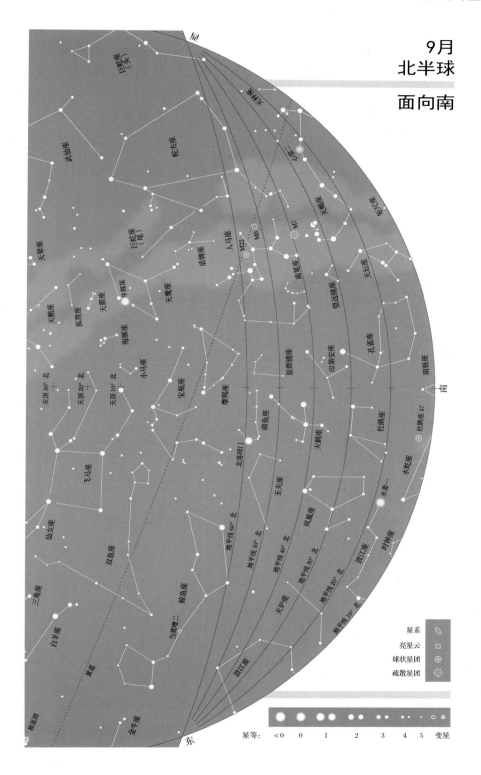

9月
北半球

面向南

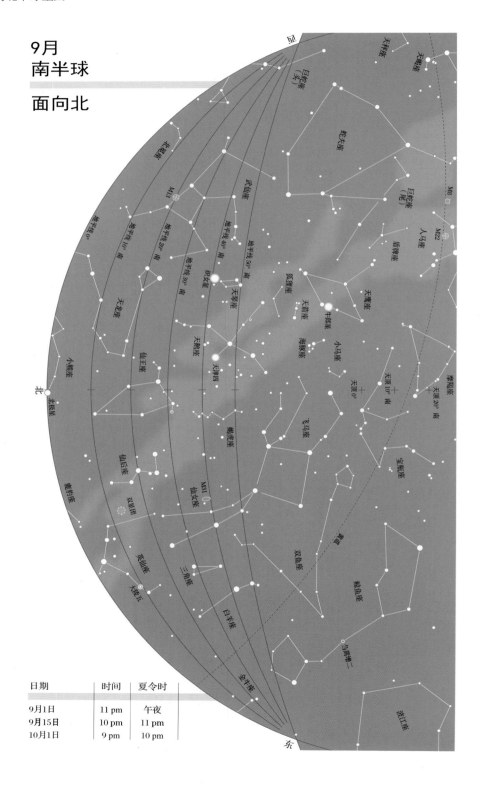

9月
南半球

面向北

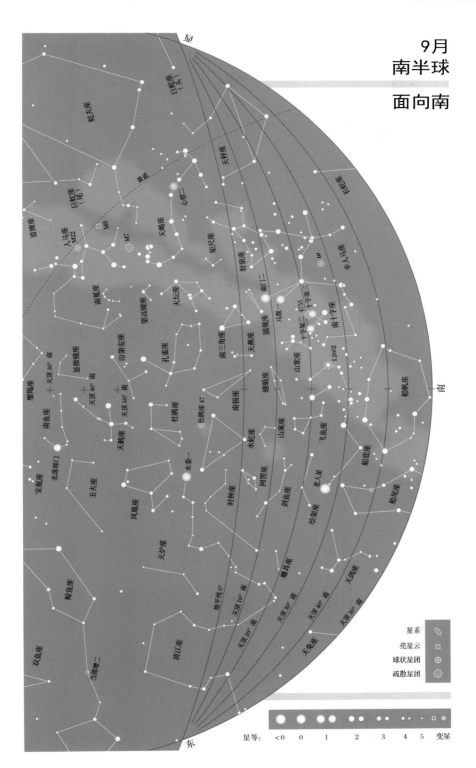

9月
南半球

面向南

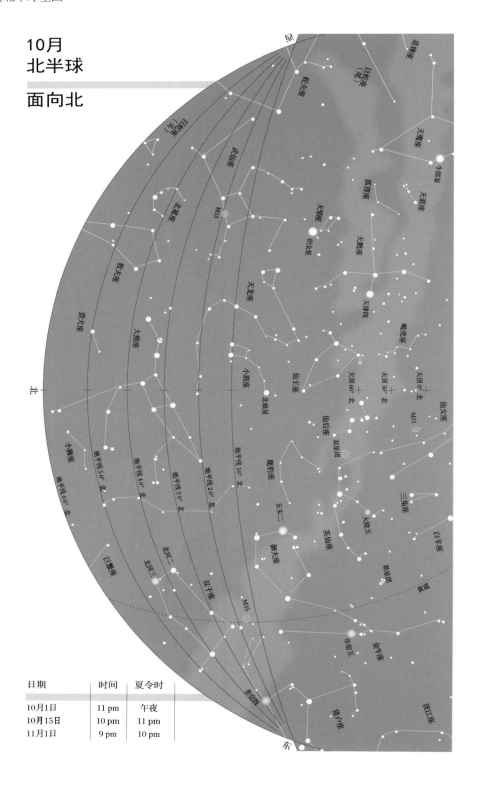

10月
北半球

面向北

日期	时间	夏令时
10月1日	11 pm	午夜
10月15日	10 pm	11 pm
11月1日	9 pm	10 pm

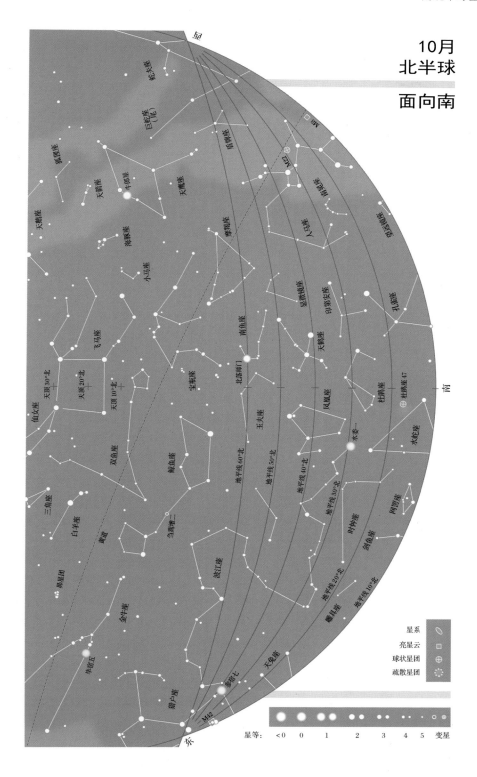

10月
北半球

面向南

星系
亮星云
球状星团
疏散星团

星等：　<0　0　1　2　3　4　5　变星

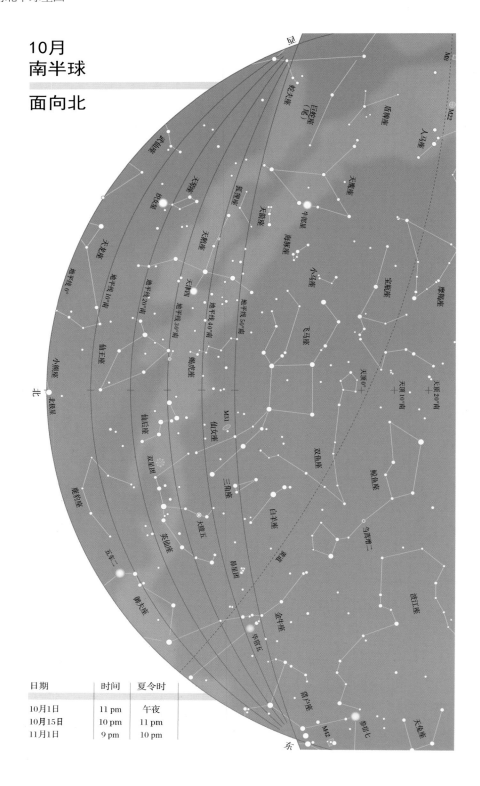

10月
南半球

面向北

日期	时间	夏令时
10月1日	11 pm	午夜
10月15日	10 pm	11 pm
11月1日	9 pm	10 pm

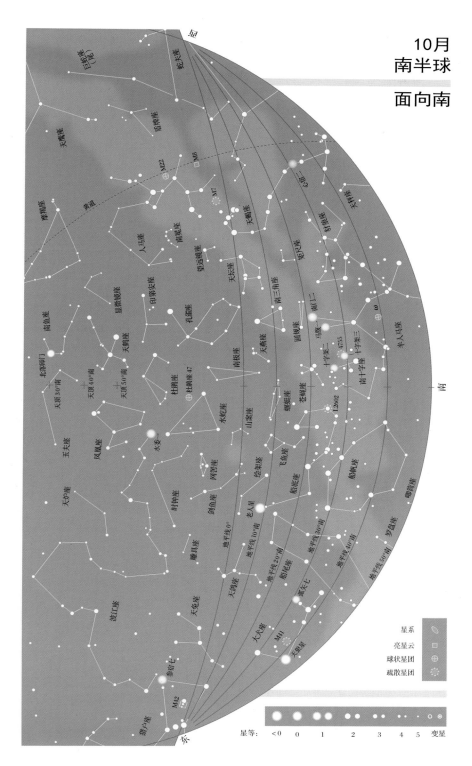

10月
南半球

面向南

星系

亮星云

球状星团

疏散星团

星等: <0 0 1 2 3 4 5 变星

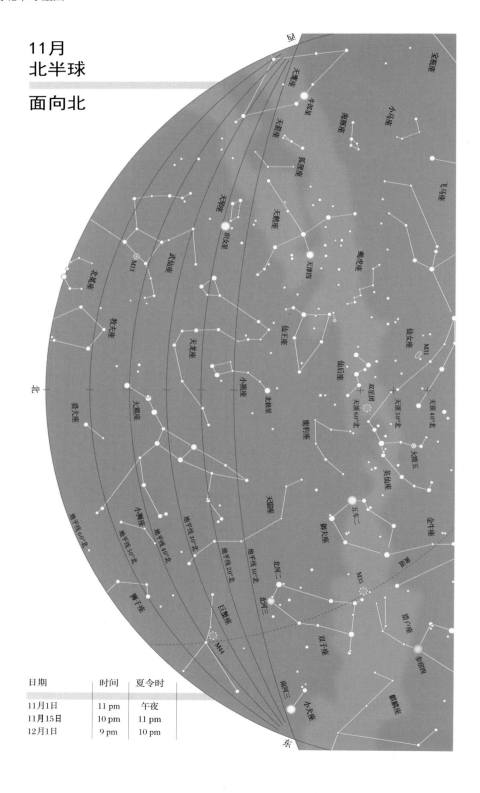

11月
北半球

面向北

日期	时间	夏令时
11月1日	11 pm	午夜
11月15日	10 pm	11 pm
12月1日	9 pm	10 pm

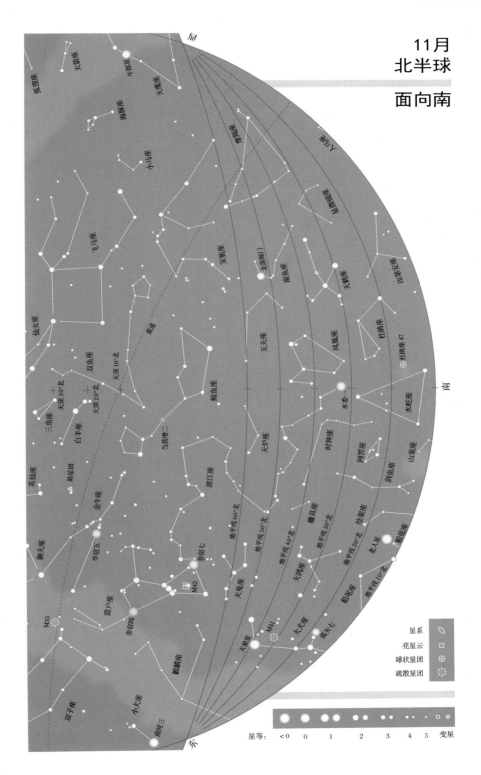

11月
北半球

面向南

星系
亮星云
球状星团
疏散星团

星等： <0 0 1 2 3 4 5 变星

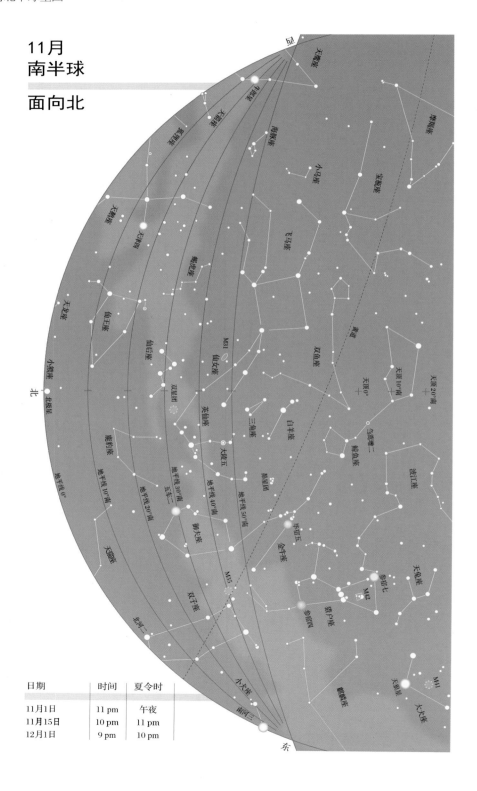

11月
南半球

面向北

日期	时间	夏令时
11月1日	11 pm	午夜
11月15日	10 pm	11 pm
12月1日	9 pm	10 pm

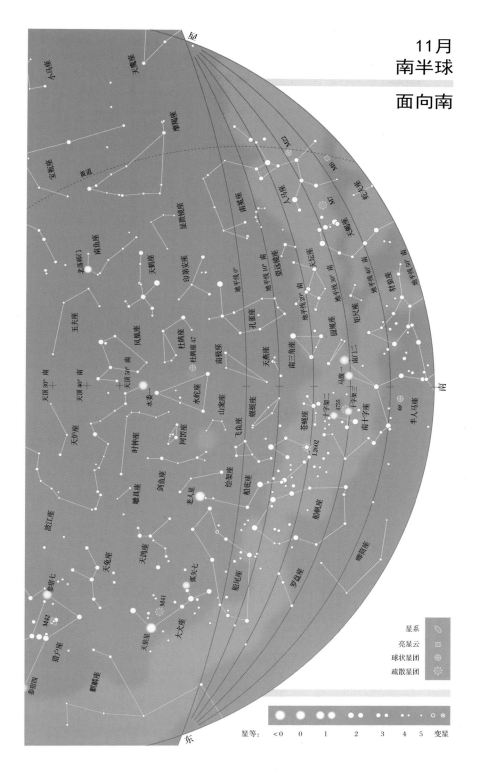

11月
南半球

面向南

12月
北半球

面向北

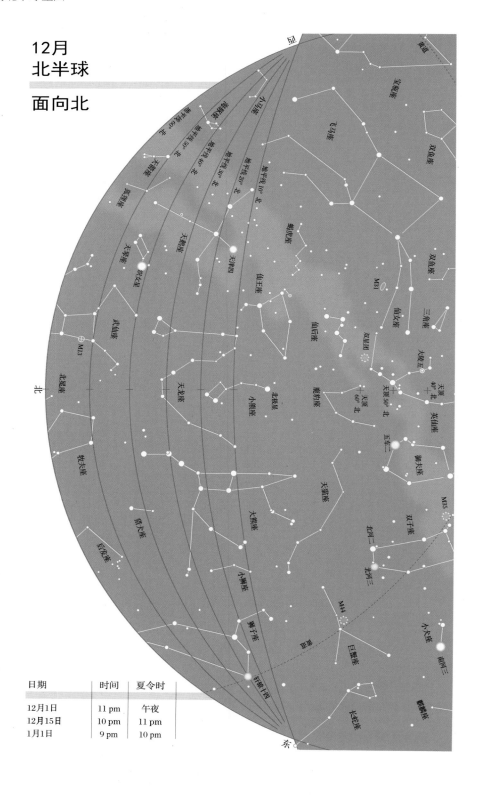

日期	时间	夏令时
12月1日	11 pm	午夜
12月15日	10 pm	11 pm
1月1日	9 pm	10 pm

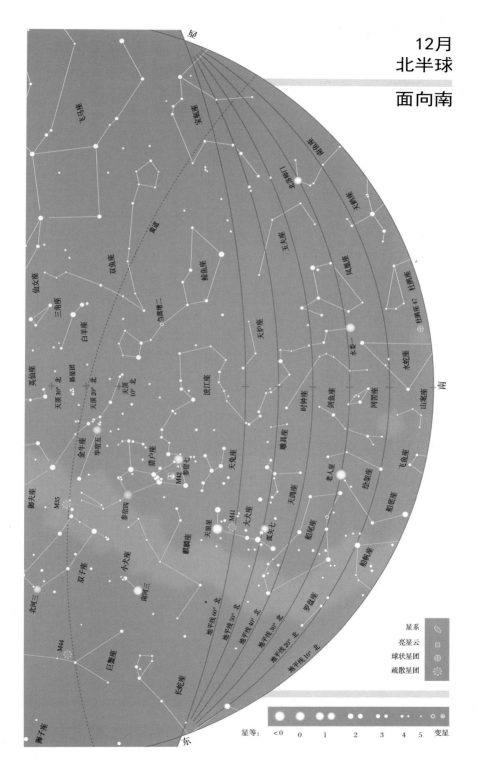

12月
北半球

面向南

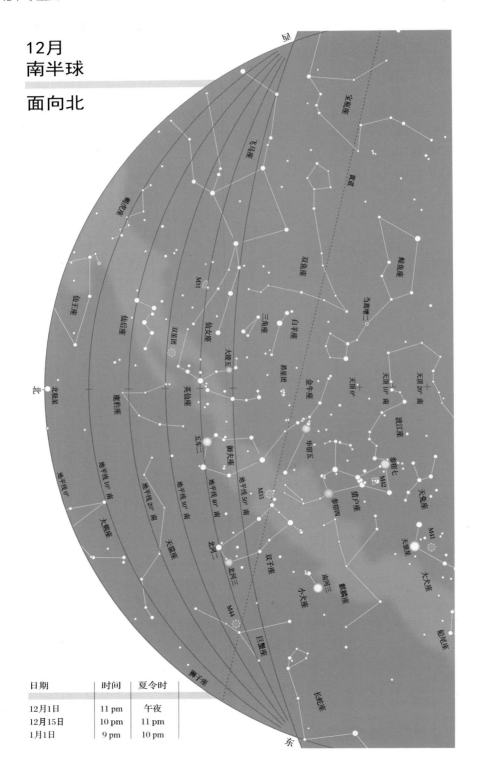

12月
南半球

面向北

日期	时间	夏令时
12月1日	11 pm	午夜
12月15日	10 pm	11 pm
1月1日	9 pm	10 pm

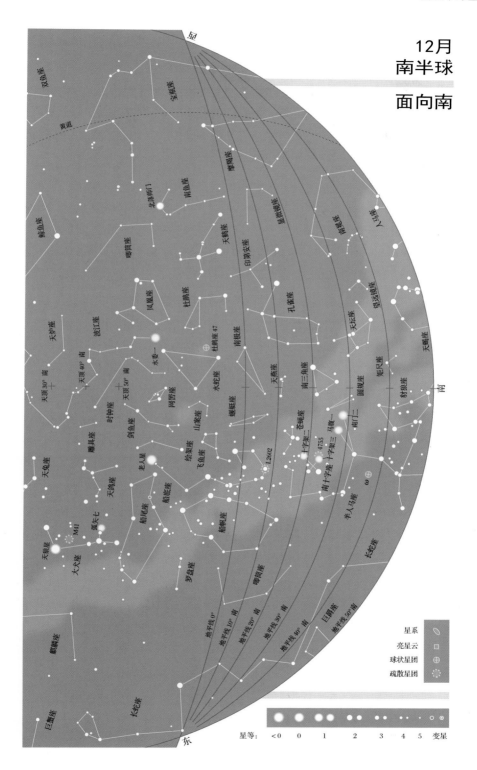

12月
南半球

面向南

仙女座

在神话故事中，安德洛墨达是王后卡西奥佩娅的女儿，她被锁在一块岩石上，作为给海怪的祭品。后来她被大英雄珀耳修斯救了下来，于是嫁给了珀耳修斯。这个星座起源于古代。尽管仙女座大名鼎鼎，但它在星空中并不特别引人注目，其中最亮的恒星只有 2 等。它最显著的特征是从飞马座和仙女座组成的"秋季四边形"延伸出来的一条由 4 颗恒星组成的弯曲连线。这些恒星中的第一颗是"秋季四边形"的一角，它实际上是仙女座的一部分。这颗星被称为壁宿二，代表被锁链束缚的安德洛墨达的头部。弯曲连线中的第二颗星——奎宿九，则代表了她的腰部。第三颗星叫天大将军一，是她的脚链。这个星座中最著名的天体是仙女星系 M31，它是一个像银河系一样的旋涡星系，是我们裸眼可见的最远的天体。沿着仙女座 β、μ 和 ν 的延长线可以找到它。

仙女座 α（壁宿二）：赤经 0h 08m，赤纬 +29.1°，亮度为 2.1 等，是距离我们 97 光年的一颗蓝白色亚巨星。

仙女座 β（奎宿九）：赤经 1h 10m，赤纬 +35.6°，亮度为 2.1 等，是距离我们 197 光年的一颗红巨星。

仙女座 γ（天大将军一）：赤经 2h 04m，赤纬 +42.3°，距离我们 355 光年，是一个著名的三合星系统。其中两颗最亮的星的亮度分别是 2.2 等和 4.8 等，适合用小型望远镜观测。它们的颜色分别是橙色和蓝色。其中较暗的蓝星还有一颗蓝白色伴星，其亮度接近 6 等，每 64 年环绕蓝星运行一周。这一对双星将在 2047 年左右达到它们之间最远的距离，在这一年前后，可以用口径为 200 毫米

仙女星系M31是一个裸眼可见的壮观的旋涡星系，它有两个较小的伴星系，可以用小型望远镜看到：M32位于M31的中心下方的一条旋臂上，右上角是较大但较暗的M110。图中用相同的比例绘制了满月，通过比较可以看出仙女星系的大小。[比尔·肖宁、瓦妮莎·哈维/本科生研究经验（REU）计划/美国国家光学天文台（NOAO）/大学天文研究协会（AURA）/美国国家科学基金会（NSF）]

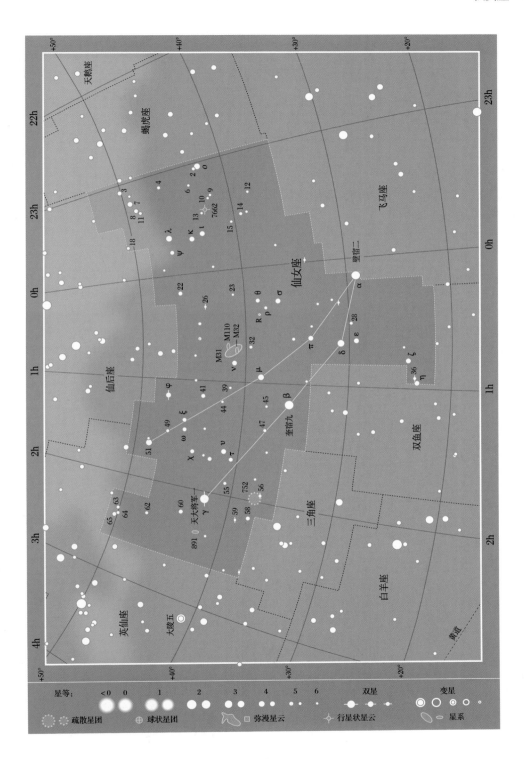

的望远镜分辨出它们俩。

仙女座 δ：赤经 0h 39m，赤纬 +30.9°，亮度为 3.3 等，是距离我们 106 光年的一颗橙巨星。

仙女座 μ：赤经 0h 57m，赤纬 +38.5°，亮度为 3.9 等，是距离我们 130 光年的一颗白色主序星。

仙女座 π：赤经 0h 37m，赤纬 +33.7°，是距离我们 600 光年的一颗蓝白色主序星，亮度为 4.4 等，在小型望远镜中可以看到它有一颗亮度为 8.6 等的伴星。

仙女座 υ：赤经 1h 37m，赤纬 +41.4°，亮度为 4.1 等，距离我们 44 光年，是一颗黄白色的主序星。天文学家发现它有 4 颗行星，这是已知的第一个围绕太阳以外的恒星运行的多行星系统。

仙女座 56：赤经 1h 56m，赤纬 +37.3°，亮度为 5.7 等，距离我们 316 光年，是一颗黄巨星。它与另一颗橙巨星为伴，伴星的亮度为 5.9 等，距离我们 920 光年。这两颗恒星位于 NGC 752 星团附近，但实际上它们离我们近得多。

M31（NGC 224）：赤经 0h 43m，赤纬 +41.3°，称为仙女星系，是距离我们 250 万光年的一个旋涡星系。我们用裸眼可以看到它是一个椭圆形的模糊斑块；通过双筒望远镜或低倍率的望远镜（过高的倍率会降低对比度，使星系中较暗的部分变得不那么明显）观测时，它显得更加醒目。在环绕星系核心的旋臂中可以看到暗条纹，完整的星系只有在长时间曝光的照片上才能显现出来（目视观测者只能看到它最亮的中央部分）。如果整个仙女星系足够明亮，裸眼可以看到的话，它的直径将是满月直径的五六倍，如第 72 页的合成图像所示。伴随着 M31 的是两个小的伴星系，它们的大小相当于麦哲伦云，但都是椭圆形的，而不是不规则的形状。其中较亮的 M32（NGC 221）在小型望远镜中模糊可见，亮度为 8 等，在 M31 的核心以南 0.5° 的地方，看上去像恒星一样。第二个伴星系 M110（NGC 205）更大一些，但在视觉上更难发现，它位于 M31 西北 1° 以上。

NGC 752：赤经 1h 58m，赤纬 +37.7°。它是一个由大约 60 颗 9 等恒星组成的疏散星团，距离我们 1500 光年，比较暗淡，用双筒望远镜能看到，用天文望远镜还能很容易地分辨出其中的恒星。

NGC 7662：赤经 23h 26m，赤纬 +42.6°。它是用小型望远镜就能轻易看到的最明亮的行星状星云之一。在低放大倍率下，它看起来像一颗 9 等亮度的模糊的蓝绿色恒星，但在放大 100 倍左右时，就能显示出其略呈椭圆形的圆盘。利用更大口径的望远镜，能够看到它中心的孔洞。如果你手头只有业余天文望远镜，位于它中央的星则很难观测到。NGC 7662 距离我们 4000 光年。

唧筒座：一台抽气机

1756 年，法国天文学家尼古拉·路易·德·拉卡伊为纪念法国物理学家丹尼斯·帕平对空气泵的成功改进，在星图上标出了一个不为人知的南方天空的星座。拉卡伊是第一个完整绘制南方天空裸眼星图的人（见第 224 页），他引

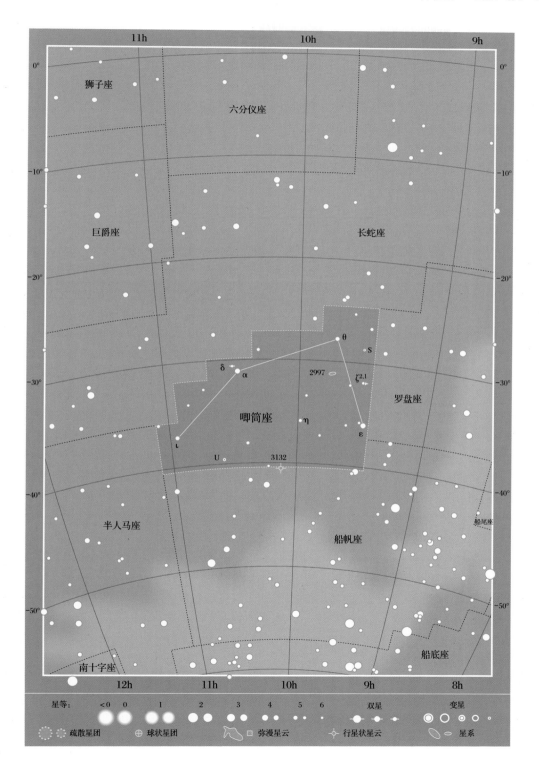

星等： <0　0　1　2　3　4　5　6　双星　变星

疏散星团　　球状星团　　弥漫星云　　行星状星云　　星系

NGC 2997：位于唧筒座中心位置的漂亮的9等旋涡星系，在旋臂中可见到年轻的蓝色恒星、粉色气体以及暗尘带。它几乎是面对面地呈现在我们的视线方向向上的，需要用中等大小的业余天文望远镜才能看到它。[M. 贝塞尔、R. 萨瑟兰、M. 巴克斯顿，澳大利亚国立大学天文与天体物体研究机构（RSAA）]

入了 14 个新的星座来填补现有星座之间的空白。这些新星座中的大多数并不引人注目，唧筒座就是这样的星座。

唧筒座 α：赤经 10h 27m，赤纬 −31.1°，是本星座中最亮的恒星，是距离我们 366 光年的一颗橙巨星。

唧筒座 δ：赤经 10h 30m，赤纬 −30.6°，距离我们 434 光年，是一颗蓝白色的 5.6 等恒星，在小型望远镜中可以看到它有一个 9.6 等的伴星。

唧筒座 ζ¹ 和 ζ²：赤经 9h 31m，赤纬 −31.9°，是一对相距较远的双星，亮度分别是 5.7 等和 5.9 等，与我们的距离分别为 406 光年和 384 光年，用双筒望远镜可以看到。使用小型望远镜还能看到 ζ¹ 本身就是一对双星，其亮度分别是 6.2 等和 7.0 等。

天燕座：天堂之鸟

位于南天极附近的一个暗淡的星座，是荷兰航海家彼得·迪克佐恩·凯泽和弗雷德里克·德·豪特曼于 16 世纪 90 年代在南半球航行时引入的 12 个新星座之一。它的名字来源于一种有异国情调的天堂鸟——原产于新几内亚。

天燕座 α：赤经 14h 48m，赤纬 −79.0°，亮度为 3.8 等，是一颗橙巨星，距离我们 447 光年。

天燕座 β：赤经 16h 43m，赤纬 −77.5°，亮度为 4.2 等，是一颗橙巨星，距离我们 157 光年。

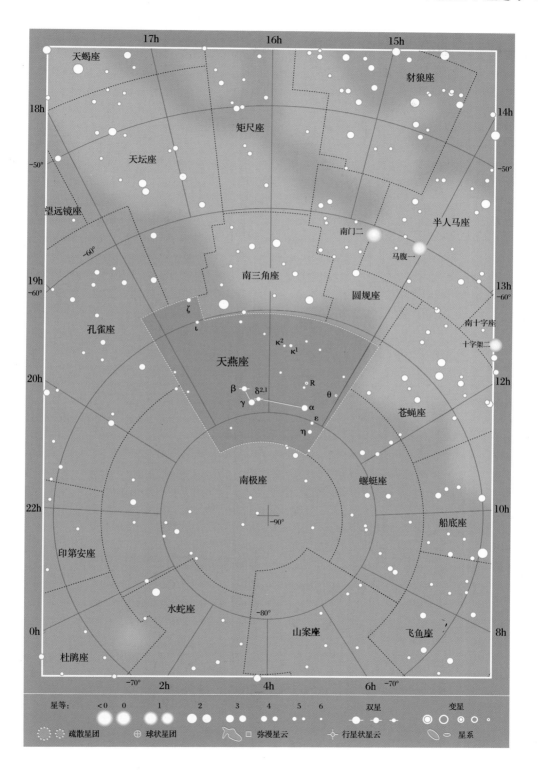

天燕座 γ：赤经 16h 33m，赤纬 −78.9°，亮度为 3.9 等，是距离我们 156 光年的一颗橙巨星。

天燕座 δ¹ 和 δ²：赤经 16h 20m，赤纬 −78.7°，是一对目视双星，但彼此之间物理不相关，分别是红巨星和橙巨星，亮度分别为 4.7 等和 5.3 等，距离我们分别为 762 光年和 613 光年。

天燕座 θ：赤经 14h 05m，赤纬 −76.8°，是距离我们 369 光年的一颗红巨星，亮度在 5 等和 6 等之间变化，光变周期为 4 个月左右，属于半规则的变星。

宝瓶座：一个装水的瓶子

宝瓶座是最古老的星座之一。古巴比伦人认为这个星座中的星星构成的图案看起来像一个人正从罐子里往外倒水。在希腊神话中，这个星座代表了牧童盖尼米得，他被宙斯带到奥林匹斯山，在那里他成为众神的侍酒师。

宝瓶座最醒目的部分是由 4 颗星组成的代表水罐的 Y 形星群，它们集中在宝瓶座 ζ 四周。从罐里流出的水流由一连串的恒星组成，它们从宝瓶座 κ 向南流向南鱼座鱼口处的恒星——北落师门。宝瓶座位于一些与水有关的星座区域中，这些星座包括双鱼座、鲸鱼座和摩羯座。

太阳在天球上沿着黄道每年转一圈（称为太阳周年视运动）。从 2 月底到 3 月初，太阳来到宝瓶座区域内。宝瓶座未来有机会包含春分点，也就是太阳每年进入北半球的位置点。由于岁差的影响，这个天文上重要的点，也就是赤经坐标起始的地方，将在公元 2597 年从邻近的双鱼座移入宝瓶座。因此，所谓的宝瓶座时代还有很长的路要走。

每年有两个主要的流星雨的辐射点位于宝瓶座。第一个是宝瓶座 η 流星雨，它的流量较大，在 5 月 5 日至 6 日前后，最多达到每小时 40 颗流星。宝瓶座 δ 流星雨出现在 7 月 29 日前后，每小时大约 15 颗流星。流星雨都是以离它的辐射点最近的一颗明亮的恒星命名的。

宝瓶座 α（危宿一，它的英文名称 Sadalmelik 源自阿拉伯语，意为"国王的幸运星"）：赤经 22h 06m，赤纬 −0.3°，亮度为 2.9 等，距离我们 524 光年，是一颗黄超巨星。

宝瓶座 β（虚宿一，它的英文名称 Sadalsuud 源自阿拉伯语，意为"幸运星中最幸运的"）：赤经 21h 32m，赤纬 −5.6°，亮度为 2.9 等，是 537 光年外的一颗黄超巨星。

NGC 7009通常称为土星星云，因为它的两侧有暗弱的"把手"，就像土星环一样。这两个"把手"可以通过大型望远镜观察到，在照片上也能看到。土星星云这个名字是罗斯勋爵在19世纪给它取的。[南非天文台（SAAO）]

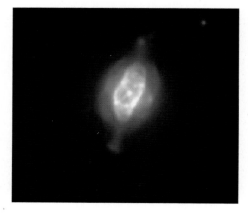

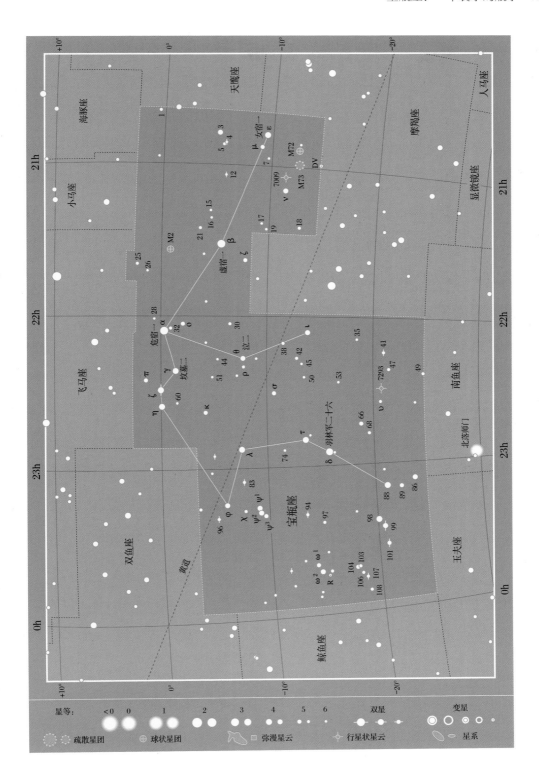

宝瓶座 γ（坟墓二）：赤经 22h 22m，赤纬 −1.4°，亮度为 3.8 等，是一颗蓝白色的主序星，距离我们 164 光年。

宝瓶座 δ（羽林军二十六）：赤经 22h 55m，赤纬 −15.8°，亮度为 3.3 等，是一颗蓝白色的主序星，距离我们 161 光年。

宝瓶座 ε（女宿一）：赤经 20h 48m，赤纬 −9.5°，亮度为 3.8 等，是一个蓝白色的主序星，距离我们 208 光年。

宝瓶座 ζ：赤经 22h 29m，赤纬 −0.0°，距离我们 92 光年，是一对著名的双星，由两颗白色的恒星组成，其亮度分别是 4.3 等和 4.5 等，它们每 540 年绕对方运转一周。现阶段从地球上看，这两颗恒星正在逐渐分离，因此利用小型望远镜越来越容易分辨它们。

M2（NGC 7089）：赤经 21h 34m，赤纬 −0.8°，是一个亮度为 6.5 等的球状星团，通过双筒望远镜或小型望远镜很容易看到，但需要 100 毫米口径的望远镜才能分辨出其中最亮的单颗恒星。这个恒星众多和高度凝聚的球状体距离我们 37500 光年。

M72（NGC 6981）：赤经 20h 54m，赤纬 −12.5°，是一个 9 等球状星团，距离我们 55000 光年。它比 M2 要小得多，没有 M2 那么引人注目。

NGC 7009：赤经 21h 04m，赤纬 −11.4°。这是一个著名的行星状星云，距离我们 3000 光年，被称为土星星云，因为我们通过大型望远镜看到它与土星

在照片上螺旋星云NGC 7293看起来像一个彩色的环，但在视觉上，它只是一个浅灰色的圆盘。（尼克·西马内克）

很相似。但利用常用的 75 毫米口径或更大口径的业余天文望远镜，它看起来仅仅是一个亮度为 8 等的蓝绿色椭圆而已，看上去与土星的大小相仿。它的中心星的亮度为 11.5 等。

NGC 7293：赤经 22h 30m，赤纬 −20.8°，是离太阳最近的行星状星云，距离我们约 700 光年，俗称螺旋星云。它是目视最大的行星状星云，覆盖 0.25° 的天空，是月球的目视大小的一半。它之所以得名螺旋星云，是因为在早期的照片上，它似乎是由两个重叠的螺旋组成的，这种结构在现代彩色照片上不那么明显，反倒是它的环形更明显（见上图）。尽管螺旋星云的面积很大，但它非常暗弱，最好用双筒望远镜或倍率非常低的望远镜来观测，此时它表现为圆形雾团，看上去并没有那么大的面积。

天鹰座：一只雄鹰

这个星座可以追溯到古代，在希腊神话中，它是携带宙斯雷电的鸟。有一天，宙斯派了一只鹰（在其他版本的故事中，他自己变成了一只鹰）去绑架牧童盖尼

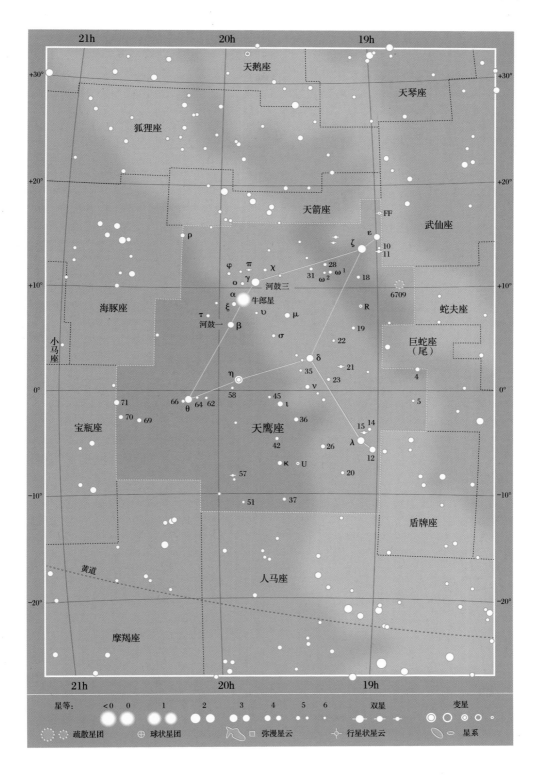

米得，盖尼米得在天空中是由邻近的宝瓶座来代表的。

　　天鹰座中最亮的恒星是牛郎星，组成一个巨大恒星三角形（在北半球被称为"夏季大三角"）的一角，另两个角分别是天鹅座的天津四和天琴座的织女星。牛郎星的英文名字 Altair 来自阿拉伯语 al-nasr al-tair，意思是"飞翔的鹰"。两颗较暗一些的星——天鹰座 β 和天鹰座 γ，像哨兵一样守卫在牛郎星的两侧。这两颗星分别被称为 Alshain 和 Tarazed，都来自波斯语 shahin-i tarazu，在阿拉伯语中意为"平衡"，指的正是这两颗星与牛郎星形成了左右平衡的姿态。牛郎星位于银河中，那里布满繁星，尤其是南方的盾牌座，是盛产新星的区域。

　　天鹰座 α（牛郎星）：赤经 19h 51m，赤纬 +8.9°，亮度为 0.76 等，是一颗白色恒星，距离我们 16.7 光年，是离我们最近的裸眼可见的恒星之一。

　　天鹰座 β（河鼓一）：赤经 19h 55m，赤纬 +6.4°，亮度为 3.7 等，是距离我们 45 光年的一颗黄色亚巨星。

　　天鹰座 γ（河鼓三）：赤经 19h 46m，赤纬 +10.6°，亮度为 2.7 等，是距离我们 395 光年的一颗橙巨星。

　　天鹰座 ζ：赤经 19h 05m，赤纬 +13.9°，亮度为 3.0 等，是距离我们 83 光年的一颗蓝白色星。

　　天鹰座 η：赤经 19h 52m，赤纬 +1.0°，是距离我们 1400 光年的一颗黄白色超巨星，也是造父变星中最亮的一颗。它的亮度在 3.5 等和 4.3 等之间变化，光变周期为 7.2 天。

　　天鹰座 15：赤经 19h 05m，赤纬 -4.0°，是一颗亮度为 5.4 等的橙巨星，距离我们 289 光年，与另一颗距离我们 550 光年、亮度为 6.8 等的略带紫色的恒星相伴，用小型望远镜很容易观测到。

　　天鹰座 57：赤经 19h 55m，赤纬 -8.2°，是适合用小型望远镜观测的双星。双星的主星是一颗蓝色的主序星，亮度为 5.7 等，而伴星的亮度为 6.4 等，两者与我们之间的距离都是 500 光年。

　　天鹰座 R：赤经 19h 06m，赤纬 +8.2°，距离我们 690 光年，是一颗刍蒿增二型红巨星，直径大约是太阳的 400 倍，亮度在 6 等和 12 等之间变化，光变周期为 9 个月左右。

　　天鹰座 FF：赤经 18h 58m，赤纬 +17.4°，是一颗黄白色超巨星，也是一颗造父变星，亮度在 5.2 等和 5.5 等之间变化，光变周期为 4.5 天。它距离我们大约 1500 光年。

　　NGC 6709：赤经 18h 52m，赤纬 +10.3°，是由大约 40 颗 9 等到 11 等的恒星组成的疏散星团，距离我们大约 3500 光年。

天坛座：一座祭坛

　　这个星座虽然暗弱，也相对不为人知，但它起源于古希腊。古希腊人把它想象成奥林匹斯山上的诸神在与当时统治宇宙的泰坦神开战前宣誓效忠用的祭坛。胜利之后，奥林匹斯诸神将宇宙一分为二。众神中最伟大的宙斯掌管天空，他把众神的祭坛放在众星之中，以纪念胜利。古老的星图册上都把天坛座描绘

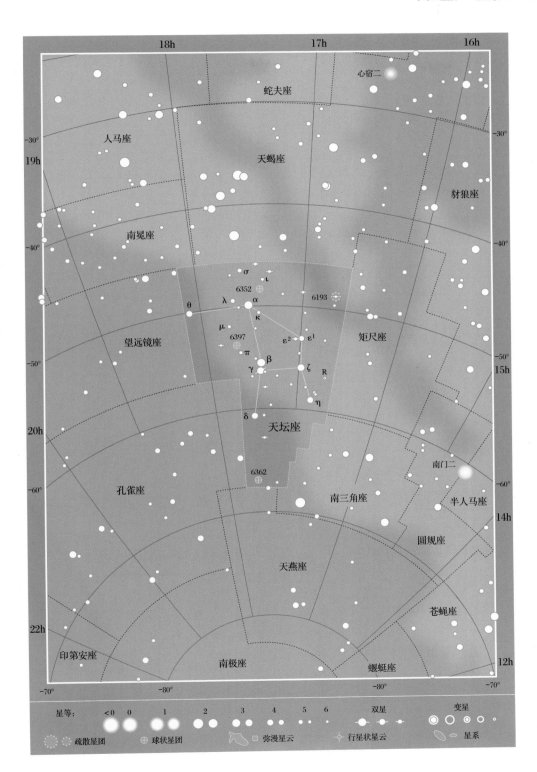

18h 17h 16h

心宿二

蛇夫座

人马座

天蝎座

豺狼座

-30°

19h

南冕座

矩尺座

望远镜座

天坛座

孔雀座

南三角座

南门二

半人马座

圆规座

天燕座

苍蝇座

印第安座

南极座

蝘蜓座

22h

12h

-70° -80° -80° -70°

星等: <0 0 1 2 3 4 5 6 双星 变星

疏散星团 球状星团 弥漫星云 行星状星云 星系

成半人马神准备在上面献祭豺狼的祭坛。天坛座位于天蝎座以南，是银河中恒星聚集的区域。

天坛座 α：赤经 17h 32m，赤纬 −49.9°，亮度为 2.9 等，是距离我们 267 光年的一颗蓝白色星。

天坛座 β：赤经 17h 25m，赤纬 −55.5°，亮度为 2.8 等，是距离我们 646 光年的一颗橙超巨星。

天坛座 γ：赤经 17h 25m，赤纬 −56.4°，亮度为 3.3 等，是距离我们 1110 光年的一颗蓝超巨星。

天坛座 δ：赤经 17h 31m，赤纬 −60.7°，亮度为 3.6 等，是距离我们 198 光年的一颗蓝白色星。

天坛座 ζ：赤经 16h 59m，赤纬 −56.0°，亮度为 3.1 等，是距离我们 486 光年的一颗橙巨星。

NGC 6193：赤经 16h 41m，赤纬 −48.8°，亮度为 5 等，距离我们 3800 光年，是由约 30 颗恒星组成的疏散星团，面积约为满月的一半。最亮的成员是一颗蓝白色的 5.6 等星，利用小型望远镜能够看到它有一颗 6.9 等的伴星。星团周围有一个形状不规则的暗弱星云 NGC 6188，它只有在照片上才能清晰地显现出来。

NGC 6397：赤经 17h 41m，赤纬 −53.7°，是一个亮度为 6 等的球状星团。通过双筒望远镜观察，它像一颗模糊的恒星。在良好的天气条件下，裸眼可以看到它。使用小型望远镜可以分辨出其外围区域中最亮的恒星。星团的直径至少为满月的一半。它是离我们第二近的球状星团，距离为 7500 光年（天蝎座的 M4 是离我们最近的）。

白羊座：一只公羊

白羊座位于金牛座和仙女座之间，其起源可追溯到古代。白羊座代表希腊神话中的公羊，伊阿宋和阿尔戈诸英雄曾寻找过它身上的金羊毛。尽管白羊座很暗，但它在天文学上占有重要的地位，因为在 2000 多年前，它包含了太阳每年从南到北穿过天球赤道的点。这一点就是春分点，曾被称为"白羊座的第一点"，虽然它现今不再位于白羊座中。由于地球在太空中的缓慢摆动（即进动），在公元前 67 年，春分点就已经移动到邻近的双鱼座。春分点现在正向宝瓶座方向移动（见第 86 页图）。目前，太阳每年从 4 月底到 5 月中旬穿过白羊座。

白羊座 α（Hamal，娄宿三，英文名称源自阿拉伯语，意为"羊羔"）：赤经 2h 07m，赤纬 +23.5°，亮度为 2.0 等，橙巨星，距离我们 66 光年。

白羊座 β（Sheratan，娄宿一，英文名称源自阿拉伯语，意为"二"）：赤经 1h 55m，赤纬 +20.8°，亮度为 2.6 等，蓝白色星，距离我们 59 光年。

白羊座 γ（娄宿二）：赤经 1h 54m，赤纬 +19.3°，距离我们 164 光年，是一对引人注目的双星，由两颗白色恒星组成，它们的亮度分别为 4.7 等和 4.6 等，即使用小型望远镜的低倍率也能清楚地看到。以我们的裸眼看来，它们是一颗亮度为 3.9 等的恒星。

白羊座 ε：赤经 2h 59m，赤纬

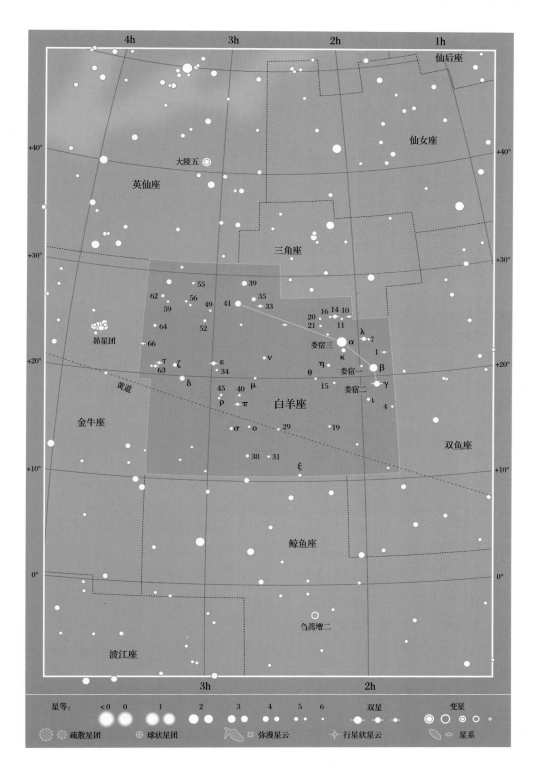

在800年间春分点的移动情况。目前它位于双鱼座，正在接近宝瓶座。（维尔·蒂里翁）

+21.3°，距离我们330光年。对于口径在100毫米以上的望远镜来说，这是一对具有挑战性的双星。在高倍放大下，用望远镜可以看到这对密近的白色双星，其亮度分别是5.2等和5.5等。

白羊座 λ：赤经1h 58m，赤纬+23.6°，距离我们129光年，亮度为4.8等，白色主序星，带有一颗7.3等的黄色伴星。用小型望远镜甚至好的双筒望远镜都能看到它。

白羊座 π：赤经2h 49m，赤纬+17.5°，距离我们780光年，亮度为5.3等，是一颗蓝白色主序星。它有一颗8.5等的近距离伴星，用小型望远镜很难分辨。

御夫座

自古希腊时期以来，御夫座就是一个巨大而醒目的星座，是希腊神话中的雅典之皇埃里克托尼奥斯。御夫座的主星是五车二，它是整个天空中第六亮的恒星，也是最北边的一颗。在希腊神话中，这颗星代表哺乳幼年宙斯的母羊阿玛耳忒亚。御夫座 ζ 和御夫座 η 据说是母羊的两个孩子，依偎在御夫的双臂中。而代表御夫的脚的恒星最初是与金牛座共有的，但现在只属于金牛座了，就是金牛座 β。然而为了保持御夫座那经典的五边形的形状，过去人们曾经把这颗星叫作御夫座 γ。

御夫座 α（五车二，代表母羊）：赤经5h 17m，赤纬+46.0°，亮度为0.08等，距离我们43光年。它是一对光谱双星，由两颗黄巨星组成，轨道周期104天，不过它们之间不会相互遮挡。

御夫座 β（五车三，代表御夫的肩膀）：赤经6h 00m，赤纬+44.9°，距离我们82光年，是一颗亮度为1.9等的食变星，由两颗蓝白色的恒星组成，轨道

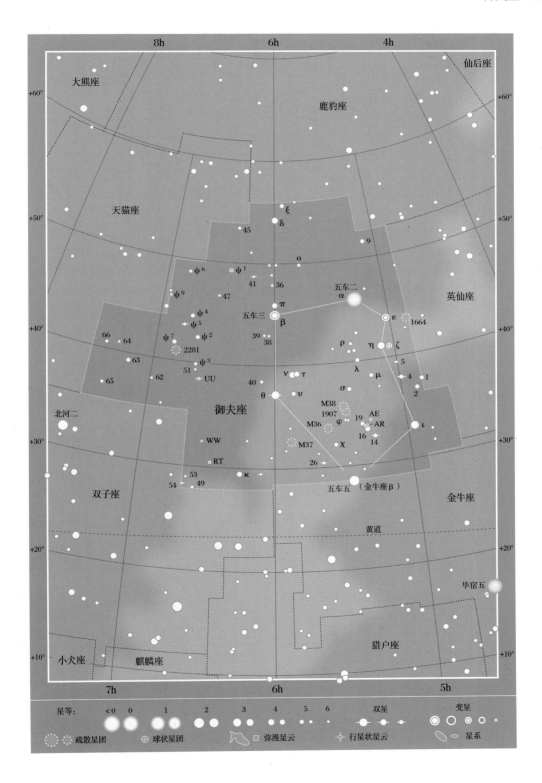

周期 3.96 天，导致每个周期中亮度两次下降 0.1 等。

御夫座 ε：赤经 5h 02m，赤纬 +43.6°，距离我们约 2000 光年，是一颗白超巨星，同时也是一对周期异常长的食变星。在正常情况下，它的亮度为 3.0 等，但每 27 年后亮度下降到 3.8 等，并且至少保持一年，这是它被一颗较暗的伴星掩食的缘故。有一种理论认为御夫座 ε 的伴星是一对笼罩在尘埃物质盘中的双星。下一次掩食将于 2036 年末开始。

御夫座 ζ：赤经 5h 02m，赤纬 +41.1°，距离我们 790 光年，是一对著名的食变星——一颗橙巨星每 972 天被一颗较小的蓝色伴星环绕一周。在掩食期间，御夫座 ζ 的亮度从 3.7 等下降到 4.0 等。

御夫座 θ：赤经 6h 00m，赤纬 +37.2°，距离我们 166 光年，是一颗亮度为 2.6 等的蓝白色主序星。它有一颗黄色的伴星，亮度为 7.2 等。由于这颗伴星距离主星太近且相对暗弱，因此，需要用至少 100 毫米口径的望远镜经高倍放大后才能分辨出来。即便是在晴好的夜晚，这也是不容易做到的。

御夫座 ψ[1]：赤经 6h 25m，赤纬 +49.3°，是一颗橙超巨星，亮度在 4.7 等和 5.7 等之间变化，但是并没有固定的光变周期。它距离我们大约 4000 光年。

御夫座 4：赤经 4h 59m，赤纬 +37.9°，距离我们 170 光年，是一对双星。它们的亮度分别是 5.0 等和 8.2 等，可以通过小型望远镜看到。

御夫座 14：赤经 5h 15m，赤纬 +32.7°，距离我们 286 光年，是一颗亮度为 5.0 等的白色主序星。利用小型望远镜我们可以看到它有一颗亮度为 7.9 等的伴星。

御夫座 RT：赤经 6h 29m，赤纬 +30.5°，是一颗与我们的距离未知的黄白色超巨星，属于造父变星，它的亮度在 5.0 等和 5.8 等之间变化，光变周期 3.7 天。它也被称为御夫座 48。

御夫座 UU：赤经 6h 37m，赤纬 +38.4°，半规则变星，亮度在 5 等和 7 等之间变化，光变周期大约为 235 天。它是一颗巨星，呈深红色，与我们的距离不确定。

M36（NGC 1960）：赤经 5h 36m，赤纬 +34.1°，是由大约 60 颗恒星组成的明亮的小型疏散星团，用双筒望远镜就能看到。使用小型望远镜就能把它"分解"成一颗颗恒星。它的直径约为满月的三分之一，是御夫座的 3 个梅西耶星团中最明亮的一个。M36 距离我们 4300 光年。

M37（NGC 2099）：赤经 5h 52m，赤纬 +33.5°，它是御夫座的 3 个梅西耶星团中最大、所包含恒星数量最多

用小型望远镜观察时，M36 是御夫座的 3 个梅西耶星团中最明亮的一个。它有一条弯曲的恒星链和一个三角形的中心。（彼得·维纳罗）

的一个——包含约 150 颗恒星。通过双筒望远镜观测，它看起来是模糊的一团，大小大约是满月直径的一半；但利用 100 毫米口径的望远镜，它被"分解"成一个由暗弱星尘组成的闪闪发光的区域，中心有一颗明亮的橙色恒星。它距离我们 4500 光年。

M38（NGC 1912）：赤经 5h 29m，赤纬 +35.8°，是一个由大约 100 颗暗星组成的大而分散的星团，用双筒望远镜可以看到它呈明显的十字形。它与我

们之间的距离是 4600 光年。在它南边 0.5° 的地方，有一小团模糊的天体，叫作 NGC 1907，距离我们 5900 光年，是一个更小、更暗的星团。

NGC 2281：赤经 6h 49m，赤纬 +41.1°。通过双筒望远镜可以看到，它是一个由大约 30 颗恒星组成的星团，距离我们 1500 光年。用望远镜观察时，这些恒星看起来呈新月形排列，4 颗较亮的恒星构成一个菱形。

牧夫座：牧人

牧夫座是一个古老的星座，表示的形象是一位牧人驱赶着一头熊（大熊座）在天空中飞行。在古代，牧夫座经常被描绘成牵着猎犬（猎犬座）的样子。该星座中最亮的恒星叫作大角星（Arcturus），在希腊语中 Arcturus 实际上是"熊的守护人"的意思。在希腊神话中，牧夫座代表宙斯和仙女卡利斯托（邻近的大熊座代表卡利斯托，她因被宙斯的妻子赫拉嫉妒而被变成了一只熊）之子阿卡斯。

大角星是北半球天空中的恒星之一，很容易辨认，沿着北斗七星的勺柄就可以找到它。大角星与牧夫座 ε、γ 和北冕座 α 组成一个大的 Y 形。牧夫座里的其他恒星都比大角星要暗得多，但包含了许多有趣的双星。

每年流量最大的流星雨之一——象限仪座流星雨的辐射点就在牧夫座的北部。这片天空过去曾经被命名为象限仪座，不过这个星座现在已被废弃。象限仪座流星雨在每年的 1 月 3 日至 4

日达到峰值，每小时约 100 颗流星，只是它们不像英仙座和双子座流星那样明亮。

牧夫座 α（大角星）：赤经 14h 16m，赤纬 +19.2°，亮度 −0.05 等，是天空中第四亮的恒星。它是一颗橙巨星，直径是太阳的 27 倍，距离我们 37 光年。我们裸眼就能看到它呈红色，在望远镜中它更引人注目。大角星的质量和太阳差不多，人们相信太阳会在几十亿年后膨胀成一颗像大角星一样的红巨星。

牧夫座 β（Nekkar，七公增五，英文名称源自阿拉伯语，意为"驱赶公牛的人"，也代表了整个星座的含义）：赤经 15h 02m，赤纬 +40.4°，亮度为 3.5 等。它是一颗黄巨星，距离我们 225 光年。

牧夫座 γ（招摇）：赤经 14h 32m，赤纬 +38.3°，亮度为 3.0 等，白色，距离我们 87 光年。

牧夫座 δ：赤经 15h 16m，赤纬 +33.3°，亮度为 3.5 等，黄巨星或亚巨星，

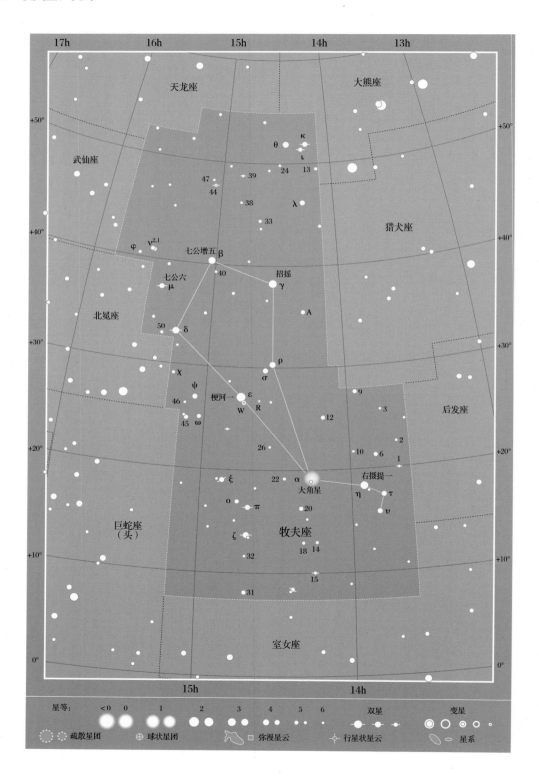

距离我们 122 光年。它有一颗伴星，通过双筒望远镜就能观察到。

牧夫座 ε（梗河一）：赤经 14h 45m，赤纬 +27.1°，距离我们 203 光年。这是一对著名的双星：主星是橙巨星，亮度为 2.5 等；伴星是蓝色的主序星，亮度为 4.8 等。这对颜色反差大的双星之间的距离也较近，需要一个至少 75 毫米口径的望远镜，在 100 倍或更大的放大倍率下进行观察，因为明亮的主星往往会掩盖它暗弱的伴星。不过一旦将它们区分开，你就能体会到它的另一个名字——"美丽红蝴蝶"的含义了。

牧夫座 ι：赤经 14h 16m，赤纬 +51.4°，距离我们 95 光年，是一对宽距双星，其亮度分别为 4.8 等和 7.4 等。

牧夫座 κ：赤经 14h 13m，赤纬 +51.8°。这是一对使用小型望远镜就很容易分辨的双星，亮度分别是 4.5 等和 6.7 等，距离我们分别是 151 光年和 163 光年。可见，这一对双星在物理上并不相关。

牧夫座 μ（七公六）：赤经 15h 24m，赤纬 +37.4°，距离我们 113 光年，是一个漂亮的三合星。用裸眼观察，它是一颗亮度为 4.3 等的蓝白色恒星，而通过双筒望远镜我们则能看到它有一颗亮度为 6.5 等的伴星。利用 75 毫米口径的高倍率望远镜观测，这颗伴星实际上由两颗近距离的恒星组成，亮度分别为 7.0 等和 7.6 等，它们的轨道周期为 265 年。

牧夫座 v^1 和 v^2：赤经 15h 31m，赤纬 +40.8°，是一对互不相干的目视双星。v^1 是一颗橙巨星，亮度为 5.0 等，距离我们 840 光年；而 v^2 是一颗白色的主序星，亮度也是 5.0 等，距离我们 390 光年。

牧夫座 π：赤经 14h 41m，赤纬 +16.4°，距离我们 317 光年，是由一对蓝白色恒星组成的双星，亮度分别是 4.9 等和 5.8 等，用小型望远镜可以看到。

牧夫座 ξ：赤经 14h 51m，赤纬 +19.1°，距离我们 22 光年，是一对适合用小型望远镜进行观察的双星，由亮度分别是 4.7 等和 6.8 等的黄色和橙色恒星组成。它们的轨道周期为 152 年。

牧夫座 44：赤经 15h 04m，赤纬 +47.7°，距离我们 41 光年，又名牧夫座 44i，是一对变星。用裸眼观察，它是一颗黄色的恒星，实际上包括亮度分别为 5.2 等和 6.1 等的两颗恒星，它们的轨道周期为 210 年。在两颗恒星相距最近的时候，比如 2021 年左右，在大多数业余天文望远镜中，这对双星是不可分辨的，接下来它们会逐渐分离。到 2026 年，通过 150 毫米口径的望远镜我们可以把它们分辨出来，而到 2028 年则可用 100 毫米口径的望远镜分辨出来，2030 年以后用 75 毫米口径的小型望远镜可分辨出来。其中较暗的恒星本身就是一对食变星，光变周期为 6.4 小时，亮度变化幅度为 0.6 等。

雕具座：刻刀

这是位于波江座底部附近的一个暗淡的、常被忽略的星座，代表一对雕刻工具或凿子。它是代表艺术和科学仪器的诸星座之一，由法国天文学家尼古拉·路易·德·拉卡伊在 18 世纪 50 年代绘制南方星空时引入。

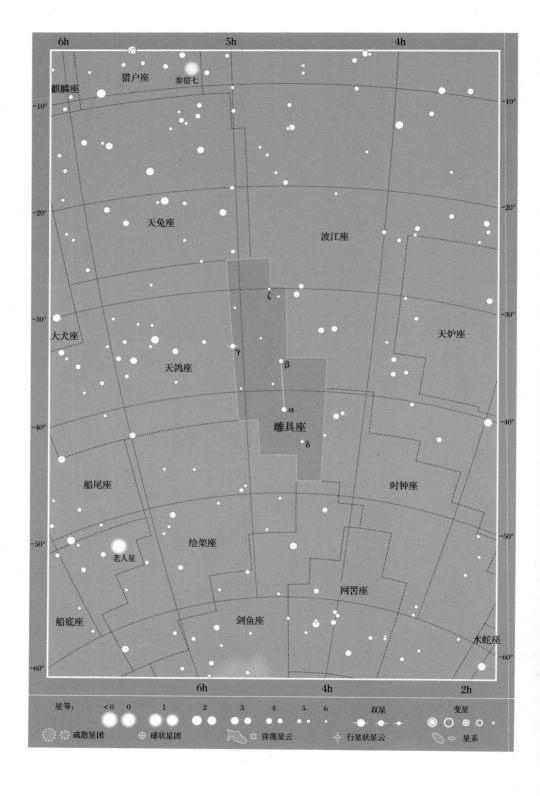

雕具座 α：赤经 4h 41m，赤纬 −41.9°，亮度为 4.4 等，是一颗白色的主序星，距离我们 66 光年。

雕具座 β：赤经 4h 42m，赤纬 −37.1°，亮度为 5.0 等，是一颗白色的亚巨星，距离我们 94 光年。

雕具座 γ：赤经 5h 04m，赤纬 −35.5°，亮度为 4.6 等，是一颗橙巨星，距离我们 181 光年。它有一个近距离的、亮度为 8.1 等的伴星，由于二者的亮度反差大，用小口径望远镜很难看到。

雕具座 δ：赤经 4h 31m，赤纬 −45.0°，亮度为 5.1 等，是一颗蓝白色恒星，距离我们 704 光年。

鹿豹座：长颈鹿

这是亮度较低的北极星座之一，位于天空的北极地区，占据着在古希腊时期尚未被命名的一片空白天区。它是由荷兰神学家和天文学家普兰修斯于 1612 年命名的。德国天文学家雅各布·巴奇写道，这个星座描绘的是一只骆驼，丽贝卡骑着它来到迦南地区，与以撒结婚。但这个星座的形象其实是一头长颈鹿而不是骆驼，所以它的真正含义我们并不清楚。

鹿豹座 α：赤经 4h 54m，赤纬 +66.3°，亮度为 4.3 等，是一颗高光度的蓝超巨星，距离我们大约 6000 光年，是裸眼可见的远距离恒星。

鹿豹座 β：赤经 5h 03m，赤纬 +60.4°，是这个星座中最亮的恒星。这是一颗黄超巨星，距离我们 870 光年。它有一颗相距较远的、亮度为 7.4 等的伴星，用小型望远镜甚至好的双筒望远镜都能看到。

鹿豹座 11：赤经 5h 06m，赤纬 +59.0°，亮度为 5.1 等，与亮度为 6.1 等

肯布尔星链由一串暗星组成，利用双筒望远镜和小型望远镜可以看到，它就位于疏散星团 NGC 1502 附近。（维尔·蒂里翁）

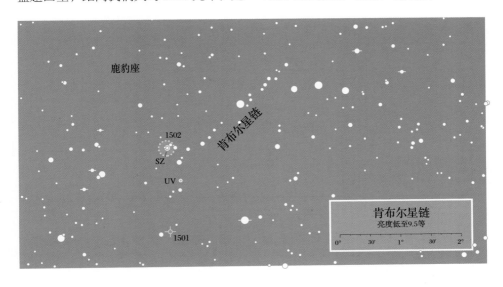

鹿豹座

肯布尔星链

1502

SZ

UV

1501

肯布尔星链
亮度低至9.5等

0°　　30′　　1°　　30′　　2°

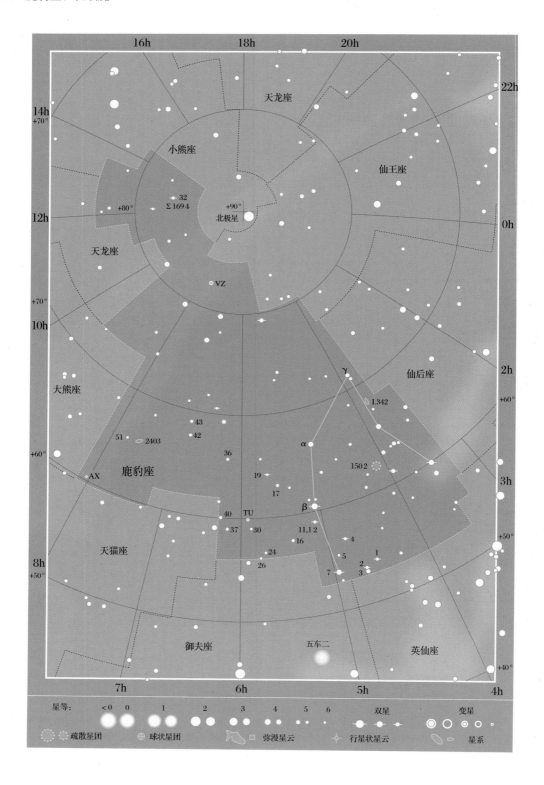

的鹿豹座 12 组成一对适合用双筒望远镜观察的双星。它们之间的距离大约为 700 光年，很难看成是一对真正的双星。

Σ1694：赤经 12h 49m，赤纬 +83.4°，是一对不相干的蓝白色双星，其亮度分别是 5.3 等和 5.8 等，用小型望远镜也很容易分辨。在一些旧的星表中，这对双星被称为鹿豹座 32。

NGC 1502：赤经 4h 08m，赤纬 +62.3°，是一个亮度为 6 等的小型疏散星团，有大约 45 颗成员星，用双筒望远镜和小型望远镜可以看到，形状有点像三角形。在它的中心有一对亮度为 7 等的双星。该星团距离我们大约 3000 光年。注意，从该星团向着仙后座的方向有超过 15 颗星组成的一串星，称为肯布尔星链。该星链与银河平行（见第 93 页图）。这条链中最亮的恒星为 5 等，位置大约在中间。

NGC 2403：赤经 7h 37m，赤纬 +65.6°，亮度为 8 等，是大小为 0.25° 的旋涡星系，用 100 毫米口径的望远镜观察，就像一个椭圆面。它距离我们 1200 万光年。

巨蟹座：一只螃蟹

巨蟹座代表的是在与九头蛇搏斗时攻击赫拉克勒斯的螃蟹。这只倒霉的螃蟹被赫拉克勒斯踩死了，但随后被带上了天空。

在古代，太阳每年位于天空中的最北点时就是在巨蟹座中，日期是 6 月 21 日左右，即夏至日。这一天对于北纬 23.5° 的人们来说，正午时分太阳正好位于头顶。这个纬度后来就被称为北回归线（英文名称 Tropic of Cancer，意思为"巨蟹座回归线"），英文名称一直沿用到今天，尽管由于岁差的影响，现在太阳在夏至日时已经位于金牛座。目前太阳每年从 7 月 21 日到 8 月 10 日运行到巨蟹座中。

巨蟹座是黄道十二星座中最暗弱的一个，星座中只有两颗亮度大于 4.0 等的恒星，但它仍然包含着很多有趣的天体，尤其是著名的鬼星团，它在西方被称为驴槽。鬼星团的两侧是一对亮度分别为 4 等和 5 等的恒星——北阿塞勒斯（Asellus Borealis）和南阿塞勒斯（Asellus Australis），括号内的名称源自拉丁文，意思分别是北方的驴子和南方的驴子，它们被想象成在驴槽中进食的驴子。

巨蟹座 α（柳宿增三，巨蟹的"钳子"）：赤经 8h 58m，赤纬 +11.9°，亮度为 4.3 等，呈白色，距离我们 189 光年。它有一颗 12 等的伴星，用口径为 75 毫米及以上的望远镜能够看到。

巨蟹座 β：赤经 8h 17m，赤纬 +9.2°，亮度为 3.5 等，是一颗橙巨星，距离我们 303 光年，是星座中最亮的恒星。

巨蟹座 γ（鬼宿三，"北方的驴子"）：赤经 8h 43m，赤纬 +21.5°，亮度为 4.7 等，呈白色，距离我们 181 光年。

巨蟹座 δ（鬼宿四，"南方的驴子"）：赤经 8h 45m，赤纬 +18.2°，亮度为 3.9 等，是一颗橙巨星，距离我们 131 光年。

巨蟹座 ζ（水位四）：赤经 8h 12m，赤纬 +17.6°，距离我们 82 光年，是一颗有趣的聚星。用裸眼看时，它的亮度为 4.7 等，但用小型望远镜观测时，

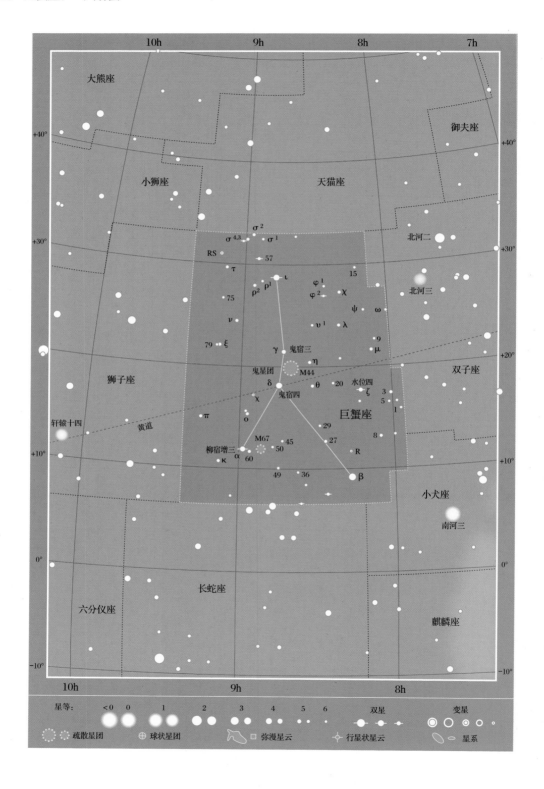

星等:　<0　0　1　2　3　4　5　6　　双星　　变星

⊙ 疏散星团　　⊕ 球状星团　　弥漫星云　　行星状星云　　星系

能看到两颗黄色的星，亮度分别是 5.0 等和 6.2 等。它们组成一对双星，估计轨道周期约为 1100 年。用较大的望远镜可以把它较亮的部分"分解"为紧密的双星，亮度分别为 5.6 等和 6.0 等，轨道周期为 59.6 年。这两颗恒星目前正在分开；它们相距最远的时候大约在 2019 年，100 毫米口径的望远镜就应该足以把它们分辨出来，但是到了 2025 年需要 150 毫米口径以上的望远镜才行。

巨蟹座 ι：赤经 8h 47m，赤纬 +28.8°，距离我们 331 光年，亮度为 4.0 等，是一颗黄巨星，其伴星为蓝白色的 6.6 等星，用双筒望远镜勉强能看到，用小型望远镜则很容易看到。

M44（NGC 2632）（鬼星团，"驴槽"）：赤经 8h 40m，赤纬 +20.0°，通常称为蜂巢星团，由大约 50 颗暗于 6 等的恒星组成，用裸眼观察是模糊的一团，最适合用双筒望远镜观看。这个疏散星团中最亮的成员是 ε，亮度 6.3 等。星团直径为 1.5°，是满月的 3 倍。根据依巴谷天文卫星的观测，星团中心距离我们 592 光年。

M67（NGC 2682）：赤经 8h 50m，赤纬 +11.8°，是一个比 M44 更小、密度更大的疏散星团，用双筒望远镜或小型望远镜可以看到一个月球大小的雾蒙蒙的椭圆。我们至少需要 75 毫米口径的望远镜才能分辨出它内部的约 200 颗最亮的独立恒星，这些恒星的亮度暗于 10 等。星团距离我们 2600 光年。

猎犬座：两条猎狗

这是 1687 年由波兰天文学家约翰内斯·赫维留提出的一个星座，由位于大熊星座下面的一些暗星组成。它代表了两条猎狗——阿斯忒里翁（Asterion，意为"小星星"）和查拉（Chara，意为"欢乐"），它们被附近的牧夫（牧夫座）用皮带牵着，围着北极追逐大熊（大熊座）。猎犬座中有无数的星系，其中最著名的是旋涡星系 M51，它有着美丽的螺旋面（见第 298 页）。它是 1845 年罗斯勋爵在爱尔兰的比尔城堡用他的 1.8 米口径反射望远镜发现的第一个旋涡星系。

猎犬座 α：赤经 12h 56m，赤纬 +38.3°。它被称为"查理的心"，"查理"指的是被处决的英格兰国王查理一世。据传说 1660 年查理二世在英国复辟君主制时，它的光芒格外耀眼，这当然是人为编造的。它是一对双星，其亮度分别为 2.9 等和 5.6 等，用小型望远镜容易分辨。这两颗恒星都是白色的，但不同的观察者报告说，通过望远镜观察到它们的颜色有细微的差别。较亮的恒星 α^2 是罕见的一类具有强而多变的磁场的恒星的代表，它的亮度稍有波动，但用裸眼无法察觉。α^2 距离我们 115 光年。

猎犬座 β（常陈四，"欢乐"）：赤经 12h 34m，赤纬 +41.4°，亮度为 4.3 等，是该星座中仅有的第二颗裸眼可见的恒星。它是一颗黄色主序星，与太阳相似，距离我们 28 光年。

猎犬座 Y：赤经 12h 45m，赤纬 +45.4°，是一颗亮度呈半规则变化的深红色超巨星。它的亮度变化范围为 4.9~6.5 等，光变周期约为 270 天，距离我们 1000 光年。

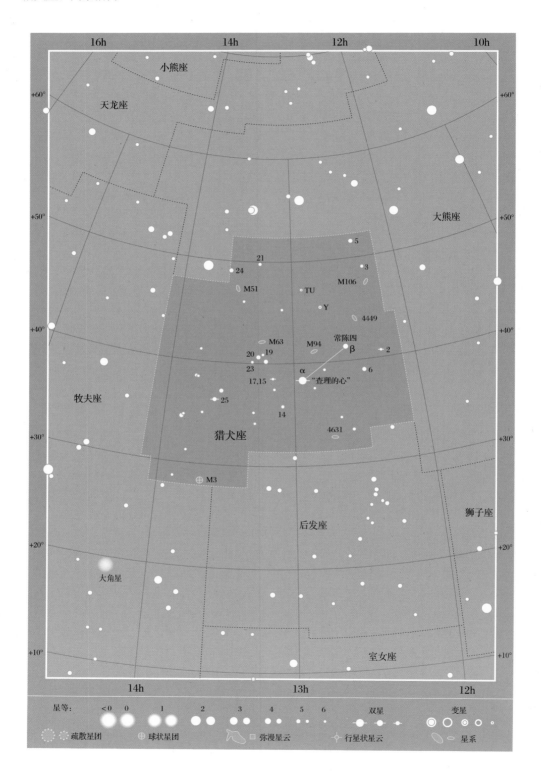

M3（NGC 5272）：赤经 13h 42m，赤纬 +28.4°，是一个恒星密集的球状星团，位于猎犬座 α 和大角星之间，是北方天空中最好看的球状星团之一。M3 的亮度为 6 等，裸眼可见，但在双筒望远镜和小型望远镜中几乎就是一颗模糊的恒星。它附近有一颗 6 等星，可以充当找到 M3 的向导。在小型望远镜中，这个星团看起来像一个凝聚的光球，外面笼罩着微弱的光晕。我们需要 100 毫米或更大口径的望远镜才能分辨星团外部区域中的单颗恒星。M3 距离我们 33000 光年。

M51（NGC 5194）：赤经 13h 30m，赤纬 +47.2°，名为涡状星系，亮度为 8 等，是距离我们大约 2600 万光年的一个旋涡星系。在它的一条旋臂的末端有一个较小的伴星系 NGC 5195。实际上，这个伴星系位于 M51 的后面，在过去 1 亿年左右的某个时间与 M51 擦肩而过。用双筒望远镜可以看到 M51，它显得有些扁长。小型望远镜的观测结果令人失望，只能看到从恒星状星系核向外扩散的模糊辐射形状，至少需要 250 毫米口径的望远镜才能看清旋臂。然而，在晴朗漆黑的夜晚，M51 还是值得一找的。（M51 和 NGC 5195 的照片见第 298 页。）

M63（NGC 5055）：赤经 13h 16m，赤纬 +42.0°，亮度为 9 等，是一个旋涡星系。在小型望远镜中可以看到它是一个带有斑驳纹理的模糊的椭圆亮斑。它被称为葵花星系，这得名于它在大型望远镜中呈现的形状。

M94（NGC 4736）：赤经 12h 51m，赤纬 +41.1°，是一个紧密的旋涡星系，几乎正面对着我们的视线。在业余天文望远镜里，它看起来像一颗 8 等的彗星，有一个模糊的恒星状星系核，周围有一个椭圆形的光环。M94 大约距离我们 1500 万光年。

大犬座：一条大狗

这是一个古老的星座，代表着两条狗中的一条（另一条是小犬座），它位于猎户座的脚边。在希腊神话中，它叫莱拉普斯，是一条行动迅捷的狗，没有猎物跑得比它快。莱拉普斯被派去追踪一只号称永远不会被抓住的狐狸。如果不是宙斯把这条狗抓起来放在天空中，这场追逐还会一直持续下去，直到永远。不过，在大犬座旁边并没有那只狐狸。

大犬座中有许多明亮的恒星，使它成为天空中最明亮的星座之一。它的领军星——天狼星是整个天空中最亮的恒星。天狼星的故事出现在许多神话和传说中。古埃及人根据它每年在天空中的运行情况来制定历法。

大犬座 α（Sirius，天狼星，Sirius 在希腊语中的意思是"灼热的"）：赤经 6h 45m，赤纬 −16.7°，亮度为 −1.46 等，是一颗明亮的白色主序星，距离我们 8.6 光年。天狼星是离太阳最近的恒星之一，它有一颗白矮星伴星，亮度为 8.4 等，每 50.1 年环绕天狼星一周。天狼星的光辉掩盖了这颗白矮星，所以即使在这两颗恒星相距最远时，比如在 2020 年到 2025 年之间，也需要用 200 毫米或更大口径的望远镜，在稳定的大气条件下

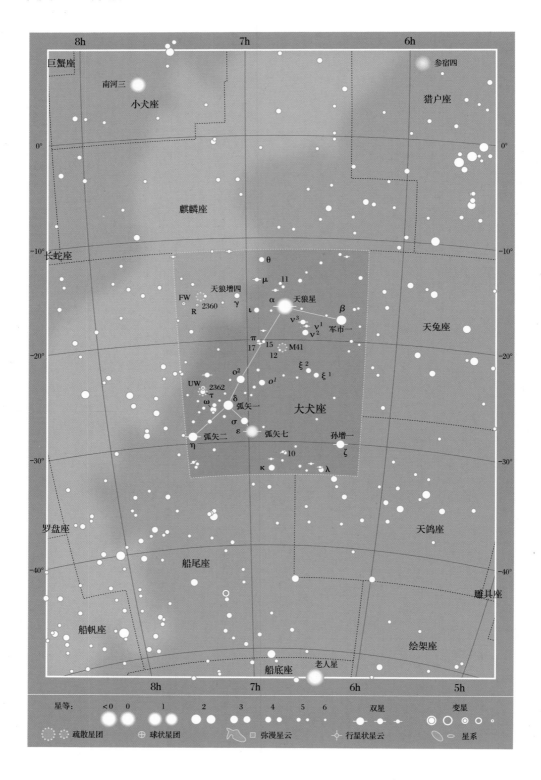

才能看到。2043 年，这两颗恒星将最为接近，除非使用最大口径的望远镜，其他望远镜将无法分辨二者。

大犬座 β（Announcer，军市一，英文名称意为"发布官"）：赤经 6h 23m，赤纬 −18.0°，亮度为 2.0 等，是一颗蓝巨星，距离我们 493 光年。它是一颗脉动变化的恒星，每 6 小时亮度变化几百分之一星等，用裸眼无法观测到。

大犬座 δ（Weight，弧矢一，英文名称意为"重量"）：赤经 7h 08m，赤纬 −26.4°，亮度为 1.8 等，是一颗白超巨星，距离我们 1600 光年。

大犬座 ε（Virgins，弧矢七，英文名称意为"处女"）：赤经 6h 59m，赤纬 −29.0°，亮度为 1.5 等，是一颗蓝巨星，距离我们 405 光年。它有一颗亮度为 7.2 等的伴星。由于主星发出的强光，在小型望远镜中很难看到这颗伴星。

大犬座 η（弧矢二）：赤经 7h 24m，赤纬 −29.3°，亮度为 2.4 等，是一颗蓝超巨星，距离我们大约 2000 光年。

大犬座 μ：赤经 6h 56m，赤纬 −14.0°，亮度为 5.0 等，是一颗橙巨星，距离我们大约 1250 光年，有一颗亮度接近 7 等的伴星。由于二者巨大的亮度反差，用小口径望远镜很难找到这颗蓝白色的伴星。

大犬座 ν¹：赤经 6h 36m，赤纬 −18.7°，亮度为 5.7 等，是一颗黄巨星，距离我们 350 光年。它有一颗亮度为 7.6 等的伴星，可以用小型望远镜看到。

大犬座 UW：赤经 7h 19m，赤纬 −24.6°，是一对天琴座 β 型食双星，亮度在 4.8 等和 5.3 等之间变化，光变周期为 4.4 天，距离我们大约 1900 光年。

M41（NGC 2287）：赤经 6h 47m，赤纬 −20.7°，它是一个大而明亮的疏散星团，由大约 80 颗恒星组成，很容易通过双筒望远镜或小型望远镜看到。它的总星等为 4.5 等，在良好的条件下可以用裸眼看到——古希腊人就发现了它。用小型望远镜在低倍率下拍摄的照片可显示出星团中密集成簇、排列成行的单颗恒星，它覆盖的天空面积相当于月球的视直径。这个星团中最亮的恒星是一颗亮度为 7 等的橙巨星。M41 距离我们 2300 光年。

NGC 2362：赤经 7h 19m，赤纬 −25.0°，是一个围绕在亮度为 4.4 等的蓝巨星大犬座 τ 周围的紧密的星团，而且 τ 是该星团的成员之一。用小型望远镜可以观测到星团中的约 60 颗恒星，该星团距离我们约 4800 光年。

小犬座：一条小型犬

小犬座是跟随猎户座的两条狗中的第二条，另一条是大犬座。在希腊神话中，这个星座代表的是伊卡里俄斯的猎犬马尔拉，伊卡里俄斯是狄俄尼索斯神最早教授酿酒技术的人。一次，一些牧羊人

喝了伊卡里俄斯的酒，结果醉了，他们怀疑伊卡里俄斯下了毒，于是把他杀了。猎犬马尔拉号叫着跑向伊卡里俄斯的女儿埃里戈涅，把她带到父亲的尸体旁。埃里戈涅和狗都在伊卡里俄斯躺着的地

方结束了自己的生命。宙斯把他们带到天上，作为这件悲惨事件的纪念。在这个故事中，伊卡里俄斯就是牧夫座，埃里戈涅是室女座，而马尔拉就是小犬座。

小犬座的主星南河三是天空中第八亮的星。除此之外，小犬座中几乎没有其他重要的星。南河三与明亮的天狼星（位于大犬座）和参宿四（位于猎户座）组成一个明显的等边三角形。

小犬座 α（Procyon，南河三，英文名称源自希腊语，意为"在狗的前边"）：赤经 7h 39m，赤纬 +5.2°，它是一颗亮度为 0.37 等的黄白色亚巨星，距离我们 11.5 光年，因此是离太阳最近的恒星之一。像天狼星一样，南河三也有一颗白矮星伴星，但是这颗星的亮度只有 10.9 等，比天狼星的伴星更难看到，需要使用大型专业望远镜才能观测到。南河三的伴星环绕它一周需 41 年。

小犬座 β（南河二）：赤经 7h 27m，赤纬 +8.3°，亮度为 2.9 等，是一颗蓝白色的主序星，距离我们 162 光年。

白矮星

天狼星和南河三（分别为大犬座和小犬座中最亮的恒星）都有被称为白矮星的小而暗的恒星作为伴星，这是一个惊人的巧合。1844 年，德国天文学家弗里德里希·威廉·贝塞尔（1784—1846）发现这两颗星的自行有小幅摆动，他意识到，这种摆动很可能是由围绕可见恒星运行的另一颗看不见的伴星引起的。

天狼星的伴星称为天狼星 B，首次是在 1862 年由美国天文学家阿尔万·G. 克拉克使用 47 厘米口径的折射望远镜发现的。而南河三的伴星南河三 B 最早是在 1896 年由约翰·M. 舍贝勒利用里克天文台的 91 厘米口径的折射望远镜发现的。

但是直到 1915 年，天文学家们才意识到这些恒星真正特殊的性质。观测表明天狼星 B 的温度非常高，个头非常小，密度非常大。事实上，天狼星 B 就是把太阳的质量全部压缩到一个不到太阳直径 1% 的球体中的情况（也就是和地球的直径差不多）。天狼星 B 的密度是水的 10 万倍以上。

我们现在知道，白矮星是一颗普通恒星到了生命的终点，核心的核反应停止了，恒星收缩后的残余物。白矮星的密度非常大，其原因在于不可阻挡的引力将垂死恒星的电子尽可能紧密地挤压在了一起。

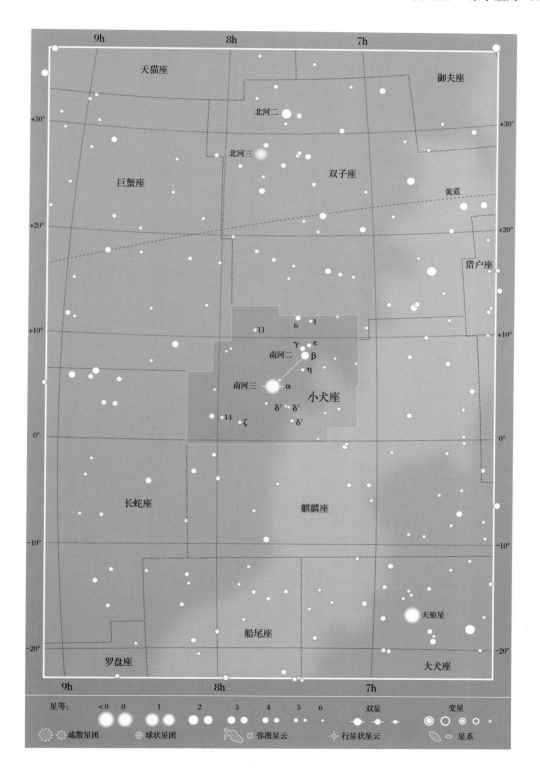

摩羯座：一只长着鱼尾的山羊

摩羯座被描绘成一只长着鱼尾的山羊。动物在古代神话传说中占有重要地位，摩羯座的起源当然可以追溯到古代。这个星座代表的是希腊神话中长着山羊脑袋的潘神，他为了躲避怪兽提丰的接近，跳进了一条河里，下半身变成了鱼尾。

在公元前 130 年以前，太阳每年到达天赤道以南最远的地方时就位于摩羯座里。这一天称为冬至日，目前冬至日出现在 12 月 21 日或 22 日（可能每年有所不同）。在这一天正午，太阳正好位于头顶正上方的地方的纬度是地球上的南纬 23.5°，这一纬度线被称为南回归线。由于岁差，目前冬至点已经从摩羯座移动到了邻近的人马座（并将在 2269 年到达蛇夫座），但是南回归线的英文名称"Tropic of Capricornus"（意思为"摩羯座回归线"）依然保留了下来。

摩羯座是黄道带中最小的星座。每年从 1 月下旬到 2 月中旬，太阳运行在它的范围内。

摩羯座 α^1 和 α^2（Algedi，牛宿二，英文名称源自阿拉伯语，意为"小孩"，指的是整个星座）：赤经 20h 18m，赤纬 −12.5°，这是一个聚星，由一颗 4.3 等的黄超巨星和另一颗不相关的 3.6 等的黄巨星组成，它们分别位于 569 光年和 106 光年之外。这两颗星用裸眼或双筒望远镜就能分辨出来。用望远镜还能看到这对恒星的每个成员本身又都是双星。稍暗一点的 α^1 星有一颗宽距的 9.0 等伴星，在小型望远镜中可见。α^2 有自己的 11 等伴星，用口径至少为 100 毫米的望远镜，可以看到这颗暗淡的伴星本身又由两颗 11 等星组成。因此，摩羯座 α 是一个迷人的混合星系。

摩羯座 β（Dabih，牛宿一，英文名称源自阿拉伯语，意为"屠夫的幸运之星"）：赤经 20h 21m，赤纬 −14.8°，距离我们 340 光年，是一颗 3.1 等的金黄色巨星。它有一颗 6.1 等的蓝白色伴星，二者相距较远，通过双筒望远镜和小型望远镜都可以看到。

摩羯座 γ（壁垒阵三）：赤经 21h 40m，赤纬 −16.7°，是一颗亮度为 3.7 等的白星，距离我们 157 光年。

摩羯座 δ：赤经 21h 47m，赤纬 −16.1°，亮度为 2.8 等，是该星座中最亮的一颗。它是一颗天琴座 β 型（也称渐台二型）食双星，亮度最多变化 0.2 等，我们几乎察觉不到，光变周期超过 24.5 小时。它距离我们 39 光年。

摩羯座 π：赤经 20h 27m，赤纬 −18.2°，距离我们 545 光年，是一颗 5.2 等的蓝白色主序星。用小型望远镜可以看到它有一颗 8.5 等的伴星。

M30（NGC 7099）：赤经 21h 40m，赤纬 −23.2°，是一个亮度为 7 等、距离我们 26000 光年的球状星团。用 100 毫米口径的小型望远镜，可以明显地看到它在中央凝聚，有向北延伸的手指状星链。它位于摩羯座 41 旁边，是一颗 5 等的前景恒星。

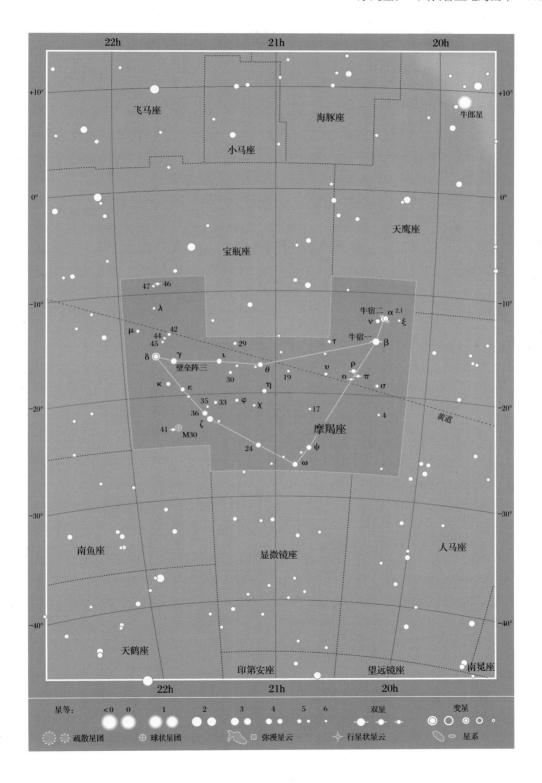

船底座：船的龙骨

这个星座最初是巨大的南船座的一部分，南船座是阿尔戈诸英雄乘坐的船的形象，直到 1763 年法国天体制图师尼古拉·路易·德·拉卡伊把它分成了 4 个部分。另外 3 个部分分别是罗盘座、船尾座和船帆座。船底座是它们当中最小的一个，代表着船的龙骨或船身。船底座位于银河中，用双筒望远镜可以看到丰富的星群和星团。船底座 ι 和 ε，连同船底座 κ 和 δ，形成一个"假十字"，有时人们会将其与真正的南十字座相混淆。

船底座 α（老人星）：赤经 6h 24m，赤纬 −52.7°，亮度为 −0.74 等，是天空中第二亮的星。这是一颗距离我们 309 光年的白巨星。它是以希腊国王墨涅劳斯舵手的名字命名的，现在恰好也被宇宙飞船用来导航。

船底座 β（南船五）：赤经 9h 13m，赤纬 −69.7°，亮度为 1.7 等，是一颗距离我们 113 光年的蓝白色巨星。

船底座 ε（海石一）：赤经 8h 23m，赤纬 −59.5°，亮度为 1.9 等，是一颗距离我们 600 光年的橙巨星。

船底座 η：赤经 10h 45m，赤纬 −59.7°，距离我们 7500 光年，是镶嵌在船底星云（NGC 3372）中的一颗奇异的类新星的变星。过去，船底座 η 的亮度不规则地变化，1843 年最亮时达到 −1 等，暂时成为天空中第二亮的恒星。随后它的亮度稳定在 6 等左右，但在 1998 年上升到 5 等。它的质量是太阳的 100 多倍，比太阳亮 400 万倍，有一颗看不见的伴星，环绕它一周需 5.5 年。这对双星被 1843 年爆发时抛出的尘埃和气体所包围。

船底座 θ：赤经 10h 43m，赤纬 −64.4°，亮度为 2.8 等，是一颗蓝白色的主序星，距离我们 456 光年，位于闪闪发光的疏散星团 IC 2602（见第 108 页，图中标注为"I.2602"）中。

船底座 ι（海石二）：赤经 9h 17m，赤纬 −59.3°，亮度为 2.3 等，是一颗白超巨星，距离我们 766 光年。

船底座 υ：赤经 9h 47m，赤纬 −65.1°，是一对可以用小型望远镜分辨出来的双星，其中一颗是距离我们 1400 光年的白巨星，它与一颗可能与自己毫无关系的白色伴星组成双星。

船底座 I：赤经 9h 45m，赤纬 −62.5°，一颗黄超巨星，距离我们 1560 光年，是最亮的造父变星——亮度变化大到裸眼可见。它的亮度在 3.3 等和 4.2 等之间变化，光变周期是 35.6 天。

船底座 R：赤经 9h 32m，赤纬 −62.8°，距离我们 514 光年，是一颗红巨星，属于刍藁增二型变星，亮度在 4 等和 10 等之间变化，光变周期为 306 天。

船底座 S：赤经 10h 09m，赤纬 −61.5°，距离我们约 1800 光年。与附近的 R 星类似，它是一颗红巨星变星，在 150 多天里亮度从 5 等变化到 10 等。

NGC 2516：赤经 7h 58m，赤纬 −60.9°。这是一个裸眼可见的疏散星团，由大约 80 颗恒星组成，距离我们 1200 光年，和满月一样大。在双筒望远镜里，它闪闪发光，看上去是十字形的。它最亮的成员是一颗 5.2 等的红巨星。

NGC 3114：赤经 10h 03m，赤纬

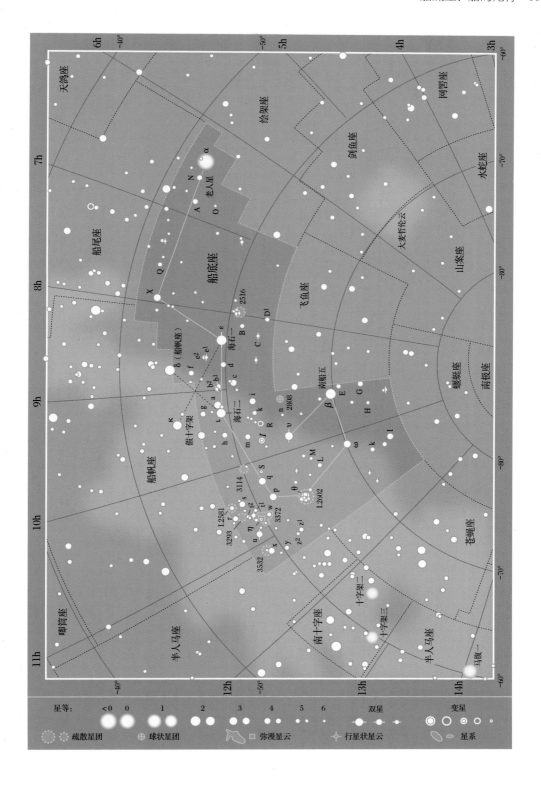

−60.1°。这是一个较大的疏散星团，大小在视觉上与满月相同，包含很多最亮为 6 等的恒星。这个星团距离我们不到 3000 光年，最好用双筒望远镜和低倍率的小型望远镜观察。

NGC 3372：赤经 10h 44m，赤纬 −59.9°，是一个容易用裸眼看到的著名的弥漫星云。在浓密的银河中，它的目视大小与月球直径的 4 倍相当，围绕着飘忽不定的变星船底座 η。星云中诞生的年轻恒星发出耀眼的光芒，照亮了星云。用双筒望远镜和小型望远镜能看到像宝石一般的星团，以及有暗条纹的发光气体旋涡。其中最著名的是一个暗星云，称为锁眼，它得名于自身独特的轮廓，映衬在附近以船底座 η 为中心的明亮星云上。NGC 3372 星云距离我们大约 7500 光年，与船底座 η 和地球之间的距离相同。（船底座 η 星云 NGC 3372 和锁眼星云的照片见第 287 页。）

NGC 3532，赤经 11 h 06m，赤纬 −58.7°，距离我们 1350 光年，是一个用裸眼可以看到的著名的疏散星团。在银河的星群中，它看上去是一个约 1° 宽的亮斑，在双筒望远镜中闪闪发光。它包含 150 颗左右的 7 等恒星，其中一些橙巨星呈椭圆形排列，中间有一条不含恒星的通道。位于星团边缘的 3.8 等的黄巨星船底座 x 不是这个星团的成员，而是距离它 4 倍远的背景天体。

IC 2602（图中标注为"I.2602"）：赤经 10h 43m，赤纬 −64.4°。它是一个巨大而明亮的疏散星团，由几十颗恒星组成，通常称为南昴星团，其中心距离我们 525 光年。这个星团中较亮的成员裸眼可见，尤其是蓝白色的船底座 θ 星，其亮度为 2.8 等。整个星团的宽度是满月的两倍。

仙后座

在希腊神话中，仙后座的形象是美丽而自负的埃塞俄比亚王后卡西奥佩娅，她是国王刻甫斯的妻子和仙女安德洛墨达的母亲。在天空中，她被描绘成坐在椅子上的样子。在这个星座中，5 颗最亮的恒星呈独特的 W 形排布，很容易辨认。相对于北极星，仙后座位于大熊座的对面，在银河稠密的星群区域中。

1572 年，在仙后座 κ（赤经 0h 25.3m，赤纬 +64°09′）的附近发生了超新星爆发，亮度达到 −4 等。它被称为第谷超新星，因为它是由伟大的丹麦天文学家第谷·布拉赫观测到的。另一颗超新星在 1660 年左右爆发，但当时没有人发现，它的残骸形成了天空中最强的射电源——仙后座 A。仙后座 A 位于赤经 23h 23.4m、赤纬 +58°50'，距离我们约 1 万光年。

仙后座 α（Schedar，王良四，英文名称意为"胸部"）：赤经 0h 41m，赤纬 +56.5°，亮度为 2.2 等，是一颗距离我们 228 光年的橙巨星。它有一个相距较远的 8.8 等的伴星，它们之间并不相关。

仙后座 β（王良一）：赤经 0h 09m，赤纬 +59.1°，亮度为 2.3 等，是一颗距离我们 55 光年的白巨星。

仙后座 γ：赤经 0h 57m，赤纬 +60.7°，距离我们 549 光年，是一颗引

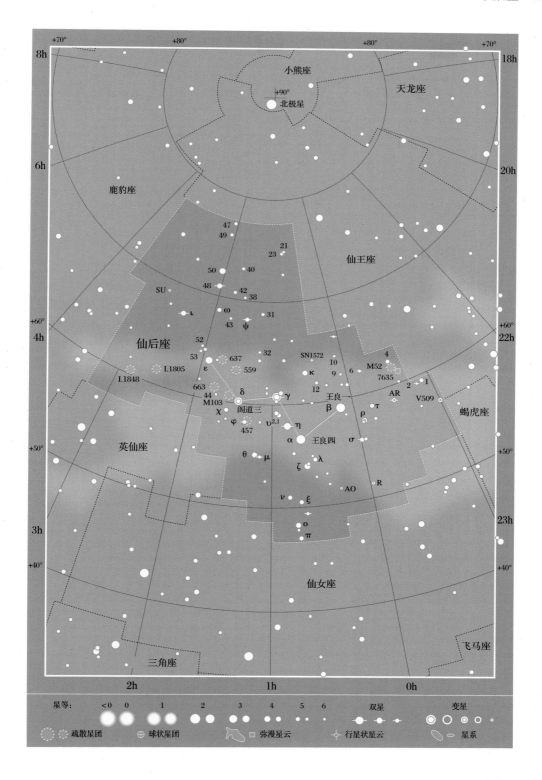

人注目的蓝白色变星。它旋转得非常快，以至于变得不稳定，在它的赤道区域以不规则的间隔抛出气体环。喷射的气体使它的亮度发生不可预测的变化——在3.0 等和 1.6 等之间变化。目前它的亮度徘徊在 2.2 等左右。

仙后座 δ（Ruchbah，阁道三，英文名称意为"膝盖"）：赤经 1h 26m，赤纬 +60.2°，亮度为 2.7 等，是一颗蓝白色的亚巨星，距离我们 99 光年。这是一对大陵五型食变星，亮度变化约为 0.1 等，光变周期相对较长，为 2 年 1 个月。

仙后座 ε：赤经 1h 54m，赤纬 +63.7°，亮度为 3.4 等，是一颗蓝白色星，距离我们 412 光年。

仙后座 η：赤经 0h 49m，赤纬 +57.8°，距离我们 19 光年，是一对美丽的双星。它们的颜色分别是黄色和红色，亮度分别是 3.5 等和 7.5 等，用小型望远镜就能看到。它们是一对真正的双星，周期为 480 年。

仙后座 ι：赤经 2h 29m，赤纬 +67.4°，距离我们 133 光年，是一颗亮度为 4.6 等的白色恒星，带有一颗相距较远的 8.4 等伴星，通过 60 毫米口径的望远镜可以看到。用 100 毫米口径和高倍率的望远镜，可以看到这颗恒星有一颗更近的 6.9 等的黄色伴星。这是一个令人印象深刻的三合星系统。

仙后座 ρ：赤经 23h 54m，赤纬 +57.5°，是一颗黄白色超巨星，是已知最亮的恒星之一，发出的光相当于 50 万个太阳发出的光。它是一颗半规则的脉动变星，亮度每 2.25 年左右在 4.1 等和 6.2 等之间变化一次。它与我们的距离并不确知，可能超过 10000 光年。

仙后座 σ：赤经 23h 59m，赤纬 +55.8°，距离我们大约 4500 光年，是一对近距离的双星，其亮度分别为 5.0 等和 7.2 等。它们的颜色分别是绿色和蓝色，与仙后座 η 的暖色调形成鲜明对比。用 75 毫米口径和高倍率的望远镜可以分辨它们。

仙后座 ψ：赤经 1h 26m，赤纬 +68.1°，距离我们 195 光年，是一颗 4.7 等的橙巨星，带有相距较远的 9 等伴星。用小型望远镜就能看到伴星。在高倍率下可以看出，这颗伴星本身就是一个紧密的双星系统。

M52（NGC 7654）：赤经 23h 24m，赤纬 +61.6°。这是一个包含约 100 颗恒星的疏散星团，距离我们 4600 光年。在双筒望远镜中，它看上去就像一团薄雾。它的形状有点像肾脏，有一颗 8 等的橙色恒星嵌在边缘，就像一个缩减版的野鸭星团（盾牌座中的 M11）。在 75 毫米口径的望远镜中，M52 可以被"分解"成许多恒星。

M103（NGC 581）：赤经 1h 33m，赤纬 +60.7°，是一个由大约 25 颗暗星组成的细长的小星团，距离我们 7200 光年。M103 看起来最亮的成员是一对亮度分别为 7 等和 10 等的双星，它们靠近星团的北端，实际上是前景天体。

NGC 457：赤经 1h 19m，赤纬 +58.3°，是一个松散的疏散星团，包含约 80 颗恒星，距离我们 7900 光年，看起来是一串星。它的形状给它带来各种富有想象力的名字，如蜻蜓星团、ET 星团和猫头鹰星团。亮度为 5.0 等的白超巨星仙后座 φ 位于其南部，可能是一个真正的星团成员。

NGC 663：赤经 1h 46m，赤纬 +61.2°。它是一个明亮的星团，适合用双筒望远镜观看，由大约 80 颗恒星组成，目视大小是满月的一半，距离我们 7900 光年。

半人马座：人首马身的怪物

半人马座是一个巨大而多星的星座，代表神话中半人半马的野兽。据说它是博学的半人马喀戎，是许多古希腊神和英雄的导师，在被赫拉克勒斯的毒箭意外射中后升入天空。

半人马座 α 和 β 的连线指向南十字座（见第 121 页）。目前半人马座 α 和 β 相距 4.5°，但前者正朝向后者快速自行。大约 4000 年后，这两颗星在天空中将相距仅 0.5°（月球视直径），成为一对裸眼可见的双星。特别值得注意的是，半人马座中有离太阳最近的恒星——比邻星，它的亮度为 11 等，是一颗红矮星，为半人马座 α 的伴星。

半人马座 A 是天空中最强的射电源之一，它与不寻常的星系 NGC 5128 有关。半人马座位于银河的稠密星群区域，它包含的裸眼可见的恒星比其他任何星座都多。根据依巴谷星表，这个星座中总共有 281 颗亮于 6.5 等的恒星。

半人马座 α（Rigil Kentaurus，南门二，英文名称意为"半人马的脚"）：赤经 14h 40m，赤纬 −60.8°，距离我们 4.3 光年，裸眼可见。它在天空中是第三亮的恒星，亮度为 −0.27 等。用最小型的望远镜观看，可以看到它是由一对黄色的恒星组成的，亮度分别为 −0.01 等和 1.33 等，其中较亮的恒星与太阳非常相似。用业余天文望远镜就能观测到这对双星，它们每隔 80 年绕彼此公转一圈，在最接近的时候，也就是 2037—2038 年，需要 75 毫米口径的望远镜才能分辨出它们。半人马座 α 还有一颗 11 等的伴星，我们称之为比邻星。它是一颗红矮星，与半人马座 α 相距约 2°，因此无法在

11等比邻星的寻星图显示了其在200年间的自行运动。比邻星距离半人马座 α，即图中左上方的那颗明亮的恒星约2°。（维尔·蒂里翁）

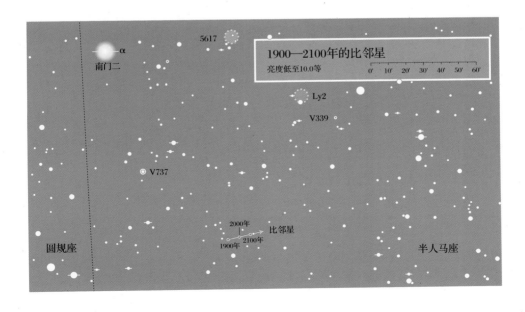

望远镜的同一视野之内同时观测到它们（见上页图）。据估计，半人马座 α 围绕它的两颗明亮的伴星运行一周需要长达 100 万年的时间。目前，比邻星比它的两颗伴星距离我们近 0.1 光年。比邻星是一颗耀星，它会在几分钟内突然变亮，亮度变化幅度可达 1 等。

半人马座 β（马腹一）：赤经 14h 04m，赤纬 −60.4°，亮度为 0.6 等，是一颗蓝巨星，距离我们 392 光年。它实际上是一个密近双星系统，伴星为 4 等，只能通过大口径望远镜分辨二者。

半人马座 γ：赤经 12h 42m，赤纬 −49.0°，距离我们 130 光年，是一个密近双星系统，伴星是一颗蓝白色星，它们每隔 84 年绕彼此运行一周。这对双星挨在一起，看上去就像一颗亮度为 2.2 等的恒星。当它们彼此最接近时，如在 2010 年到 2020 年之间，用业余天文望远镜无法将它们区分开，但到 2022 年用 220 毫米口径的望远镜可以分辨二者，到 2026 年则用 150 毫米口径的望远镜就可以做到。它们之间的距离在 2053 年和 2056 年之间达到最大，届时用 75 毫米口径的望远镜就可以分辨了。

半人马座 3：赤经 13h 52m，赤纬 −33.0°，距离我们 344 光年，是一颗蓝白色巨星，亮度为 4.5 等。它的伴星为 6.0 等的主序星，用小型望远镜可以看到它们是一对引人注目的双星。

半人马座 R：赤经 14h 17m，赤纬

半人马座 ω：最漂亮的球状星团，具有明显的椭圆形状。它的真实直径约为 150 光年。（NOAO/AURA/NSF）

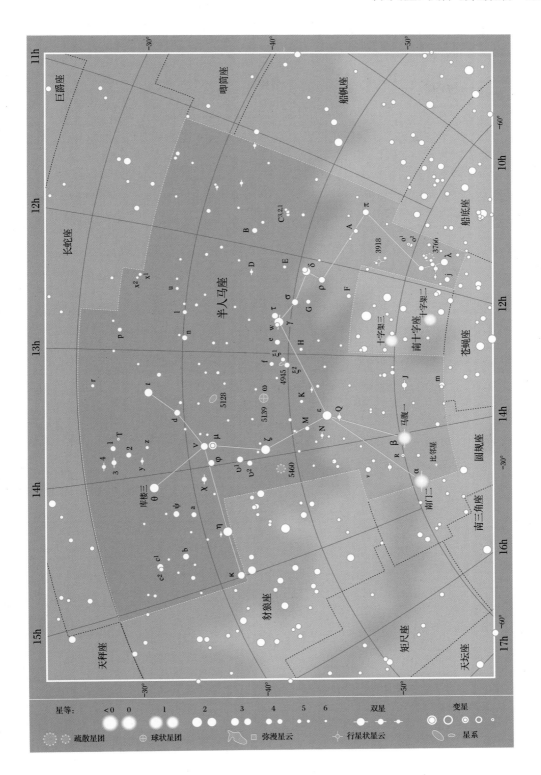

−59.9°，是一颗刍蒿增二型红巨星变星，亮度在 5.3 等和 11.8 等之间变化，以 18 个月为一个光变周期。它距离我们大约 1250 光年。

半人马座 ω（NGC 5139）：赤经 13h 27m，赤纬 −47.5°，是天空中最大、最亮的球状星团。它是如此明亮，以至于在早期的星图中被标记为一颗恒星。在裸眼看来，它是一颗朦胧的 3.7 等星，明显呈椭圆形，和满月一样大。它是所有球状星团中最亮的，发出的光相当于 100 万个太阳发出的光芒。用小型望远镜甚至双筒望远镜都可以在它的外部区域"分解"出恒星，它适合用所有口径的望远镜观察。我们能观察到它的亮度和巨大的外观尺寸，主要是由于它与我们的距离较近——1.7 万光年。它是离我们最近的球状星团之一。

NGC 3766：赤经 11h 36m，赤纬 −61.6°。它是一个裸眼可见的疏散星团，距离我们 7200 光年，由大约 100 颗亮度不超过 7 等的恒星组成。用双筒望远镜就可以分辨这些恒星。

NGC 3918：赤经 11h 50m，赤纬 −57.2°，是一个亮度为 8 等的行星状星云，距离我们 2600 光年，由约翰·赫歇尔在 19 世纪发现，他称其为蓝行星状星云。它的外观与天王星相似，但其视直径是天王星的 3 倍。它的中心星的亮度为 11 等，用一般的业余天文望远镜就能观察到。

NGC 5128：赤经 13h 25m，赤纬 −43.0°，是在本星系群之外最亮的一个奇特的 7 等星系。在射电天文学中，它被称为半人马座 A。在如第 303 页所示的长时间曝光的照片中，它看起来是一个巨大的椭圆星系，周围环绕着一圈尘埃。它是椭圆星系和旋涡星系合并的结果。在晴朗的夜空下，用双筒望远镜可以看到它的圆形外观，但至少需要 100 毫米口径的望远镜才能分辨它的轮廓和暗弱的尘埃平分线。NGC 5128 距离我们 1200 万光年。

NGC 5460：赤经 14h 08m，赤纬 −48.3°，亮度为 6 等，是一个很大的疏散星团。用双筒望远镜或小型望远镜可以看到该星团中的大约 40 颗恒星，距离我们 2300 光年。

仙王座

仙王座是一个古代就确定下来的星座，代表神话中的埃塞俄比亚国王刻甫斯，他是王后卡西奥佩娅的丈夫和仙女安德洛墨达的父亲。这些都是邻近的星座。仙王座中充满了双星和变星，包括著名的仙王座 δ——造父变星的原型星，它是用于空间测距的"标准烛光"。这颗恒星的亮度变化是由英国业余天文学家约翰·古德瑞克在 1784 年发现的。

仙王座 α（天钩五）：赤经 21h 19m，赤纬 +62.6°，亮度为 2.5 等，是一颗白色主序星，距离我们 49 光年。

仙王座 β（Alfirk，上卫增一，英文名称意为"羊群"）：赤经 21h 29m，赤纬 +70.6°，距离我们 685 光年。它既是一个双星系统，也是一颗变星。通过小型望远镜可以看到，这颗 3.2 等的蓝巨星拥有一颗 8.6 等的伴星。仙王座 β 是一类脉动变星（也称为大犬座 β 变星

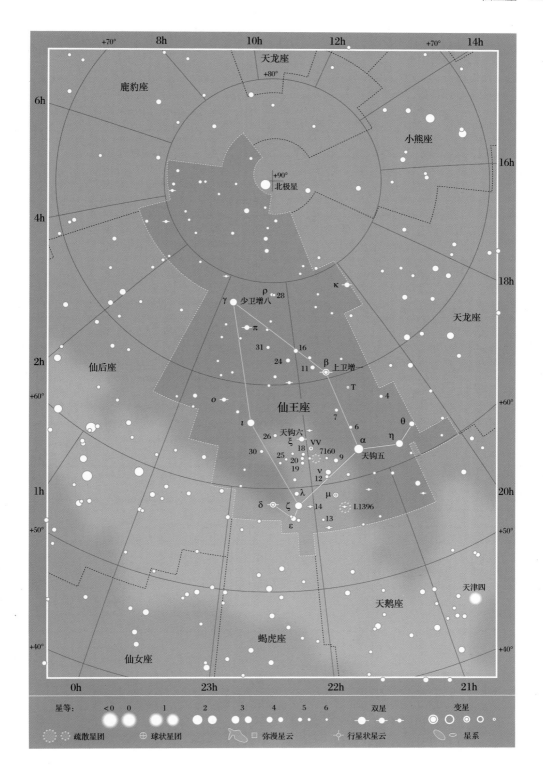

类）的代表，有周期为几小时的小幅度亮度波动。在 4.6 小时左右，仙王座 β 的亮度变化 0.1 等，裸眼无法区分，但可以被灵敏的仪器记录下来。

仙王座 γ（Errai，少卫增八，英文名称意为"牧羊人"）：赤经 23h 39m，赤纬 +77.6°，亮度为 3.2 等，是一颗橙巨星或亚巨星，距离我们 46 光年。

仙王座 δ：赤经 22h 29m，赤纬 +58.4°，距离我们 865 光年。它是一颗著名的脉动变星，是造父变星的典型代表（造父一）。在 5 天 9 小时的时间里，这颗黄超巨星的亮度在 3.5 等和 4.4 等之间变化，其直径在太阳直径的 40 倍和 46 倍之间变化（见第 295 页）。鲜为人知的是，仙王座 δ 也是一对适合用双筒望远镜或小型望远镜观察的双星，主星有一颗相距较远的浅蓝色 6.3 等伴星。

仙王座 μ：赤经 21h 44m，赤纬 +58.8°，是一颗著名的红星，因其引人注目的色彩，被威廉·赫歇尔称为石榴石星。在双筒望远镜中，仙王座 μ 格外醒目。它是一颗红巨星，是一类半规则变星的代表，亮度在 3.4 等和 5.1 等之间变化，光变周期为 2 年左右。该星与我们的距离不确定，可能为几千光年。它的直径估计超过太阳直径的 1000 倍，是最大的巨星之一。它与在同一星座中的仙王座 VV 变星有着相同的特性（见下文）。

仙王座 ξ（天钩六）：赤经 22h 04m，赤纬 +64.6°，距离我们 97 光年，是由亮度分别为 4.4 等和 6.3 等的恒星组成的双星系统，在小型望远镜中可见。它们是真正的双星，颜色分别为白色和黄色，估计轨道周期接近 4000 年。

仙王座 o：赤经 23h 19m，赤纬 +68.1°，距离我们 203 光年，是一颗橙巨星，亮度为 4.9 等。用 60 毫米及以上口径的望远镜可以看到它有一颗近距离的 7.3 等伴星，它们大约每 1500 年绕彼此公转一周。

仙王座 T：赤经 21h 10m，赤纬 +68.5°，距离我们 612 光年，是一颗红巨星，属于刍藁增二型变星。它的大小大约是太阳直径的 500 倍，亮度在 5.2 等和 11.3 等之间变化，光变周期大约为 13 个月。

仙王座 VV：赤经 21h 57m，赤纬 +63.6°，是一颗红巨星，为半规则变星，亮度在 4.8 等和 5.4 等之间变化。它也是一颗食双星，其光变周期异常长，为 20.3 年。但在它被 8 等蓝色伴星掩食期间，亮度下降太微弱，裸眼难以察觉到。仙王座 VV 距离我们大约 2500 光年，它的直径可能超过太阳直径的 1000 倍，是已知最大的恒星之一。它与另一颗红超巨星——仙王座 μ（见上文）有着相同的特征。

鲸鱼座：一头鲸

这是一个古代就确定下来的星座，描绘的是将要吞噬仙女安德洛墨达的海怪，后来仙女被珀耳修斯救起。在天空中，鲸鱼座位于波江座的旁边，这个星座很大，但不明亮。然而，它包含了几个有趣的天体，尤其是鲸鱼座 o 和 τ。

鲸鱼座 UV 是一颗暗弱但出名的恒星，位置为赤经 1h 38.8m、赤纬

−17°57'。它实际上由一对 13 等的红矮星组成，距离我们 8.7 光年；其中一颗是一类不稳定变星的代表，称为耀星。这些红矮星的亮度会突然增大，但只持续几分钟。双星中这颗耀星的爆发会使鲸鱼座 UV 的亮度从正常的 13 等变为 7 等。

鲸鱼座 α（Menkar，天囷一，英文名称意为"鼻子"）：赤经 3h 02m，赤纬 +4.1°，亮度为 2.5 等，是一颗距离我们 249 光年的红巨星。用双筒望远镜可以看到它有一颗距离自己较远的 5.6 等蓝白色伴星——鲸鱼座 93，但实际上这两颗星并无关系，后者位于比前者远两倍的地方。

鲸鱼座 β（土司空）：赤经 0h 44m，赤纬 −18.0°，亮度为 2.0 等，是一颗橙巨星，是该星座中最亮的星，距离我们 96 光年。

鲸鱼座 γ（天囷八）：赤经 2h 43m，赤纬 +3.2°，距离我们 80 光年，是一个密近双星系统，需要至少 60 毫米口径和高倍率的望远镜才能分辨二者。这对双星的亮度分别是 3.5 等和 6.1 等，

刍蒿增二（也称为鲸鱼座 o）的寻星图，恒星旁边的数字是亮度等级，其中的小数点省略了，以防止与恒星的点相混淆。这些恒星可以用来估计刍蒿增二的星等。（维尔·蒂里翁）

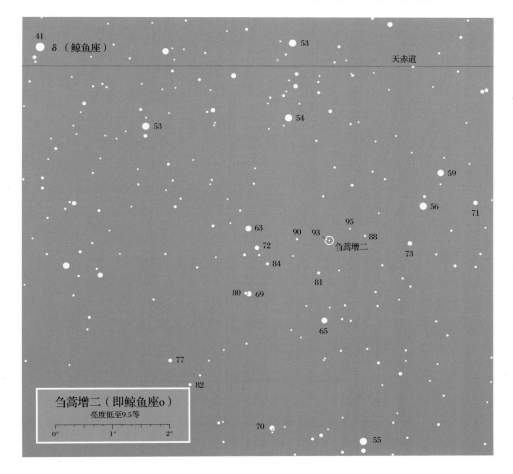

41
δ（鲸鱼座）
53
天赤道
53
54
59
56
71
95
63
90　93
88
72
刍蒿增二
73
84
81
80　69
65
77
82
70
55

刍蒿增二（即鲸鱼座 o）
亮度低至 9.5 等
0°　　　1°　　　2°

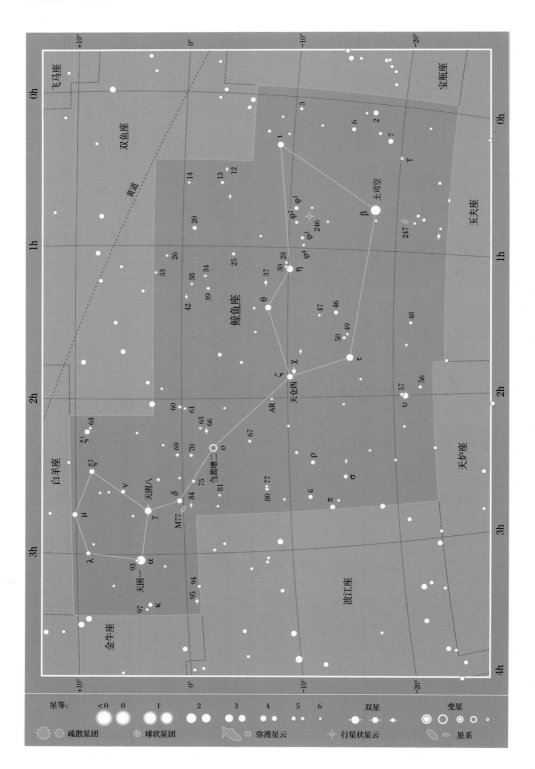

颜色分别为淡蓝色和黄色。

　　鲸鱼座 ο（刍藁增二）：赤经 2h 19m，赤纬 −3.0°，距离我们 420 光年，是著名的红巨星长周期变星的原型。刍藁增二的亮度在 3 等和 9 等之间变化（尽管它的亮度有时可以达到 2 等），平均光变周期为 332 天，直径为太阳直径的 400 ～ 500 倍。1596 年，荷兰天文学家戴维·法布里修斯（1564—1617）首次发现了刍藁增二的亮度变化，使它成为被发现的第一颗变星（除了新星之外）。第 117 页的寻星图显示了各种比较星，亮度最暗为 9.5 等，便于对刍藁增二的亮度进行估计。

　　鲸鱼座 τ：赤经 1h 44m，赤纬 −15.9°，是一颗亮度为 3.5 等的黄色主序星，是离我们最近的恒星之一，距离我们 11.9 光年。它出名的主要原因是，在所有邻近的恒星中，它是最像太阳的一颗。在围绕它的轨道上我们已经发现了 5 颗行星的迹象，不过我们还不知道其中是否有宜居的。

　　M77（NGC 1068）：赤经 2h 43m，赤纬 −0.0°，是一个亮度为 9 等的较小的模糊光斑，正面朝向我们的旋涡星系，星系核心的亮度为 10 等。使用 100 毫米口径的望远镜，可以观察到它的旋臂上的明亮光斑。M77 是赛弗特星系中最亮的一个，它是类星体的近亲，也是一个射电源。它与地球的距离大约为 5000 万光年。（见第 302 页中的照片。）

蝘蜓座：一只变色龙

　　它是在船底座和南天极之间的一个暗淡而不起眼的星座，代表变色的蜥蜴。它是 16 世纪末由荷兰航海家凯泽和豪特曼划定的代表奇异动物的星座之一。

　　蝘蜓座 α：赤经 8h 19m，赤纬 −76.9°，亮度为 4.1 等，是一颗白星，距离我们 64 光年。

　　蝘蜓座 β：赤经 12h 18m，赤纬 −79.3°，亮度为 4.2 等，是一颗蓝白色主序星，距离我们 298 光年。

　　蝘蜓座 γ：赤经 10h 35m，赤纬 −78.6°，亮度为 4.1 等，是一颗橙巨星，距离我们 418 光年。

　　蝘蜓座 δ^1 和 δ^2：赤经 10h 45m，赤纬 −80.5°，是一对双星，用双筒望远镜就能清楚地看到。δ^1 是 5.5 等橙巨星，δ^2 是 4.4 等蓝色主序星。它们都在 350 光年外，但有不同的自行，所以它们之间可能并没有关系。

　　NGC 3195：赤经 10h 09m，赤纬 −80.9°，是一个暗弱的行星状星云，其表面大小与木星相似，需要至少 100 毫米口径的望远镜才能清晰地看到。

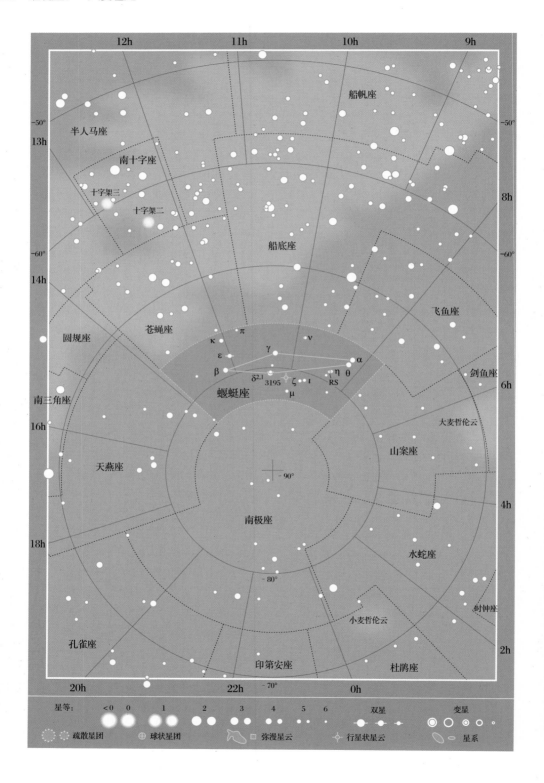

圆规座：一把圆规

这是法国天文学家尼古拉·路易·德·拉卡伊于 1756 年引入的一个小而不知名的南方星座。它代表了一把供绘图员和测量员使用的圆规。它在天空中紧挨着矩尺座，被邻近的半人马座的光辉所掩盖。

圆规座 α：赤经 14h 43m，赤纬 −65.0°，距离我们 54 光年，是一颗 3.2 等的白色主序星。用小型望远镜很容易看到它有一颗 8.5 等的伴星。

圆规座 γ：赤经 15h 23m，赤纬 −59.3°，距离我们 450 光年，由一对非常靠近的 4.9 等蓝星和 5.7 等黄星组成。至少需要 150 毫米口径和高倍率的望远镜才能分辨这对双星。它们的轨道周期为 258 年。

利用明亮的半人马座 α 和 β（下图中左边）很容易找到圆规座。这两颗恒星的连线指向右上角的南十字座。圆规座 α 是半人马座 α 右下方的一颗中等亮度的恒星，位于距离画面底部约四分之三处。这张长时间曝光的照片显示出银河背景下南十字座中黑暗的煤袋星云。[M.贝塞尔、R.萨瑟兰、M.巴克斯顿，澳大利亚国立大学（RSAA）]

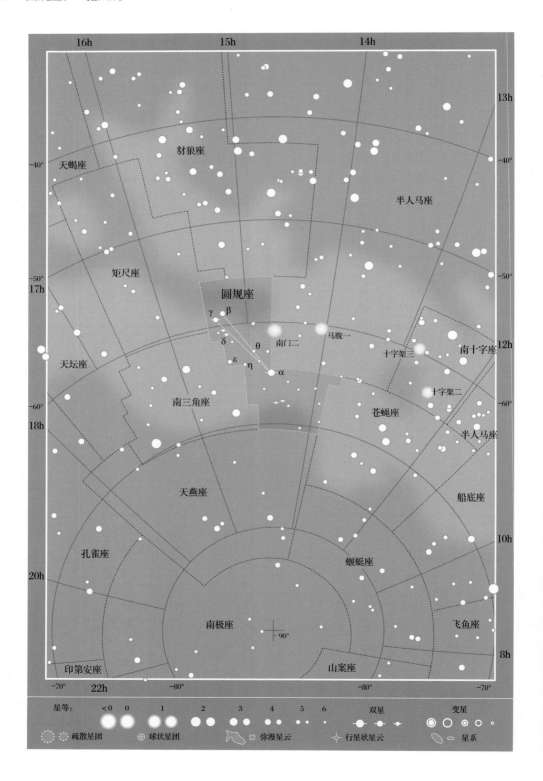

天鸽座：一只鸽子

这个星座代表的是在《圣经》中洪水过后，从挪亚方舟出发去寻找陆地的那只鸽子。荷兰人普兰修斯于 1592 年用大犬座附近的一些恒星组成了这个星座，这些恒星之前从未属于任何星座。天鸽座被安置在船尾座的旁边，所以也可以把它想象成那只被派去帮助阿尔戈诸英雄安全通过黑海口而撞岩的鸽子。天鸽座中几乎没有用余天文望远镜可以观察到的天体。

天鸽座 α（丈人一）：赤经 5h 40m，赤纬 −34.1°，亮度为 2.6 等的蓝白色星，距离我们 261 光年。

天鸽座 β（子二）：赤经 5h 51m，赤纬 −35.8°，亮度为 3.1 等，是一颗橙巨星，距离我们 87 光年。

NGC 1851：赤经 5h 14m，赤纬 −40.1°，是一个亮度为 7 等的球状星团，在小型望远镜中可见，但需要中等口径的望远镜才能分辨出其中最亮的恒星。它距离我们 39000 光年。

消失的星座

安提诺乌斯座（Antinous）、猫座（Felis）、热气球座（Globus Aerostaticus）、乔治国王竖琴座（Harpa Georgii）、电气机械座（Machina Electrica）、印刷室座（Officina Typographica）、象限仪座（Quadrans Muralis）、查理橡树座（Robur Carolinum）、波尼亚托夫斯基金牛座（Taurus Poniatovii）、反射望远镜座（Telescopium Herschelii）和孤单画眉座（Turdus Solitarius），这些星座都曾出现在天空中，但今天你在任何星图上都找不到它们的踪影。它们去了哪里？

17 和 18 世纪是天体测绘的黄金时代，许多天文学家都试图在天空中留下自己的印记，他们在古希腊星图的基础上添加了一些新的星座。某个天文学家在星图上描绘的星座可能被其他人完全忽视。

有些星座的绘制则显然是为了讨好某些君主或有钱的赞助人。17 世纪，德国天文学家尤利乌斯·席勒（1580—1627）绘制了一幅星图，其中的所有星座都是根据《圣经》中的人物来划分的。例如，人们熟悉的十二星座被改成了十二使徒。这种将政治或宗教因素带入星图的企图并没有成功。

1801 年，德国天文学家约翰·埃勒特·波得（1747—1826）公布了包含 100 多个星座的巨大波得星图。但在随后的一个世纪里常使用的是其中的 88 星座，这些星座在 1922 年被国际天文学联合会采纳。与不断受到政治变化的影响的地图不同，星图至今一直是固定不变的。

猫头鹰座，栖息在水蛇座的尾巴上，这是 19 世纪的一套星座卡片上的一幅图像，但这一星座已经从现代的星图上消失了。（伊恩·里德帕斯）

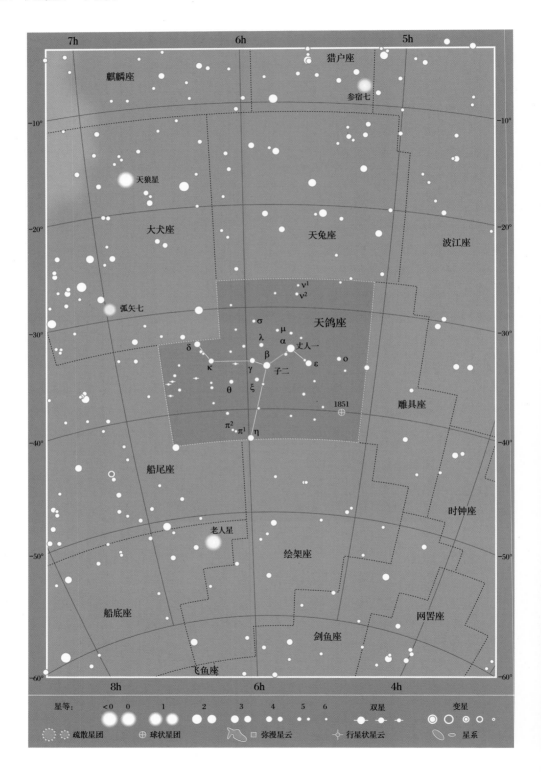

后发座：贝蕾妮丝的秀发

这个暗淡的星座代表了埃及女王贝蕾妮丝那飘逸的头发，她剪掉头发是为了感谢众神让她的丈夫托勒密三世从战场上安全归来。尽管这个传说可以追溯到古希腊时期，但直到 1536 年，德国制图师卡斯帕·沃佩尔才将这组恒星划分为一个独立的星座。此前，这组恒星一直被认为是狮子座的一部分。组成女王头发的天区主要是一个后发星团，编号为梅洛特（Melotte）111。后发座还包含了一个星系团。这个后发星系团距离我们约 2.8 亿光年，所以除了最大的业余天文望远镜外，其他业余天文望远镜都无法观测到它的成员。这个星座也包含了一些更明亮的星系，例如距我们更近的室女星系团北边部分的成员，其中最亮的星系用业余天文望远镜可以看到。我们星系的北极点就位于后发座中。

后发座 α（太微左垣五）：赤经 13h 10m，赤纬 +17.5°，亮度为 4.3 等，是一个距离我们 58 光年的密近双星系统，它由黄白双星组成，亮度分别是 4.8 等和 5.5 等，每 26 年公转一周。即使在它们相距最远的时候，即在 2035—2036 年，要分辨它们至少也需要 200 毫米口径的望远镜。

后发座 β：赤经 13h 12m，赤纬 +27.9°，亮度为 4.3 等，是一颗黄色主序星，距离我们 30 光年。

后发座 γ：赤经 12h 27m，赤纬 +28.3°，亮度为 4.4 等，是一颗橙巨星，距离我们 167 光年。它看起来像是后发星团的一员，但实际上只是一颗前景星。

后发座 24：赤经 12h 35m，赤纬 +18.4°，是一对适合用小型望远镜观察的美丽的彩色双星，由一颗距离我们约 450 光年的 5.0 等橙巨星和一颗 6.3 等蓝白巨星组成。二者可能并不相关。

后发座 35：赤经 12h 53m，赤纬 +21.2°，距离我们 283 光年，是一对密近双星，由一颗 5.1 等黄星和一颗 7.1 等白星组成，每 540 年左右公转一周。用口径为 150 毫米的小型望远镜还能看到一颗距离它们较远的 9 等伴星。

后发座 FS：赤经 13h 06m，赤纬 +22.6°，距离我们 736 光年，是一颗红巨星。每两个月左右，它的亮度在 5.3 等和 6.1 等之间半规则地变化一次。

后发星团（编号梅洛特 111）：赤经 12h 25m，赤纬 +26°，是一个由 50 颗恒星组成的星团，最好用双筒望远镜进行观测。这个星团中最亮的成员的亮度约为 5 等，形成一个明显的 V 形，位于后发座 γ 以南。后发座 γ 实际上并不是这个星团的成员，只是前景星。该星团中最亮的成员是后发座 12，其亮度为 4.8 等。该星团距离我们约 285 光年。

M53（NGC 5024）：赤经 13h 13m，赤纬 +18.2°，是一个亮度为 8 等的球状星团，距离我们 58000 光年，用小型望远镜可以看到它呈圆形的、朦胧的小斑。

M64（NGC 4826）：赤经 12h 57m，赤纬 +21.7°，是一个著名的旋涡星系，因其核心部位映衬着一团黑云的剪影而被称为黑眼睛星系。这条黑暗的尘埃带用 150 毫米以上口径的望远镜可以观察到。而用更小口径的望远镜观测时只能看到这个亮度为 9 等的星系，它距离我

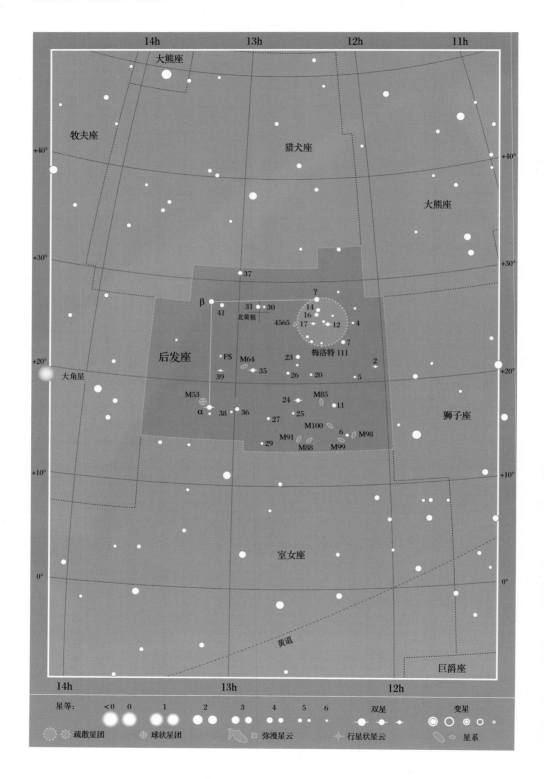

NGC 4565是位于后发座中的一个典型的、优雅的旋涡星系，几乎完全是侧面朝向我们的。一条黑暗的尘埃带穿过它的中心。据估计，NGC 4565的直径超过10万光年，与银河系相似。（布鲁斯·雨果和莱斯利·高卢/亚当·布洛克/ NOAO/AURA/ NSF）

们大约2000万光年，比室女星系团还要近，但不属于室女星系团。

M85（NGC 4382）：赤经12h 25m，赤纬 +18.2°，是一个 9 等椭圆星系。它是室女星系团中的成员，距离我们5500万光年，用小型望远镜能看到一个明亮的、像星星一样的核心。

M88（NGC 4501）：赤经12h 32m，赤纬 +14.4°，是一个 10 等旋涡星系，是室女星系团中的成员，距离我们5500万光年。它以一定角度朝向我们，所以看起来呈椭圆形。

M99（NGC 4254）：赤经12h 19m，赤纬 +14.6°，是一个 10 等旋涡星系。它是室女星系团的成员，距离我们5500万光年，正面朝向我们，看起来几乎是圆形的。

M100（NGC 4321）：赤经 12h 23m，赤纬 +15.8°，是一个 9 等旋涡星系，属于室女星系团。它的旋涡正面朝向我们，类似于 M99，但更大一些。哈勃空间望远镜已经精确地测量出它距离我们 5250万光年。

NGC 4565：赤经 12h 36m，赤纬 +26.0°，是一个 10 等旋涡星系。它是最著名的侧面朝向我们的旋涡星系，如上图所示。用 100 毫米口径的望远镜能够看到它像雪茄一样，中间有一个核球和像星星一样的核心，但是需要更大的仪器才能揭示它纵向分开的暗带（实际上是一条尘埃带）。NGC 4565不是室女星系团的一员，它到地球的距离只有室女星系团的一半，大约为 3000 万光年。

南冕座：南方天空的王冠

南冕座与北方天空中的北冕座遥相呼应，位于南方天空。自公元 2 世纪希腊天文学家托勒密确立以来，南冕座就一直为人所知。托勒密将南冕座视为花环而非王冠。在其他的神话中，南冕座代表了酒神巴克斯把死去的母亲从阴间救出来后放在天空中的王冠。另外，它也可能只是从人马座的头上滑落下来，掉到了人马座的脚边而已。这个星座虽然暗淡，但是形状独特，位于银河的边缘。

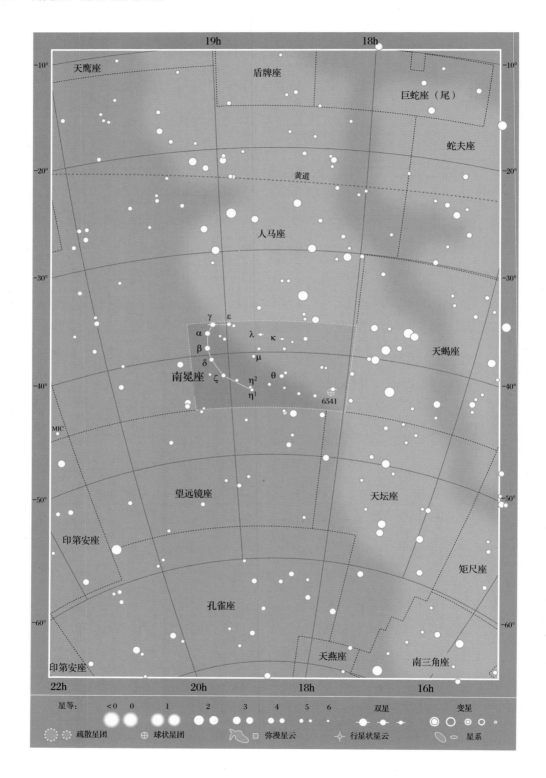

南冕座 α：赤经 19h 09m，赤纬 −37.9°，亮度为 4.1 等，是一颗蓝白色的主序星，距离我们 125 光年。

南冕座 β：赤经 19h 10m，赤纬 −39.3°，亮度为 4.1 等，是一颗橙巨星，距离我们 474 光年。

南冕座 γ：赤经 19h 06m，赤纬 −37.1°，距离我们 58 光年，由一对几乎相同的黄白色恒星组成，其亮度分别是 4.9 等和 5.0 等，每 122 年公转一周，适合用小型望远镜进行观察。20 世纪 90 年代，这两颗恒星之间的距离最近。随着它们逐渐分离，用 100 毫米口径的望远镜越来越容易分辨它们。

南冕座 κ：赤经 18h 33m，赤纬 −38.6°，是一对毫不相干的蓝白色星，其亮度分别是 5.6 等和 6.3 等。它们到地球的距离分别为 1000 光年和 150 光年，用小型望远镜很容易分辨。

南冕座 λ：赤经 18h 44m，赤纬 −38.3°，距离我们 202 光年，是一颗亮度为 5.1 等的蓝白色星。它有一颗相距较远的 10 等伴星，用小型望远镜就能看到。

NGC 6541：赤经 18h 08m，赤纬 −43.7°，是一个亮度为 6 等的球状星团，距离我们 24000 光年，用双筒望远镜或小型望远镜就能看到。

北冕座：北方天空的王冠

这是一个古代就确定下来的星座，代表阿里阿德涅嫁给酒神巴克斯时所戴的宝石王冠。巴克斯把它放在天空中，以示对这一幸福时刻的纪念。在这个星座中，有 7 颗恒星组成一个弧形，其中 6 颗都是 4 等星，只有一颗名叫 Alphecca（这一词源于阿拉伯语中"星座"的拼写，中文名称为"贯索四"）的恒星是 2 等。贯索四就像镶嵌在王冠上的中央宝石。北冕座包含一个著名的星系群，大约有 400 个星系。它们与地球的距离都超过 10 亿光年。如此遥远的星系都暗于 16 等，用业余天文望远镜无法观测到。

北冕座 α（贯索四）：赤经 15h 35m，赤纬 +26.7°，亮度为 2.2 等，是一颗蓝白色亚巨星，距离我们 75 光年。它是一对暗弱的大陵五型的食双星，每 17.4 天亮度变化幅度只有 0.1 等，用裸眼无法察觉。

北冕座 β（贯索三）：赤经 15h 28m，赤纬 +29.1°，亮度为 3.7 等，是一颗白色主序星，具有独特的化学成分，距离我们 112 光年。

北冕座 ζ：赤经 15h 39m，赤纬 +36.6°，距离我们 473 光年，是一对蓝白色主序星，其亮度分别是 5.0 等和 6.0 等，用小型望远镜可看见。

北冕座 ν^1 和 ν^2：赤经 16h 22m，赤纬 +33.8°，包括相距较远的一颗红巨星和一颗橙巨星，其亮度分别是 5.2 等和 5.4 等，与地球的距离分别是 590 光年和 640 光年。它们朝向不同的方向移动，所以它们可能不是真正的双星。

北冕座 σ：赤经 16h 15m，赤纬 +33.9°，距离我们 71 光年，用小型望远镜可以看到一对黄星，其亮度分别是 5.6 等和 6.4 等。它们是一对真正的双星，计算出的轨道周期约为 726 年。

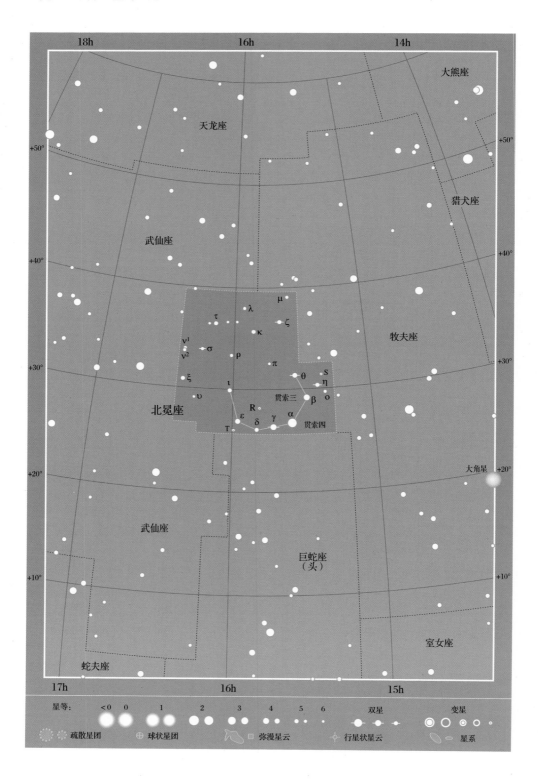

北冕座 R：赤经 15h 49m，赤纬 +28.2°，是位于这个王冠上的一颗漂亮的黄巨星，在 α 星和 ι 星之间。它的亮度通常为 6 等左右，但偶尔也会在几周内不可预测地下降到 15 等，然后可能需要几个月甚至几年才能恢复到以前的亮度。近年来（1983 年、1995 年、1999 年和 2007 年），它的亮度都大幅度变暗，最近一次尤为严重，持续了好几年。那些幅度不大的亮度变化更频繁，任何时候都可能出现。这类北冕座 R 型变星的亮度突然下降，可能是由于其大气中积累了碳颗粒。据估计，北冕座 R 距离我们 5000 光年。

北冕座 S：赤经 15h 21m，赤纬 +31.4°，属于刍藁增二型变星，其亮度在不到一年的时间内从 6 等变化到 14 等。它与地球的距离大约是 1800 光年。

北冕座 T：赤经 16h 00m，赤纬 +25.9°，是一颗壮观的变星，称为耀星。它的运行方式与北冕座 R 几乎完全相反。它是一颗周期性的新星，亮度通常为 11 等，但会突然地、不可预测地变亮到 2 等。上一次有记录的爆发是在 1946 年，再上一次爆发比那早 80 年。目前，我们尚不清楚它何时可能再次爆发。与所有那些行为古怪且亮度高的恒星一样，它与我们的距离是不确定的，可能在 3500 光年左右。

乌鸦座

在希腊神话中，乌鸦（乌鸦座）与邻近的巨爵座、长蛇座有关。据说这只乌鸦是被阿波罗派去用杯子取水的，但一路上它漫不经心地吃着水果。当乌鸦回到阿波罗身边时，用爪子抓着一条蛇，声称长蛇挡住了泉水，是它把事情耽搁了。阿波罗识破了这个谎言，把它们 3 个（即乌鸦、杯子、蛇）都放逐到天上，乌鸦和杯子就躺在长蛇的背上。乌鸦因为做了坏事，在天空中的位置刚好够不到杯子，注定要永远干渴。这就是乌鸦叫得那么刺耳的原因。在另一个神话故事中，有一只雪白的乌鸦

就在乌鸦座与室女座相邻的北部边界，坐落着草帽星系 M104。它是一个旋涡星系，核心凸起，中央有一条黑暗的尘埃带（见第 267 页）。[欧洲南方天文台（ESO）]

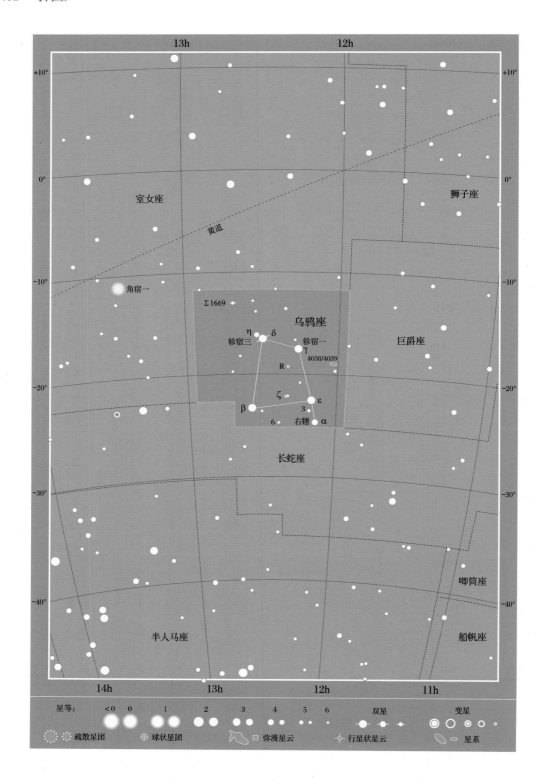

给阿波罗带来了一个坏消息，说他的情人克罗妮丝对他不忠。一怒之下，阿波罗把乌鸦变成了黑色。在这些神话故事中，阿波罗都和乌鸦紧密联系在一起，也许是因为在巨人族对众神发动的战争中，阿波罗把自己变成了一只乌鸦。乌鸦座中最明亮的4颗恒星——乌鸦座γ、β、δ和ε——组成一个四边形，有点让人想起大力神的基石。

乌鸦座α（右辖）：赤经12h08m，赤纬−24.7°，亮度为4.0等，是一颗白星，距离我们49光年。

乌鸦座β：赤经12h34m，赤纬−23.4°，亮度为2.6等，是一颗黄巨星，距离我们146光年。

乌鸦座γ（Gienah，轸宿一，英文名字意为"乌鸦的翅膀"）：赤经12h16m，赤纬−17.5°，亮度为2.6等，是该星座中最亮的星。它是一颗蓝白色巨星，距离我们154光年。

乌鸦座δ（Algorab，轸宿三，英文名字意为"乌鸦"）：赤经12h30m，赤纬−16.5°，可以用小型望远镜观察到一对相距较远的双星，其中较亮的那一颗裸眼可见，为2.9等蓝白色恒星，距离我们87光年。它的紫色伴星是8.4等。

乌鸦座ε：赤经12h10m，赤纬−22.6°，亮度为3.0等，是一颗距离我们318光年的橙巨星。

Σ1669（编号 Struve 1669）：赤经12h41m，赤纬−13.0°。用裸眼观察，它是一颗亮度为5.2等的白色恒星，距离我们257光年。但用小型望远镜可以将它"分解"为几乎相同的一对双星，其亮度分别是5.9等和6.0等。这颗较暗的伴星也被称为乌鸦座VV，有轻微的亮度变化。

NGC 4038/4039：赤经12h02m，赤纬−18.9°，又名触须星系，是一对10等旋涡星系在几亿年前相撞的结果。如下图所示，在照片上可以看到气体流和在碰撞中被抛出的恒星延展到了25万光年甚至更远的地方，形成了触须的形状，于是有了这个常用的名字。这些星系距离地球约7000万光年。

NGC 4038/4039是一对奇特的相互作用的星系，被称为触须星系，位于乌鸦座与巨爵座邻近的地方。（M.贝塞尔、R.萨瑟兰、M.巴克斯顿，RSAA－ANU）

巨爵座：一只杯子

这是一个古代就确定下来的星座，它代表阿波罗的圣杯，在希腊神话中与邻近的乌鸦座和长蛇座有关（见第 131 页）。巨爵座中的恒星都很暗弱，也没有特别有趣的天体。

巨爵座 α（Alkes，翼宿一，英文名称意为"杯子"）：赤经 11h 00m，赤纬 −18.3°，亮度为 4.1 等，是一颗橙巨星，距离我们 159 光年。

巨爵座 β：赤经 11h 12m，赤纬 −22.8°，亮度为 4.5 等，是一颗蓝白色星，距离我们 340 光年。

巨爵座 γ：赤经 11h 25m，赤纬 −17.7°，亮度为 4.1 等，是一颗白星，距离我们 82 光年。它有一颗可以用小型望远镜看到的 9.6 等伴星。

巨爵座 δ：赤经 11h 19m，赤纬 −14.8°，亮度为 3.6 等，是一颗距离我们 186 光年的橙巨星。它是这个星座中最亮的恒星。

南十字座：南方天空的十字架

它是天空中最小的星座，也是最著名和最有特色的星座之一。古代，在地中海地区的人们就可以看到南十字座，所以这个星座为古希腊天文学家所熟知。自那以后，由于岁差的影响，在北半球地中海地区所在纬度的人们已经看不到它，它移到地平线以下了。古希腊人认为它是半人马座的一部分，但它在 16 世纪被不同的海员和天文学家划分为不同的星座。它对于夜晚测定方向很有用，因为它的长轴，即从南十字座 γ 到 α 的连线指向了南天极。

南十字座位于银河中星群稠密而明亮的部分，著名的暗星云煤袋星云的剪影在这片星光闪烁的背景下格外引人注目。南十字座 α 是天空中最靠南的 1 等星。南十字座 α 和 β 的颜色在所有的 1 等星中几乎是最蓝的。

南十字座 α（十字架二）：赤经 12h 27m，赤纬 −63.1°，距离我们 322 光年。用裸眼观察，它是一颗略呈蓝色的 0.8 等星，但用小型望远镜观察它实际为双星，其亮度分别是 1.3 等和 1.8 等。它们还有一颗相距更远的 4.8 等的伴星，用双筒望远镜可以看到。

南十字座 β（十字架三）：赤经 12h 48m，赤纬 −59.7°，亮度为 1.3 等，是一颗蓝巨星，距离我们 279 光年。这是一颗造父变星，光变周期为 5.7 小时，亮度变化幅度小于 0.1 等，裸眼无法看到。

南十字座 γ（十字架一）：赤经 12h 31m，赤纬 −57.1°，亮度为 1.6 等，是一颗距离我们 88 光年的红巨星。用双筒望远镜可以看到它有一颗相距非常远的、亮度为 6.5 等的不相关伴星。

南十字座 δ：赤经 12h 15m，赤纬 −58.7°。在组成十字架的 4 颗恒星中，它是最暗的一颗，距离我们 345 光年，是一颗蓝白色亚巨星。

南十字座 ε：赤经 12h 21m，赤纬

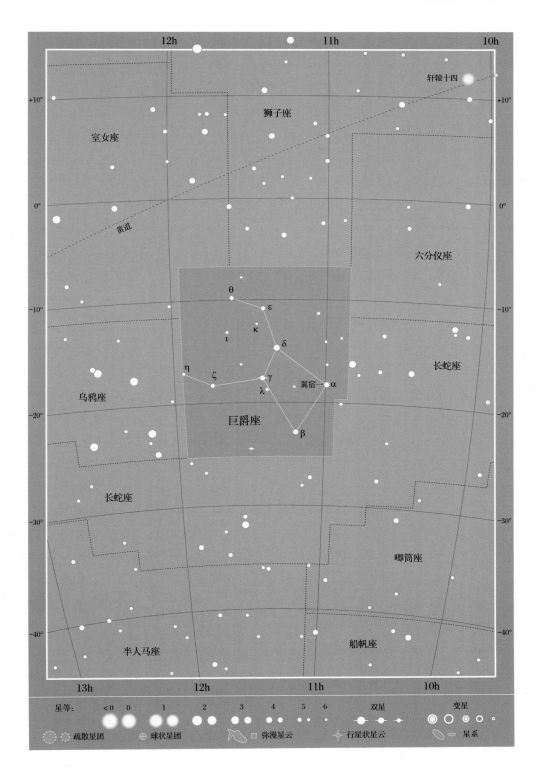

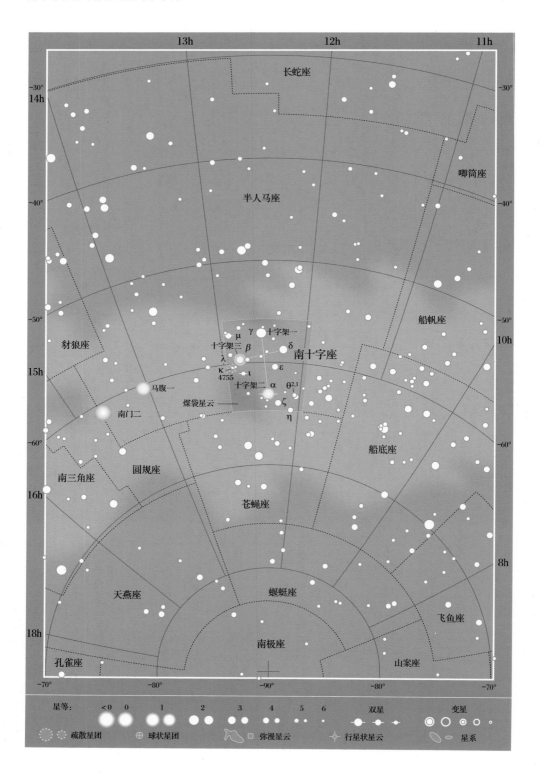

−60.4°，亮度为 3.6 等，是距离我们 230 光年的一颗橙巨星。

南十字座 ι：赤经 12h 46m，赤纬 −61.0°，距离我们 130 光年，是一颗 4.7 等的橙巨星，用小型望远镜可看到它的 9.7 等伴星。

南十字座 μ：赤经 12h 55m，赤纬 −57.2°，是一对相距较远的蓝白色双星，其亮度分别是 4.0 等和 5.1 等。它们可以用最小型的望远镜甚至好的双筒望远镜来分辨。伴星的亮度有轻微的变化。它们距离我们 400 光年，有着相同的自行，所以二者可能是相关的。

NGC 4755：赤经 12h 54m，赤纬 −60.3°，又称珠宝盒星团或南十字座 κ 星团，是天空中最漂亮的疏散星团，亮度为 4 等，裸眼可见其模糊的形状。用双筒望远镜可以分辨出其中最亮的个体星，它们多是 6 等和 7 等的蓝超巨星，其中的 3 颗形成了一条横跨星团的链条，就像一个亮度为 8 等的迷你猎户座腰带。有一颗红超巨星在中间的那颗星的旁边。亮度为 5.9 等的南十字座 κ 是这一连串超巨星中最靠南的一颗。用小型望远镜至少能看到 50 颗恒星。约翰·赫歇尔把这个星团比作一件五颜六色的珠宝，给它起了一个好听的名字。珠宝盒星团距离我们大约 6400 光年。

煤袋星云是一片黑暗的梨形尘埃云，映衬在银河之上，覆盖了近 7°×5° 的天空，并蔓延到邻近的半人马座和苍蝇座，估计距离我们 600 光年。煤袋星云没有 NGC 等其他编号。有关它的照片，参见第 121 页。

天鹅座

天鹅座代表一只飞过银河的天鹅。在希腊神话中，天鹅是宙斯与斯巴达国王廷达瑞斯的妻子丽达会面时变化成的样子。他们结合的结果是双子座之一的波利克斯。飞翔的天鹅的尾巴是天津四（天鹅座 α），喙是天鹅座 β，它的翅膀是天鹅座 δ 和 ε。这些恒星形成一个独特的十字形状，所以这个星座也被称为北十字座。它比著名的南十字座要大得多。天鹅座位于银河中星群稠密的部分，银河在这里被一条黑暗的尘埃带分开，这条尘埃带被称为天鹅座暗隙或"北天的煤袋"。天津四是这个星座中最亮的恒星，它与牛郎星和织女星共同组成了所谓的"夏季大三角"。

天鹅座中最引人入胜的天体之一是称为天鹅座 X-1 的 X 射线源，它是一个围绕 9 等蓝超巨星旋转的黑洞，靠近天鹅座 η，所在位置为赤经 19h 58.4m、赤纬 +35°12'。天鹅座 γ（赤经 19h 59.5m，赤纬 +40°44'）的附近就是天鹅座 A，它是一个强大的射电源，由两个遥远的星系碰撞产生。

在天鹅座 ε 与狐狸座交界的天区、从长时间曝光的照片中可以看到美丽的气体云，它被称为帷幕星云，其中最亮的一部分称为 NGC 6992，用业余天文望远镜就可以观测到（见第 140 页）。

天鹅座 α（Dened，天津四，英文名称意为"尾巴"）：赤经 20h 41m，赤纬 +45.3°，亮度为 1.2 等，是一颗蓝白色超巨星，距离我们 1400 光年。它的亮度会有不大的变化。

天鹅座 β（辇道增七）：赤经 19h 31m，赤纬 +28.0°，距离我们 400 光年，是双星的标杆之一。它由对比鲜明的橙色和蓝绿色恒星组成，就像天上的红绿灯；较亮的一颗为 3.1 等，是一颗橙巨星，它的蓝绿色伴星是 5.1 等。它们可以用好的双筒望远镜分辨，在任何业余天文望远镜中它们都是美丽的目标。

天鹅座 γ（天津一）：赤经 20h 22m，赤纬 +40.3°，亮度为 2.2 等，是一颗黄白色超巨星，大约距离我们 1800 光年。

天鹅座 δ：赤经 19h 45m，赤纬 +45.1°，距离我们 171 光年，是一颗蓝白色巨星，亮度为 2.9 等，带有一颗亮度为 6.3 等的伴星，在高倍率的小型望远镜中可见。这对恒星的轨道周期刚刚超过 900 年。

天鹅座 ε：赤经 20h 46m，赤纬 +34.0°，亮度为 2.5 等，是一颗距离我们 73 光年的橙巨星。

天鹅座 μ：赤经 21h 44m，赤纬 +28.7°，距离我们 73 光年，是一对白色双星，其亮度分别是 4.8 等和 6.1 等，大约每 790 年绕转彼此一周。它们目前正在缓慢地靠近，在 2030 年之前应该可以用 100 毫米口径的望远镜分辨，此后必须要用 150 毫米口径的望远镜才可以，尤其是当它们在 2043—2050 年最接近的时候。用双筒望远镜还可以看到一颗相距较远的 6.9 等伴星，不过它与前二者并不相关，只是一颗背景星。

天鹅座 o¹：赤经 20h 14m，赤纬 +46.7°，也称天鹅座 31，与天鹅座 30 共同形成了也许是天空中最美丽的双星。这对双星分别是橙色和绿松石色的，亮度分别为 3.8 等和 4.8 等，到地球的距离

分别是 884 光年和 611 光年，就像放大版的天鹅座 β。用小型望远镜或稳定的双筒望远镜就可以观察到在橙星的旁边还有一颗更靠近的 7.0 等蓝色伴星。

天鹅座 χ：赤经 19h 51m，赤纬 +32.9°，距离我们 590 光年，是一颗刍蒿增二型红巨星，为长周期变星，大约每 400 天变化一次。它在最亮时能达到 3.3 等，比除刍蒿增二以外的任何其他同类型的变星都要亮，只有长蛇座 R 可以与之匹敌。天鹅座 χ 在最暗时能到 14 等。它的直径大约是太阳直径的 300 倍。

天鹅座 ψ：赤经 19h 56m，赤纬 +52.4°，距离我们 281 光年，是一对白色双星，其亮度分别为 5.0 等和 7.5 等，可以用中小口径的望远镜观察到。

天鹅座 61：赤经 21h 07m，赤纬 +38.7°，距离我们 11.4 光年，是一对橙色的矮星双星，其亮度分别是 5.2 等和 6.1 等。它们在大约 680 年的时间里相互绕行一周，用小型望远镜甚至双筒望远镜都可以看到。除了是离地球最近的恒星之一，天鹅座 61 也是第一颗测量到视差的恒星，由德国天文学家弗里德里希·威廉·贝塞尔（1784—1846）在 1838 年测量到。

天鹅座 P：赤经 20h 18m，赤纬 +38.0°，是一颗不规则变化的蓝超巨星，亮度通常为 5 等左右。在 1600 年，它达到了 3 等亮度的峰值。这颗星的体积巨大，亮度高，很不稳定。自 18 世纪以来，它的平均亮度逐渐增大，演变成一颗红超巨星。它与我们的距离还不确定，可能是几千光年。

天鹅座 W：赤经 21h 36m，赤纬 +45.4°，距离我们 570 光年，是一颗红巨星，亮度在 5 等和 7 等之间半规则地变化，光变周期大概为 130 天。

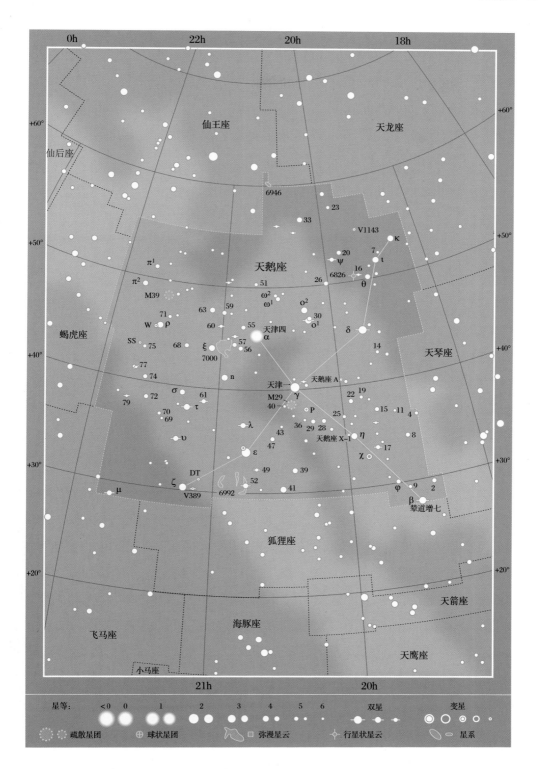

M39（NGC 7092）：赤经 21h 32m，赤纬 +48.4°，是一个大而松散的星团，由大约 30 颗 7 等恒星组成，比较暗淡，呈三角形排列。它可以用双筒望远镜看到，甚至在理想条件下用裸眼也能看到。它离我们 1000 光年。

NGC 6826：赤经 19h 45m，赤纬 +50.5°，是一个距离我们约 3200 光年的 8 等行星状星云，也称为闪视行星状星云，因为它看起来忽明忽暗。在 75 毫米口径的望远镜中，它是一个淡蓝色圆盘，需要用 150 毫米口径的望远镜才能揭示它的细节。它的中心有一颗 10 等星，反复盯着这颗恒星看，它会产生"闪烁"效果。NGC 6826 距离宽双星天鹅座 16 不到 1° 远，它由两颗乳白色 6 等星组成，距离我们 69 光年。

NGC 6992：赤经 20h 56m，赤纬 +31.7°，是帷幕星云最亮的部分。帷幕星云是大约 5000 年前的一次超新星爆发

帷幕星云：它的细微纹路是大约5000年前的一次超新星爆发留下的残骸。它最亮的部分是 NGC 6992，可以在晴朗的夜空用双筒望远镜看到。NGC 6992的弧长超过月球视直径的2倍，相当于 25光年。（奈杰尔·夏普、REU计划/ AURA/ NOAO/NSF ）

NGC 7000，北美星云，是一团发光的气体云，形状像北美大陆，有一个特别明显的由模糊的暗尘云构成的形似墨西哥湾的云团。它的左边靠近天鹅座 ξ ——亮度为3.7等的橙超巨星，右边是更小、更模糊的星云IC 5070，称为鹈鹕星云，因为它看上去和鹈鹕很像。（菲利普·珀金斯）

的遗迹。在理想条件下，用双筒望远镜可以看到 NGC 6992 暗弱的弧形。星云的另一部分——NGC 6960 可以用低倍广角望远镜在亮度为 4 等的天鹅座 52 附近找到。整个帷幕星云也称为天鹅座环，只有在长时间曝光的照片上才能看到。它横跨近 3° 的天空，距离我们 1400 光年。

NGC 7000：赤经 20h 59m，赤纬 +44.3°，称为北美星云，在晴朗的夜空中可以用裸眼或双筒望远镜在银河中看到它那钩状的光亮。尽管它的体积很大，最宽处为 2°，但由于它的表面亮度很低，很难被直接看到。在长时间曝光的照片（见上图）中，可以清楚地看到它的形状类似于北美大陆。这个星云大约距离我们 2000 光年，比天津四远 50%。该星云由它里面的一颗极热并被遮挡住的 13 等星所照亮。

海豚座

　　这是一个起源于古希腊时期的星座，用来颂扬人类和这些聪明的水生哺乳动物之间的良好关系。在神话中，海豚是海神波塞冬的使者。波塞冬曾派一只海豚把海洋女仙安菲特里忒带到他的水下宫殿，在那里娶她为妻。在另一个神话故事中，海豚拯救了在船上被袭击的音乐家和诗人阿里翁的生命。当时阿里翁为了躲避攻击者，跳下了船，被一只海豚背到了希腊，后来他在希腊找到了被判处死刑的劫匪。在这个神话中，附近的天琴座代表了阿里翁的七弦琴。

　　海豚座有一个独特的形状——它的4颗主要的恒星组成了钻石的形状，称为"约伯的棺材"。它的两颗最亮的恒星是 Sualocin 和 Rotanev，这两个名字是将 Nicolaus Venator 倒过来写而形成的。后者是尼科洛·卡西亚托雷（Niccolo Cacciatore，1780—1841）英文名字的拉丁化形式，卡西亚托雷是意大利天文学家朱塞佩·皮亚齐在巴勒莫天文台的助手和继任者。这两颗恒星的名字最早出现在 1814 年的巴勒莫星表中，人们通常认为是卡西亚托雷自己把它列进去的，不过同样有可能的是，皮亚齐用这些名字来纪念他的继任者。

　　像邻近的小星座狐狸座、天箭座一样，海豚座位于银河的星群稠密区域，是最容易出现新星的地方。

　　海豚座 α（瓠瓜一）：赤经 20h 40m，赤纬 +15.9°，亮度为 3.8 等，是一颗蓝白色亚巨星，距离我们 254 光年。

　　海豚座 β（瓠瓜四）：赤经 20h 38m，赤纬 +14.6°，亮度为 3.6 等，是该星座中最亮的成员，是一颗距离我们 101 光年的白色亚巨星。它是一对双星，轨道周期为 27 年，但除了最大的业余天文望远镜外，其他望远镜都无法将其分辨。

　　海豚座 γ：赤经 20h 47m，赤纬 +16.1°，距离我们 125 光年，是一对典型的双星，由两颗亮度分别为 4.3 等和 5.1 等的恒星组成。它们的颜色分别为金色和黄白色，整齐地呈现在小型望远镜里。它们的轨道周期估计超过 3000 年。在同一望远镜的视野中，还有一对比它们近 6 光年的暗弱的双星，即 Σ2725（编号 Struve 2725），组成它的恒星的亮度分别是 7.5 等和 8.3 等，用高倍率的小型望远镜可以分辨。

有关变星的命名

　　在正常的星座命名系统之外（见第 2 页），变星也有自己的命名系统。如果恒星的亮度变化被发现时它已经有了名字，如仙王座 δ、英仙座 β 和鲸鱼座 o，就会保留它现有的名字。而其他的变星则用一个由一两个大写字母组成的名字来表示，如果这还不够，就用字母 V 和一个数字来表示：顺序是从字母 R 到 Z，涵盖了星座的前 9 颗变星；然后用两个字母，从 RR 到 RZ 来命名；接下来从 SS 到 SZ，以此类推，直到 ZZ；然后从 AA 到 AZ，从 BB 到 BZ，最后到 QZ，这样一共可以命名 334 颗变星（字母 J 省略）。此外，变星还可以被命名为 V335、V336 等。新星也是按照变星的命名方法来命名的，比如 1967 年在海豚座中爆发的新星被称为海豚座 HR。

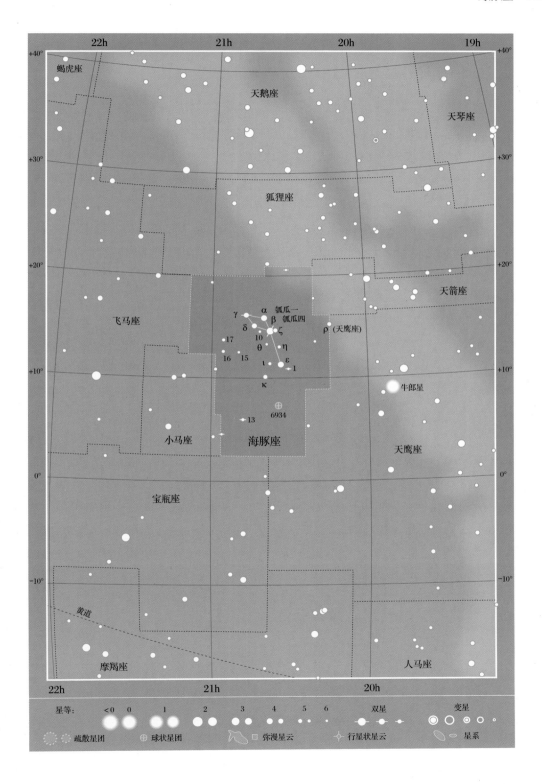

剑鱼座

这个星座是在 16 世纪末由荷兰航海家彼得·迪克佐恩·凯泽和弗雷德里克·德·豪特曼划定的，用来纪念热带水域的鲯鳅鱼。它最显著的特征是含有大麦哲伦云（LMC），这是伴随我们银河系的两个卫星星系中较大的一个。1987 年，自 1604 年以来裸眼可见的第一颗超新星 1987A 就在大麦哲伦云中爆发，当时的位置为赤经 5h 35m，赤纬 −69.3°。

剑鱼座 α：赤经 4h 34m，赤纬 −55.0°，亮度为 3.3 等，是一颗蓝白色星，距离我们 169 光年。

剑鱼座 β：赤经 5h 34m，赤纬 −62.5°，是一颗黄白色超巨星，距离我们 1000 光年，是最明亮的造父变星之一，光变周期为 9 天 20 小时，亮度变化范围为 3.4~4.1 等。

剑鱼座 R：赤经 4h 37m，赤纬 −62.1°，距离我们 178 光年，是一颗红巨星，亮度在 4.8 等和 6.3 等之间半规则地变化，光变周期约为 6 个月。

大麦哲伦云：赤经 5h 24m，赤纬 −69°，是一个距离我们 17 万光年的迷你星系，是银河系的一个卫星星系，大约包含 100 亿颗恒星。用裸眼观察，它是一个模糊的狭长斑块，直径为 6°，是月球视直径的 12 倍。它的实际直径约为 2.5 万光年。用双筒望远镜可以观测到其中的单个恒星、星云（特别是狼蛛星云，如下图所示）和星团。

NGC 2070：赤经 5h 39m，赤纬 −69.1°，称为狼蛛星云，是大麦哲伦云中直径约为 1000 光年的氢气环状云。用裸眼观察时，该星云像是一颗模糊的恒星，也称为剑鱼座 30。该星云的俗称为狼蛛，因为它的形状像蜘蛛。该星云的中心是一个由超巨星组成的星团，被称为 R136。它们发出的光使星云发亮。狼蛛星云比银河中的任何星云都要大和亮。如果它像猎户座星云那样离我们很近，就会填满整个猎户座，亮得足以让物体在地上留下影子。

大麦哲伦云：在群星中是一团环状的发光气体云，中间偏左的粉红色气体团是狼蛛星云NGC 2070。[埃克哈特·斯拉维克/欧洲空间局（ESA）]

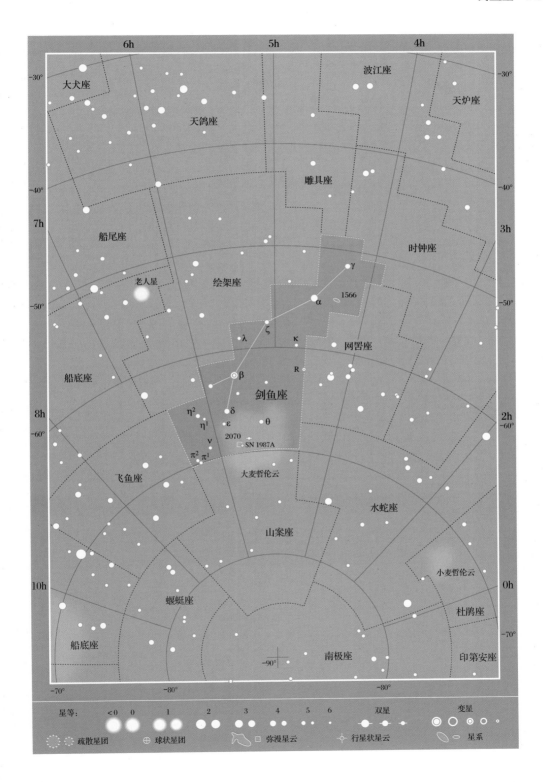

天龙座

　　龙在许多古代的神话和传说中都出现过，所以在天空中出现这样的怪物并不奇怪。据说这个星座代表的形象是那条被武仙座大力神杀死的名为拉顿的龙，这是从赫斯帕里得斯的花园里偷走金苹果的故事的前奏。在天空中，武仙座的一只脚踩在龙头上，而龙的身体则盘绕在北天极周围。虽然天龙座是最大和最古老的星座之一，但它比较暗淡，没有包含比 2 等星更亮的恒星。天龙座中包含北黄极，即与地球公转轨道面的夹角为 90° 的线和虚拟的天球的两个交点中的一个，位置在赤经 18h 00m、赤纬 +66.5°。

　　天龙座 α（紫微右垣一）：赤经 14h 04m，赤纬 +64.4°，亮度为 3.7 等，是一颗距离我们 303 光年的蓝白色巨星。大约在公元前 2800 年，它曾是北极星，但是由于岁差的影响（见第 12 页），今天它的位置被勾陈一（小熊座 α）取代了。

　　天龙座 β（天棓三）：赤经 17h 30m，赤纬 +52.3°，亮度为 2.8 等，是一颗黄巨星或者黄超巨星，距离我们 380 光年。

　　天龙座 γ（天棓四）：赤经 17h 57m，赤纬 +51.5°，亮度为 2.2 等，是一颗距离我们 154 光年的橙巨星，是该星座中最亮的一颗。英国天文学家詹姆斯·布拉德利通过对这颗恒星的观察，于 1728 年发现了光行差。

　　天龙座 μ（天棓增九）：赤经 17h 05m，赤纬 +54.5°，距离我们 89 光年，是一对密近双星。伴星是一颗 5.7 等星，呈奶油色。它们每 800 年左右相互绕转一周。这两颗恒星目前正在逐渐分离，

在小口径望远镜中越来越容易分辨，当然还需要高倍率。

　　天龙座 ν：赤经 17h 32m，赤纬 +55.2°，是一对 4.9 等的白色双星，用最小的望远镜也能轻易地看到，是最好的双筒望远镜观测目标之一。它们距离我们 99 光年。

　　天龙座 ο：赤经 18h 51m，赤纬 +59.4°，距离我们 342 光年，是一颗亮度为 4.6 等的橙巨星，用小型望远镜还可以看到一颗 8.1 等的伴星。

　　天龙座 ψ：赤经 17h 42m，赤纬 +72.1°，是距离我们 74 光年的一颗 4.6 等的黄白色星。它有一颗黄色的 5.8 等伴星，用小型望远镜甚至双筒望远镜都能看到。

　　天龙座 16 和 17：赤经 16h 36m，赤纬 +52.9°，是一对相距较远的蓝白色双星，其亮度分别为 5.5 等和 5.1 等，距离我们大约 420 光年，很容易用双筒望远镜找到。用 60 毫米口径的高倍率望远镜可以将其中那颗更亮的恒星（天龙座 17）"分解"成两颗，其亮度分别是 5.4 等和 6.5 等，因此这是一个引人注目的三合星系统。

　　天龙座 39：赤经 18h 24m，赤纬 +58.6°，距离我们 184 光年，是一个令人印象深刻的三合星系统。两个最亮的成员分别是 5.0 等和 7.9 等，在双筒望远镜中呈现为相距较远的蓝黄两星。用口径为 60 毫米的高倍率望远镜观测，较亮的恒星还有一颗较近的伴星，其亮度为 8.1 等。

　　天龙座 40 和 41：赤经 18h 00m，赤纬 +80.0°，是一对橙矮星，适于用小型

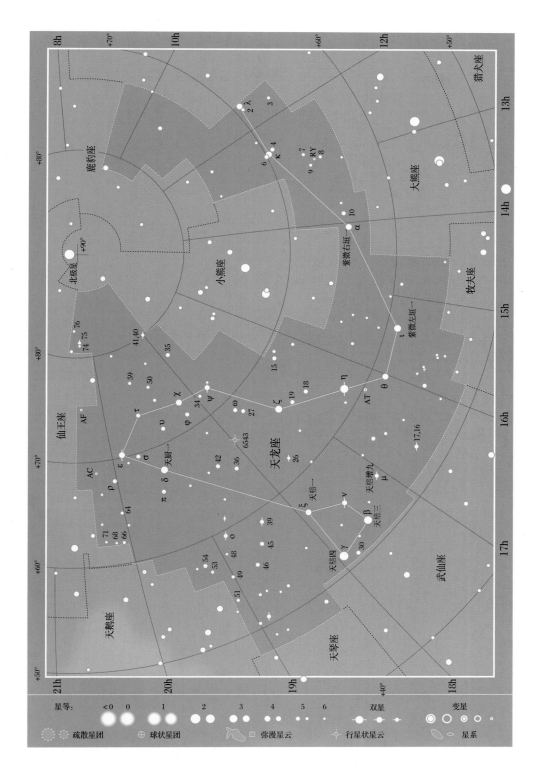

望远镜观测，其亮度分别是 6.0 等和 5.7 等，距离我们 200 光年。

NGC 6543：赤经 17h 59m，赤纬 +66.6°，是一个亮度为 9 等的行星状星云，距离我们 3500 光年，是最亮的星云之一，在业余天文望远镜中显示为一个不规则的蓝绿色圆盘，就像一颗失焦的恒星。从哈勃空间望远镜拍摄的照片来看，将其称为猫眼星云是很有道理的（见第 284 页）。

小马座

小马座是天空中第二小的星座，它似乎得名于希腊天文学家托勒密，因为它首次出现在他的著作《至大论》列出的 48 个星座中。该星座的形状只有马的头部，旁边是更大的飞马座。关于小马座并没有什么神话和传说。

小马座 α（虚宿二）：赤经 21h 16m，赤纬 +5.2°，亮度为 3.9 等，是一颗距离我们 190 光年的黄巨星。

小马座 γ：赤经 21h 10m，赤纬 +10.1°，是一颗亮度为 4.7 等的白色星，距离我们 118 光年。用一般的双筒望远镜可以看到它有一颗明亮的 6.1 等星——小马座 6 为伴，不过后者是一颗不相关的背景星。

小马座 1：赤经 20h 59m，赤纬 +4.3°，也称小马座 ε。这是一个三合星系统，距离我们 176 光年。在小型望远镜中，它看起来是一对黄白色双星，其亮度分别是 5.4 等和 7.4 等。较亮的星本身是一对近距双星，亮度分别是 6.0 等和 6.3 等，每 101 年彼此绕转一周。到 2040 年左右，当它们彼此分开时，用 220 毫米口径的望远镜能够分辨出来。

位于波江座的 NGC 1300（见第 150 页）是棒旋星系的一个经典例子，它的旋臂缠绕得很紧，需要口径相当大的业余天文望远镜才能看到。（何塞·阿方索、洛佩兹·阿圭里、M.普里托、C.穆诺兹·图农、A.M. 瓦雷拉/加那利群岛天文研究所）

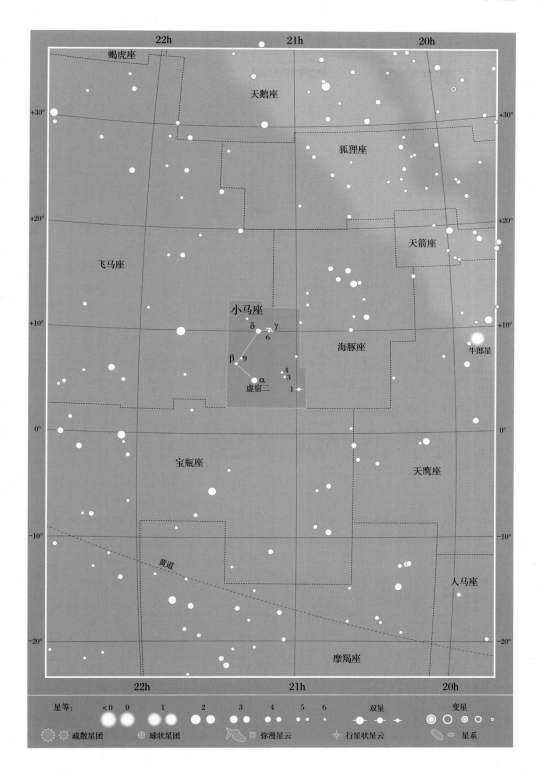

波江座：一条大河

这是一个巨大的星座，在天空中排名第六，但由于没有什么独特的形状，因此经常被忽视。它从北部的金牛座一路蜿蜒到南部的水蛇座。在神话中，波江座是法厄同在驾驶他父亲太阳神赫利俄斯的日辇时掉进的那条河。但它也被认为代表一条真正的河流，早期的神话学家认为它就是尼罗河，但后来的古希腊作家说它是意大利的波河。

最初波江座包括现在的天炉座的恒星，它只延伸到波江座 θ（亚迦纳，这颗星的名字在阿拉伯语中的意思为"河的尽头"）。后来，波江座延伸到了南纬60°（在古希腊的地平线以下），而亚迦纳的称号就转移到更南的另一颗恒星上。这颗最初被称为亚迦纳的星，现在被称为阿卡玛，这个名字与亚迦纳的名字一样，也源自阿拉伯语。

这个星座包含了几个有趣的星系，它们都很远很暗，用业余天文望远镜很难捕捉到。最著名的是 NGC 1300，它位于赤经 3h 19.7m，赤纬 −19°25'。从第 148 页上的照片可以看出，它是一个美丽的 10 等棒旋星系，距离我们 6900 万光年。

波江座 α（Achernar，亚迦纳，英文名称意为"河的尽头"，中文名称为水委一）：赤经 1h 38m，赤纬 −57.2°，亮度为 0.5 等，是一颗蓝白色主序星，距离我们 144 光年。

波江座 β（Cursa，玉井三，英文名称意为"脚凳"，指的是它在猎户座脚下的位置）：赤经 5h 08m，赤纬 −5.1°，是亮度为 2.8 等的蓝白色星，距离我们 89 光年。

波江座 ε：赤经 3h 33m，赤纬 −9.5°，亮度为 3.7 等的橙色主序星，距离我们 10.5 光年，是在我们附近最像太阳的恒星之一。它每 7 年被一颗质量是木星 3 倍的行星环绕一周。

波江座 θ（天园六）：赤经 2h 58m，赤纬 −40.3°，距离我们 161 光年，是一对引人注目的蓝白色双星，其亮度分别是 3.2 等和 4.3 等，用小型望远镜就可以分辨。

波江座 o²：赤经 4h 15m，赤纬 −7.7°，距离我们 16 光年，也称为波江座 40，是一个了不起的三合星系统。用小型望远镜可以看到在 4.4 等橙色主序星旁边有一颗相距较远的 9.5 等白矮星伴星，它是天空中最容易看到的白矮星。用小型望远镜还可以看到这颗白矮星还有一颗 11 等伴星，是一颗红矮星。它们组成了最有趣的三合星系统。白矮星和红矮星每 250 年环绕彼此一周，很容易用小口径望远镜分辨。

波江座 32：赤经 3h 54m，赤纬 −3.0°，距离我们 313 光年，是一对适合用小型望远镜观察的美丽双星。它由一颗黄色的 4.8 等星和一颗蓝绿色的 5.9 等主序星伴星组成。

波江座 39：赤经 4h 14m，赤纬 −10.3°，距离我们 242 光年，是一对橙巨星，亮度为 4.9 等。它有一颗 8.2 等伴星，可以用小型望远镜观测到。

波江座 p：赤经 1h 40m，赤纬 −56.2°，距离我们 26 光年，是一对美丽的橙矮星，其亮度分别是 5.8 等和 6.0 等，

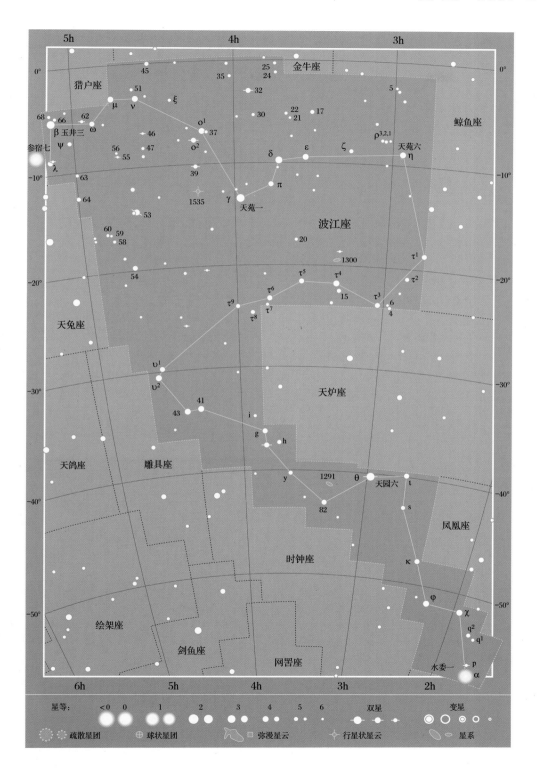

轨道周期约为 475 年。

　　NGC 1535：赤经 4h 14m，赤纬 —12.7°，是一个亮度为 9 等的行星状星云，距离我们约 2000 光年。用小型望远镜可以看到它，但要欣赏它的淡蓝色圆盘，则需要用口径为 150 毫米的望远镜。

天炉座：一座火炉

　　它是在 18 世纪 50 年代由尼古拉·路易·德·拉卡伊引入的一个平淡无奇的星座，最初的名字是化学炉（Fornax Chemica）。它包含了本星系群中的一个矮星系，称为天炉矮星系，距离银河系大约 45 万光年，但是太暗了，以至于用业余天文望远镜都看不见。天炉座还包含一个紧密的星系团，距离我们大约 6000 万光年，其中最亮的是一个亮度为 9 等的奇特星系 NGC 1316，称为天炉座 A 射电源，位于赤经 3h 22.7m，赤纬 —37°12'。天炉座的星系团中另一个著名的成员是 NGC 1365，如下图所示。

　　天炉座 α：赤经 3h 12m，赤纬 —29.0°，距离我们 46 光年，是由一颗黄白色的 4.0 等主序星和一颗更暗的 7.2 等黄色伴星组成的双星，伴星可能是变星。这两颗星每 270 年左右绕对方运行一周，在整个 21 世纪中，它们都可以被小型望远镜观测到。

　　天炉座 β：赤经 2h 49m，赤纬 —32.4°，是一颗亮度为 4.5 等的黄巨星，距离我们 173 光年。

　　NGC 1097：赤经 2h 46m，赤纬 —30.6°，是一个亮度为 9 等的、具有明亮核心的棒旋星系，用中型望远镜可看见。NGC 1097 距离我们约 5000 万光年。

NGC 1365，位于天炉座和波江座的交界处，赤经 3h 33.6m，赤纬 —36°08'，是一个引人注目的 10 等棒旋星系。它是距离我们 6000 万光年的天炉座星系团中的一员。[帕特里克·沃特，开普敦大学/南非天文台（SAAO）]

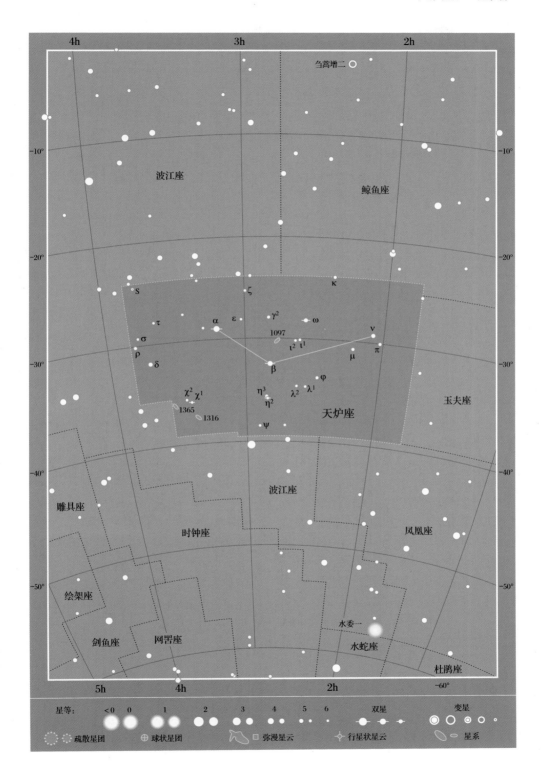

双子座：一对双胞胎

它是一个古代就确定下来的星座，代表了一对双胞胎，就是卡斯特和波利克斯这对兄弟，也是阿尔戈诸英雄中的成员。他们都是斯巴达王后丽达的儿子，但父亲不同；卡斯特的父亲是国王廷达瑞斯，而波利克斯的父亲是宙斯。双子是水手们的保护神，他们的形象经常出现在船只的索具上，代表名为"圣艾尔摩之火"的放电现象。在天空中，北河二和北河三这两颗星还提供了一个角距离的测量标准，它们之间的距离正好是 4.5°。

双子座是黄道十二星座之一，太阳每年从 6 月底到 7 月底会经过双子座。双子座流星雨是一年中流量最大、最明亮的流星雨之一，它从北河二附近的一个点辐射出来，在 12 月 13 日至 14 日达到最大，每小时可以看到 100 颗流星。

双子座 α（北河二）：赤经 7h 35m，赤纬 +31.9°，距离我们 52 光年，是惊人的多合星，由 6 颗独立的恒星组成。用裸眼观察，北河二是一颗蓝白色的 1.6 等星，比北河三稍微暗一些。高倍率的 60 毫米口径望远镜可以将北河二"分解"成两颗星，它们的亮度分别是 1.9 等和 3.0 等，每 460 年绕对方一周。目前它们之间的距离正在增大，在整个 21 世纪里，它们之间的距离将越来越远，更加容易分辨。这两颗星都是光谱双星。用小型望远镜也能看出与北河二相伴的红矮星，而它本身就是大陵五型食双星，亮度在 8.9 等和 9.6 等之间变化，光变周期为 19.5 小时。它们共同组成了六星系统。

双子座 β（北河三）：赤经 7h 45m，赤纬 +28.0°，亮度为 1.1 等，是双子座中最亮的恒星。一些天文学家曾推测北河三过去比北河二暗，后来才变得更亮，或者北河二变暗了。但事实是，1603 年约翰·拜耳在给恒星分配希腊字母时，并没有仔细区分哪颗星更亮，因此造成了不必要的混乱。北河三是一颗橙巨星，距离我们 34 光年。

双子座 γ（井宿三）：赤经 6h 38m，赤纬 +16.4°，亮度为 1.9 等，是一颗蓝白色亚巨星，距离我们 109 光年。

双子座 δ（天樽二）：赤经 7h 20m，赤纬 +22.0°，距离我们 60 光年，是一颗亮度为 3.5 等的奶白色恒星，它有一颗亮度为 8.2 等的橙色矮伴星。用口径为 75 毫米以下的望远镜难以找到伴星。它们的轨道周期超过 1000 年。

双子座 ε（井宿五）：赤经 6h 44m，赤纬 +25.1°，亮度为 3.0 等，是

NGC 2392，俗称爱斯基摩星云或小丑脸星云，是一个用业余天文望远镜可以看到的蓝色圆盘状行星云（见第 156 页）。（汤姆·特卡赫/弗林·哈斯/NOAO/ NSF）

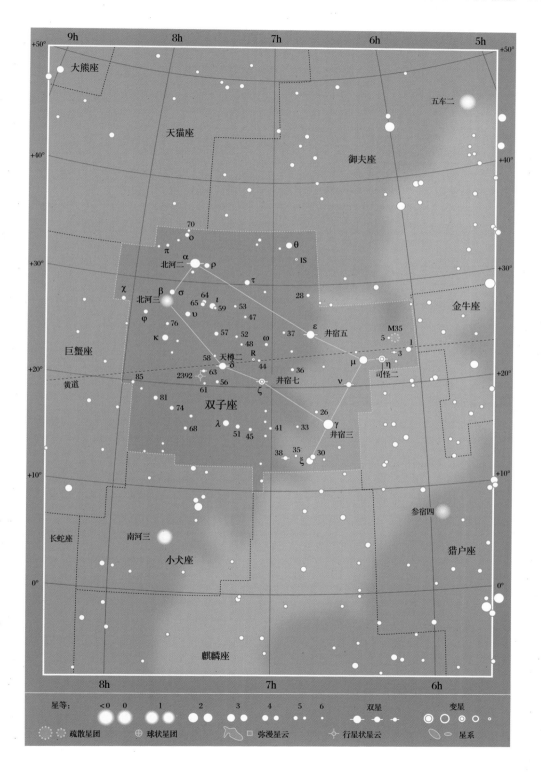

距离我们约 850 光年的一颗黄超巨星。用双筒望远镜或小型望远镜可以观测到它有一颗 9.6 等的伴星。

双子座 ζ（井宿七）：赤经 7h 04m，赤纬 +20.6°，距离我们约 1400 光年，是一颗变星，用双筒望远镜观测，实际为一对双星。主星是一颗黄超巨星，它是一颗造父变星，亮度在 3.6 等到 4.2 等之间变化，光变周期为 10.2 天。用双筒望远镜或小型望远镜可以看到它的那颗相距较远的 7.6 等伴星。

双子座 η（司怪二）：赤经 6h 15m，赤纬 +22.5°，距离我们 385 光年，也是一对双变星。主星是一颗红巨星，亮度在 3.1 等和 3.9 等之间以半规则的方式变化，光变周期大约为 233 天。它有一颗很接近的 6 等伴星。它们每 500 年左右运行一周。需要用大型望远镜才能将伴星从主星的光芒中分辨出来。

双子座 κ：赤经 7h 44m，赤纬 +24.4°，距离我们 141 光年，是一颗 3.6 等黄巨星，带有一颗 8 等伴星。由于二者的亮度差异太大，用小型望远镜很难找到伴星。

双子座 ν：赤经 6h 29m，赤纬 +20.2°，亮度为 4.1 等，距离我们 545 光年，是一颗蓝巨星，带有一颗相距较远的 8 等伴星。用双筒望远镜或小型望远镜可以看到这颗伴星。

双子座 38：赤经 6h 55m，赤纬 +13.2°，距离我们 84 光年，是用小型望远镜可以观察到的双星。二者的颜色分别是白色和黄色，亮度分别为 4.8 等和 7.8 等。

M35（NGC 2168）：赤经 6h 09m，赤纬 +24.3°，是一个很大的 5 等疏散星团，用裸眼或双筒望远镜就可以看到它那非常明显的长条形。它由大约 200 颗恒星组成，覆盖的天空面积和月球差不多，距离我们 3000 光年。即使用低倍率的小型望远镜也能看出这一漂亮星团中的成员星排列成了一条弯曲的链。就在它的附近，实际上比它远 1 万光年处，还有一个非常富星的疏散星团 NGC 2158，看起来像一个小的暗弱光斑，需要用至少 100 毫米口径的望远镜才能分辨它。

NGC 2392：赤经 7h 29m，赤纬 +20.9°，是一个 8 等行星状星云，称为爱斯基摩星云或小丑脸星云，因为通过大型望远镜观测时，它看起来有点像边缘被物质环绕着的脸。用小型望远镜观测，它只是一个蓝绿色椭圆面，其表面大小与土星的圆盘差不多，中央有一颗 10 等恒星（见第 154 页中的图片）。NGC 2392 距离我们 3000 光年。

天鹤座

天鹤座是 16 世纪末由荷兰航海家彼得·迪克佐恩·凯泽和弗雷德里克·德·豪特曼划定的 12 个星座之一。它代表一种水鸟——长颈鹤。天鹤座 δ 和 μ 是裸眼可见的双星。

天鹤座 α（鹤一）：赤经 22h 08m，赤纬 −47.0°，是一颗蓝白色主序星，距离我们 101 光年。

天鹤座 β：赤经 22h 43m，赤纬 −46.9°，是一颗距离我们 177 光年的红

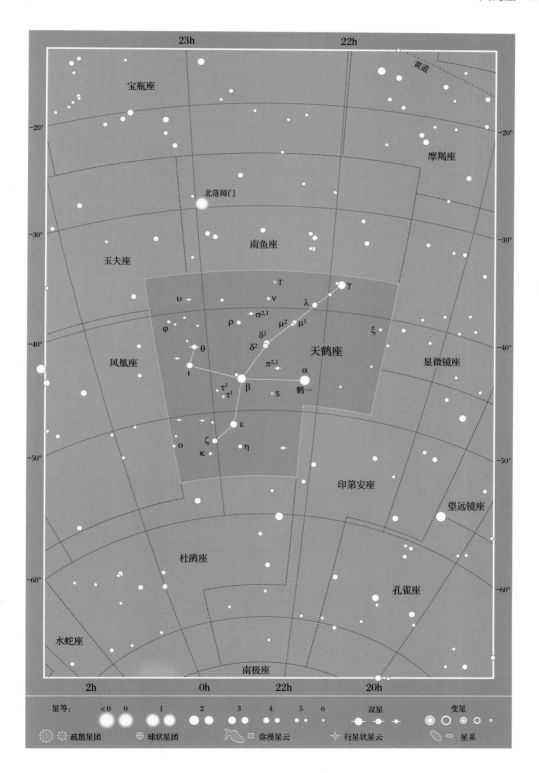

星等：　<0　0　1　2　3　4　5　6　　双星　　变星

疏散星团　　球状星团　　弥漫星云　　行星状星云　　星系

巨星，亮度在 1.9 等和 2.3 等之间变化，光变周期为 37 天左右。

天鹤座 γ：赤经 21h 54m，赤纬 −37.4°，亮度为 3.0 等，是一颗蓝白色恒星，距离我们 211 光年。

天鹤座 δ¹ 和 δ²：赤经 22h 29m，赤纬 −43.5°，是一对裸眼可见的双星，但二者并不相关。δ¹ 是一颗 4.0 等黄巨星，距离我们 309 光年；δ² 是一颗亮度为 4.1 等、距离我们 330 光年的红巨星。

天鹤座 μ¹ 和 μ²，赤经 22h 16m，赤纬 −41.3°，是一对相互无关的裸眼可见的双星，都是黄巨星。μ¹ 是 4.8 等星，距离我们 275 光年；μ² 是 5.1 等星，距离我们 265 光年。

天鹤座 π¹ 和 π²：赤经 22h 23m，赤纬 −45.9°，是一对用双筒望远镜可见的不相关的双星。π¹ 是深红色半规则变星，亮度范围为 5.3 等到 7.0 等，光变周期为 195 天左右，距离我们约 530 光年。π² 是白色主序星，亮度为 5.6 等，距离我们 130 光年。

武仙座

武仙座代表的赫拉克勒斯是古希腊神话中的大英雄，他以 12 项功绩而闻名天下。最初，这个星座被想象成一个不知名的跪着的人，他的一只脚踩在天龙的头上，因为天龙座紧挨着武仙座的北侧。一些传说把这个星座和古代苏美尔的英雄吉尔伽美什联系在一起。尽管是全天第五大星座，但武仙座并不十分明亮。它拥有大量的双星，都适合用小型望远镜观察。另外，它还包含最明亮和密集的球状星团 M13。M13 位于武仙座的四边形的一条边上，很容易找到。这个四边形由武仙座 ε、ζ、η、π 组成，象征着赫拉克勒斯的骨盆。

M13，武仙座中的一个巨大的球状星团，由 30 万颗恒星组成，在双筒望远镜中是一个模糊的球面，但通过中等口径的业余天文望远镜就可以分辨其中的恒星。（西蒙·图洛克和丹尼尔·福哈，艾萨克·牛顿望远镜小组，拉帕尔马岛）

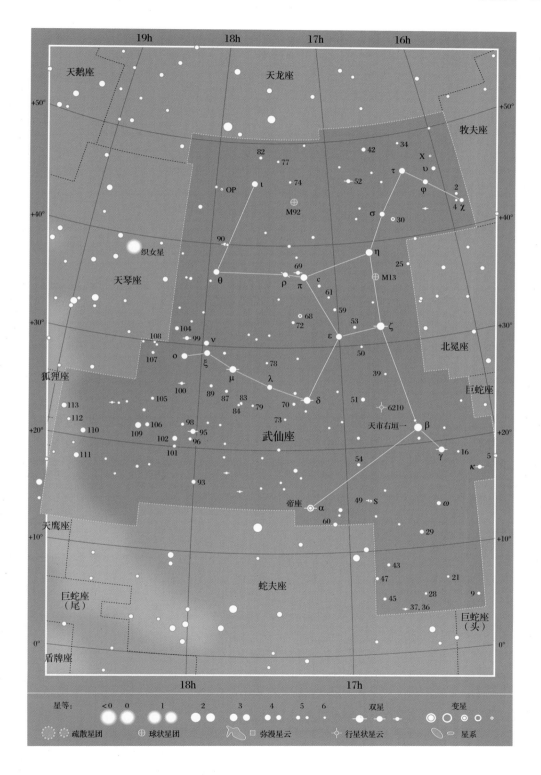

星等: <0   0   1   2   3   4   5   6   双星   变星

疏散星团   球状星团   弥漫星云   行星状星云   星系

武仙座 α（Rasalgethi，帝座，英文名称意为"跪着的头"）：赤经 17h 15m，赤纬 +14.4°，距离我们约 360 光年，是一颗红巨星，其直径约为太阳的 400 倍，是最大的裸眼可见的恒星之一。像大多数红巨星一样，它的亮度不规律地在 2.7 等和 3.6 等之间变化。它实际上是一对双星，用小型望远镜可以看到一颗蓝绿色的 5.3 等伴星。这对双星的轨道周期为 3600 年。

武仙座 β（Kornephoros，天市右垣一，英文名称意为"执棒者"）：赤经 16h 30m，赤纬 +21.5°，是该星座中最亮的恒星，距离我们 139 光年。它是一颗黄巨星。

武仙座 γ：赤经 16h 22m，赤纬 +19.2°，亮度为 3.8 等，是一颗白巨星，距离我们 193 光年。它有一颗相距较远的不相关的 10 等伴星，用小型望远镜可以看到。

武仙座 δ：赤经 17h 15m，赤纬 +24.8°，亮度为 3.1 等，是一颗蓝白色星，距离我们 75 光年。用小型望远镜可以看到它附近有一颗 8.3 等的伴星，不过它们在物理上并不相关。

武仙座 ζ：赤经 16h 41m，赤纬 +31.6°，距离我们 35 光年，是一颗黄白色的 2.9 等星。与它相距较近处有一颗 5.4 等的橙色伴星，其运行轨道周期为 34.5 年。在 2025—2026 年间，用 150 毫米口径的望远镜能够观察到它们，因为这是它们之间相距最远的时候，但当它们接近时，就会越来越难以分辨了。轨道图见第 290 页。

武仙座 κ：赤经 16h 08m，赤纬 +17.0°，是一颗亮度为 5.0 等的黄巨星，距离我们 368 光年。它有一颗不相关的 6.2 等橙巨星作为伴星，伴星距离我们约

2000 光年，用小型望远镜很容易看到。

武仙座 ρ：赤经 17h 24m，赤纬 +37.1°，距离我们 393 光年，是一对蓝白色双星，其亮度分别是 4.5 等和 5.4 等，用小型望远镜可以看见。

武仙座 30：赤经 16h 29m，赤纬 +41.9°，也称武仙座 g，是一颗红巨星，亮度在 4.3 等和 6.3 等之间半规则地变化，光变周期为 3 个月左右。它距离我们 354 光年。

武仙座 68：赤经 17h 17m，赤纬 +33.1°，也称武仙座 μ，距离我们 666 光年，是一对天琴座 β 型食双星。在 2 天多一点的时间里，它的亮度在 4.7 等和 5.4 等之间变化。

武仙座 95：赤经 18h 02m，赤纬 +21.6°，距离我们 470 光年，是一对在小型望远镜中可见的双星。它由两颗巨星组成，其亮度分别是 4.9 等和 5.2 等，颜色分别为银色和金色。

武仙座 100：赤经 18h 08m，赤纬 +26.1°，是一对适合用小型望远镜观察的双星，由两颗颜色相同的蓝白色 5.9 等星组成。它们与我们之间的距离分别为 126 光年和 162 光年，就像天上的一双猫眼。

M13（NGC 6205）：赤经 16h 42m，赤纬 +36.5°，是一个亮度为 6 等的球状星团，由 30 万颗恒星组成，是北方天空中最亮的星团。M13 可以用裸眼看到，用双筒望远镜看更加清楚，它的视直径是满月的一半。该星团距离我们 2.3 万光年，实际直径超过 100 光年。用 100 毫米口径的望远镜可以分辨出该星团中的单颗恒星。这是一个色彩斑斓、星光闪烁的星团。

M92（NGC 6341）：赤经 17h 17m，

赤纬 +43.1°。它是一个球状星团，只比它更著名的邻居 M13 稍暗一点，但 M13 使它看起来黯然失色。用双筒望远镜很容易看到 M92 像一颗模糊的恒星。它比 M13 更小更紧致，需要更大口径的望远镜才能分辨它内部的恒星。它距离我们

2.7 万光年，据估计有 140 亿年的历史，是已知最古老的球状星团。

NGC 6210：赤经 16h 45m，赤纬 +23.8°，是一个亮度为 9 等的行星状星云。用口径为 75 毫米或更大的望远镜可以看到它的蓝绿色椭圆面，距离我们约 4000 光年。

时钟座：一口摆钟

作为代表机械仪器的星座之一，时钟座的形象是一个用于计时的摆钟，由尼古拉·路易·德·拉卡伊在 18 世纪 50 年代划定。就像拉卡伊划定的其他许多星座一样，时钟座也是相当暗淡的一个。

时钟座 α：赤经 4h 14m，赤纬 −42.3°，亮度为 3.9 等，是一颗距离我们 115 光年的橙巨星。

时钟座 β：赤经 2h 59m，赤纬 −64.1°，亮度为 5.0 等，是一颗白巨星，距离我们 295 光年。

时钟座 R：赤经 2h 54m，赤纬

−49.9°，是刍藁增二型红巨星变星。在 13 个月左右的时间内，它的亮度在 4.7 等和 14.3 等之间变化。它距离我们大约 685 光年。

时钟座 TW：赤经 3h 13m，赤纬 −57.3°，是一颗深红色的半规则型脉动变星，亮度范围为 5.5 ~ 6.0 等，光变周期为 5 个月或 9 个月，距离我们 1000 光年。

NGC 1261：赤经 3h 12m，赤纬 −55.2°，是一个亮度为 8 等的球状星团，距离我们 5.3 万光年。

长蛇座：一条水蛇

这是天空中最大的星座，但它比较暗淡，很难辨认。除了最亮的 α 星（它是水蛇的心脏），长蛇座唯一容易辨认的特征就是它的头部——一个由 6 颗恒星组成的特殊形状。长蛇座从位于北天球的巨蟹座边缘的头部开始，向天球赤道以南与天秤座和半人马座相邻的地方蜿蜒前进，星座的总长度超过 100°。

在神话中，这条水蛇通常被认为是

被大力神杀死的多头怪物。还有另一个神话故事，把它与邻近的乌鸦座及其背上的巨爵座联系起来。在这个故事中，乌鸦带着这条蛇回到了太阳神阿波罗那里，以此作为它用杯子取水失败的借口。

长蛇座 α（星宿一）：赤经 9h 28m，赤纬 −8.7°，亮度为 2.0 等，是距离我们 180 光年的一颗橙巨星。

长蛇座 β：赤经 11h 53m，赤纬 −33.9°，亮度为 4.3 等，是一颗蓝白色星，

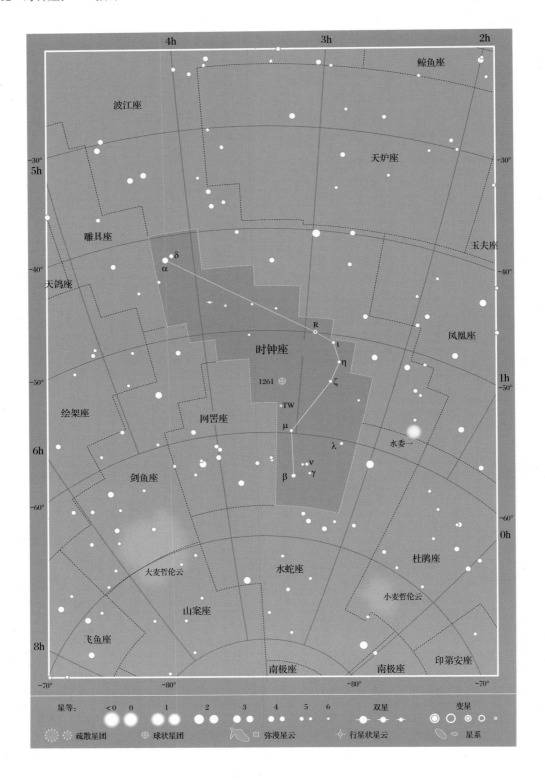

距离我们 310 光年。

　　长蛇座 γ：赤经 13h 19m，赤纬 −23.2°，亮度为 3.0 等，是一颗黄巨星，距离我们 134 光年。

　　长蛇座 δ：赤经 8h 38m，赤纬 +5.7°，亮度为 4.1 等，是一颗蓝白色星，距离我们 160 光年。

　　长蛇座 ε：赤经 8h 47m，赤纬 +6.4°，距离我们 129 光年，是一对观察起来有难度的美丽双星，需要 75 毫米口径的望远镜使用高倍率才能观察到。两颗星的颜色分别是黄色和蓝色，亮度分别为 3.5 等和 6.7 等。它们是一对真正的双星，轨道周期约为 590 年。

　　长蛇座 27：赤经 9h 20m，赤纬 −9.6°，亮度为 4.8 等，是一颗距离我们 222 光年的橙巨星，用双筒望远镜可以看到它的 7.0 等伴星。这颗伴星距离我们 205 光年，它们之间显然没有关系。

用小型望远镜可以分辨这对双星，它们的亮度分别是 7 等和 11 等。

　　长蛇座 54：赤经 14h 46m，赤纬 −25.4°，距离我们 99 光年，是用小型望远镜可以观测到的双星。它由一颗黄星和一颗紫星组成，其亮度分别是 5.1 等和 7.2 等。

　　长蛇座 R：赤经 13h 30m，赤纬 −23.3°，是一颗红巨星变星，属于刍藁增二型，亮度在 4 等和 10 等之间变化，光变周期为 380 天左右。它最亮时可以达到 3.5 等，成为最亮的刍藁增二型变星。它与地球间的距离为 405 光年。

　　长蛇座 U：赤经 10h 38m，赤纬 −13.4°，距离我们 680 光年，是一颗深红色变星，亮度在 4.6 等和 5.4 等之间半规则地变化，光变周期为 183 天。

　　M48（NGC 2548）：赤经 8h 14m，赤纬 −5.8°，是一个大约有 80 颗恒星、位于 2500 光年之外的巨大疏散星团，

M83是长蛇座中的一个面朝我们的棒旋星系，它有恒星和气体组成的旋涡，也称为"南天风车"。如果我们能从外面看到我们自己的银河系，它可能就是这样的（另见第165页）。（亚当·布洛克/ NOAO/ AURA/ NSF）

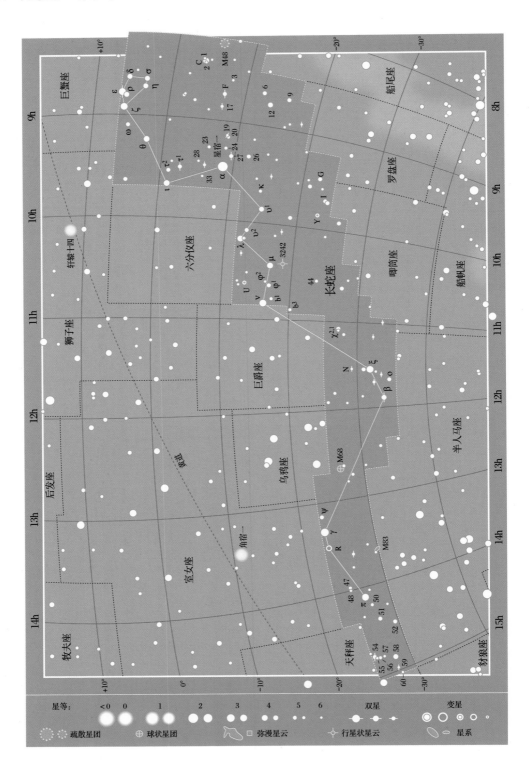

在晴朗的夜空中用裸眼就能看到，用双筒望远镜观察时效果更佳。它的形状有点像三角形，看上去比满月还要大。用低倍率的小型望远镜可以很好地观察它。

M68（NGC 4590）：赤经 12h 39m，赤纬 −26.7°，是一个 8 等球状星团，在双筒望远镜中看似一颗模糊的恒星，用口径为 100 毫米的望远镜则能够分辨它内部的恒星。M68 距离我们 3.4 万光年。

M83（NGC 5236）：赤经 13h 37m，赤纬 −29.9°，是一个面朝我们的巨大的 8 等棒旋星系，用小型望远镜就能看到。它有一个小而明亮的核心和一个中央棒，类似于银河系。它的旋臂可以用口径为 150 毫米的望远镜观察到（见第 163 页的照片）。M83 是已知超新星最多的地方，总共有 6 颗。它是本星系群之外最亮、离我们最近的星系之一，距离我们约 1500 万光年。它也被称为"南天风车"。

NGC 3242：赤经 10h 25m，赤纬 −18.6°，是一个 9 等行星状星云，形似木星的圆盘，通常被称为"木星的幽灵"。这个经常被忽视的距离我们 2600 光年的天体非常显眼，用低倍率的小型望远镜可以看到它的蓝绿色圆盘，而用较高倍率的望远镜则可以看到它有一个明亮的内部圆盘，周围环绕着一圈较暗的光晕。

水蛇座：一条小水蛇

荷兰航海家彼得·迪克佐恩·凯泽和弗雷德里克·德·豪特曼在 16 世纪末引入了这个星座，它是南方的长蛇座的一个缩小版。水蛇座位于两个麦哲伦云之间，几乎是连接波江座和南天极的桥梁。它无法引起普通观测者的兴趣。

水蛇座 α：赤经 1h 59m，赤纬 −61.6°，亮度为 2.8 等，是一颗白色亚巨星，距离我们 72 光年。

水蛇座 β：赤经 0h 26m，赤纬 −77.3°，亮度为 2.8 等，是这个星座中最亮的星，为黄白色主序星，距离我们 24 光年。

水蛇座 γ：赤经 3h 47m，赤纬 −74.2°，亮度为 3.3 等，是一颗距离我们 214 光年的红巨星。

水蛇座 π^1 和 π^2：赤经 2h 14m，赤纬 −67.8°，是一对用双筒望远镜就可以观察到的双星。它们分别是红巨星和橙巨星，二者无关。π^1 为 5.6 等，距离我们 777 光年；π^2 是 5.7 等，距离我们 488 光年。

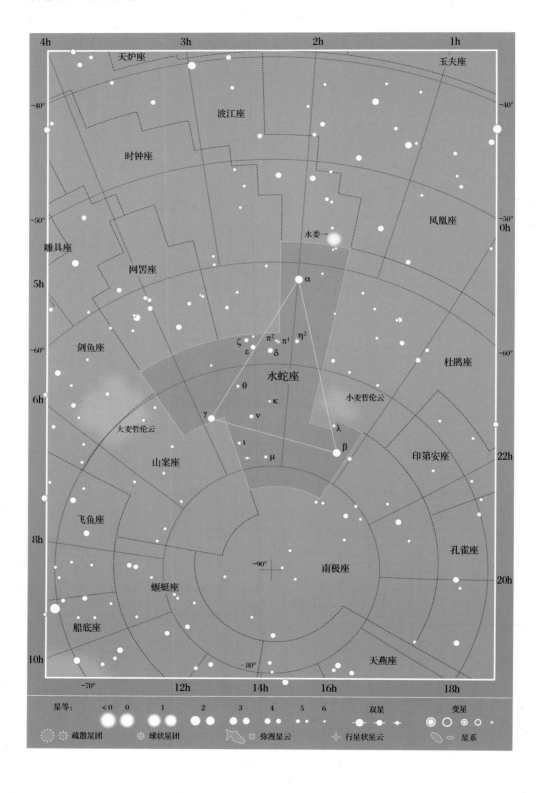

印第安座：印第安人

这是一个代表原始印第安猎人的星座，由荷兰航海家彼得·迪克佐恩·凯泽和弗雷德里克·德·豪特曼在16世纪末引入。在古老的星图上，它被描绘成高举长矛追捕猎物的猎人，但不知道是非洲人、东印度人还是南美人。它的恒星没有一颗亮于3等，而且它们都没有名字。

印第安座 α：赤经20h 38m，赤纬−47.3°，亮度为3.1等，距离我们98光年，是一颗橙巨星。

印第安座 β：赤经20h 55m，赤纬−58.5°，亮度为3.7等，是一颗橙巨星，距离我们612光年。

印第安座 δ：赤经21h 58m，赤纬−55.0°，亮度为4.4等，白色，距离我们188光年。

印第安座 ε：赤经22h 03m，赤纬−56.8°，亮度为4.7等，是一颗橙矮星，比太阳略小，温度较低。它距离太阳11.8光年，是离太阳最近的邻居之一。

印第安座 θ：赤经21h 20m，赤纬−53.4°，距离我们99光年，是一对白色双星，其亮度分别是4.5等和6.9等，用小型望远镜可以分辨。

印第安座 T：赤经21h 20m，赤纬−45.0°，是一颗深红色变星，亮度在5.8等和6.5等之间半规则地变化，光变周期为9个月左右。它距离我们1900光年。

位于印第安座和水蛇座之间的是小麦哲伦云，它由一群形状不规则的恒星构成，是银河系的伴星系（见第257页）。（NOAO /AURA/ NSF）

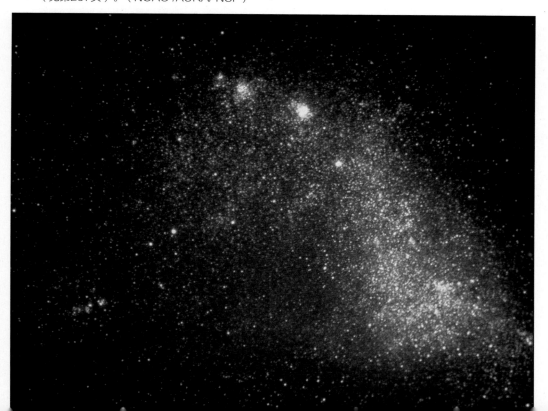

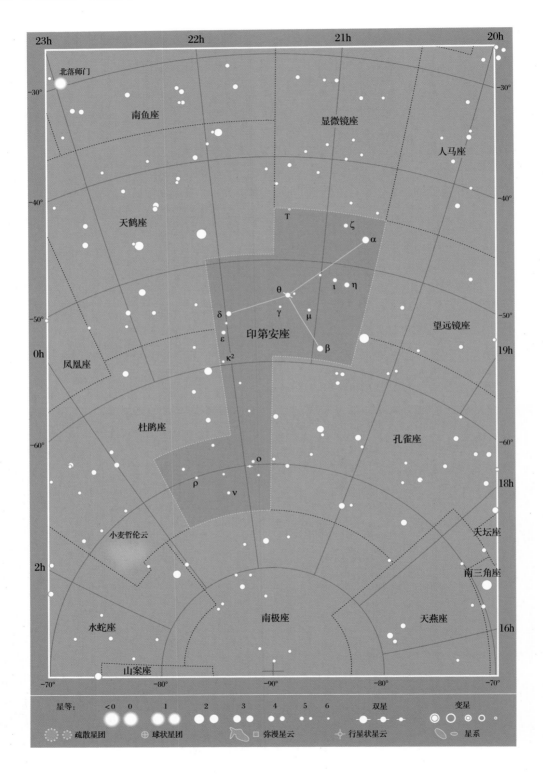

星等：　<0　0　1　2　3　4　5　6　双星　变星

⊙ ⊙ 疏散星团　⊕ 球状星团　弥漫星云　行星状星云　星系

蝎虎座：一条蜥蜴

这是一个不显眼的星座，夹在天鹅座和仙女座之间，就像岩石之间的一条蜥蜴。过去曾经占据这个天区的星座是权杖座——代表权杖和正义之手，是法国人奥古斯汀·罗耶在 1679 年为纪念国王路易十四而划定的。1787 年，德国人约翰·波得为了纪念普鲁士国王弗雷德里克二世（Frederick the Great of Prussia），把这一天区命名为"弗里德里希之域"（Friedrichs Ehre，后来拉丁化为 Honores Friderici）。最终这两个名字也都被抛弃了。

该星座中最著名的天体是蝎虎座 BL，位置是赤经 22h 02.7m，赤纬 +42°17'。最初它被认为是一个奇特的 14 等变星。蝎虎座 BL 是一类天体的原型，被认为是巨大的椭圆星系，有着变化的中心，在遥远的宇宙中，与类星体和其他有活动核的星系有关。

在 20 世纪的 1910 年、1936 年和 1950 年，蝎虎座中出现了 3 颗裸眼可见的新星。其中最亮的是 1936 年出现的新星，被称为蝎虎座 CP，亮度在最亮时达到 2 等。

蝎虎座 α：赤经 22h 31m，赤纬 +50.3°，亮度为 3.8 等，是一颗蓝白色主序星，距离我们 102 光年。

蝎虎座 β：赤经 22h 24m，赤纬 +52.2°，亮度为 4.4 等，是一颗黄巨星，距离我们 170 光年。

NGC 7243：赤经 22h 15m，赤纬 +49.9°，是一个典型的疏散星团，其视直径与满月相似，适合用小型望远镜进行观测。它由几十颗亮度不超过 8 等的暗星组成，距离我们 2600 光年。

约翰内斯·赫维留（1611—1687）

但泽（今波兰格但斯克）的约翰内斯·赫维留是他那个时代最杰出的天文观测者之一。他的代表作是一本包含 1564 颗恒星的星表，名为 *Catalogus Stellarum Fixarum*，在 1687 年他去世前完成，1690 年出版。星表中还附有一套星图，其中赫维留引入了 7 个至今仍在使用的星座：猎犬座、蝎虎座、小狮座、天猫座、盾牌座、六分仪座和狐狸座。赫维留的另一个重要的贡献是他在 1647 年出版的月球图。这是第一幅重要的月球图，也是第一幅引入月球命名系统的月球图。他以地球上的地貌特征来命名月面。例如我们所知道的那个巨大而明亮的哥白尼环形山，他称之为埃特纳坑；另一个著名的第谷环形山，他则称为西奈山；而我们熟知的雨海，他称之为地中海。赫维留所起的名字现在只剩下几个了，比如月面的阿尔卑斯山和亚平宁山脉，其他名字大多被舍弃，取而代之的是意大利天文学家乔瓦尼·巴蒂斯塔·里乔利（1598—1671）提出的命名系统，他以著名哲学家和天文学家的名字命名这些环形山。巧合的是，纪念赫维留和里乔利的环形山在月球上离得很近。

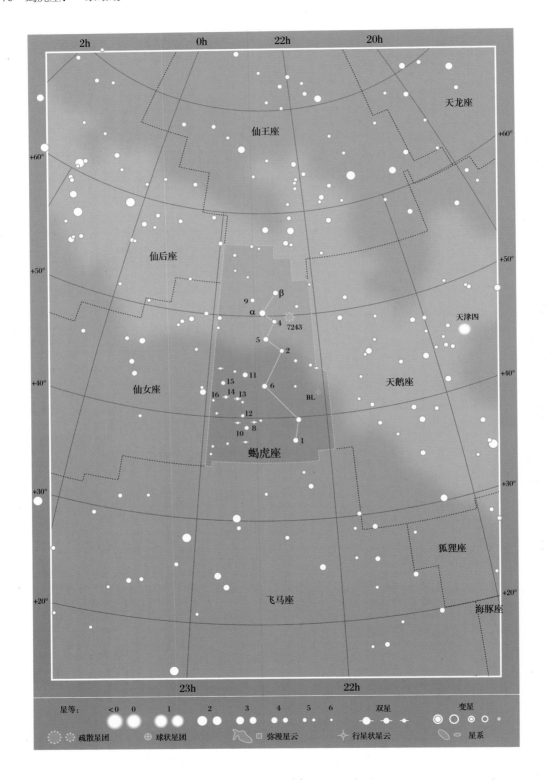

狮子座

如果说星座看起来要很像它的名字所代表的形象，那么狮子座就是一个典型的例子，这个星座像一只蹲伏着的狮子。狮子的头是所谓的镰状六星：从狮子座 ε 到 α。而狮子的身体从头向后伸出，尾巴则是狮子座 β。在神话中，它就是被大力神杀死的狮子精。太阳每年从 8 月中旬到 9 月中旬穿过这个星座。

狮子座中有离太阳第三近的恒星——狮子座 CN，它是一颗离太阳只有 7.8 光年的红矮星。它的亮度为 13.5 等，尽管是一颗耀星，偶尔也会增亮 1 个星等。它位于赤经 10h 56.5m，赤纬 +7°01'，靠近六分仪座的边界。狮子座包含了许多遥远的星系，其中最亮的将在第 172 页介绍，再加上本星系群的 3 个暗淡的矮星系，这些星系都是业余天文望远镜无法观测到的。

每年 11 月狮子座流星会从狮子座 γ 附近辐射而出。通常流星的数量很少，在 11 月 17 至 18 日达到每小时 10 颗流星的峰值，但是当母彗星坦普尔－塔特尔每 33 年返回近日点时，流星的数量就会急剧增加。上一次狮子座流星雨的高峰出现在 1999—2002 年。

狮子座 α（Regulus，轩辕十四，英文名称意为"小皇帝"）：赤经 10h 08m，赤纬 +12.0°，亮度为 1.4 等，是一颗蓝白色主序星，距离我们 79 光年。用双筒望远镜或小型望远镜可以看到与它相距较远的一颗伴星。

狮子座 β（Denebola，五帝座一，英文名称意为"狮子的尾巴"）：赤经 11h 49m，赤纬 +14.6°，亮度为 2.1 等，

这张曝光时间为 43秒的照片拍摄于1966年狮子座流星雨期间，拍摄地点是亚利桑那州的基特峰。那一次，每分钟能看到几千颗流星。（戴夫·麦克莱恩，NOAO/ AURA/ NSF）

是一颗蓝白色主序星,距离我们 36 光年。

狮子座 γ（Algieba,轩辕十二,英文名称意为"前额"）:赤经 10h 20m,赤纬 +20.0°,距离我们 130 光年,由一对金黄色巨星组成,其亮度分别是 2.4 等和 3.6 等。它们的相互环绕周期约为 550 年。用小型望远镜观测,它们是一对非常漂亮的双星。用双筒望远镜观察时,还能看到一颗与之无关的 4.8 等黄色前景星——狮子座 40。

狮子座 δ（太微右垣五 / 西上相）:赤经 11h 14m,赤纬 +20.5°,亮度为 2.6 等,是一颗蓝白色星,距离我们 58 光年。

狮子座 ε:赤经 9h 46m,赤纬 +23.8°,亮度为 3.0 等,是一颗黄巨星,距离我们 247 光年。

狮子座 ζ（轩辕十一）:赤经 10h 17m,赤纬 +23.4°,亮度为 3.4 等,是一颗白巨星,距离我们 274 光年。在它的北边,用双筒望远镜可以看到狮子座 35,二者组成一对双星,不过它们是互不相关的。通过双筒望远镜,在它的南边还能看到一颗更亮的星,编号为狮子座 39,亮度为 5.8 等,二者不相关。这 3 颗星组成一个光学三合星系统。

狮子座 ι:赤经 11h 24m,赤纬 +10.5°,距离我们 77 光年,是一对在观测时颇具挑战性的双星。用裸眼观察,它是一颗黄白色星,亮度为 4.0 等,但实际上它由两颗亮度分别为 4.1 等和 6.7 等的恒星组成,每 186 年绕行一周。目前,这对恒星正在分离中。在 2025 年之前,用 75 毫米口径的望远镜应该可以将它们分辨开,此后会越来越容易分辨。在 2053—2067 年二者之间的距离达到最远的时候,除了最小口径的望远镜,用普通望远镜也可以观测到。

狮子座 τ:赤经 11h 28m,赤纬 +2.9°,距离我们 562 光年,是一颗黄巨星,亮度为 5.0 等。用双筒望远镜和小型望远镜可以看到它有一颗 7.4 等的伴星。

狮子座 54:赤经 10h 56m,赤纬 +24.7°,距离我们 287 光年。用小型望远镜可以观测到它是一对双星,由亮度分别是 4.5 和 6.3 等的蓝白色星组成。

狮子座 R:赤经 9h 48m,赤纬 +11.4°,是一颗刍蒿增二型红巨星变星,距离我们 230 光年。它在最亮时呈现鲜艳的红色,它的大小是太阳的 450 倍。狮子座 R 的亮度通常在 6 等和 10 等之间变化,平均光变周期为 310 天,但有时亮度会超过 4.4 等。

M65 和 M66（NGC 3623 和 NGC 3627）:赤经 11h 19m,赤纬 +13.0°,是两个旋涡星系,距离我们约 3000 万光年,亮度为 9 等。它们可以用大型双筒望远镜在较好的天空条件下观测到,但至少需要 100 毫米口径的低倍率望远镜才能清楚地看到它们细长的形状和浓缩的核心。

M95 和 M96（NGC 3351 和 NGC 3368）:M95 为赤经 10h 44m,赤纬 +11.7°;M96 为赤经 10h 47m,赤纬 +11.8°。它们是一对旋涡星系,亮度分别是 10 等和 9 等,距离我们约 3500 万光年,用小型望远镜观测呈圆形星云状。用口径更大的望远镜可以看到 M95 有一个中央棒。在相距大约 1° 之外是较小的星系 M105（NGC 3379）,它的位置是赤经 10h 48m,赤纬 +12.6°。M105 是亮度为 9 等的椭圆星系,它与我们的距离跟前二者差不多。

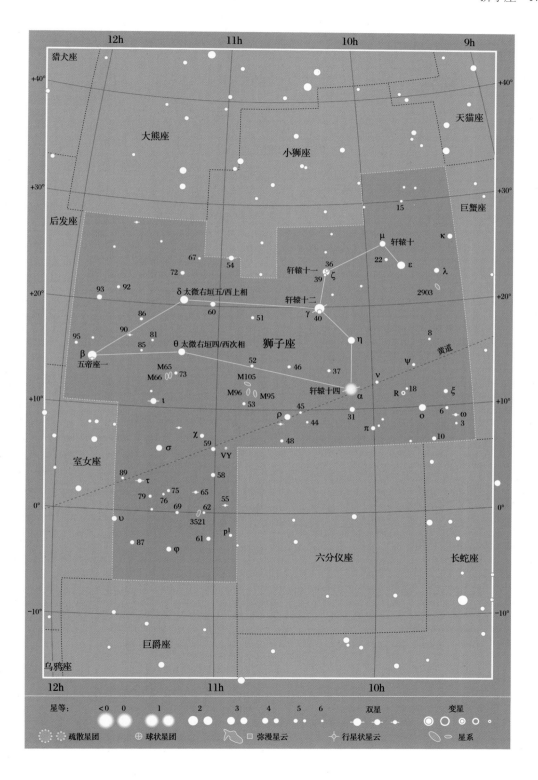

小狮座

小狮座位于大而明亮的狮子座和大熊座之间。1687 年，波兰天文学家约翰内斯·赫维留引入了小狮座。这个星座中没什么让人们感兴趣的，不过有意思的是这个星座中没有 α 星。这个错误是由英国天文学家弗朗西斯·贝利造成的。1845 年，他在《不列颠联合星表》中把希腊字母 β 分配给了星座中第二亮的恒星，而由于疏忽未能标注最亮的恒星——小狮座 46。

小狮座 β：赤经 10h 28m，赤纬 +36.7°，亮度为 4.2 等，是一颗距离我们 154 光年的黄巨星。

小狮座 46：赤经 10h 53m，赤纬 +34.2°，亮度为 3.8 等，是该星座中最亮的恒星，距离我们 95 光年。

天兔座：一只野兔

天兔座是一个在古希腊时期就为人所知的星座。它代表了一只野兔，狡猾地待在猎人（猎户座）的脚下，被猎人的狗（大犬座）在天空中无休止地追逐。在希腊神话中，勒罗斯岛的居民开始饲养野兔后，野兔数量激增，该岛很快就被野兔占领了。野兔毁坏了庄稼，使居民忍饥挨饿。经过共同努力，岛上的居民把野兔赶出了岛。于是他们把这个星座命名为天兔，作为一个提醒：若一个人得到的好东西太多了，往往就会适得其反。

兔子在许多神话和传说中还与月球有关。例如，人们熟悉的月球上人的形象有时被解释为兔子，所以兔子有时成了月球的代名词。尽管天兔座被猎户座的光辉所掩盖，但对业余观察者来说，这个星座中并非没有什么有趣的目标。

天兔座 α（厕一）：赤经 5h 33m，赤纬 −17.8°，亮度为 2.6 等，是一颗白超巨星，距离我们 2200 光年。

天兔座 β（厕二）：赤经 5h 28m，赤纬 −20.8°，亮度为 2.8 等，是一颗距离我们 160 光年的黄巨星。

天兔座 γ：赤经 5h 44m，赤纬 −22.5°，距离我们 29 光年，是一对适合用双筒望远镜观察的迷人的双星，由一颗 3.6 等的黄白色主序星和一颗 6.2 等的橙色伴星组成。

天兔座 δ：赤经 5h 51m，赤纬 −20.9°，亮度为 3.8 等，是一颗橙巨星，距离我们 114 光年。

天兔座 ε：赤经 5h 05m，赤纬 −22.4°，亮度为 3.2 等，是一颗橙巨星，距离我们 213 光年。

天兔座 κ：赤经 5h 13m，赤纬 −12.9°，距离我们 728 光年，是一颗 4.4 等的蓝白色主序星，拥有一颗近距离的 7 等伴星。由于二者巨大的反差，用小型望远镜很难看到伴星。

天兔座 R：赤经 5h 00m，赤纬 −14.8°，距离我们 1400 光年，又称为"欣德的深红色之星"，该名源自英国天文学家约翰·罗素·欣德（1823—1895），

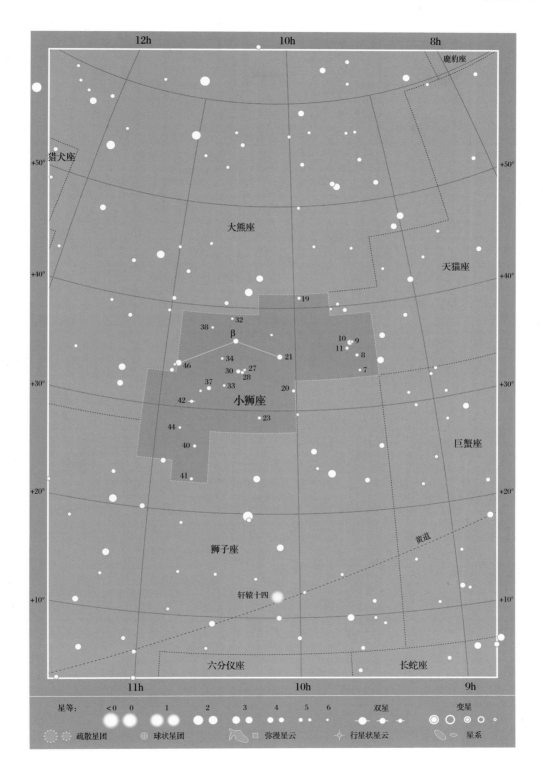

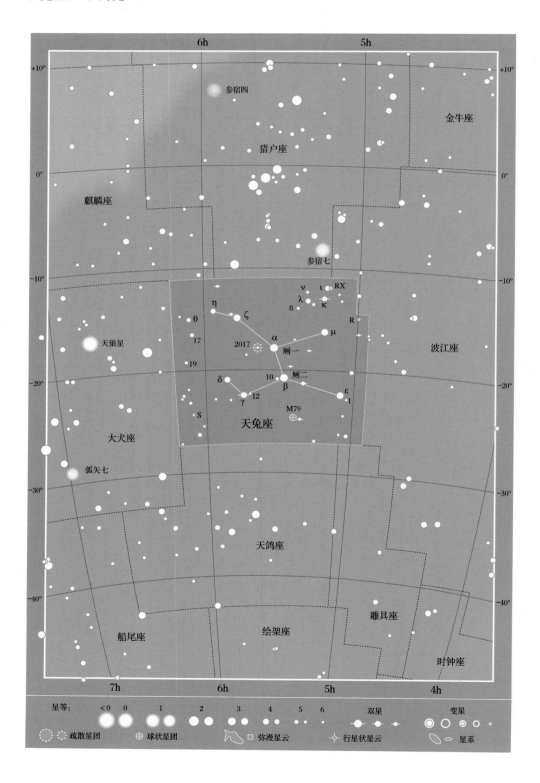

1845 年他将这颗恒星描述为"黑色田野上的一滴血"。天兔座 R 是一个刍蒿增二型变星，在大约 440 天的时间里，从最亮的 5.5 等变到最暗的 12 等。

天兔座 RX：赤经 5h 11m，赤纬 −11.8°，距离我们 486 光年，是一颗红巨星。它是一颗半规则变星，每 80 天左右亮度在 5.1 等和 6.7 等之间变化一次。

M79（NGC 1904）：赤经 5h 24m，赤纬 −24.5°，是一个小而富星的球状星团，距离我们 4.2 万光年。用小型望远镜观察时，它像一颗模糊的 8 等恒星。在低倍率的望远镜视场中，它的附近有赫歇尔 3752 聚星，该星由一颗亮度为 5.4 等的主星和两颗伴星组成。其伴星中，距离较近的一颗的亮度是 6.6 等，距离较远的一颗的亮度是 9.3 等。以上这些天体都可以用小型望远镜看到。

NGC 2017：赤经 5h 39m，赤纬 −17.8°，是一个虽小但引人注目的星团，也称为赫歇尔 3780 聚星。用中等口径的业余天文望远镜可以看到这一星团（共 6 颗），它们的亮度从 6 等到 11 等不等。此外，最亮的恒星拥有一颗 7.8 等的伴星。我们需要至少 200 毫米口径的望远镜才能"分解"它们。用至少 100 毫米口径的望远镜能看到那颗 9 等星实际上是一对近距的双星，伴星的亮度为 12 等。所以，这一组实际上至少有 9 颗星。然而，它们并不是一个真正的星团，因为这几颗恒星与我们的距离各不相同，并向不同的方向移动。

天秤座

在黄道十二星座中，它很暗弱，很容易被忽视。在每年 11 月期间，太阳会从这个星座中经过。古希腊人把它看作蝎子的螯爪，即邻近的天蝎座的延伸。这些称谓还保留在阿拉伯语中，如 Zubenelgenubi 和 Zubeneschamali（意思分别是"南爪"和"北爪"），分别对应于天秤座 α 和 β。

在公元前 1 世纪恺撒大帝在位时期，罗马人把这个星区变成一个独立的星座。从那时起，天秤座就被认为是公正的象征，由正义女神阿斯托利亚高举着，其形状与邻近的室女座相似。

天秤座曾经包含了秋分点，即太阳每年进入天赤道以南的点。由于岁差的原因，这个点在公元前 730 年左右移动到邻近的室女座，但秋分点有时仍被称为天秤座第一点。尽管相对比较暗弱，但天秤座中仍有几颗有趣的恒星。

天秤座 α（氐宿一）：赤经 14h 50m，赤纬 −16.0°，距离我们 75 光年。用双筒望远镜可以看到它是一对相距较远的双星，由一颗蓝白色的 2.7 等主星和一颗白色的 5.2 等伴星组成。

天秤座 β（氐宿四）：赤经 15h 17m，赤纬 −9.4°，亮度为 2.6 等。它是这个星座中最亮的恒星，是为数不多的几颗明显呈现绿色的亮星之一，距离我们 185 光年。

天秤座 γ：赤经 15h 36m，赤纬 −14.8°，亮度为 3.9 等，是一颗橙巨星，距离我们 163 光年。

天秤座 δ：赤经 15h 01m，赤纬 −8.5°，距离我们 294 光年，是一颗大陵

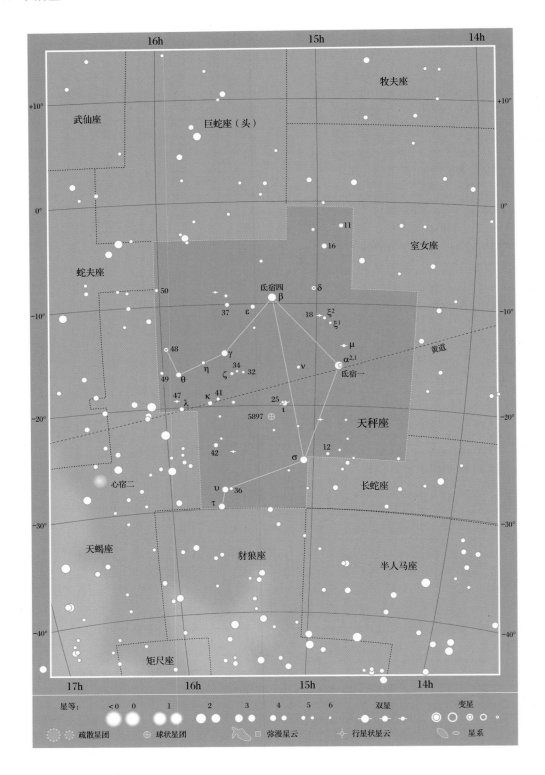

五型食双星。它的亮度在 4.9 等和 5.9 等之间变化，周期为 2 天 8 小时。

天秤座 ι：赤经 15h 12m，赤纬 −19.8°，是一颗聚星，距离我们 380 光年。它的主星是一颗蓝白色的 4.5 等星，有一颗相距较远的 9.8 等伴星。由于二者的亮度差异太大，用小型望远镜很难看到这颗伴星。用口径为 60 毫米以上的高倍率望远镜，应该可以把这颗暗弱的伴星"分解"成两颗 11 等星。最亮的成员星本身就是一对双星，公转周期为 23 年，但对业余天文望远镜来说它们的距离太近。用双筒望远镜还能看到附近有一颗名为天秤座 25 的 6.1 等恒星，不过它只是一颗前景星，距离我们 228 光年。

天秤座 μ：赤经 14h 49m，赤纬 −14.1°，距离我们 238 光年，是一对密近双星，由两颗亮度分别是 5.6 等和 6.6 等的恒星组成，可用 75 毫米口径的高倍率望远镜进行分辨。

天秤座 48：赤经 15h 58m，赤纬 −14.3°，是一颗 4.9 等蓝巨星，距离我们 468 光年。该星在异常高速地旋转，将气体从赤道抛出，形成戒指状，因此其亮度不规则地变化，变化范围有几个百分点。这与仙后座 γ 和金牛座昴宿增十二类似。它还有一个名称，就是天秤座 FX 变星。

NGC 5897：赤经 15h 17m，赤纬 −21.0°，是一个大而松散的 9 等球状星团，距离我们 4.1 万光年，用小型望远镜观察时显得并不壮观。

豺狼座

由于与壮观的天蝎座和人马座相邻，豺狼座经常被忽视，但它里面充满了有趣的天体。古希腊人和古罗马人认为它是一个野生动物，被半人马神钉到了柱子上。一些神话学家说，半人马神在代表阿拉的祭坛上献祭的就是这只动物。到了文艺复兴时期，人们才普遍认识到这个星座代表的是狼的形象。豺狼座位于银河中，里面有很多双星。不过，该星座中没有一颗星有专门的名字。

豺狼座 α：赤经 14h 42m，赤纬 −47.4°，亮度为 2.3 等，是一颗距离我们 465 光年的蓝巨星。

豺狼座 β：赤经 14h 59m，赤纬 −43.1°，亮度为 2.7 等，是一颗距离我们 383 光年的蓝巨星。

豺狼座 γ：赤经 15h 35m，赤纬 −41.2°，亮度为 2.8 等，是一颗蓝白色星，距离我们 421 光年。它是一对密近双星，轨道周期为 190 年，只能用 200 毫米及以上口径的望远镜才能分辨。

豺狼座 ε：赤经 15h 23m，赤纬 −44.7°，距离我们 512 光年，是一颗蓝白色的 3.4 等星。用小型望远镜可以看到它有一颗宽距的 9.1 等伴星。主星本身也是一对密近双星，只有用大口径望远镜才能分辨。

豺狼座 η：赤经 16h 00m，赤纬 −38.4°，距离我们 442 光年。它是一对双星，由一颗蓝白色的 3.4 等主星和一颗 7.9 等伴星组成。由于星等差别大，用小型望远镜很难看到伴星。

豺狼座 κ：赤经 15h 12m，赤纬 −48.7°，距离我们 180 光年，是一对用

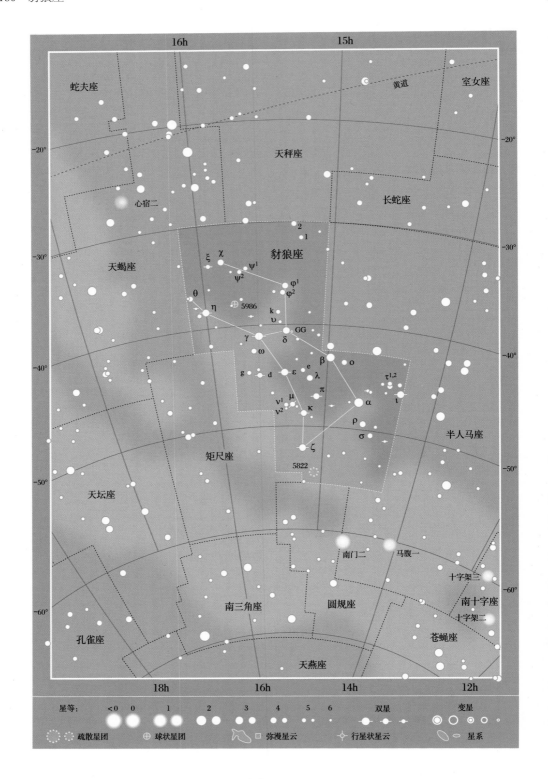

小型望远镜容易观测到的双星，由两颗亮度分别是 3.9 等和 5.6 等的蓝白色星组成。

豺狼座 μ：赤经 15h 19m，赤纬 −47.9°，距离我们 336 光年，是一颗聚星。用小型望远镜可以观测到一颗蓝白色的 4.3 等主星，以及一颗相距较远的 6.8 等伴星。但在口径大于 100 毫米的高倍率望远镜中，可以看到主星本身是一对双星，它由两颗几乎相同亮度的恒星组成，其亮度分别是 5.0 等和 5.1 等。

豺狼座 ξ：赤经 15h 57m，赤纬 −34.0°。这是一对漂亮的双星，由两颗亮度分别是 5.1 等和 5.6 等的蓝白色主序星组成。它们都在 140 光年外，用小型望远镜就能看得很清楚。

豺狼座 π：赤经 15h 05m，赤纬 −47.1°，距离我们 443 光年。在裸眼看来，它是一颗 3.9 等星，但是用口径在 75 毫米以上的望远镜就能看出它由两颗相距较近的蓝白色星组成，其亮度分别是 4.6 等和 4.7 等。

豺狼座 GG：赤经 15h 19m，赤纬 −40.8°，距离我们 547 光年，是一颗大陵五型食双星，亮度变化范围为 5.6 ~ 6.1 等，光变周期为 1.85 天。

NGC 5822：赤经 15h 05m，赤纬 −54.3°，是一个大而松散的疏散星团，由大约 150 颗暗弱的恒星组成。它距离我们 3000 光年，用双筒望远镜或小型望远镜就能看到。

NGC 5986：赤经 15h 46m，赤纬 −37.8°，是一颗 8 等球状星团，距离我们 3.4 万光年，用小型望远镜可以看到它是一个圆形斑块。

天猫座

1687 年，波兰天文学家约翰内斯·赫维留为了填补传统星座大熊座和御夫座之间的空白，引入了这个很不起眼的星座，尽管它的面积相当大（比双子座还大）。赫维留把它命名为"猞猁"，因为他说只有猞猁的眼睛才能看到它——这其实是在暗指他自己的视力异常敏锐。事实上，赫维留一生都在用裸眼观测恒星的位置，尽管当时其他人已经开始使用望远镜了。这个星座很暗弱，不过使用小型望远镜还是会在里面发现许多精致的双星。

天猫座 α：赤经 9h 21m，赤纬 +34.4°，亮度为 3.1 等，是一颗橙巨星，距离我们 203 光年。

天猫座 5：赤经 6h 27m，赤纬 +58.4°，距离我们 626 光年，是一颗橙巨星，亮度为 5.2 等。它有一颗宽距且不相关的 7.8 等伴星，用小型望远镜可以看到这颗伴星。

天猫座 12：赤经 6h 46m，赤纬 +59.4°，距离我们 215 光年，是一个迷人的三合星系统。用小型望远镜可以看到一颗蓝白色的 4.9 等星和一颗较暗的 7.1 等伴星。使用口径在 75 毫米及以上的望远镜，还能看到较亮的那颗星本身就是一对双星，其亮度分别是 5.4 等和 6.0 等，它们的相互绕转周期为 900 年左右。

天猫座 15：赤经 6h 57m，赤纬

+58.4°，距离我们 178 光年，是一对近距离的双星，适合用口径在 150 毫米以上的望远镜进行观测。这对双星的亮度分别是 4.7 等和 5.8 等，较亮的恒星呈深黄色。它们是一对真正的双星，轨道周期为 260 年。

天猫座 19：赤经 7h 23m，赤纬+55.3°，对于小型望远镜来说，它是一个极具吸引力的三合星系统。主星是一对亮度分别为 5.8 等和 6.7 等的蓝白色星，距离稍远的第三颗星的亮度是 7.6 等。这 3 颗星与太阳的距离都为 500 光年。

天猫座 38：赤经 9h 19m，赤纬+36.8°，距离我们 125 光年，是一对亮度分别为 3.9 等和 6.1 等的蓝白色双星，由于它们之间的距离很近，用最小的望远镜很难观测到。

天猫座 41：赤经 9h 29m，赤纬+45.6°，距离我们 280 光年，实际上它位于大熊座的边界上（因此它的名称"天猫座 41"现在已经不使用了，保留它的目的是为了识别）。它是一颗黄巨星，亮度为 5.4 等。用小型望远镜可以观测到它有一颗相距较远的 7.7 等伴星，附近还有一颗 11 等星与它们形成了一个三角形，使这 3 颗恒星构成一个三合星系统。

NGC 2419：赤经 7h 38m，赤纬+38.9°，是一个异常遥远的球状星团，是所谓的星系间流浪者。它的亮度为 10 等，距离银河系中心 30 万光年，比大、小麦哲伦云都要远。

约翰·拜耳（1572—1625）

约翰·拜耳是奥格斯堡的一名律师，也是一名业余天文学家。1603 年，他出版了第一本涵盖整个天空的星图《测天图》（*Uranometria*）。他的北方天空星图主要是根据伟大的丹麦天文学家第谷·布拉赫的观测结果绘制的，而他关于南方天空的资料则来自荷兰航海家彼得·迪克佐恩·凯泽。

除了古代已知的 48 个星座外，拜耳还展示了凯泽和他的同胞弗雷德里克·德·豪特曼在南天极周围引入的 12 个新星座：天燕座、蝘蜓座、剑鱼座、天鹤座、水蛇座、印第安座、苍蝇座、孔雀座、凤凰座、南三角座、杜鹃座和飞鱼座。对于天文学家来说，拜耳最重要的遗产是他用希腊字母标识恒星的方法。每个星座中最亮的恒星通常被分配以希腊字母表中的字母，但并不总是这样，尤其是在两颗或多颗恒星的亮度近似时（双子座、猎户座和人马座中标记为 α 的并不是最亮的恒星）。

在拜耳之前，恒星没有固定的名称，是用希腊天文学家托勒密的烦琐描述来区分的。例如我们现在所谓的 4 等星双子座 θ，那时称作"双子中较年长的那位的左前臂上的星"。很明显，要理解这样的描述，天文学家必须熟悉星图，即使那样也有相当大的可能性会弄混淆。拜耳命名法是一个巨大的进步，一直沿用至今。

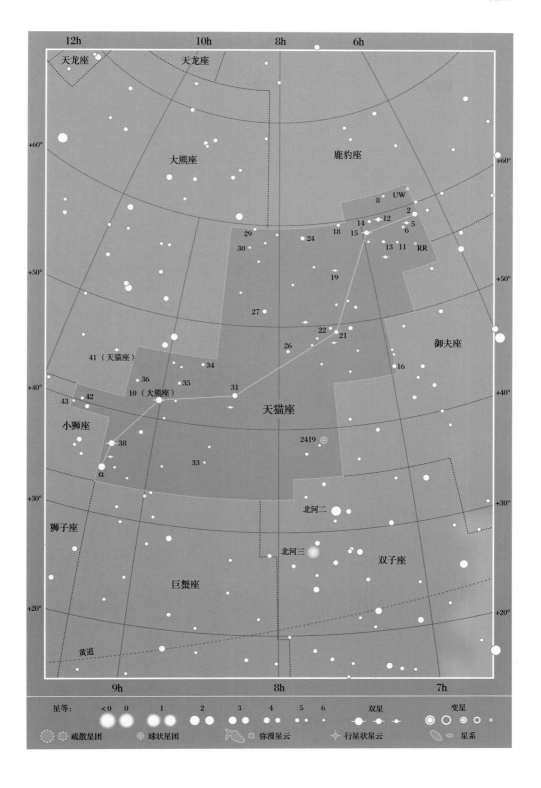

天琴座

这是一个古代星座，代表赫尔墨斯发明的弦乐器，后来由他的同父异母兄弟阿波罗送给伟大的音乐家俄耳甫斯。这个星座也被想象成一只老鹰或秃鹰。这个星座虽然小，但是明亮突出。它包含了天空中的第五亮星——织女星，它是组成北方夏季大三角的一个角（另外两个角分别是天鹅座的天津四和天鹰座的牛郎星）。由于岁差，织女星将在公元 13000 年至 14000 年之间成为北极星，虽然届时它距离北极点仍有 5.7°。在另一方面，我们的太阳围绕银河系运动，正以 20 千米 / 秒的速度把我们带向织女星的方向。每年 4 月 21 日至 22 日，以这个星座为辐射点都会有一场流星雨，每小时约有 10 颗流星出现。

天琴座 α（织女星）：赤经 18h 37m，赤纬 +38.8°，亮度为 0.03 等，是一颗明亮的蓝白色主序星，距离我们 25 光年。它是天空中的第五亮星，周围环绕着一圈尘埃，它的行星可能就是从这些尘埃中形成的。

天琴座 β（渐台二）：赤经 18h 50m，赤纬 +33.4°，距离我们 962 光年，是一颗奇妙的聚星。用小型望远镜很容易把它"分解"成一对双星，其颜色分别为奶油色和蓝色。较暗的蓝色恒星是 7.1 等，而较亮的奶油色星是一对亮度在 3.3 等和 4.4 等之间变化的食双星，光变周期为 12.9 天。天琴座 β 是一类食双星的原型。这对双星非常接近，引力使之扭曲成卵形。热气体从它们上面螺旋喷出，进入太空。

天琴座 γ（渐台三）：赤经 18h 59m，赤纬 +32.7°，亮度为 3.2 等，是一颗蓝白色巨星，距离我们 620 光年。

天琴座 δ^1 和 δ^2：赤经 18h 54m，赤纬 +37.0°，是一对宽距的双星，裸眼或双筒望远镜可见，双星之间不相关。δ^1 是一颗蓝白色主序星，亮度为 5.6 等，

4颗恒星组成的双双星——天琴座 ε ——用望远镜看时的效果（见第186页）。（维尔·蒂里翁）

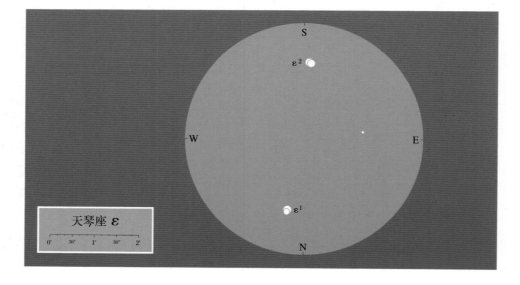

天琴座 ε

0' 30' 1' 30' 2'

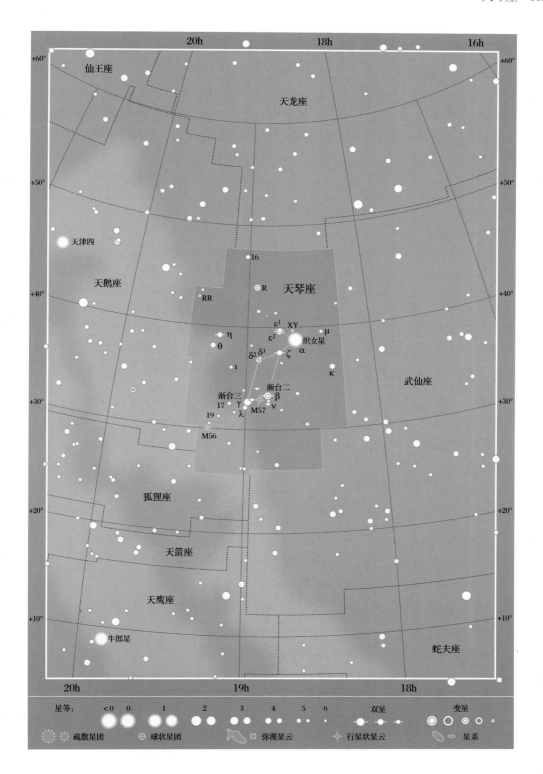

距离我们 991 光年；δ² 是一颗红巨星，距离我们 736 光年，亮度变化不规律，在 4.2 等和 4.3 等之间变化。

天琴座 ε¹ 和 ε²：赤经 18h 44m，赤纬 +39.7°，距离我们 160 光年，是著名的四合星系统，俗称双双星。用双筒望远镜或者很敏锐的视力都可以把这两颗星分辨出来。ε¹ 和 ε² 的亮度分别是 4.7 等和 4.6 等。但是，用口径为 60 ~ 75 毫米的望远镜和高倍率，可以看到每颗星本身又都是双星（见第 184 页中的图）。ε¹ 双星的亮度分别为 5.0 等和 6.1 等，轨道周期约为 1750 年；ε² 双星系统间的距离更靠近一些，亮度分别是 5.1 等和 5.4 等，距离我们 720 光年。四合星系统是很罕见的，这是最好看的一个。

天琴座 ζ：赤经 18h 45m，赤纬 +37.6°，距离我们 156 光年，是一对双星，用小型望远镜或双筒望远镜很容易分辨，两颗星的亮度分别是 4.4 等和 5.7 等。

天琴座 η：赤经 19h 14m，赤纬 +39.1°，距离我们 1400 光年，是一颗蓝白色星，亮度为 4.4 等，用小型望远镜可以看到一颗宽距的 8.6 等伴星。

天琴座 R：赤经 18h 55m，赤纬 +43.9°，距离我们 298 光年，是一颗红巨星，亮度在 3.8 等和 4.4 等之间半规则地变化，光变周期为 6 周或 7 周。

天琴座 RR：赤经 19h 25m，赤纬 +42.8°，距离我们 940 光年，是一类重要变星的原型。这些变星用于指示空间距离，称为"标准烛光"。天琴座 RR 变星通常出现在球状星团中，因此称为星团变星。这类变星与造父变星相关，它们都是巨星，大小会发生脉动，通常在不到一天的时间里就会改变一个星等。天琴座 RR 的亮度在 13.6 小时内从 7.1 等变化到 8.1 等。

M57（NGC 6720）：赤经 18h 54m，赤纬 +33.0°，称为环状星云，是一个亮度为 9 等的行星状星云，距离我们 2000 光年，位于天琴座 β 和 γ 之间。由大型望远镜拍摄的照片来看，它像天上的一个烟圈，但实际上它是一个倒立的圆柱体。用小型望远镜观察时，它是一个明显的椭圆形雾状圆盘，需要用更大的口径才能看到它中央的孔。它是最明亮的行星状星云之一，看起来比木星还要大。星云的真实直径约为 1 光年。（M57 的照片位于第 285 页。）

山案座：桌山

它是所有星座中最暗的，内部没有亮于 5 等的恒星。山案座是由法国人尼古拉·路易·德·拉卡伊引入的，以纪念好望角的桌山。大麦哲伦云的一部分从邻近的剑鱼座跨过边界，进入山案座。这让拉卡伊想起了被称为"桌布"的白云经常覆盖着真正的桌山。不过，这个星座里几乎没有有趣的天体。

山案座 α：赤经 6h 10m，赤纬 −74.8°，亮度为 5.1 等，是一颗与太阳相似的黄色恒星，距离我们 33 光年。

山案座 β：赤经 5h 03m，赤纬 −71.3°，亮度为 5.3 等，是一颗黄巨星。

山案座 γ：赤经 5h 32m，赤纬 −76.3°，亮度为 5.2 等，是一颗距离我

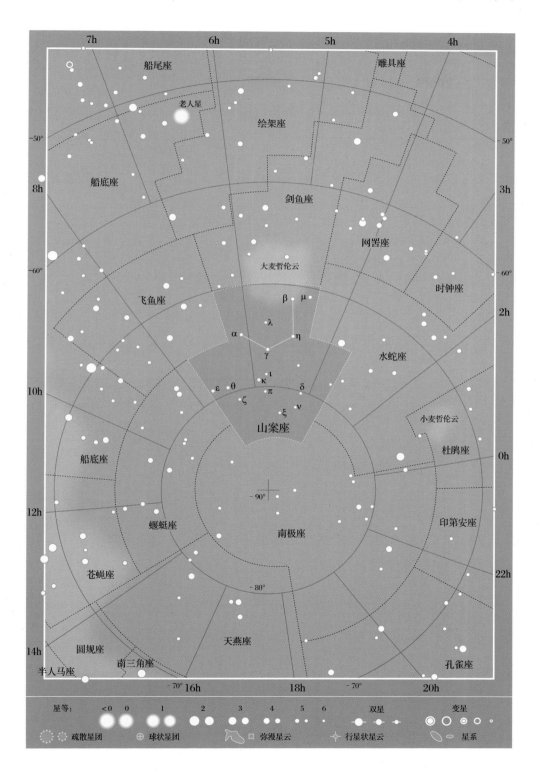

们 102 光年的橙巨星。

　　山案座 η：赤经 4h 55m，赤纬 −74.9°，亮度为 5.5 等，是一颗距离我们 668 光年的橙巨星。

显微镜座

　　这是另一个代表科学仪器的南半球星座，由法国人尼古拉·路易·德·拉卡伊在 18 世纪 50 年代引入。本星座中的仪器是早期的复合式显微镜（使用多个透镜的显微镜）。与拉卡伊命名的众多星座一样，显微镜座只不过是在一些比较知名的星座之间的补白者而已，内部只有一些暗淡的恒星。

　　显微镜座 α：赤经 20h 50m，赤纬 −33.8°，亮度为 4.9 等，是一颗距离我们 378 光年的黄巨星。它有一颗 10 等伴星，用小型望远镜就能看到。

　　显微镜座 γ：赤经 21h 01m，赤纬 −32.3°，亮度为 4.7 等，是一颗距离我们 229 光年的黄巨星。

　　显微镜座 ε：赤经 21h 18m，赤纬 −32.2°，亮度为 4.7 等，是一颗蓝白色主序星，距离我们 182 光年。

玫瑰星云（NGC 2237）位于麒麟座，环绕着NGC 2244星团，它也许是天空中最美丽的星云（见第190页）。（奈杰尔·夏普/ NOAO /AURA/ NSF）

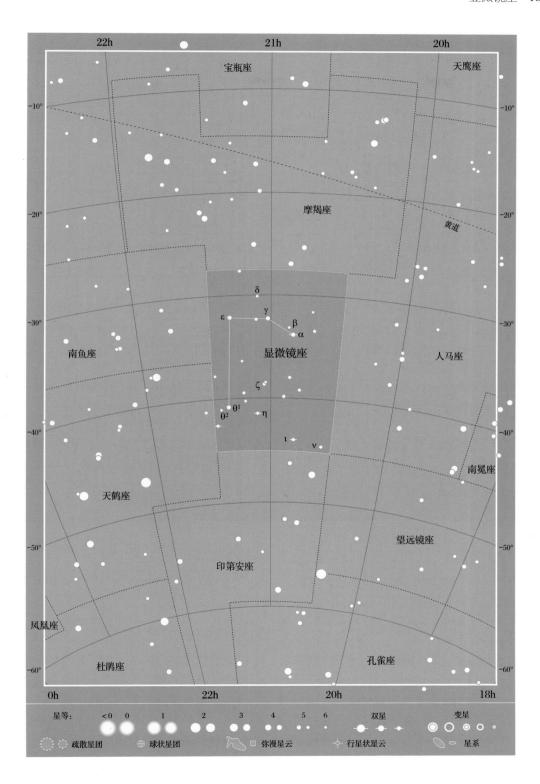

星等: <0 0 1 2 3 4 5 6 双星 变星

疏散星团　球状星团　弥漫星云　行星状星云　星系

麒麟座：独角兽

　　这是位于猎户座和小犬座之间的一个暗淡而迷人的星座，由荷兰神学家和天文学家普兰修斯于 1612 年引入，显然是因为《圣经·旧约》中多次提到的独角兽。它位于银河中，内部有大量的星云和星团。

　　该星座中最著名的天体之一是普拉斯克特星，这是一颗以加拿大天文学家约翰·斯坦利·普拉斯克特（1865—1941）的名字命名的 6.1 等分光双星。他在 1922 年发现，这是已知最大的一对恒星。根据目前的数据，它由两颗质量分别为太阳质量 54 倍和 56 倍的蓝巨星或超巨星组成，每 14.4 天环绕彼此一圈。普拉斯克特星位于赤经 6h 37.4m，赤纬 +6°08'。它靠近疏散星团 NGC 2244，可能是这个星团中的一个外围成员。

　　麒麟座 α：赤经 7h 41m，赤纬 −9.6°，亮度为 3.9 等，是一颗橙巨星，距离我们 148 光年。

　　麒麟座 β：赤经 6h 29m，赤纬 −7.0°，距离我们 680 光年，是天空中最好看的三合星系统。在一个晴好的晚上，用最小型的望远镜就可以把其中的 3 颗星分辨出来。它们的亮度分别是 4.6 等、5.0 等和 5.3 等，形成一条蓝白色曲线，其中最暗的两颗星最靠近。

　　麒麟座 δ：赤经 7h 12m，赤纬 −0.5°，亮度为 4.2 等，是一颗蓝白色星，距离我们 384 光年。它有一颗不相关的裸眼伴星——麒麟座 21，其亮度为 5.4 等。

　　麒麟座 8：赤经 6h 24m，赤纬 +4.6°，又称麒麟座 ε，距离我们 122 光年，是一对适合用小型望远镜观察的双星。在低倍率望远镜的视野中，可以看到它由一颗蓝白色星和一颗黄星组成。它们的亮度分别是 4.4 等和 6.6 等。

　　麒麟座 S：赤经 6h 41m，赤纬 +9.9°，也称麒麟座 15，是一颗明亮的蓝白色星，亮度为 4.7 等，位于 2400 光年外的 NGC 2264 星团（见第 192 页）中。它是一对双星，有一颗 7.8 等的密近伴星。麒麟座 S 的亮度变化轻微，波动幅度为 0.1 等。

　　M50（NGC 2323）：赤经 7h 03m，赤纬 −8.3°。这是一个由大约 80 颗恒星组成的疏散星团，视直径有满月的一半大小，可以用双筒望远镜和小型望远镜观测到。用大约 100 毫米口径的望远镜能把它"分解"成一群由 8 等星组成的不规则星群，在它的南部边缘有一颗橙巨星。M50 距离我们 3100 光年。

　　NGC 2232：赤经 6h 27m，赤纬 −4.7°，是一个由 20 颗恒星组成的星团。用双筒望远镜可以观测到该星团中有一颗蓝白色的 5 等星，编号为麒麟座 10。它覆盖的天空面积与满月相当，距离我们约 1100 光年。

　　NGC 2237 和 NGC 2244：赤经 6h 32m，赤纬 +4.9°，是一个由暗弱的漫反射星云（即玫瑰星云）和一群恒星组成的复杂组合天体，距离我们大约 5400 光年。长时间曝光的照片显示，星云呈粉红色的环状，其视直径是满月的两倍。用大型业余天文望远镜进行目视观测，只能看到星云最亮的部分。NGC 2244 由从玫瑰星云气体中诞生的恒星组成，

| 星等： | <0 | 0 | 1 | 2 | 3 | 4 | 5 | 6 | 双星 | | 变星 | | |

疏散星团　　球状星团　　弥漫星云　　行星状星云　　星系

这些恒星可以用裸眼看见，是可以用双筒望远镜观测的天体。星团中最亮的6颗星形成了一个矩形，其中最亮的星是麒麟座12，它的亮度为5.8等。它并不是这个星团真正的成员，而是一颗不相关的前景星。用小型望远镜观察这个著名的天体时，也许只能看到这个星团。但在晴朗黑暗的天空下，用双筒望远镜还能看到星云苍白的轮廓（见第188页中的图）。

NGC 2261：赤经6h 39m，赤纬+8.7°，又称哈勃变光星云，是一个又小又暗的、呈扇形的星云，包含了引人注目的变星——麒麟座R。它的亮度不稳定地变化着，从9.5等到12等，这可能是由于它从周围的星云中诞生而引起的。只有用较大的业余天文望远镜才能看到这颗恒星和它的星云。这颗恒星与我们的距离目前还不确定，它可能与附近的NGC 2264组合体有关（见下文），距离我们2400光年左右。

NGC 2264：赤经6h 41m，赤纬+9.9°，又是一个星团和星云的组合体。用双筒望远镜可以看到星团大约有40颗成员星，其中包括4.7等麒麟座S（见第190页）。与它相关的星云由于外形而被称为锥状星云，它只有在照片上才能很好地显现出来（见右上图），用业余天文望远镜无法观测到。NGC 2264

锥状星云，它是NGC 2264星团南端的一个黑暗的侵入物，但由于它太暗了，裸眼看不清。（卡洛斯和克里斯特尔·阿科斯塔/亚当·布洛克/NOAO/AURA/NSF）

距离我们2400光年。

NGC 2301：赤经6h 52m，赤纬+0.5°。它是一个适合用双筒望远镜观察的星团，由大约80颗8等星组成。它距离我们2800光年。

NGC 2353：赤经7h 15m，赤纬-10.3°。这是一个可以用小型望远镜观察的疏散星团，由大约30颗9等星组成。它距离我们3800光年。

苍蝇座

它是位于南十字座底部的一个小的南天星座，是在16世纪末由荷兰航海家彼得·迪克佐恩·凯泽和弗雷德里克·德·豪特曼引入的12个星座之一。它也曾以另一个名字"蜜蜂座"而广为人知，这就是它在几个古老的星图上的样子。除了与南十字座交界处属于黑暗的煤袋星云的一部分外，苍蝇座里没有什么值得看的。

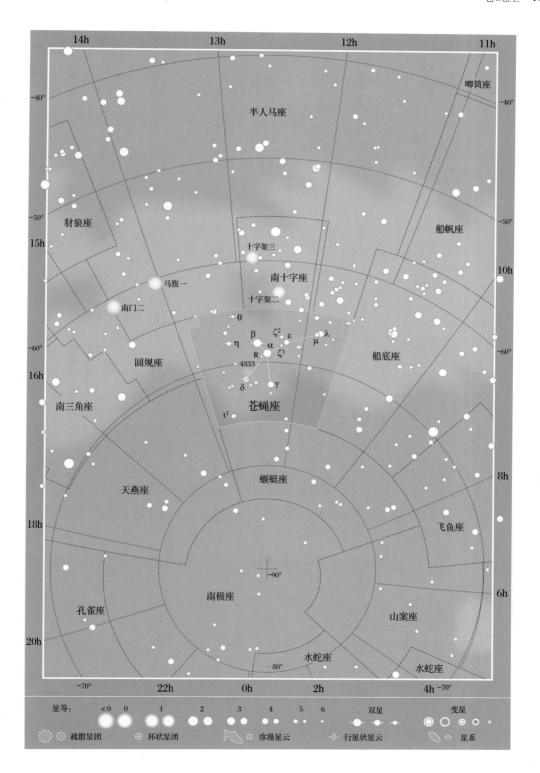

苍蝇座 α：赤经 12h 37m，赤纬 −69.1°，亮度为 2.7 等，是一颗蓝白色星，距离我们 315 光年。

苍蝇座 β：赤经 12h 46m，赤纬 −68.1°，距离我们 342 光年，是一对密近双星，其亮度分别是 3.6 等和 4.0 等，需要用 100 毫米口径和高倍率的望远镜才能观察到。这对双星的轨道周期约为 200 年。

苍蝇座 δ：赤经 13h 02m，赤纬 −71.5°，是一颗亮度为 3.6 等的橙巨星，距离我们 91 光年。

苍蝇座 θ：赤经 13h 08m，赤纬 −65.3°。用小型望远镜观察，它是一对亮度分别是 5.7 等和 7.6 等的双星。其中较亮的星是一颗蓝超巨星，而它的伴星则是一颗沃尔夫－拉叶星——一种罕见的、温度非常高的恒星。它是这类星在全天中第二亮的，而船帆座 γ 则是这类星中最亮的。

NGC 4833：赤经 13h 00m，赤纬 −70.9°，是一个相当大的 7 等球状星团，距离我们 21500 光年。可通过双筒望远镜和小型望远镜观测到 NGC 4833，用口径为 100 毫米的望远镜可以"分解"出该星团中的恒星。

矩尺座

它是由尼古拉·路易·德·拉卡伊在 18 世纪 50 年代命名的一个多余的星座，最初的名字是 Norma et Regula，即"一套方尺和直尺"。拉卡伊把它放在圆规座和三角座旁边，后者是凯泽和豪特曼的早期发明，拉卡伊作为实践者将其可视化。矩尺座曾经是天坛座、豺狼座和天蝎座的一部分。但由于自拉卡伊时代以来，矩尺座的边界已经改变，所以他曾经称作矩尺座 α 和 β 的星被吸收到天蝎座中。在第 233 页的图中，这两颗星分别被标记为 N 和 H。矩尺座位于银河中星群最稠密的区域。

矩尺座 γ^2：赤经 16h 20m，赤纬 −50.2°，亮度为 4.0 等，是一颗黄巨星，距离我们 129 光年。它是该星座中最亮的恒星，旁边是更远的黄白色超巨星矩尺座 γ^1。后者的亮度是 5.1 等，距离我

位于赤经15h 51.7m、赤纬− 51°31'处，在矩尺座内是一个十分对称的行星状星云，称为沙普利1、PK 329+02.1 或RCW 100。它的亮度为13等，需要用相当大口径的望远镜才能看到。它的中央星是14等。（英澳望远镜）

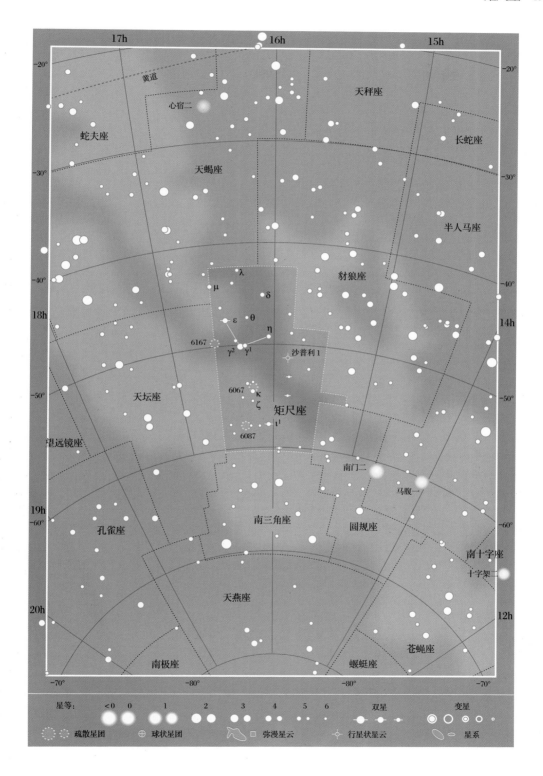

星等:　<0　0　1　2　3　4　5　6　双星　变星

疏散星团　球状星团　弥漫星云　行星状星云　星系

们 1500 光年。

矩尺座 δ：赤经 16h 06m，赤纬 −45.2°，亮度为 4.7 等，是一颗白星，距离我们 122 光年。

矩尺座 ε：赤经 16h 27m，赤纬 −47.6°，距离我们 530 光年，是一对双星。它们的亮度分别是 4.5 等和 6.1 等，在小型望远镜中可见。

矩尺座 ι[1]，赤经 16h 04m，赤纬 −57.8°，距离我们 128 光年。用小型望远镜可以看到一对双星，其亮度分别是

4.6 等和 8.0 等。此外，那颗较亮的恒星本身是一对非常接近的双星，只有在非常大的望远镜中才能看出来，它们的轨道周期为 27 年。

NGC 6087：赤经 16h 19m，赤纬 −57.9°。用双筒望远镜观测，它是一个大而松散的星团，由大约 40 颗恒星组成，距离我们 2900 光年。一串串恒星像蜘蛛的腿一样从它上面延伸出来。它的中央是最亮的矩尺座 S，这是一颗造父变星，亮度在 9.8 天内从 6.1 等变化到 6.8 等。

南极座：一架八分仪

这是一个将南天极也包含进去的星座。尽管有如此特殊的地位，但南极座因比较暗弱而不引人注意。南天极与亮度为 5 等的南极座 τ 和 χ 形成一个几乎完美的等边三角形。在南天中没有南极星，离南天极最近的裸眼能看到的是 5 等的南极座 σ。目前，这颗恒星距离南天极约 1°，但由于岁差，这一距离正在增加（见下图）。在 1860 年左右，南

极座 σ 曾接近南天极，距离不过 0.75°。

南极座是为了纪念被称为"八分仪"的航海仪器而命名的，它是六分仪的前身，由英国仪器制造商约翰·哈德利（1682—1744）于 1730 年发明。这种八分仪由一个 45° 的圆弧组成，即八分之

在岁差的影响下，800 年间南天极的位置变化。（维尔·蒂里翁）

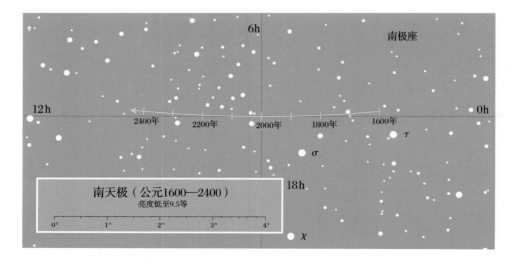

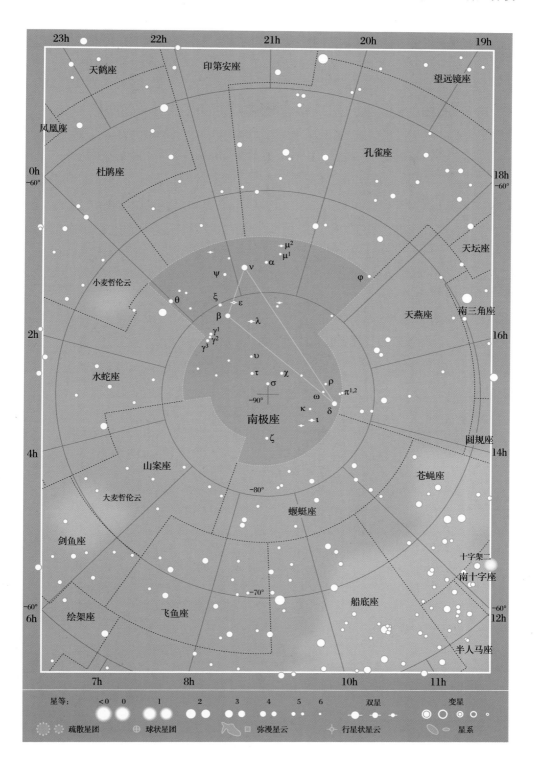

星等：　<0　0　1　2　3　4　5　6　双星　变星

疏散星团　球状星团　弥漫星云　行星状星云　星系

一个圆，其名称由此而来。星座本身是在 18 世纪 50 年代由尼古拉·路易·德·拉卡伊引入的，这个沉闷无趣的星座正是对他缺乏想象力的一个证明。

南极座 α：赤经 21h 05m，赤纬 −77.0°，亮度为 5.1 等，是一对分光双星（分别是白巨星和黄巨星），距离我们 142 光年。

南极座 β：赤经 22h 46m，赤纬 −81.3°，亮度为 4.1 等，是一颗距离我们 149 光年的白星。

南极座 δ：赤经 14h 27m，赤纬 −83.7°，亮度为 4.3 等，是一颗橙巨星，距离我们 299 光年。

南极座 ε：赤经 22h 20m，赤纬 −80.4°，也称南极座 BO，是一颗红巨星，亮度在 4.6 等和 5.3 等之间半规则地变化，光变周期大约为 8 周。它与太阳的距离为 291 光年。

南极座 λ：赤经 21h 51m，赤纬 −82.7°，距离我们 409 光年，是一对双星，由亮度分别为 5.5 等和 7.2 等的黄星与白星组成，在小型望远镜中可见。

南极座 ν：赤经 21h 41m，赤纬 −77.4°，亮度为 3.7 等，是该星座中最亮的恒星，为橙巨星，距离我们 72 光年。

南极座 σ：赤经 21h 09m，赤纬 −89.0°，亮度为 5.4 等，为离南天极最近的裸眼可见的恒星，是一颗距离我们 281 光年的白巨星或亚巨星。

蛇夫座

这是一个古代星座，代表被蛇（巨蛇座）缠绕的人——蛇夫。蛇夫通常被认为是医神埃斯科拉庇俄斯，是希波克拉底的前辈，他著名的能力包括起死回生。他手中的蛇正是这种能力的象征，因为蛇每年蜕皮后似乎都会重生。蛇夫座中最著名的恒星也许是巴纳德星，它是一颗距离太阳 5.9 光年的 9.5 等红矮星，是离太阳第二近的恒星。它位于赤经 17h 57.8m，赤纬 +4°42'，以美国天文学家巴纳德（E. E. Barnard）的名字命名。

沿着银河中心的方向，蛇夫座的最南部延伸到了银河中星群稠密的区域，因此这个星座中充满了星团。蛇夫座有银河系中爆发的最后一颗超新星，通常称之为开普勒超新星。它出现在 1604 年，最亮时达到 −3 等，位置是赤经 17h 30.6m，赤纬 −21°29'。

蛇夫座 α（Rasalhague，候，英文名称意为"弄蛇者的头"）：赤经 17h 35m，赤纬 +12.6°，亮度为 2.1 等，是一颗距离地球 49 光年的白巨星。

蛇夫座 β（Cebalrai，宗正一，英文名称意为"牧羊犬"）：赤经 17h 43m，赤纬 +4.6°，亮度为 2.8 等，是一颗橙巨星，距离我们 82 光年。

蛇夫座 γ：赤经 17h 48m，赤纬 +2.7°，亮度为 3.7 等，是一颗蓝白色主序星，距离我们 103 光年。

蛇夫座 δ（Yed Prior，天市右垣九，英文名称意为"手的前部"）：赤经 16h 14m，赤纬 −3.7°，亮度为 2.7 等，是一颗红巨星，距离我们 171 光年。

蛇夫座 ε（Yed Posterior，天市右垣

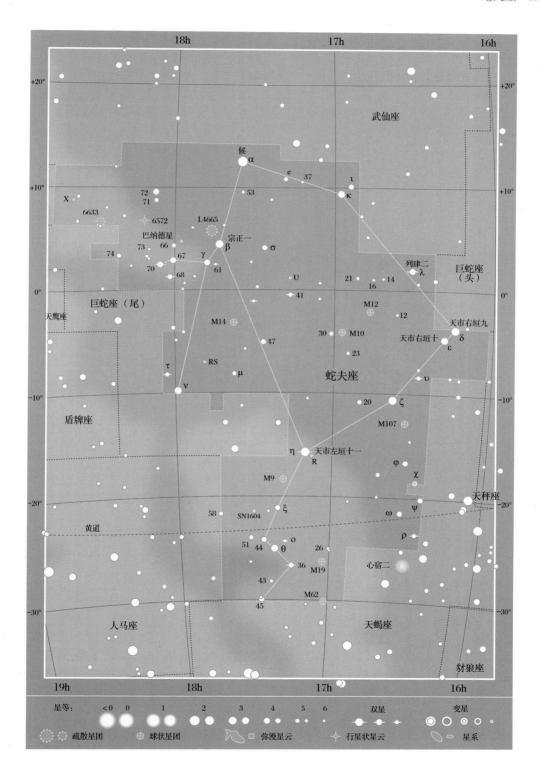

十,英文名称意为"手的后部"):赤经 16h 18m,赤纬 −4.7°,亮度为 3.2 等,是一颗距离我们 106 光年的黄巨星。

蛇夫座 ζ:赤经 16h 37m,赤纬 −10.6°,亮度为 2.6 等,是一颗蓝色主序星,距离我们 366 光年。

蛇夫座 η(天市左垣十一):赤经 17h 10m,赤纬 −15.7°,亮度为 2.4 等,是一颗蓝白色主序星,距离我们 88 光年。

蛇夫座 ρ:赤经 16h 26m,赤纬 −23.4°,距离我们 400 光年。对于小型望远镜来说,它是一颗引人注目的聚星。其中最亮的恒星是 5.1 等,它有一颗密近的 5.9 等伴星,用高倍率的小型望远镜可以看到。这一对星的任何一方又都是一对宽距的双星,伴星亮度分别为 6.7 等和 7.3 等。

蛇夫座 τ:赤经 18h 03m,赤纬 −8.2°,距离我们 167 光年,是一对奶油色密近双星。它们的亮度分别是 5.3 等和 5.9 等,相互绕转周期为 260 年,当前二者正在逐渐靠近。目前至少需要用 75 毫米口径的望远镜才能分辨它们,到 2040 年则需要用 100 毫米口径的望远镜。

蛇夫座 36:赤经 17h 15m,赤纬 −26.6°,距离我们 19 光年,是一对几乎相同的 5.1 等橙矮星,可以用小口径望远镜进行分辨。它们的轨道周期约为 470 年。

蛇夫座 70:赤经 18h 05m,赤纬 +2.5°,距离我们 17 光年,是一对著名的双星,由亮度分别为 4.2 等和 6.2 等的黄星和橙星组成,相互绕转周期为 88 年。用小型望远镜就可以分辨它们,在 21 世纪上半叶都将如此,到 2025 年左右二者之间的距离将达到最远。说明在整个 21

世纪这对双星的位置和距离如何变化的图表,请参见第 290 页。

蛇夫座 RS:赤经 17h 50m,赤纬 −6.7°,是一颗反复出现的新星,已经爆发了 6 次——和罗盘座 T 一样,但是比起更暗的天蝎座 U 保持的爆发纪录还差 1 次。它的亮度通常都是 12 等左右,然而在 1898 年、1933 年、1958 年、1967 年、1985 年和 2006 年爆发时裸眼可见。

M10(NGC 6254):赤经 16h 57m,赤纬 −4.1°,是一个用双筒望远镜或小型望远镜就能看到的亮度为 7 等的球状星团。它距离我们 1.4 万光年,比它的邻居 M12(见下文)要近一些。这个星团中的个别恒星可以用 75 毫米口径的望远镜分辨出来。

M12(NGC 6218):赤经 16h 47m,赤纬 −1.9°,是一个距离我们 1.6 万光年的球状星团,用双筒望远镜或小型望远镜就能看到。在小口径望远镜中,它看起来比它的邻居 M10 稍微大一些,不太容易分辨,而且它内部的恒星也比较松散。蛇夫座中还有其他几个值得观测的球状星团,但 M10 和 M12 是最好看的。

NGC 6572:赤经 18h 12m,赤纬 +6.8°,是一个亮度为 9 等的行星状星云,在口径大于 75 毫米的望远镜中可见,像一个小的蓝绿色椭圆。它距离我们 2000 光年。

NGC 6633:赤经 18h 28m,赤纬 +6.6°,是一个由大约 30 颗亮度不超过 8 等的恒星组成的星团,视直径与满月相当,适于用双筒望远镜观察。它距离我们 1220 光年。

IC 4665:赤经 17h 46m,赤纬

+5.7°。它是一个松散而不规则的疏散星团，由大约 24 颗亮度不超过 7 等的恒星组成，目视大小超过满月的直径，最适合用双筒望远镜观察。

猎户座

毫无疑问，猎户座是所有星座中最明亮、最宏伟的，包含了适合用各种仪器观察的天体。猎户座的壮观在很大程度上是由于它包含了银河系的一个旋臂中的恒星形成区域，这个区域以著名的猎户座大星云为中心。古希腊诗人荷马把猎户描述成一个巨大的猎人，他装备了粗大的青铜棍棒。在神话传说中，爱吹牛的猎人被蝎子蜇死，结果被安置在天上，与以天蝎座为代表的杀戮者永远不同时出现在天空中。

在天空中，猎人挥舞着他的棍棒和盾牌，面对着喷着鼻息的金牛座，而猎人的狗（大犬座和小犬座）紧随其后，追逐着野兔（天兔座）。猎户座大星云 M42 就是猎人挂在腰带上的那把剑。腰带本身则由 3 颗标志性的亮星组成，而构成他身体轮廓的是猎户座 α、β、γ 和 κ。像某些星座一样，猎户座 α 并不是该星座中最亮的，最亮的实际上是猎户座 β，即参宿七。猎户座流星雨是由哈雷彗星的尘埃引起的，每年 10 月 21 日左右都会有流星从靠近双子座边界的一点辐射出来，每小时可以看到多达 25 颗。

猎户座 α（Betelgeuse，参宿四，英文名称源自阿拉伯语，意为"手"）：赤经 5h 55m，赤纬 +7.4°，距离我们 498 光年。它是一颗红超巨星，个头大约是太阳的 500 倍，以至于不稳定，大小变化不定，亮度也随着在 0.0 等和 1.3 等之间变化。这使得它成为所有 1 等星中亮度变化最明显的一颗，平均亮度约为 0.4 等或 0.5 等，比参宿七暗。

猎户座 β（Rigel，参宿七，英文名称意为"脚"）：赤经 5h 15m，赤纬 −8.2°，亮度为 0.1 等，是猎户座中最亮的恒星。它是一颗蓝白色超巨星，距离我们 863 光年。它的颜色与参宿四的红色形成对比。它有一颗 6.4 等的伴星，用小型望远镜很难看到，特别是在低倍率的时候，因为猎户座 β 本身的光太强了。

猎户座 γ（Bellatrix，参宿五，英文名称意为"女战士"）：赤经 5h 25m，赤纬 +6.3°，亮度为 1.6 等，是一颗蓝巨星，距离我们 252 光年。

猎户座 δ（Mintaka，参宿三，英文名称意为"腰带"）：赤经 5h 32m，赤纬 −0.3°，距离我们大约 700 光年，是一颗复杂的聚星。用裸眼可以看见一颗 2.2 等的蓝巨星，用双筒望远镜或小型望远镜可以观测到它有一个相距较远的 6.8 等伴星。不过这颗最亮的恒星本身是一对食双星，亮度每 5.7 天变化约 0.1 等。

猎户座 ε（Alnilam，参宿二，英文名称意为"一串珍珠"）：赤经 5h 36m，赤纬 −1.2°，亮度为 1.7 等，是距离我们 2000 光年左右的一颗蓝超巨星。

猎户座 ζ（Alnitak，参宿一，英文名称意为"腰带"）：赤经 5h 41m，赤纬 −1.9°，距离我们 736 光年，是一颗蓝超巨星，亮度为 1.7 等，但是用口径

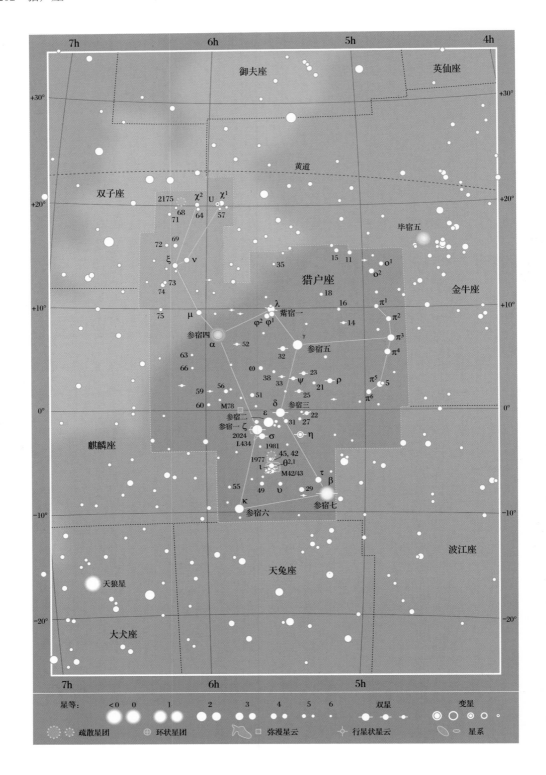

为 75 毫米以上的望远镜还可以发现它有一颗 3.7 等的近距离伴星。该伴星估计每 1500 年绕主星运行一周。此外，它还有一颗相距更远的 10 等伴星。

猎户座 η：赤经 5h 24m，赤纬 −2.4°，距离我们 980 光年，是一颗复杂的聚星。需要一架口径至少为 75 毫米的高倍望远镜才能看到它是由两颗近距离的恒星组成的，其亮度分别是 3.6 等和 4.9 等。那颗较亮的恒星本身也是一对食双星，光变周期为 8 天，亮度变化幅度为 0.3 等。

猎户座 θ¹：赤经 5h 35m，赤纬 −5.4°，距离我们约 1500 光年，是猎户座大星云中心的一颗聚星。它新近从猎户座大星云中形成，现在它正在把星云照亮。这颗恒星通常被称为猎户座四边形，因为用小型望远镜可以看到它实际上是 4 颗恒星。用 100 毫米口径的望远镜还能看到另外两颗 11 等星。组成猎户座四边形的 4 颗星的亮度分别是 5.1 等、6.7 等、6.7 等和 8.0 等。附近的猎户座 θ² 在双筒望远镜中是一对双星，其亮度分别是 5.1 等和 6.4 等。

猎户座 ι：赤经 5h 35m，赤纬 −5.9°，距离我们 2300 光年，是猎户座星云南部边缘的一对双星，用小型望远镜就能看到。它由两颗亮度分别是 2.8 等和 7.0 等的恒星组成。在同一视野中，还能看到一对相距较远的蓝白色双星 Σ747，其亮度分别是 4.7 等和 5.5 等。

猎户座 κ（Saiph，参宿六，英文名称意为"剑"）：赤经 5h 48m，赤纬 −9.7°，亮度为 2.1 等，是一颗蓝超巨星，距离我们 647 光年。

猎户座 λ（觜宿一）：赤经 5h 35m，赤纬 +9.9°，是一颗蓝巨星，亮度为 3.5 等。用高倍率的小型望远镜可以

看到它有一颗 5.5 等的伴星。它们距离我们 1100 光年。

猎户座 σ：赤经 5h 39m，赤纬 −2.6°，距离我们大约 1000 光年，也许是猎户座的所有恒星中最令人印象深刻的一颗。裸眼看来，它是一颗蓝白色的 3.8 等恒星，但用小型望远镜观察时，会发现在这颗恒星的一侧有两颗蓝白色伴星，每颗伴星的亮度都是 6.6 等。当二者相距较远时，它们甚至用双筒望远镜也能分辨出来。猎户座 σ 又是一对食双星，亮度变化幅度为 0.1 等。在它的另一侧是一颗相距较近的 8.8 等伴星，由于来自猎户座 σ 的强光遮掩，它较难被看到，其效果就像一颗有卫星的行星。在相同的望远镜视野中，还有一个暗弱的三合星系统，称为 Σ761。组成它的 3 颗星像一个狭窄的三角形，亮度为 8 ～ 9 等。这真是一幅令人意想不到的漂亮景象，百看不厌。

猎户座 U：赤经 5h 56m，赤纬 +20.2°，距离我们 1400 光年。它是一颗巨大的刍藁增二型红巨星，比太阳大数百倍，其亮度变化范围为 5 ～ 13 等，光变周期大约为 1 年。

M42 和 M43（NGC 1976 和 NGC 1982）：赤经 5h 35m，赤纬 −5.4°。猎户座大星云 M42 是最漂亮的深空奇观之一，它是一个由气体和尘埃组成的巨大星云，距离我们 1500 光年，直径为 20 光年。在这个星云中，一个星团正在诞生。星云被猎户座四边形的恒星照亮，在它可见部分的后面，射电和红外天文学家发现了一个更大的暗星云，那里有更多的恒星正在形成。M42 的覆盖面积大于 1°×1°，是无可争议的天空中最美丽的弥漫星云，裸眼清晰可见，就像一

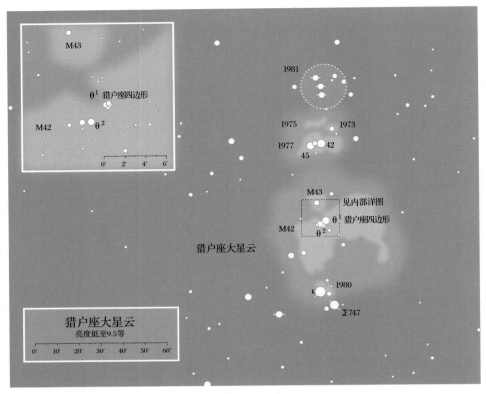

猎户座腰带的南部天区就是猎户的宝剑，涵盖范围从顶部的大型疏散星团NGC 1981一直到下方的猎户座 ι 双星。在它们之间是猎户座大星云。（维尔·蒂里翁）

片朦胧的云。用双筒望远镜和小型望远镜可以观测到一些比较明亮的气体环和旋涡。随着望远镜口径的增大，这些气体环和旋涡看上去更加复杂和令人惊叹。尽管第 276 页上的彩色照片将星云描绘成红色和蓝色，但在裸眼看来，它明显呈绿色。这是因为人眼对色彩的敏感度不同于胶片。一条黑暗的尘埃带将 M42 和 M43 分开，M43 是北部以一颗 7 等星为中心的一个更小更圆的斑块。虽然 M43 与 M42 有着不同的编号，但它们实际上同属于一个巨大的气体云。

M78（NGC 2068）：赤经 5h 47m，赤纬 +0.0°，它是一个狭长的反射星云，几乎完全位于天赤道上。它看起来像一颗短尾的彗星，在它的头部有一对亮度为 10 等的双星。

NGC 1977：赤经 5h 36m，赤纬 −4.9°，距离我们 1500 光年，是猎户座大星云 M42 北部的一个细长星云。蓝色的猎户座 42 又称猎户座 c，就在它的前面。如果没有 M42 遮挡，这个星云会更明亮。

NGC 1981：赤经 5h 35m，赤纬 −4.4°，它是一个由大约 20 颗亮度不超过 6 等的恒星组成的星团，位于 NGC 1977 星云的北部。这个星团内部有双星 Σ750，两颗星的亮度分别是 6.4 等和 8.4 等。

NGC 2024：赤经 5h 41m，赤纬 −2.4°，是一个蘑菇状气体云，分布在猎户座 ζ 周围 0.5° 的范围内。在猎户座 ζ 的南边是朦胧的 IC 434，即著名的马头星云。它是一个模糊的尘埃暗云，形状像一匹马的头（见第 278 页上的照片）。虽然在长时间曝光的照片上可以看到 NGC 2024 和马头星云，但它们是出了名的难以用业余天文望远镜观察的天体。

孔雀座

这是 16 世纪末由荷兰航海家彼得·迪克佐恩·凯泽和弗雷德里克·德·豪特曼引入的 12 个新的南方星座之一。它是天空中几种奇异鸟类星座中的一种，其他几种分别是天燕座、天鹤座、凤凰座和杜鹃座。这个名称可能来自爪哇绿孔雀，凯泽和豪特曼在东印度群岛的探险旅程中遇到了这种孔雀，应该不是公园里常见的蓝色孔雀和印度孔雀。1598 年，荷兰天文学家和制图家皮特鲁斯·普兰修斯首次在天球仪上描绘了孔雀座和其他新的南方星座。

孔雀座 α（孔雀十一）：赤经 20h 26m，赤纬 −56.7°，亮度为 1.9 等，是一颗蓝白色星，距离我们 179 光年。

孔雀座 β：赤经 20h 45m，赤纬 −66.2°，亮度为 3.4 等，是一颗白色星，距离我们 135 光年。

孔雀座 δ：赤经 20h 09m，赤纬 −66.2°，亮度为 3.6 等，是一颗黄亚巨星，距离我们 20 光年。

孔雀座 η：赤经 17h 46m，赤纬 −64.7°，亮度为 3.6 等，是一颗橙巨星，距离我们 352 光年。

孔雀座 κ：赤经 18h 57m，赤纬 −67.2°，距离我们 500 光年，是最亮的造父变星之一。它是一个黄白色超巨星，亮度在 3.9 等和 4.8 等之间变化，光变周期为 9.1 天。

孔雀座 ξ：赤经 18h 23m，赤纬 −61.5°，距离我们 470 光年，是一颗红巨星，亮度为 4.4 等。它有一颗近距离的 8.1 等伴星。在小型望远镜中，由于主星光芒的影响，我们很难看到它。

孔雀座 SX：赤经 21h 29m，赤纬 −69.5°，距离我们 412 光年，是一颗红

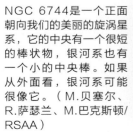

NGC 6744 是一个正面朝向我们的美丽的旋涡星系，它的中央有一个很短的棒状物，银河系也有一个小的中央棒。如果从外面看，银河系可能很像它。（M.贝塞尔、R.萨瑟兰、M.巴克斯顿/RSAA）

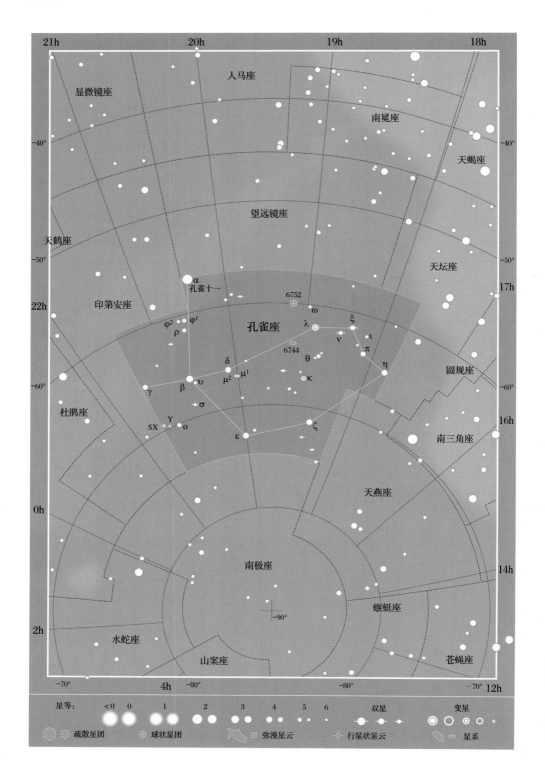

巨星。它的亮度在 5.2 等和 6.0 等之间半规则地变化，光变周期为 7 周左右。

NGC 6744：赤经 19h 10m，赤纬 −63.9°，是一个 9 等旋涡星系。用小型望远镜可以看到它有一个短的中央棒和长长的旋臂，见第 205 页图。它是最大的棒旋星系之一，但它的外部区域较暗，用中等口径的望远镜只能看到最亮的中心部分。它距离我们大约 3000 万光年。

NGC 6752：赤经 19h 11m，赤纬 −60.0°，是一个大的 5 等球状星团，在双筒望远镜中可见，用 75 毫米口径的望远镜可分辨出它内部的恒星。它的视直径为月球视直径的一半。在它的边缘上，有一对由 8 等星和 9 等星组成的双星，不过它们是前景天体。该星团距离我们 1.3 万光年。

飞马座

这个古代就确定下来的星座在希腊神话中是有翅膀的马。它是在美杜莎被英仙座英雄珀耳修斯杀死后，从她的血液中诞生出来的。星座只显示了马的前半部分。它的身体由最著名的秋季四边形来代表，四边形的 4 个角是 4 颗星，其中的一颗曾经是飞马座 δ，现在却属于仙女座。秋季四边形宽 15°，高 13°，但在这么大的区域中几乎没有裸眼可见的恒星，其中最亮的恒星有 4.4 等的飞马座 υ、4.6 等的飞马座 τ、4.7 等的飞马座 ψ、4.7 等的飞马座 56、5.1 等的飞马座 φ、5.4 等的飞马座 71、5.5 等的飞马座 75。

飞马座 α（Markab，室宿一，英文名称意为"肩膀"）：赤经 23h 05m，赤纬 +15.2°，亮度为 2.5 等，是一颗蓝白色巨星，距离我们 133 光年。

飞马座 β（Scheat，室宿二，英文名称意为"胫骨"）：赤经 23h 04m，赤纬 +28.1°，距离我们 196 光年，是一颗红巨星，亮度在 2.3 等和 2.7 等之间变化，没有确定的光变周期。它是整个星座中最亮的恒星，其亮度仅次于飞马座 ε。

飞马座 γ（Algenib，壁宿一，英文名称意为"翅膀"）：赤经 0h 13m，赤纬 +15.2°，亮度为 2.8 等，是一颗蓝白色亚巨星，距离我们 392 光年。它属于仙王座 β 型脉动变星，但每 3 小时 40 分钟其亮度变化只有 0.1 等，太轻微了，以致用裸眼无法辨别。

飞马座 ε（Enif，危宿三，英文名称意为"鼻子"）：赤经 21h 44m，赤纬 +9.9°，距离我们 690 光年，是一颗橙超巨星，亮度为 2.4 等。在小型望远镜甚至好的双筒望远镜中，能看到它有一颗宽距的 8.6 等伴星。飞马座 ε 是一颗变化轻微的变星，亮度变化幅度约为 0.1 等。在历史上，它经历了两次不明原因的亮度变化：1847 年 11 月的一个晚上它比正常亮度暗了 1 等，1972 年 9 月的一个晚上亮度下降了 0.7 等并持续了 4 分钟，然后才恢复正常。

飞马座 ζ（雷电一）：赤经 22h 41m，赤纬 +10.8°，亮度为 3.4 等，是一颗蓝白色星，距离我们 204 光年。

飞马座 η（离宫四）：赤经 22h 43m，赤纬 +30.2°，亮度为 2.9 等，是一

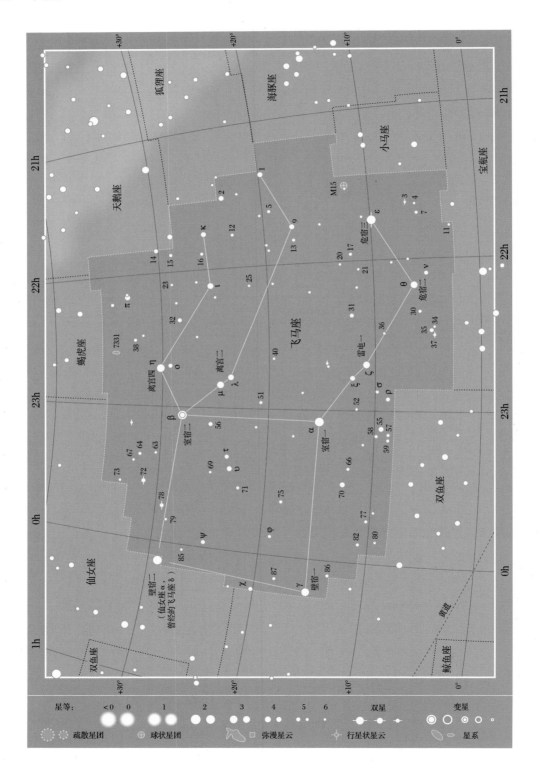

颗黄巨星，距离我们 214 光年。

飞马座 π：赤经 22h 10m，赤纬 +33.2°，是一对相距非常远的双星，用双筒望远镜可以看到它们由白色和黄色两颗巨星组成，其亮度分别是 4.3 等和 5.6 等，分别距离我们 263 光年和 289 光年。

飞马座 1：赤经 21h 22m，赤纬 +19.8°，亮度为 4.1 等，是一颗橙巨星，有一颗亮度为 8 等的宽距伴星，用小型望远镜可以看到。

飞马座 51：赤经 22h 57m，赤纬 +20.8°，亮度为 5.5 等，是一颗黄亚巨星或主序星，距离我们 51 光年。1995 年，它成为除太阳外已知的第一颗有行星围绕其运行的恒星。这颗行星的质量大约是木星的一半。

M15（NGC 7078）：赤经 21h 30m，赤纬 +12.2°，是一个漂亮的球状星团，亮度为 6 等，距离我们 3.4 万光年，裸眼勉强可见，但用双筒望远镜很容易看到。它的附近有一颗 6 等星，通过它更容易找到 M15。用小型望远镜可以看到它是位于一片迷人星区中的一个壮丽的朦胧天体。用口径为 150 毫米的望远镜可以把其外部区域"分解"成闪闪发光的恒星，而用更大口径的望远镜则可以观测到它明亮而浓缩的核心。

NGC 7331：赤经 22h 37m，赤纬 +34.4°，是一个亮度为 10 等的旋涡星系，它几乎是以边缘对着我们的。用口径为 100 毫米左右的望远镜可以看到它就是一个拉长的光斑。它距离我们约 5000 万光年。

英仙座

珀耳修斯是希腊神话中的英雄，他从鲸鱼海怪的魔爪下救出了被锁住的仙女安德洛墨达。在此之前，珀耳修斯曾杀死过蛇发女妖美杜莎。星图中的他一手托着代表美杜莎的头的英仙座 β，有时这颗星也代表美杜莎的邪恶眼睛。

英仙座位于银河中星群稠密的部分，很值得用双筒望远镜进行观察，特别是英仙座双星团。它们是位于仙后座边界附近的一对闪闪发光的疏散星团。1901 年，一颗英仙座新星的亮度曾达到 0.2 等，位置在赤经 3h 31.2m，赤纬 +43°54'。它在爆发时释放出了一层气体，现在可以用大型望远镜观测到。NGC 1499 又叫加利福尼亚星云，因其形状与加利福尼亚州相似而得名。它位于英仙座 ξ 以北相当于 5 倍满月直径的地方。英仙座 ξ 是一颗温度非常高的蓝巨星或超巨星，它照亮了这个星云。尽管加利福尼亚星云相当大，但目视很难看到。在长时间曝光的照片上，它很漂亮。

英仙座 A 是一个射电源，位于赤经 3h 19.8m，赤纬 +41°31'。它与亮度为 12 等的奇特星系 NGC 1275 有关，后者位于距离我们 2.5 亿光年的英仙座星系团的中心。在英仙座 γ 附近是英仙座流星雨的辐射点，它是一年中最漂亮的流星雨。每年 8 月 12 至 13 日，每小时可以看到多达 75 颗明亮的流星从英仙座辐射点飞出。

英仙座 α（天船三）：赤经 3h 24m，赤纬 +49.9°，亮度为 1.8 等，是一颗黄白

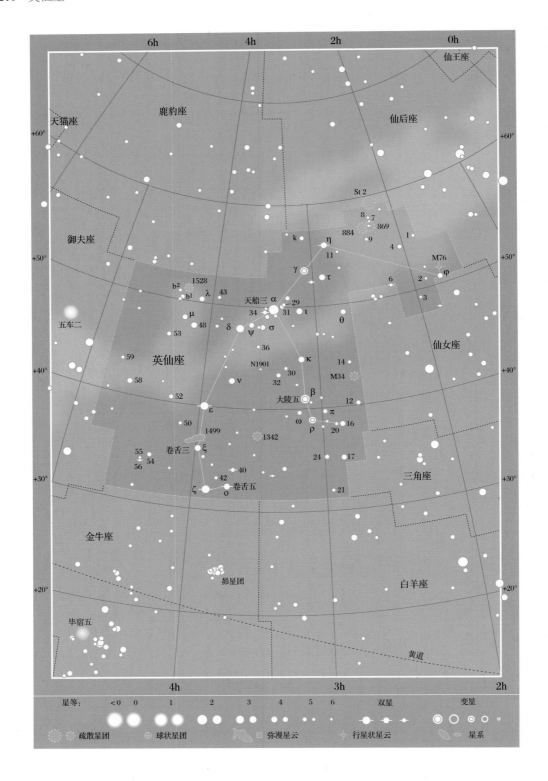

色超巨星，距离我们 506 光年。用双筒望远镜可以看到在这个区域中散布着一群明亮的恒星，覆盖了 3° 的天区，形成了一个松散的星团，编号为梅洛特（Melotte）20。英仙座 α 本身似乎是这个星团中由明亮恒星组成的一条长蛇的头部。

英仙座 β（大陵五）：赤经 3h 08m，赤纬 +41.0°，距离我们 90 光年，是天空中最著名的变星之一。它是食双星类变星的原型。在这类变星中两颗离得很近的恒星围绕它们共同的引力中心公转，周期性地发生掩食现象。大陵五的掩食每 2.87 天发生一次，恒星的视亮度从 2.1 等下降到 3.4 等，大约 10 小时后恢复正常。

英仙座 γ：赤经 3h 05m，赤纬 +53.5°，亮度为 2.9 等，是一颗黄巨星，距离我们 243 光年。它是一对食双星，有 14.6 年的超长光变周期，它的亮度在 10 天内降低 0.3 等。这颗星的亮度变化是在 1990 年首次被发现的。

英仙座 δ：赤经 3h 43m，赤纬 +47.8°，亮度为 3.0 等，是一颗蓝巨星，距离我们 516 光年。

英仙座 ε：赤经 3h 58m，赤纬 +40.0°，距离我们 638 光年，是一颗 2.9 等的蓝星。它有一颗 9 等的伴星，但二者不相关。由于亮度的反差，用小型望远镜很难看到这颗伴星。

英仙座 ζ：赤经 3h 54m，赤纬 +31.9°，距离我们 752 光年，是一颗蓝巨星，亮度为 2.9 等。用小型望远镜可以看到它有一颗 9.2 等的伴星。

英仙座 η：赤经 2h 51m，赤纬 +55.9°，距离我们 879 光年，是一颗橙巨星或橙超巨星，亮度为 3.8 等。它有一颗亮度为 8.5 等的蓝色伴星，这对双

M34 是一个适合用双筒望远镜和小型望远镜观察的疏散星团，其中最亮的恒星为 8 等。（彼得·维纳罗）

星适合用小型望远镜观察，在视野中还有零星的几颗背景星。

英仙座 ρ：赤经 3h 05m，赤纬 +38.8°，距离我们 308 光年，是一颗红巨星，亮度在 3.3 等和 4.0 等之间半规则地变化，光变周期为 7 周左右。

M34（NGC 1039）：赤经 2h 42m，赤纬 +42.8°，是一个亮度在裸眼可见的极限范围内的疏散星团，其中大约有 60 颗恒星，散落在一个比满月大的区域内。用双筒望远镜可以把它"分解"成恒星，用小型望远镜能更好地看到，其中许多恒星似乎都是成对的。M34 距离我们 1600 光年。

M76（NGC 650−1）：赤经 1h 42m，赤纬 +51.6°，又称小哑铃星云，属于行星状星云，是著名的查尔斯·梅西耶深空天体星表中最暗淡的天体，亮度大约为 10 等，裸眼很难看到，在黑暗的夜晚用 100 毫米口径的望远镜可以观察到。作为行星状星云，它相对较大，其大小与天琴座中的环状星云相似，但比狐狸座中的哑铃星云要小，而后者扁长的形

状与之类似。小哑铃星云的两端各自有独立的 NGC 号。它距离我们 3500 光年。

NGC 869 和 NGC884：NGC869，赤经 2h 19m，赤纬 +57.2°；NGC 884，赤经 2h 22m，赤纬 +57.1°。它们是英仙座中著名的双星团，也称英仙座 h 和 χ。它们是裸眼可见的两个疏散星团，在双筒望远镜中显得很漂亮，每个星团的面积都相当于满月。NGC 869 是这对星团中恒星又亮又多的一个，它大约包含 200 颗恒星，而 NGC 884 看起来更分散一些。它们距离我们大约 8000 光年，而且相对年轻，只有几百万年的历史。小型望远镜在观测这些天体时具有优势，因为在低倍率下两个星团在同一视场中，但在口径更大、倍率更高的望远镜中并不总是这样。星团中的大多数恒星是蓝白色的，但在 NGC 884 内部和周围有几颗红巨星。用双筒望远镜可以看到一条弯曲的星链，它向北延伸到一个巨大的星群（称为 Stock 2 星群，缩写为 St 2）。双星团的照片见第 282 页。

凤凰座

这是位于波江座南端附近的一个不起眼的星座，它代表一种能从自己的灰烬中重生的神鸟。它是在 16 世纪末由荷兰航海家彼得·迪克佐恩·凯泽和弗雷德里克·德·豪特曼引入的，并在 1598 年首次由皮特鲁斯·普兰修斯在天球上描绘出来。

凤凰座 α（火鸟六）：赤经 0h 26m，赤纬 −42.3°，亮度为 2.4 等，是一颗距离我们 85 光年的橙巨星。

凤凰座 β：赤经 1h 06m，赤纬 −46.7°，用裸眼看来是一颗黄星。事实上，它是一个轨道周期为 170 年的双星系统，两颗星的亮度分别是 4.0 等和 4.1 等。目前二者的距离对于小型望远镜来说太小了。它到太阳的距离还不确定。

凤凰座 γ：赤经 1h 28m，赤纬 −43.6°，亮度为 3.4 等，是一颗红巨星，距离我们 234 光年。

凤凰座 ζ：赤经 1h 08m，赤纬 −55.2°，距离我们 299 光年，是一颗复杂的变星和聚星。主星是一颗蓝白色食双星，与大陵五是同一类型，亮度在 3.9 等和 4.4 等之间变化，光变周期为 1.67 天。它有一颗可以用小型望远镜看到的 8.2 等伴星，还有一颗距离更近的 6.8 等的伴星，但只能用大口径望远镜看到。

绘架座

它是一个暗淡的星座，被邻近的船底座中明亮的老人星和剑鱼座中的大麦哲伦云的光芒所掩盖。这个星座是在 18 世纪 50 年代由尼古拉·路易·德·拉卡伊划定的，他最初把它叫作小马座（Equuleus Pictorius），后来这个名字

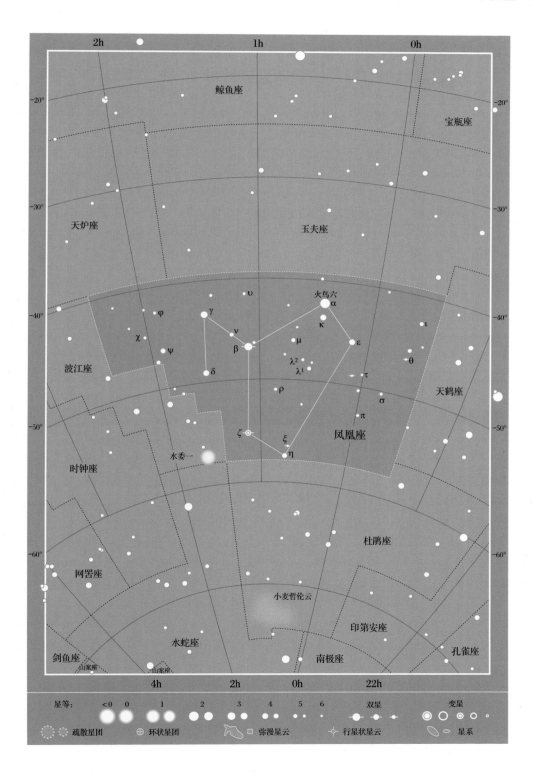

被缩短成了现在的样子（Phoenix）。在赤经 5h 11.7m、赤纬 −45°01' 处，有一颗称为卡普坦星的 8.9 等红矮星，距离我们 12.8 光年。这颗星以一位荷兰天文学家的名字命名，他在 1897 年发现它是所有已知恒星中自行运动第二明显的恒星（仅次于蛇夫座中的巴纳德星）。卡普坦星每 415 年移动 1°，请参阅下面的说明。

绘架座 α：赤经 6h 48m，赤纬 −61.9°，亮度为 3.3 等，是一颗白色主序星，距离我们 97 光年。

绘架座 β：赤经 5h 47m，赤纬 −51.1°，亮度为 3.9 等，是一颗蓝白色主序星，距离我们 63 光年。1984 年天文学家拍摄到这颗恒星周围有一个由尘埃和气体组成的圆盘，该圆盘是一个正在形成的行星系统（另见第 315 页）。

绘架座 γ：赤经 5h 50m，赤纬 −56.2°，亮度为 4.5 等，是一颗橙巨星，距离我们 177 光年。

绘架座 δ：赤经 6h 10m，赤纬 −55.0°，是一颗蓝巨星或蓝亚巨星，距离我们 1300 光年。这是一个天琴座 β 类型的食双星，亮度为 4.7 ～ 4.9 等，光变周期为 1.67 天。

绘架座 ι：赤经 4h 51m，赤纬 −53.5°，距离我们 130 光年，是一对适合用小型望远镜观察的双星，其亮度分别是 5.6 等和 6.2 等。

这张图显示了卡普坦星在 200 年间的自行运动情况。在此期间，它几乎穿过了一个月球宽度的天空。（维尔·蒂里翁）

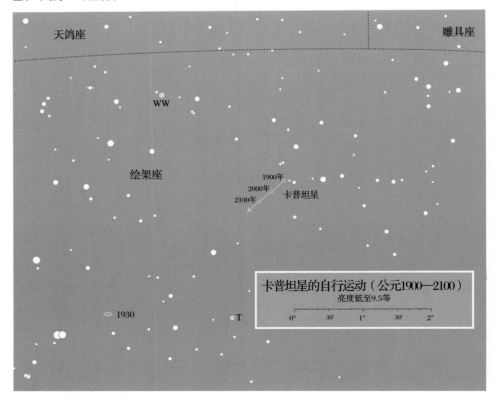

天鸽座　　　　　　　　　　　　　　　　　　　雕具座

WW

绘架座

1900年
2000年　　卡普坦星
2100年

1930　　　　　　　　T

卡普坦星的自行运动（公元1900—2100）
亮度低至9.5等

0°　　30'　　1°　　30'　　2°

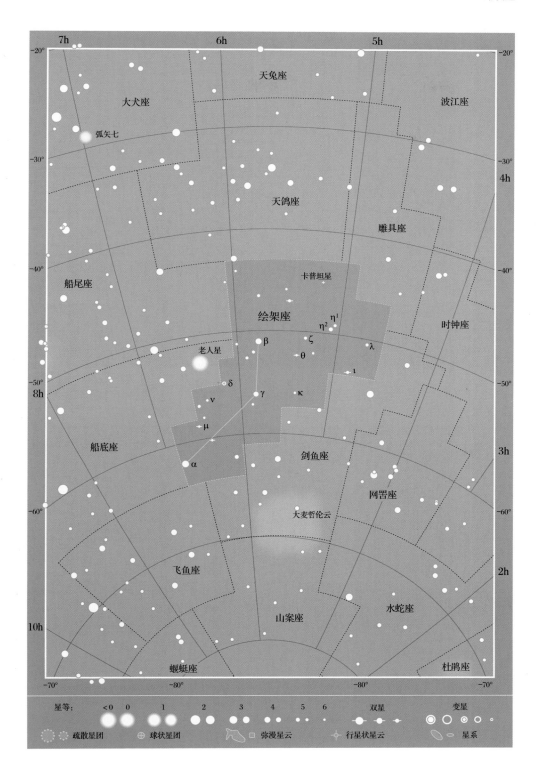

星等: <0 0 1 2 3 4 5 6 双星 变星

疏散星团 球状星团 弥漫星云 行星状星云 星系

双鱼座

这是一个古代就确定下来的星座，代表着两条鱼，它们的尾巴被绳子绑在了一起。在绳结所在位置是双鱼座 α。有一个神话故事把这个星座与阿芙洛狄忒和她的儿子厄洛斯联系在一起，他们在泰坦神进攻的时候变成两条鱼逃走了。

太阳每年从 3 月中旬到 4 月下旬位于双鱼座中，所以这个星座包含了春分点——太阳每年越过天赤道进入北天球的点。春分点最初位于邻近的白羊座，但由于岁差的影响，现在它已经进入双鱼座了。从公元 2597 年开始，春分点将进入宝瓶座。

这个星座最显著的特征是由 7 颗恒星组成的一个圆环，它代表着一条鱼的身体。这 7 颗恒星从北端按顺时针方向分别是双鱼座 θ、7、γ、κ、λ、TX（或 19）和 ι。

双鱼座 α（外屏七）：赤经 2h 02m，赤纬 +2.8°，距离我们 151 光年，在裸眼看来是一颗 3.8 等星，但实际上是一对观测起来颇具挑战性的双星，轨道周期超过 3000 年。这两颗星的亮度分别是 4.2 等和 5.2 等。它们正在逐渐靠近，但至少在 21 世纪上半叶仍将保持在 100 毫米口径望远镜的分辨范围内。其中较亮的星又是一对分光双星，而较暗的星可能也是一对分光双星。它们的颜色都是蓝白色，尽管一些观察者认为较亮的恒星带点绿色。

双鱼座的M74是一个美丽的旋涡星系，有着松散缠绕的旋臂（见第218页）。（保罗·弗里斯维克和尼克·西马内克）

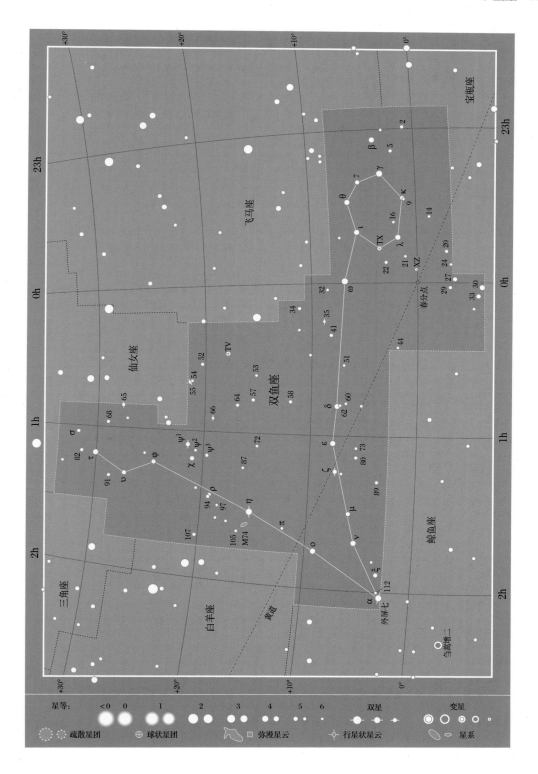

双鱼座 β：赤经 23h 04m，赤纬 +3.6°，亮度为 4.5 等，是一颗蓝白色主序星，距离我们 408 光年。

双鱼座 γ：赤经 23h 17m，赤纬 +3.3°，亮度为 3.7 等，是一颗黄巨星，距离我们 138 光年。

双鱼座 ζ：赤经 1h 14m，赤纬 +7.6°，距离我们 174 光年，是一对宽距的双星，其亮度分别为 5.2 等和 6.3 等，用小型望远镜也能看到。

双鱼座 η：赤经 1h 31m，赤纬 +15.3°，亮度为 3.6 等，是该星座中最亮的恒星。它是一颗黄巨星，距离我们 350 光年。

双鱼座 κ：赤经 23h 27m，赤纬 +1.3°，亮度为 4.9 等，是一颗蓝白色星，距离我们 153 光年。它是适合用双筒望远镜观察的宽距双星，伴星是双鱼座 9（黄巨星），距离我们 200 光年。

双鱼座 ρ：赤经 1h 26m，赤纬 +19.2°，亮度为 5.4 等，是一颗白色主序星，距离我们 82 光年，与不相关的双鱼座 94（5.5 等橙巨星）形成一对双星，适合用双筒望远镜观察，后者距离我们

279 光年。

双鱼座 ψ¹：赤经 1h 06m，赤纬 +21.5°，是一对宽距的蓝白色主序星，距离我们约 280 光年。用小型望远镜甚至好的双筒望远镜都能看到它。

双鱼座 TV：赤经 0h 28m，赤纬 +17.9°，距离我们 529 光年，是一颗红巨星，它的亮度在 4.7 等和 5.4 等之间半规则地变化，光变周期为 7 周。

双鱼座 TX：赤经 23h 46m，赤纬 +3.5°，也称双鱼座 19，距离我们约 900 光年，是一颗深红色的不规则变星，可以用裸眼或双筒望远镜看到。它的亮度在 4.8 等和 5.2 等之间变化。

M74（NGC 628）：赤经 1h 37m，赤纬 +15.8°，是一个 9 等旋涡星系，正面朝向我们。在黑暗的条件下，通过小型望远镜可以看到它是一个苍白的圆盘，上面有一个类似恒星的核，前景中有一些暗淡的恒星点缀其间，但需要口径至少为 150 毫米的望远镜才能看得清楚。M74 距离我们约 3000 万光年（见第 216 页上的照片）。

南鱼座

这个星座自古以来就为人所知，人们把它想象成一条仰卧的鱼，从邻近的宝瓶座的瓮中汲取南下的水流。它的嘴部有一颗明亮的恒星——北落师门。据说这条鱼是黄道带上的双鱼座中的两条小鱼的父亲或母亲。

南鱼座 α（Fomalhaut，北落师门，英文名称意为"鱼嘴"）：赤经 22h 58m，赤纬 −29.6°，亮度为 1.2 等，是

一颗蓝白色主序星，距离我们 25 光年。它的周围是一个由冷尘埃组成的圆盘，行星系统可能就在这里形成。

南鱼座 β：赤经 22h 32m，赤纬 −32.3°，距离我们 143 光年，是一对宽距的双星，由一颗蓝白色的 4.3 等主星和在小型望远镜中可见的 7.0 等伴星组成。

南鱼座 γ：赤经 22h 53m，赤纬

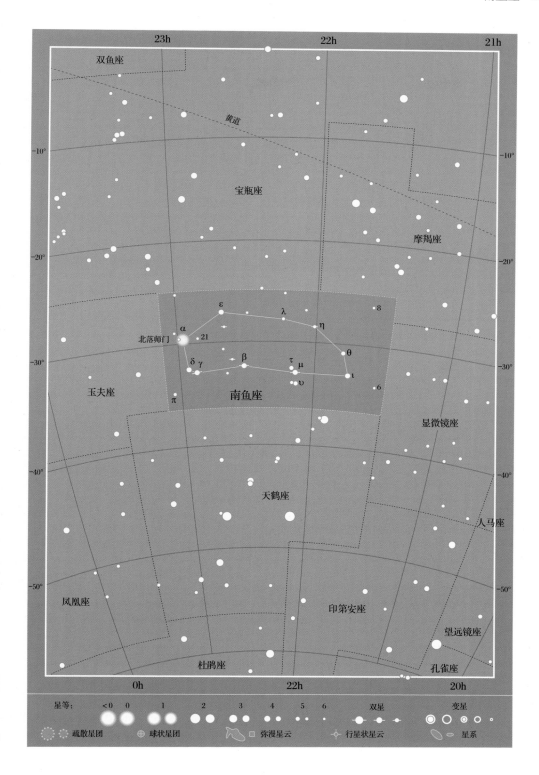

星等: <0 0 1 2 3 4 5 6 双星 变星

疏散星团 球状星团 弥漫星云 行星状星云 星系

−32.9°，距离我们 215 光年，是一对亮度分别为 4.5 等和 8.1 等的双星。由于其巨大的亮度反差，用小型望远镜很难分辨。

南鱼座 η：赤经 22h 01m，赤纬

−28.5°，距离我们 820 光年，是一对密近的蓝白色双星，其亮度分别是 5.8 等和 6.8 等，要用口径至少为 100 毫米的高倍率望远镜才能分辨。

船尾座

这是由古代的南船座（由阿尔戈诸英雄乘坐的船的形象得来）分出来的 4 个部分中最大的一个，其他 3 个是船底座、船帆座和罗盘座。南船座是在 1763 年被尼古拉·路易·德·拉卡伊分出的。拉卡伊把整个南船座的恒星用希腊字母统一标记，最终这一套名称被分配在船底座、船帆座和船尾座 3 个星座中。所以，船尾座的恒星是从 ζ 开始标记的。船尾座位于银河中，拥有丰富的星群，可以用双筒望远镜进行观察。

船尾座 ζ（Naos，弧矢增二十二，英文名称意为"船"）：赤经 8h 04m，赤纬 −40.0°，亮度为 2.2 等，是一颗明亮的蓝超巨星，距离我们 1084 光年，是所有裸眼可见的恒星中温度最高的（因此也是最蓝的），表面温度约为 40000 摄氏度。

船尾座 ξ：赤经 7h 49m，赤纬 −24.9°，亮度为 3.3 等，是一颗黄超巨星，距离我们约 1200 光年。用双筒望远镜还能看到一颗与之无关的宽距的 5.3 等黄色伴星，距离我们 280 光年。

船尾座 π：赤经 7h 17m，赤纬 −37.1°，亮度为 2.7 等，是一颗橙超巨星，距离我们 807 光年。

船尾座 ρ：赤经 8h 08m，赤纬 −24.3°，亮度为 2.8 等，是一颗黄白色巨星，距离我们 64 光年。它是一个盾牌座 δ 型变星，亮度变化幅度为 0.2 等，光变周期为 3 小时 23 分钟。

船尾座 k：赤经 7h 39m，赤纬 −26.8°，距离我们 454 光年，是一对引人注目的双星，由亮度分别是 4.4 等和 4.5 等的蓝白色星组成，用小型望远镜很容易分辨。

船尾座 L¹ 和 L²：赤经 7h 13m，赤纬 −45.2°，是一对光学双星，由两颗不相关的、对比强烈的恒星组成。L¹ 是亮度为 4.9 等的蓝白色主序星，距离我们 184 光年。L² 是一颗半规则红巨星变星，距离我们 209 光年，亮度在 3 等至 8 等之间变化，光变周期为 140 天左右。

船尾座 V：赤经 7h 58m，赤纬 −49.2°，是一颗天琴座 β 型食双星，距离我们约 960 光年。它的亮度在 4.4 等和 4.9 等之间变化，光变周期为 35 小时。

M46（NGC 2437）：赤经 7h 42m，赤纬 −14.8°，是一个亮度为 6 等的疏散星团，由大约 100 颗暗星组成。这些恒星的亮度非常均匀，大部分都在 10 等左右。它和邻居 M47 一起构成银河中裸眼可见的亮斑。在双筒望远镜里，它看起来就是一个脏兮兮的小斑块，有满月的三分之二那么大；而在小型望远镜里，它看起来就像一堆闪光的星尘。M46 距离我们 4900 光年。位于其北部边缘的是

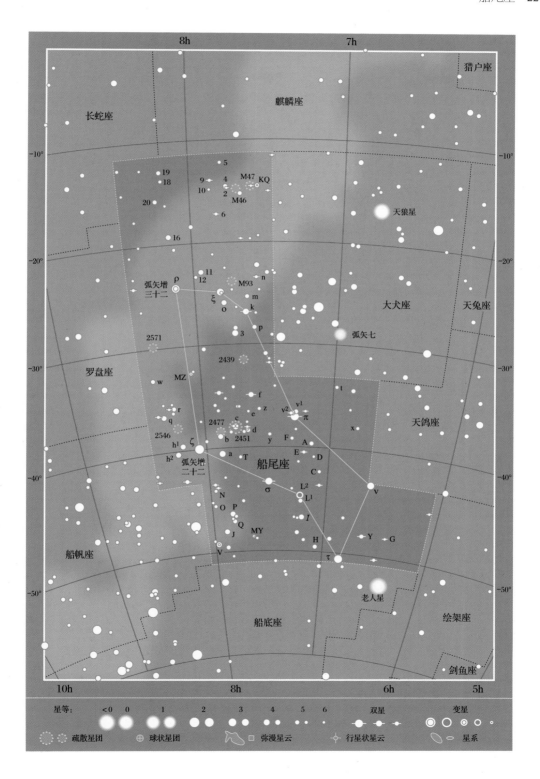

8h 7h

猎户座

麒麟座

长蛇座

−10°
−10°

大犬座

天狼星

天兔座

−20°
−20°

弧矢七

罗盘座

−30°
−30°

天鸽座

船尾座

−40°
−40°

船帆座

−50°
−50°

船底座

老人星

绘架座

剑鱼座

10h 8h 6h 5h

猎户座

麒麟座

长蛇座

弧矢增
三十二

2571

罗盘座

MZ

2439

2477 2451

2546

弧矢增
二十二

船尾座

船帆座

船底座

老人星

绘架座

剑鱼座

10 等的行星状星云 NGC 2438。它不是星团中的成员，而是一个距离我们 3000 光年的前景天体。

M47（NGC 2422）：赤经 7h 37m，赤纬 −14.5°，是一个相当分散的裸眼星团，其目视大小与满月相似。它包含了约 36 颗恒星，其中最亮的是 5.7 等。M47 与我们之间的距离是 1300 光年，仅是它的邻居 M46 与我们之间距离的四分之一多一点。

M93（NGC 2447）：赤经 7h 45m，赤纬 −23.9°，是一个 6 等星团，适合用双筒望远镜观察，距离我们 3400 光年，由 80 颗 8 等及以下的恒星组成，呈楔状

排列。

NGC 2451：赤经 7h 45m，赤纬 −38.0°，是一个巨大而明亮的疏散星团，由 40 颗恒星组成。NGC 2451 距离我们约 1000 光年，用双筒望远镜可以清楚地看到它的中心有一颗 3.6 等的橙巨星（船尾座 c）。

NGC 2477：赤经 7h 52m，赤纬 −38.5°，是一个 6 等疏散星团，它由一群暗淡的恒星组成，在双筒望远镜中看起来像一个松散的球体，似乎有臂状结构。如果当年梅西耶住在更靠南的地方，这个天体无疑会出现在他的星表上。它距离我们 4400 光年。

罗盘座

罗盘座是由尼古拉·路易·德·拉卡伊在 18 世纪 50 年代划定的一个小而暗淡的星座，它代表海员使用的磁罗盘。它靠近船尾座，由当年托勒密认为是阿尔戈号桅杆的一部分的恒星组成。不过，那艘船上当然不会有磁罗盘，所以罗盘座不能真正算作阿尔戈号的一部分。这个区域也曾被称为"Malus"，就是阿尔戈号的桅杆。这是英国天文学家约翰·赫歇尔在 1844 年提出的建议，尽管它没有被广泛采用。德国天文学家约翰·波得在这里引入了另一个星座，叫作"Lochium Funis"，意为"圆木和直线"，代表一种用来测量海上航行距离的装置，他把它想象成绕着罗盘旋转的曲线。尽管罗盘座位于银河中，但其最亮的恒星只有 4 等，而且它内部并没有小型望远镜使用者

特别感兴趣的天体。

罗盘座 α：赤经 8h 44m，赤纬 −33.2°，亮度为 3.7 等，是一颗蓝巨星，距离我们 879 光年。

罗盘座 β：赤经 8h 40m，赤纬 −35.3°，亮度为 4.0 等，是一颗黄巨星，距离我们 416 光年。

罗盘座 γ：赤经 8h 51m，赤纬 −27.7°，亮度为 4.0 等，是一颗橙巨星，距离我们 207 光年。

罗盘座 T：赤经 9h 05m，赤纬 −32.4°，是一颗周期型新星，在 1890 年、1902 年、1920 年、1944 年、1966 年和 2011 年经历过 6 次有记录的爆发。在正常情况下，它是 15 等星，而最明亮时可以达到 6 等或 7 等。预计它还会有更多的爆发。

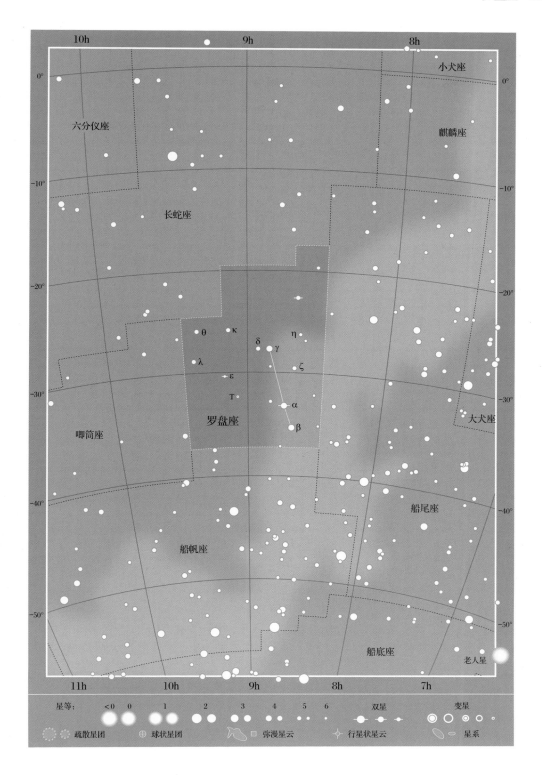

星等: <0 0 1 2 3 4 5 6 双星 变星

疏散星团 球状星团 弥漫星云 行星状星云 星系

网罟座

这是 18 世纪 50 年代法国天文学家尼古拉·路易·德·拉卡伊为了纪念他的望远镜上的一个网格状装置而引入的星座。这个装置就是目镜上的十字线，可以帮助他在观测南方天空时测量恒星的位置。十字线是用丝线制成的，呈菱形，像这个星座。网罟座位于大麦哲伦云附近，但并不明亮。

网罟座 α：赤经 4h 14m，赤纬 −62.5°，亮度为 3.4 等，是一颗黄巨星，距离我们 162 光年。

网罟座 β：赤经 3h 44m，赤纬 −64.8°，亮度为 3.8 等，是一颗橙巨星，距离我们 97 光年。

网罟座 ζ^1 和 ζ^2：赤经 3h 18m，赤纬 −62.5°，距离我们 39 光年，是一对裸眼可见的双星，由近似于太阳的黄色主序星组成，其亮度分别是 5.5 等和 5.2 等。

在剑鱼座和网罟座的边界上，坐落着这个迷人的10等旋涡星系NGC 1566。这是一个赛弗特型星系，有着明亮的、亮度可变的核心。它是由24个星系组成的小星系团中最亮的一个，距离我们7000万光年。（SAAO）

尼古拉·路易·德·拉卡伊
（1713—1762）

法国天文学家拉卡伊是第一个全面绘制南方天空星图的人，因此他被称为南方天文学之父。1750—1754 年，他带领法国科学院的一支探险队远征好望角，在那里他系统地观测了南半球的天空，列出了近 10000 颗恒星。其中 2000 颗恒星的精确位置连同一张星图在他去世后的 1763 年以"南天星表"（*Coelum Australe Stelliferum*）为书名出版。拉卡伊最令人难忘的是他所引入的 14 个新星座，它们代表了科学和艺术中使用的仪器，即唧筒座、雕具座、圆规座、天炉座、时钟座、山案座、显微镜座、矩尺座、南极座、绘架座、罗盘座、网罟座、玉夫座和望远镜座。拉卡伊还取消了一个星座：查理的橡树座。这个星座是 1678 年英国天文学家埃德蒙·哈雷在南船座的几颗恒星上建立的，以纪念他的赞助人查理二世在伍斯特战役中败给奥利弗·克伦威尔后藏身其中的那棵橡树。据说这个恭维的举动为哈雷赢得了牛津大学的硕士学位。拉卡伊却不以为然，他把这棵橡树连根拔起，把树上的恒星还给了南船座。

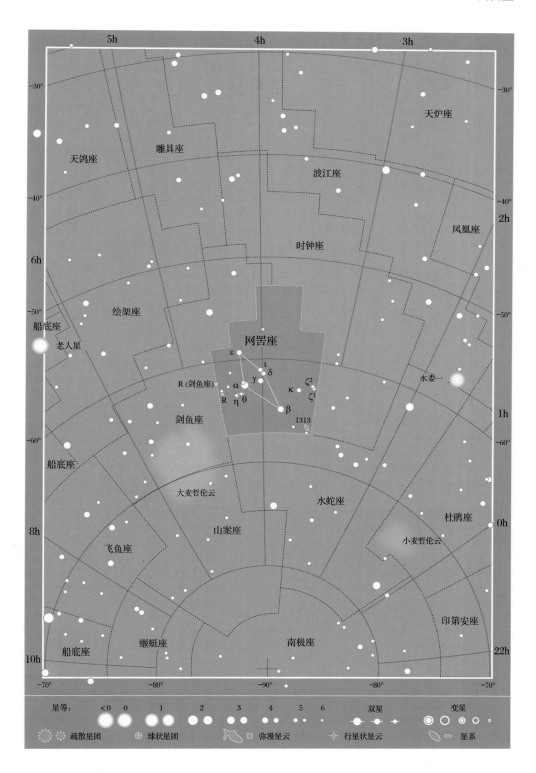

天箭座

....

　　尽管它的面积很小——它是全天第三小的星座，但这个箭头形状的星座非常独特，早就被古希腊人所认识。在天空中，天箭座位于天鹅座和天鹰座之间。传说这支箭是由大力神赫拉克勒斯射出的，尽管它也被认为是阿波罗或爱神厄洛斯的箭。像它的北方邻居狐狸座一样，天箭座位于银河中恒星密集的地方。

　　天箭座 α（Sham，左旗一，英文名称意为"箭"）：赤经 19h 40m，赤纬 +18.0°，亮度为 4.4 等，是一颗黄巨星，距离我们 425 光年。

　　天箭座 β：赤经 19h 41m，赤纬 +17.5°，亮度为 4.4 等，是一颗黄巨星，距离我们 440 光年。

　　天箭座 γ：赤经 19h 59m，赤纬 +19.5°，亮度为 3.5 等，是该星座中最亮的恒星，是一颗红巨星，距离我们 258 光年。

　　天箭座 δ：赤经 19h 47m，赤纬 +18.5°，亮度为 3.8 等，是一颗红巨星，距离我们 590 光年。

　　天箭座 ζ：赤经 19h 49m，赤纬 +19.1°，距离我们 255 光年，是一颗 5 等亮度的蓝白色主序星。它有一颗 9.0 等的伴星，用小型望远镜就能看到。

　　天箭座 S：赤经 19h 56m，赤纬 +16.6°，是一颗黄超巨星，距离我们约 3000 光年，属于造父变星，在 8.4 天内亮度在 5.2 等和 6.0 等之间变化。

　　天箭座 VZ：赤经 20h 00m，赤纬 +17.5°，距离我们 1020 光年，是一颗脉动的红巨星，亮度在 5.3 等和 5.6 等之间不规则地变化。

　　天箭座 WZ：赤经 20h 08m，赤纬 +17.7°，是一颗所谓的矮新星，在 1913 年、1946 年、1978 年和 2001 年曾经从 15 等增亮到 7 等或 8 等。它的位置需要再次确认，以备观测它的再次爆发。

　　M71（NGC 6838）：赤经 19h 54m，赤纬 +18.6°，是一个 8 等球状星团，距离我们 1.3 万光年，用双筒望远镜或小

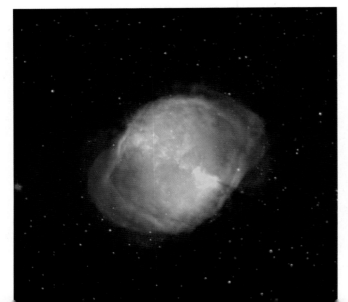

就在天箭座北部与狐狸座邻近的边界上，坐落着哑铃星云M27，这是一颗垂死的恒星抛出的气体外壳，可以用双筒望远镜和小型望远镜观测到（见第272页）。（来自IAC银河北部行星状星云的形态学星表，M．A．格雷尼、L.斯坦格雷尼、M.塞拉-里卡特/IAC）

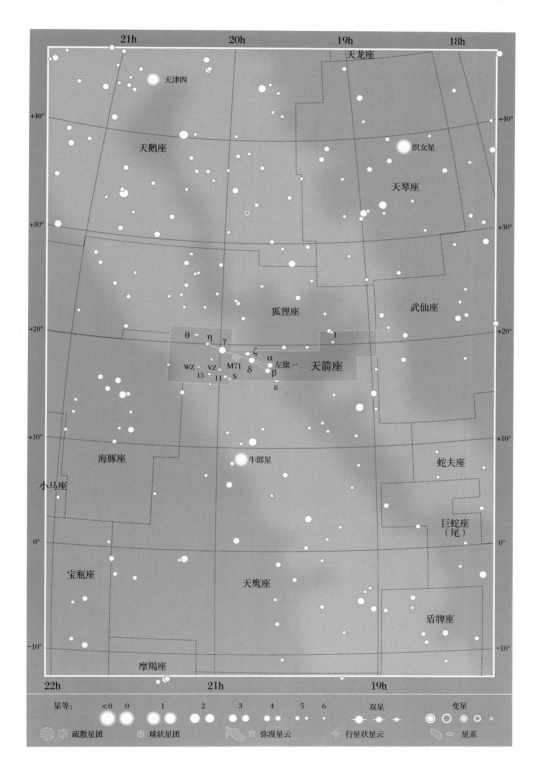

型望远镜可以看到它像一个小的、有点拉长的雾团，用口径为 100 毫米的望远镜可以分辨它的恒星。该星团中的恒星较为分散，没有中心凝结，所以它看起来更像一个密集的疏散星团，而不是一个典型的球状星团。

人马座

人马座是一个古代就确定下来的星座，描绘的是一个半人半兽的动物，它拿着一把拉起的弓和箭。它是一个比半人马座更古老的星座，而且与半人马座不同。半人马座代表的是一种钻研学术的、有益的动物，而人马座则被描绘成带有威胁性——它用箭瞄准了天蝎座的心脏。组成它的弓的恒星是人马座 λ、δ 和 ε，而人马座 γ 则是箭头。人马座的 8 颗主要恒星构成了一把茶壶的形状，人马座 λ、φ、σ、τ 和 ζ 形成了一个长柄勺的形状，称为"牛奶勺子"——一把伸向银河的星群密集区域的勺子。

银河系的中心位于人马座中，所以这里的天体特别密集，邻近的盾牌座和天蝎座也是如此。银河系的实际中心是一个称为人马座 A 的射电和红外源，位于赤经 17h 46.1m，赤纬 −28°51'。人马座中最吸引人的是星团和星云。查尔斯·梅西耶在人马座中共记录了 15 个天体，比任何其他星座的都多，这里只能提及其中的一部分。太阳从 12 月中旬到 1 月中旬穿过这个星座，因此在 12 月冬至日时太阳位于人马座，这是它在赤道以南最远的一点。

人马座 α（Rukbat，天渊三，英文名称意为"膝"）：赤经 19h 24m，赤纬 −40.6°，亮度为 4.0 等，是为数不多的几个被命名为 α 而不是星座中最亮的恒星的例子之一。它是一颗距离我们 182 光年的蓝白色主序星。

人马座 β¹ 和 β²（Arkab Prior and Arkad Posterior，英文名称的意思分别是"腿的前面"和"腿的后面"）：赤经 19h 23m，赤纬 −44.5°，是一对不相关的裸眼双星。人马座 β¹ 是蓝白色星，亮度为 4.0 等，距离我们 314 光年。它有一颗 7.2 等的伴星，用小型望远镜就能看到。人马座 β² 是白色星，亮度为 4.3 等，距离我们 134 光年。这 3 颗星只是偶然出现在同一条视线上。

人马座 γ（Alnasl，箕宿一，英文名称意为"箭尖"）：赤经 18h 06m，赤纬 −30.4°，亮度为 3.0 等，是一颗橙巨星，距离我们 97 光年。

人马座 δ（Kaus Media，箕宿二，英文名称意为"弓的中部"）：赤经 18h 21m，赤纬 −29.8°，亮度为 2.7 等，是一颗橙巨星，距离我们 348 光年。

人马座 ε（Kaus Australis，箕宿三，英文名称意为"弓的南部"）：赤经 18h 24m，赤纬 −34.4°，亮度为 1.8 等，是人马座中最亮的恒星。它是一颗蓝白色巨星，距离我们 143 光年。

人马座 λ（Kaus Borealis，斗宿二，英文名称意为"弓的北部"）：赤经 18h 28m，赤纬 −25.4°，亮度为 2.8 等，是一颗橙巨星或橙亚巨星，距离我们 78 光年。

人马座 σ（斗宿四）：赤经 18h 55m，赤纬 −26.3°，亮度为 2.1 等，是

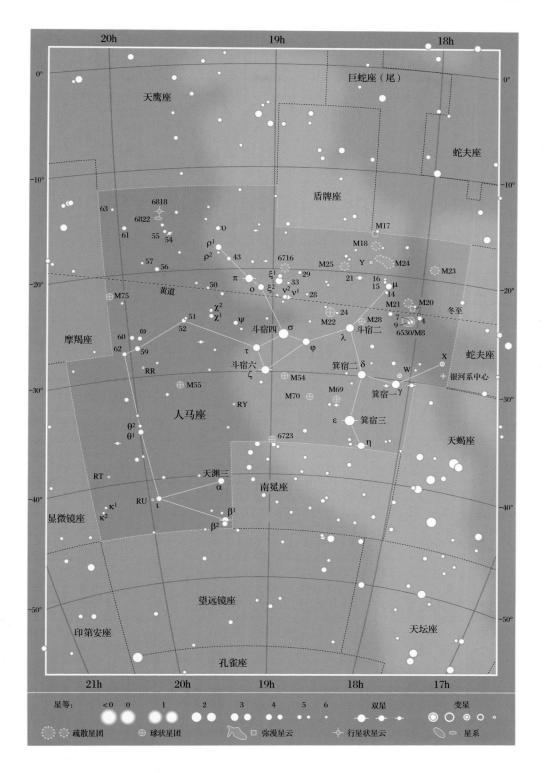

星等： <0　0　1　2　3　4　5　6　双星　变星

疏散星团　球状星团　弥漫星云　行星状星云　星系

一颗蓝白色星，距离我们 228 光年。

人 马 座 W：赤 经 18h 05m，赤 纬 −29.6°，是一颗黄超巨星，而且是一颗造父变星，亮度在 4.3 等和 5.1 等之间变化，光变周期为 7.6 天。它距离我们 900 光年。

人 马 座 X：赤 经 17h 48m，赤 纬 −27.8°，是一颗黄白色巨星，而且是一颗造父变星，亮度在 4.2 等和 4.9 等之间变化，光变周期为 7 天。它距离我们 985 光年。

人马座 Y：赤经 18h 21m，赤纬 −18.9°，是一颗黄白色巨星，而且是一颗造父变星，亮度在 5.3 等和 6.2 等之间变化，光变周期为 5.8 天。它距离我们 1200 光年。

人 马 座 RR：赤 经 19h 56m，赤 纬 −29.2°，是一颗刍藁增二型红巨星变星，亮度在 5.4 等和 14.0 等之间变化，光变周期约为 11 个月。它与我们的距离太远，无法精确测量。

人马座 RY：赤经 19h 17m，赤纬 −33.5°，是南方天空中的北冕座 R 型变

在人马座所在的银河局部区域，有两个引人注目的星云：三叶星云M20（图中上方）和礁湖星云M8（图中下方）。M20星云由一个粉红色发射星云和一个蓝色反射星云组成。（尼克·西马内克）

星，像一颗逆爆发的新星，通常亮度在 6 等左右，但有时会突然不可预测地降到 14 等。它距离我们大约 2500 光年。

M8（NGC 6523）：赤经 18h 04m，赤纬 −24.4°。M8 又名礁湖星云，是一个著名的气体星云，裸眼可见，具有扁长的形状。它包括 NGC 6530 星团。M8 是双筒望远镜和天文望远镜的理想观测对象，它覆盖了 3 个满月的区域，其中心有一条黑暗的裂缝。该星云的东半部分是 NGC 6530，它由大约 25 颗亮度不超过 7 等的恒星及周围的气体组成。该星云的另一边（西侧）主要由两颗恒星组成，其中较亮的是表面温度较高的蓝星人马座 9，亮度为 6.0 等。照片显示该星云呈鲜艳的红色，但从视觉上看，它似乎是乳白色的。M8 距离我们大约 4300 光年。

M17（NGC 6618）：赤经 18h 21m，赤纬 −16.2°，又称欧米伽星云、马蹄形星云或天鹅星云，属于气态星云。用双筒望远镜观看时，它的外表呈楔形，目视宽度与满月相似；而在更大的望远镜中，它似乎呈拱形，像大写的希腊字母 Ω、马蹄或一只天鹅，这个名字使它广受欢迎。M17 距离我们 4200 光年。在它以南大约 1° 的地方是 M18（NGC 6613），后者与我们之间的距离也是 4200 光年。M18 是一个由 20 颗亮度不超过 9 等的恒星组成的松散小星团，从双筒望远镜里看比较暗，显得平淡无奇。

M20（NGC 6514）：赤经 18h 03m，赤纬 −23.0°，又名三叶星云，是由发光气体组成的星云，目视的样子远不如摄影照片那么令人印象深刻。用中等口径的望远镜观测时，它只是双星 HN 40 上的一个模糊的光斑。这两颗星显然是从它之中诞生的，现在又照亮了它。三叶

星云的名字来自 3 条黑暗的尘埃带，这 3 条尘埃带将星云一分为三，在照片上表现得很明显，但用小口径望远镜难以发现。该星云距离我们 2700 光年。

M21（NGC 6531）：赤经 18h 05m，赤纬 −22.5°。它与 M20 在相同的低倍率望远镜的视野中，是一个蜘蛛状的疏散星团，包含大约 70 颗亮度不超过 7 等的恒星；距离我们 3900 光年。

M22（NGC 6656）：赤经 18h 36m，赤纬 −23.9°，是一个既大又稠密的 5 等球状星团，在整个天空中最漂亮的球状星团中排名第三，仅次于半人马座 ω 和杜鹃座 47。裸眼可以看见 M22，它是最适合用双筒望远镜观察的天体，在小型望远镜中显得更漂亮，能看到它明显的椭圆形轮廓。用 75 毫米口径的望远镜能分辨其外部区域中的恒星，而用更大口径的望远镜还能看到其中最亮的恒星是红色的。它的核不像其他许多球状星团那样浓缩。M22 距离我们 10400 光年。在双筒望远镜的视场边缘是较小的 7 等球状星团 M28（NGC 6626）。

M23（NGC 6494）：赤经 17h 57m，赤纬 −19.0°。用双筒望远镜观测，它是

M22：通过双筒望远镜和小型望远镜，很容易看到这个模糊的小雾团。当用较大口径的望远镜观测它时，一个巨大的球状星团的本质就很明显了。（奈杰尔·夏普、REU 计划/NOAO/AURA/NSF）

一个覆盖面积大、分布相当均匀的疏散星团，其大小刚刚达到双筒望远镜的分辨极限。它在形状上有些扁长，由一群呈弧形排列的 9～11 等恒星组成。M23 距离我们 2050 光年。

　　M24：赤经 18h 18m，赤纬 −18.5°。它在 M17 和 M18 以南，位于银河中星群稠密的天区，在双筒望远镜中是闪烁着的星粒。有些观测者将 M24 这个名字限制在它北半部分的一小群暗淡的恒星上，也就是人们所知的 NGC 6603，但这并不是梅西耶的意思。实际上，组成 M24 的整个银河星云的大小约为 2°×1°，是银河中裸眼可见的最显著的部分之一。

　　M25（**IC 4725**）：赤经 18h 32m，赤纬 −19.2°，距离我们 2000 光年，是一个由大约 30 颗恒星组成的星团，用双筒望远镜可以清楚地看到。明亮的成员星形成了该星团中心的两个小长条。该星团中最亮的恒星是人马座 U，这是一颗黄巨星，也是一颗造父变星，亮度在 6.3 等和 7.1 等之间变化，光变周期为 6 天 18 小时。

　　M55（**NGC 6809**）：赤经 19h 40m，赤纬 −31.0°，是一个亮度为 6 等的球状星团，在双筒望远镜中呈星云状，中心几乎没有凝结。用小型望远镜可以分辨出该星团中的单颗恒星，它的一边有一条黑色裂缝。M55 距离我们 1.8 万光年。

天蝎座

　　这是一个光辉灿烂的星座，坐落在银河中星群稠密的区域，里面满是令人兴奋的天体，供小型望远镜的使用者观测。在神话中，天蝎座是用毒刺杀死猎户的蝎子。在天空中，猎户座仍在躲避着天蝎座的攻击，因为当天蝎座升起时，猎户座就已经沉到地平线以下了。

　　最初，在古希腊时期甚至更早的时候，天蝎座是一个大得多的星座，但在公元前 1 世纪，组成它的爪子的恒星被罗马人分割出来形成了独立的天秤座。尽管失去了爪子，但天蝎座仍然很像只蝎子，它那带刺的尾巴是一条由恒星组成的独特曲线。它的中心是明亮的心宿二（Antares），其英文名字可以翻译为"火星的竞争对手"或"类似火星"，因为它很红。天蝎座 β 的北边（赤经 16h 19.9m，赤纬 −15°38'）是天空中最强

大的 X 射线源——天蝎座 X-1。一对 13 等分光双星与它相距约 9000 光年，该双星中的一颗是中子星，它正从伴星那里吸积物质。

　　从天蝎座经豺狼座，一直延伸到半人马座和南十字座，散布着几百颗明亮的银河系恒星，它们到我们的距离都为 400～500 光年，称为天蝎–半人马星协。天蝎座 α 是其中最明亮的成员。11 月的最后一周，太阳短暂地经过天蝎座。

　　天蝎座 α（心宿二）：赤经 16h 29m，赤纬 −26.4°，是一颗直径为太阳 400 倍的红超巨星，距离我们约 550 光年。它是一颗半规则变星，亮度在 0.8 等和 1.2 等之间变化，光变周期大约为 6 年。心宿二有一颗 5.4 等蓝色伴星，需要用口径至少为 75 毫米的望远镜在最稳定的大气条件下才能看到，否则它就被淹没在

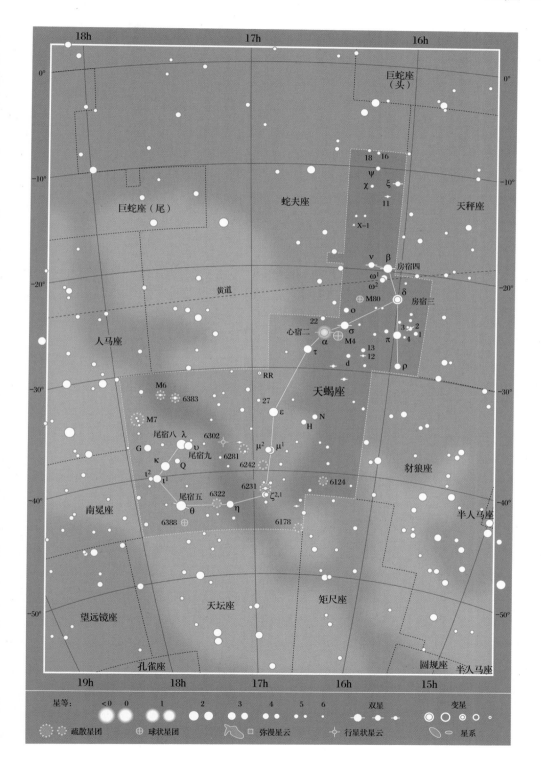

主星的眩光中。围绕心宿二的伴星的公转轨道周期超过 1200 年。

天蝎座 β（Acrab，房宿四，英文名称意为"蝎子"）：赤经 16h 05m，赤纬 −19.8°，是一对引人注目的双星，用口径最小的望远镜就能看到。它由两颗蓝白色主序星组成，其亮度分别是 2.6 等和 4.9 等，二者距离我们都是 400 光年，有相似的自行。

天蝎座 δ（Dschubba，房宿三，英文名称意为"前额"）：赤经 16h 00m，赤纬 −22.6°，是一颗蓝白色亚巨星，距离我们约 490 光年，亮度通常为 2.3 等。它从 2000 年开始变亮，很明显是由于释放了一层气体；在 2002 年它达到了最亮的 1.6 等，随后变暗到接近正常亮度，但未来可能还会再次变亮。

天蝎座 ε：赤经 16h 50m，赤纬 −34.3°，亮度为 2.3 等，是一颗橙巨星，距离我们 64 光年。

天蝎座 ζ¹ 和 ζ²：赤经 16h 54m，赤纬 −42.4°，是一对无关的裸眼可见的双星。ζ² 是 3.6 等橙巨星，距离我们 132 光年；ζ¹ 是一颗蓝超巨星，亮度在 4.7 等和 4.9 等之间不规则地变化。ζ¹ 可能是疏散星团 NGC 6231（见第 236 页）的一个外围成员。

天蝎座 θ（尾宿五）：赤经 17h 37m，赤纬 −43.0°，亮度为 1.9 等，是一颗白巨星，距离我们 300 光年。用小型望远镜可以看到它有一颗 5.3 等的伴星。

天蝎座 λ（Shaula，尾宿八，英文名称意为"螫针"）：赤经 17h 34m，赤纬 −37.1°，亮度为 1.6 等，是一颗蓝亚巨星，距离我们约 570 光年。

天蝎座 μ¹ 和 μ²：赤经 16h 52m，赤纬 −38.0°，是一对裸眼可见的无关双星。μ¹ 距离我们 500 光年，本身是一对食双星，在 34 小时 43 分钟内亮度从 2.9 等变化到 3.2 等。μ² 是一颗蓝亚巨星，亮度为 3.5 等，距离我们 474 光年。

天蝎座 ν：赤经 16h 12m，赤纬 −19.5°，距离我们 474 光年，是一个四合星系统，类似于天琴座中著名的双双

M6 是一个明亮的疏散星团，通常称为蝴蝶星团，得名于它的形状，尽管它也很像一只鸟。它内部的大部分恒星都是蓝色的，除了最亮的那颗。在该星团左侧是橙巨星天蝎座 BM。（奈杰尔·夏普、马克·汉纳、REU 计划/NOAO/AURA/NSF）

M7是一个巨大的裸眼疏散星团，在明亮的银河背景下可以看到它不像北边的M6那样有更黑暗的背景。M7与我们的距离仅仅是M6与我们距离的一半多一点，所以它的单个成员看起来比M6的更明亮，并且分散在更广阔的区域中。（奈杰尔·夏普、REU计划/NOAO/AURA/NSF）

星。用小型望远镜甚至强光力的双筒望远镜可以看到天蝎座 ν 是一对宽距的双星，它由两颗亮度分别为 4.0 等和 6.3 等的蓝白色星组成。用 60 毫米及以上口径的望远镜能在高倍率下发现较暗的星本身又是一对密近双星，其亮度分别是 6.7 等和 7.7 等。较亮的星本身又是一对相距更近的双星，其亮度分别为 4.4 等和 5.3 等，分辨它们要用口径为 100 毫米的望远镜。

天蝎座 ξ：赤经 16h 04m，赤纬 −11.4°，距离我们大约 80 光年，是一颗著名的聚星。用一架小型望远镜可以看到它是一对双星，包含一颗 4.2 等的白色主星和一颗 7.3 等的黄色伴星，公转周期大约为 1500 年。在同一片视野中还能看到另一对双星——Σ1999，它们更暗弱，相距更远，亮度分别是 7.4 等和 8.0 等。它们与天蝎座 ξ 有引力关系。因此，乍一看，天蝎座 ξ 像另一颗双双星。但是实际上，最亮的星本身就是一对密近双星，由两颗黄白色星组成，亮

度分别为 4.9 等和 5.2 等，它们相互绕转的周期为 46 年。用 100 毫米口径的望远镜可以将它们分辨出来，它们之间的距离在 2020—2021 年达到最远。

天蝎座 ω¹、ω²：赤经 16h 07m，赤纬 −20.7°，是一对用裸眼可以区分的无关双星。ω¹ 是蓝色主序星，亮度为 4.0 等，距离我们 471 光年。ω² 是 4.3 等黄巨星，距离我们 291 光年。

天蝎座 RR：赤经 16h 57m，赤纬 −30.6°，是刍蒿增二型红巨星变星，亮度变化范围为 5 ~ 12 等，光变周期为 9 个月左右，距离我们约 1200 光年。

M4（NGC 6121）：赤经 16h 24m，赤纬 −26.5°，是一个 6 等球状星团，看起来几乎和满月一样大。在双筒望远镜里，它看起来像一个毛茸茸的球，但实际上并不像它的大小所显示的那样容易被看到，因为它的光分散在这一大片区域上了。用 100 毫米口径的望远镜可以把单颗恒星分辨出来，在其中心有一条明显的横贯南北的星链。M4 比其他许

多球状星团更松散，而且没有很强的中心凝结。它是离我们最近的球状星团，距离为 7200 光年。

M6（NGC 6405）：赤经 17h 40m，赤纬 −32.2°，是一个令人印象深刻的 4 等疏散星团，由大约 80 颗恒星组成，以辐射链的形式排列，俗称蝴蝶星团（见第 234 页的照片）。用双筒望远镜和小型望远镜可以分辨出那些组成蝴蝶形状的主要恒星。其中最亮的天蝎座 BM 位于一只"翅膀"上，是一颗橙超巨星，同时也是半规则变星，亮度变化范围为 5～7 等，光变周期为 27 个月左右。M6 距离我们 1600 光年。

M7（NGC 6475）：赤经 17h 54m，赤纬 −34.8°。在梅西耶星表中，它是最靠南的天体，是一个巨大而分散的 3 等疏散星团，由大约 80 颗恒星组成。这些恒星的亮度不超过 6 等。用裸眼看时，它就像银河中的一个明亮的结。它的视直径是满月的两倍多，很容易用双筒望远镜分辨出来。在双筒望远镜中，它与 M6 位于同一视野中，那里天体密集。位于它的中心的星群呈 X 形排列，而周围也散布了一些天体，形成一个三角形的样子，也像一棵圣诞树，以浓密的星云为背景。它是适合用小口径望远镜观测的经典目标。M7 距离我们 900 光年，差不多是 M6 与我们的距离的一半。这两个星团并不相关。

M80（NGC 6093）：赤经 16h 17m，赤纬 −23.0°，是一个小的 7 等球状星团，用双筒望远镜或小型望远镜就能看到。它看起来像一颗毛茸茸的彗星的头，距离我们 3.3 万光年。

NGC 6231：赤经 16h 54m，赤纬 −41.8°。它是一个裸眼可见的星团，由 100 多颗恒星组成，位于银河的星群稠密区域，非常值得用双筒望远镜来扫视。该星团中最亮的恒星是一颗 6 等星，在双筒望远镜和小型望远镜中给人的印象是一个缩小版的昴星团。5 等的蓝超巨星 ζ^1（见第 234 页）可能是该星团的外围成员，它与我们的距离刚刚超过 4000 光年。在 NGC 6231 北面 1° 的地方，用双筒望远镜可以看见它与一个更大、更分散、更暗的星团相连。这两个星团分别被称为"特朗普 24"和"哈佛 12"。连接两个星团的恒星链勾勒出了银河的一条旋臂。

NGC 6242：赤经 16h 56m，赤纬 −39.5°。这是一个楔形的疏散星团，适合用小型望远镜观测，其中包含 24 颗亮度不超过 7 等的恒星。它距离我们 3700 光年。

NGC 6281：赤经 17h 05m，赤纬 −37.9°。这是一个用小型望远镜可以看到的疏散星团，由 50 多颗亮度不超过 8 等的恒星组成，较暗的恒星排列成一个长方形。它距离我们 1600 光年。

玉夫座

这是在 18 世纪 50 年代由尼古拉·路易·德·拉卡伊引入的一个暗淡的星座，几乎被人遗忘。它用来填补南方天空的空白，代表雕塑家的工作室。玉夫座包含了银河的南极点，距离银道面 90°。在这个方向上，我们可以看到遥远的太空，那里没有恒星和尘埃的遮挡，可以看到许多暗弱的星系。其中有一个非常暗的本星系群的成员——玉夫座矮星系，只有通过大型望远镜长时间曝光拍摄的照片才能发现它。

玉夫座 α：赤经 0h 59m，赤纬 −29.4°，亮度为 4.3 等，是一颗蓝白色巨星，距离我们 777 光年。

玉夫座 β：赤经 23h 33m，赤纬 −37.8°，亮度为 4.4 等，是一颗蓝白色巨星或亚巨星，距离我们 174 光年。

玉夫座 γ：赤经 23h 19m，赤纬 −32.5°，亮度为 4.4 等，是一颗橙巨星，距离我们 182 光年。

玉夫座 δ：赤经 23h 49m，赤纬 −28.1°，亮度为 4.6 等，是一颗蓝白色主序星，距离我们 137 光年。

玉夫座 ε：赤经 1h 46m，赤纬 −25.1°，距离我们 92 光年，是由两颗亮度分别为 5.3 等和 8.5 等的恒星组成的双星，用小型望远镜可以分辨，轨道周期约为 1100 年。

玉夫座 $κ^1$：赤经 0h 09m，赤纬 −28.0°，距离我们 253 光年，是一对白色的密近双星，其亮度分别是 6.1 等和 6.2 等，用 75 毫米口径的望远镜刚好能够分辨。

玉夫座 R：赤经 1h 27m，赤纬 −32.5°，是一颗深红色的半规则变星，亮度变化范围为 5 ~ 9 等，光变周期大概为一年，距离我们大约 870 光年。

玉夫座 S：赤经 0h 15m，赤纬 −32.0°，是一颗刍蒿增二型红巨星变星，亮度在大约一年内从 5.5 等变化到 13.6 等。它距离我们 1000 光年。

NGC 55：赤经 0h 15m，赤纬 −39.2°，是一个 8 等旋涡星系，看起来几乎是侧面朝向我们，所以看起来被拉长了。它的一半比另一半更亮。它在大小和形状上与 NGC 253 相似，尽管没有 NGC 253 那么明亮。它与我们的距离是 600 万光年。

NGC 253：赤经 0h 48m，赤纬 −25.3°，是一个 7 等旋涡星系，也几乎是侧面朝向我们。这使得它看起来像雪茄一样，如下面的照片所示。它有近 0.5° 长。在黑暗的夜空下，可以用双筒望远镜观测到它，但需要至少 100 毫米口径的望远镜才能区分它那由暗尘埃云组成的旋臂。NGC 253 与我们的距离为 1300 万光年。

NGC 253：一个旋涡星系，看起来几乎是侧面朝向我们，因此也是椭圆形的。它没有中央核球，但它的旋臂上全是恒星和尘埃。（托德·博罗森/NOAO /AURA/ NSF）

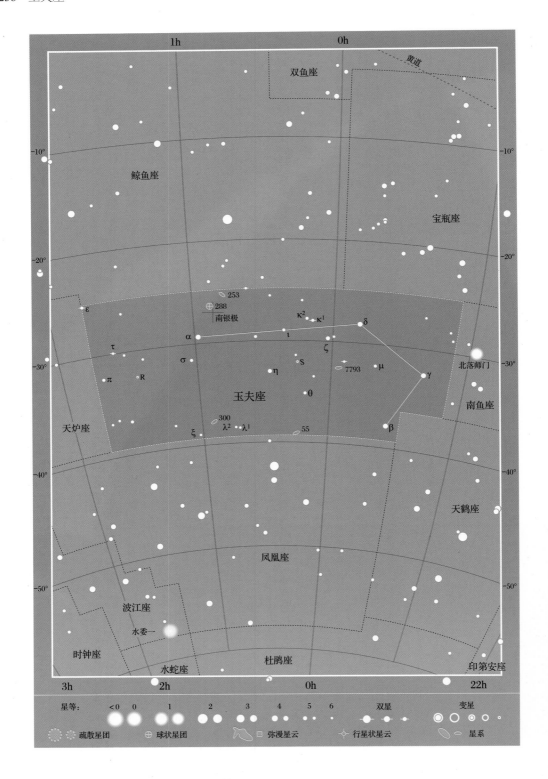

盾牌座

这是介于天鹰座和巨蛇座之间的一个暗淡的星座，由波兰天文学家约翰内斯·赫维留于1684年引入，名为"索别斯基的盾牌"，以纪念他的赞助人——波兰国王约翰三世·索别斯基。这个星座中有稠密的银河星群，特别是位于其北部的盾牌座恒星云，大约6°宽，通常被认为是人马座以外银河最亮的部分。在盾牌座恒星云北部的暗缝边界上有著名的疏散星团M11。

盾牌座 α：赤经18h 35m，赤纬−8.2°，亮度为3.8等，是一颗橙巨星，距离我们199光年。

盾牌座 δ：赤经18h 42m，赤纬−9.1°，距离我们202光年，是一类罕见的变星的原型。这种变星的大小每隔几小时就会发生一次脉动，产生小幅度的亮度变化。盾牌座 δ 本身就是一颗白巨星，亮度在4.6等和4.8等之间变化，光变周期为4小时39分钟。

盾牌座 R：赤经18h 48m，赤纬−5.7°，是一颗橙超巨星，距离我们约3400光年。它的亮度在4.2等和8.6等之间变化，光变周期为5个月左右。

M11（NGC 6705）：赤经18h 51m，赤纬−6.3°，又称野鸭星团，是一个由大约200颗恒星组成的疏散星团，其宽度是满月的一半。它的亮度为6等，正好处于裸眼可见的极限，但用双筒望远镜观测时它是一个模糊的斑块。使用放大倍数约为100倍的望远镜观测，它会被"分解"成一团闪闪发光的暗星。野鸭星团因其最亮的成员形成了一个独特的扇形而得名，形状很像一群鸭子。这种效果通过望远镜可以观测到，但在长时间曝光的照片中就会消失。其中有一颗8等星，比其他恒星稍亮，位于扇形的顶端。它的附近有一对暗弱的双星。M11到我们的距离为6100光年。

M26（NGC 6694）：赤经18h 45m，赤纬−9.4°，是一个适合用小型望远镜观测的疏散星团，大小与M11相似，但只包含24颗恒星，因此亮度要低得多。它到我们的距离为5400光年。

在稠密的银河中，有一个编号为M11的野鸭星团。在小型望远镜中，它的形状看起来像扇子或弓形，这是因为它的一侧（图中右侧）亮星的密度较低。（亚当·布洛克/NOAO/AURA/ NSF）

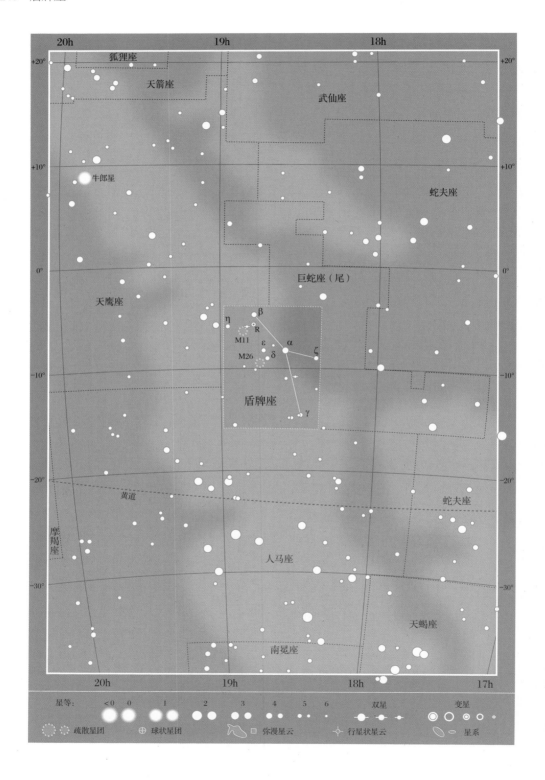

巨蛇座

它是一个古代就确定下来的星座，代表一条缠绕在蛇夫身上的蛇。巨蛇座一般分为两部分，分布在蛇夫座的两边。其中较大较亮的那一半为蛇头，另一半为蛇尾。它是星空中唯一被一分为二的星座，两部分都算作一个星座。

巨蛇座 α（Unukalhai，天市右垣七，英文名称意为"蛇颈"）：赤经15h 44m，赤纬 +6.4°，亮度为 2.6 等，是一颗橙巨星，距离我们 74 光年。

巨蛇座 β：赤经 15h 46m，赤纬 +15.4°，距离我们 155 光年，是一颗蓝白色亚巨星，位于蛇头部分，亮度为 3.7 等。用小型望远镜可以看到它有一颗 10 等的伴星，用双筒望远镜可以看到它的北面有另一颗 6.7 等的恒星——巨蛇座29。不过，它是不相关的背景星，

距离我们约 600 光年。

巨蛇座 γ：赤经 15h 56m，赤纬 +15.7°，亮度为 3.8 等，是一颗白色主序星，距离我们 37 光年。

巨蛇座 δ：赤经 15h 35m，赤纬 +10.5°，距离我们 228 光年，是一颗 4.2 等的白亚巨星或白巨星。用高倍率的小型望远镜可以看到它有一个密近的 5.2 等伴星。

巨蛇座 η：赤经 18h 21m，赤纬 −2.9°，亮度为 3.3 等，是一颗橙巨星或橙亚巨星，距离我们 60 光年。

巨蛇座 θ：赤经 18h 56m，赤纬 +4.2°，距离我们约 160 光年，是一对优雅的白色双星，其亮度分别为 4.6 等和 5.0 等，用最小口径的望远镜也很容易分辨。

巨蛇座中的M16和周围的鹰状星云，它们是星团和星云的美妙组合。在星云的中心是由尘埃和较冷的气体组成的暗星云，这些尘埃和较冷的气体因哈勃空间望远镜拍摄的"创造之柱"图像而闻名。这张照片是用在亚利桑那州基特峰上的4米口径的望远镜拍摄的。（比尔·肖尔/NOAO/AURA/NSF）

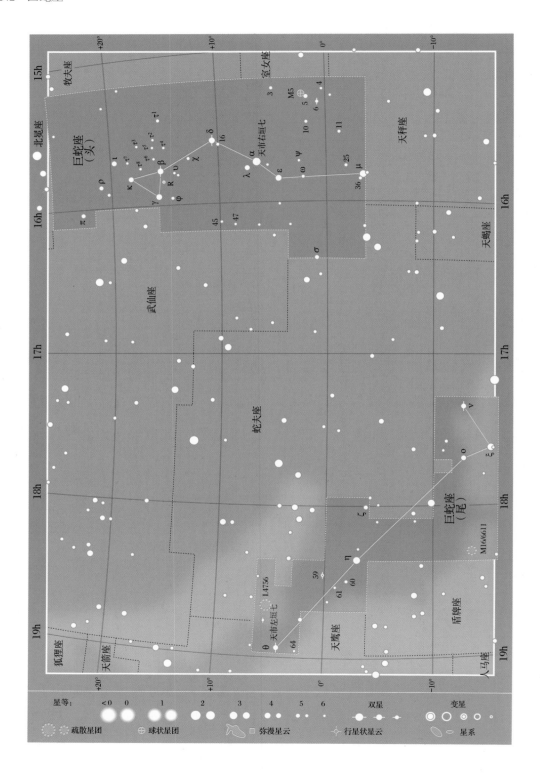

巨蛇座 ν：赤经 17h 21m，赤纬 −12.8°，距离我们 203 光年，是一颗蓝白色的 4.3 等星。用好的双筒望远镜或小型望远镜可以看到它有一颗 9 等的宽距伴星。

巨蛇座 τ¹：赤经 15h 26m，赤纬 +15.4°，距离我们 690 光年，是一颗 5.2 等的红巨星。它是在巨蛇座 β 附近的一个由 8 颗 6 等星组成的松散星团中最亮的成员，适合用双筒望远镜进行观察。

巨蛇座 R：赤经 15h 51m，赤纬 +15.1°，是刍藁增二型红巨星变星，亮度在 5.2 等和 14.4 等之间变化，光变周期大约一年。它距离我们为 700 光年。

M5（NGC 5904）：赤经 15h 19m，赤纬 +2.1°，是一个 6 等球状星团，距离我们 2.45 万光年，用双筒望远镜或小型望远镜很容易看到。它是北方天空中最好看的球状星团之一，仅次于著名的武仙座 M13。用口径为 100 毫米的望远镜可以看到它那明亮、浓缩的中心区域和带有恒星弯曲链的斑驳的外部区域。靠近 M5（但实际上为前景星）的

地方有巨蛇座 5，它是一颗黄白色的 5.1 等亚巨星，有一颗 10 等伴星。

M16（NGC 6611）：赤经 18h 19m，赤纬 −13.8°，是一个看起来有些模糊的疏散星团，距离我们 5900 光年。它的大小与满月相似，嵌在更大的鹰状星云中。该星团由大约 60 颗亮度不超过 8 等的恒星组成，用双筒望远镜观察时比较模糊。在小型望远镜中，它的大部分成员在北半部分呈 V 形排列。当用双筒望远镜观察时，周围的鹰状星云给星团增添了一抹朦胧感。这个星云过于暗淡，用业余天文望远镜很难看清，但在长时间曝光的照片上显得很漂亮。它是哈勃空间望远镜拍摄的一幅名为"创造之柱"的照片的主题，这张照片拍摄于 1995 年，2014 年再次拍摄（见第 279 页）。

IC 4756：赤经 18h 39m，赤纬 +5.4°，是一个较为分散的疏散星团，由亮度不超过 8 等的恒星组成，目视直径约为两个月球大小，用双筒望远镜可以看到。IC 4756 距离我们 1600 光年。

六分仪座

这是位于狮子座南部的一个不起眼的暗弱星座，由波兰天文学家约翰内斯·赫维留于 1687 年引入，是为了纪念他用来测量恒星位置的仪器。在望远镜出现很久之后，赫维留还在继续用他的六分仪靠裸眼观察恒星的位置。也许是为了证明自己的视力有多好，他用亮度不超过 4.5 等的恒星创立了六分仪座。

六分仪座 α：赤经 10h 08m，赤纬 −0.4°，亮度为 4.5 等，是一颗蓝白色

巨星，距离我们 283 光年。

六分仪座 β：赤经 10h 30m，赤纬 −0.6°，亮度为 5.1 等，是一颗蓝白色主序星，距离我们 405 光年。

六分仪座 γ：赤经 9h 53m，赤纬 −8.1°，亮度为 5.1 等，是一颗蓝白色主序星，距离我们 278 光年。

六分仪座 δ：赤经 10h 30m，赤纬 −2.7°，亮度为 5.2 等，是一颗蓝白色主序星，距离我们 322 光年。

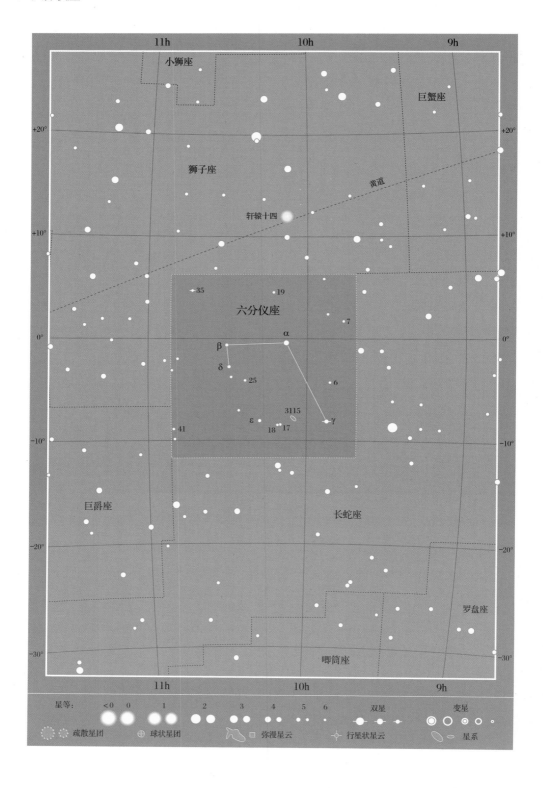

六分仪座 17 和 18：赤经 10h 10m，赤纬 −8.4°，是一对毫不相关的双星，其亮度分别是 5.9 等和 5.6 等，距离我们分别为 596 光年和 473 光年，用双筒望远镜很容易分辨。

NGC 3115：赤经 10h 05m，赤纬 −7.7°，是一个 9 等星系，又称纺锤星系，距离我们大约 3000 万光年。它是一个透镜状星系，有一个由恒星组成的圆盘围绕着一个中央核球，但没有旋臂。用中等口径的业余天文望远镜可以看出它细长的轮廓和明亮的中心。

金牛座

它是最古老的星座之一，自人类文明开始出现就被人们确定了下来。在希腊神话中，金牛座是宙斯用来将欧罗巴公主带到克里特岛的动物的化身。天空中的金牛座只描绘了公牛的前半部分，它的脸是由呈 V 形的星团构成的，称为毕星团。闪烁的红色眼睛是明亮的毕宿五，它的长角由金牛座 β 和 ζ 构成。除了毕星团之外，金牛座还有另一个著名的星团——昴星团，也称七姐妹星团。公元 1054 年，人们在金牛座中看到了一颗超新星，这颗超新星形成了蟹状星云 M1。暗弱的欣德变星云 NGC 1554/1555（赤经 4h 22.0m，赤纬 +19°32'）是 19 世纪由英国天文学家约翰·罗素·欣德（1823—1895）发现的。在这个星云中有金牛座 T，其亮度为 10 等，距离我们 600 光年。它是一类不规则变星的原型，这类恒星目前仍在形成过程中。

每年 11 月 12 日左右，金牛座流星雨从昴星团的南部辐射出来，每小时最多可达 10 颗左右。太阳从 5 月中旬到 6 月下旬经过这个星座，在夏至日位于金牛座中。由于岁差的影响，到 1989 年底夏至点才从双子座移到了金牛座。

金牛座 α（毕宿五）：赤经 4h 36m，赤纬 +16.5°，是一颗橙巨星，也是不规则变星，其亮度在 0.75 等和 0.95 等之间变化。虽然看起来像是毕星团的一部分，但它实际上只是一颗不相关的前景星，距离我们 67 光年。

金牛座 β（五车五）：赤经 5h 26m，赤纬 +28.6°，是一颗蓝白色的 1.7 等巨星，距离我们 134 光年。

金牛座 ζ：赤经 5h 38m，赤纬 +21.1°，距离我们 445 光年，是一颗蓝巨星，也是一颗变星，亮度在 2.8 等和 3.2 等之间无规则地变化。

金牛座 θ¹ 和 θ²：赤经 4h 29m，赤纬 +15.9°，是一对用裸眼或双筒望远镜可以看见的双星，由一颗 3.8 等的黄色星和一颗 3.4 等的白色星组成，分别距离我们 154 光年和 150 光年。θ² 是毕星团中最亮的成员。

金牛座 κ¹ 和 κ²：赤经 4h 25m，赤纬 +22.3°，是一对白色双星，其亮度分别是 4.2 等和 5.3 等，适合用裸眼或双筒望远镜观看，二者与我们的距离分别是 154 光年和 148 光年。它们都是毕星团的外围成员。

金牛座 λ：赤经 4h 01m，赤纬 +12.5°，距离我们 484 光年，是大陵五型食双星，亮度在 3.4 等和 3.9 等之间变化，光变周期为 4 天。

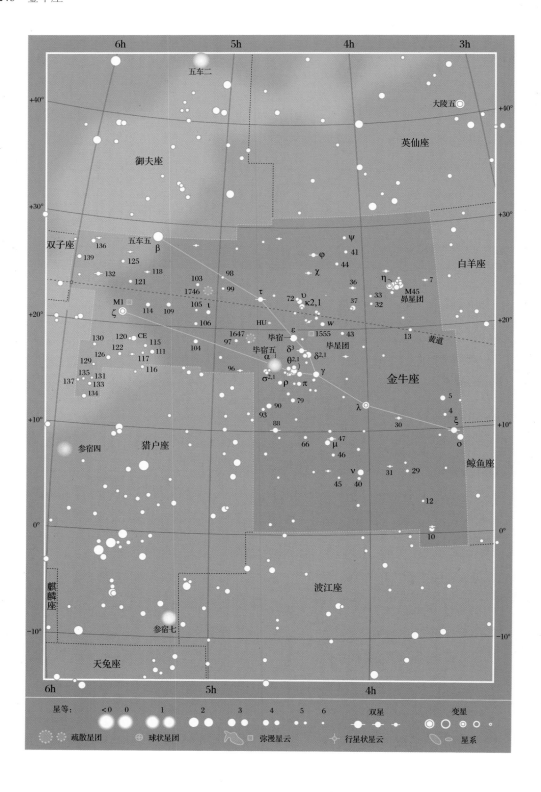

金牛座 σ^1 和 σ^2：赤经 4h 39m，赤纬 +15.8°，是一对宽距的蓝白色双星，适合用双筒望远镜观测，亮度分别是 5.1 等和 4.7 等，位于毕星团中，分别距离我们 147 光年和 156 光年。

金牛座 φ：赤经 4h 20m，赤纬 +27.4°。在小型望远镜中，它是一对光学双星，由一颗距离我们 321 光年的 5.0 等橙巨星和一颗距离不确定的 7.4 等白色星组成。

金牛座 χ：赤经 4h 23m，赤纬 +25.6°，距离我们 291 光年，是一对用小型望远镜可以看见的双星，两颗星的颜色分别是蓝色和金色，亮度分别是 5.4 等和 8.4 等。

毕星团：赤经 4h 27m，赤纬 +16°，是一个大而明亮的疏散星团，由大约 200 颗恒星组成，覆盖了 5° 的天空。最亮的成员形成了一个独特的 V 形，用裸眼很容易看到。在希腊神话中，毕星团代表

毕星团的详细星图。（维尔·蒂里翁）

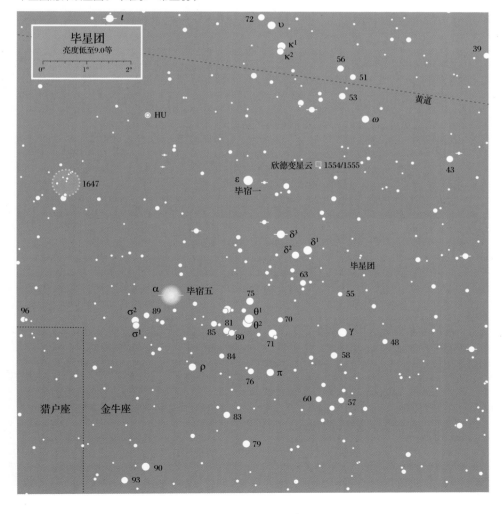

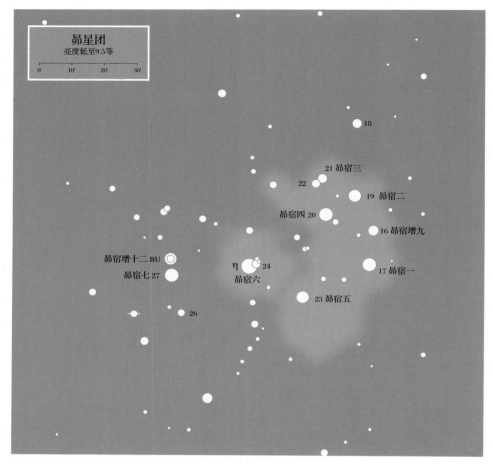

昴星团
亮度低至9.5等

0' 10' 20' 30'

18

21 昴宿三
22
19 昴宿二
昴宿四 20
16 昴宿增九

昴宿增十二 BU
昴宿七 27   η 24
昴宿六   17 昴宿一

26   23 昴宿五

昴星团的详细星图以及围绕的星云物质。（维尔·蒂里翁）

阿特拉斯和埃特拉的女儿们，和昴星团是同父异母的姐妹。由于这个星团相当大，所以最好用双筒望远镜而不是普通望远镜来观察。明亮的毕宿五不是毕星团的成员，而是它的前景星。该星团中真正最亮的成员是金牛座 θ² （见上面单独的条目）。该星团的中心距离地球 150 光年，这个距离很重要，因为它标志着我们在银河系尺度上进行测量时迈出的第一步。

M1（NGC 1952）：赤经 5h 35m，赤纬 +22.0°，称为蟹状星云，是一颗超新星爆发后的遗迹。在晴朗漆黑的夜晚，我们可以通过双筒望远镜看见它。尽管蟹状星云名声在外，但对于小型望远镜来说，它是一个令人失望的天体。它是一个椭圆形的 8 等星云，是一个大小为木星圆盘表面直径数倍的模糊斑块，所以事实上蟹状星云很难看到，因为它比你预期的要大（关于二者的尺寸对比，见第 288 页上的图片）。在该星云的中心，有一个用业余天文望远镜无法观测到的 16 等天体，它是恒星爆发后的残骸。这个暗弱的天体现在被认为是一颗

M45，位于金牛座的昴星团，是整个天空中最壮丽的星团。炽热的年轻恒星发出的光被周围的尘埃反射回来，形成了蓝色星云，在靠近昴宿五的底部中心最亮。这里把月球按同样的比例画在图中，以便比较大小。（凯文·贝斯/NOAO/AURA/NSF）

每秒旋转 30 圈的脉冲星，它在射电、光学和其他波长上都发光。蟹状星云和脉冲星大约距离我们 6500 光年。

M45：赤经 3h 47m，赤纬 +24°，又称昴星团，是天空中最明亮和最著名的星团。它通常也被称为七姐妹星团，因为在神话中她们是一群女神，都是阿特拉斯和普勒俄涅的女儿。用裸眼可以看到大约 7 颗星，排列成一个缩小的北斗七星形状，覆盖 3 个满月宽度的天空。用双筒望远镜可以看到更多的景象。大约 100 颗恒星属于这个星团，它的中心距离我们约 440 光年。与更古老、演化更彻底的毕星团不同，昴星团是在过去的 5000 万年里才形成的，它包含了许多年轻的蓝巨星。它最亮的成员是昴宿六，即金牛座 η，亮度为 2.9 等。其他明亮的成员星包括 5.5 等的金牛座 16、3.7 等的金牛座 17、4.3 等的金牛座 19、3.9 等的金牛座 20、5.8 等的金牛座 21、4.2 等的金牛座 23、3.6 等的金牛座 27 以及金牛座 BU（一种所谓的气壳星，它以不规则的间隔抛出气体环，导致它的亮度在 4.8 等和 5.5 等之间不规则地变化）。整个星团嵌在一个暗淡的星云中，星云反射炽热的蓝色恒星的光。在长时间曝光的照片（见上图）中可以看到这个星云。在非常晴朗的天气条件下，可以用双筒望远镜或小型天文望远镜在金牛座 23 的附近观测到星云最明亮的部分。长期以来，该星云一直被认为是形成星团的星云的残余物，但现在看来，它更有可能是一个完全独立的星云，那些恒星后来偶然移动到了它的内部。

望远镜座

这个星座是法国人尼古拉·路易·德·拉卡伊在 18 世纪 50 年代划定的，用来纪念最重要的天文仪器——望远镜。拉卡伊想到了一种特殊的仪器——巴黎天文台的 J.D. 卡西尼使用的大折射望远镜，它和当时的其他大折射望远镜一样，有一根特别长的管子来对付图像的色差（假彩色）现象。该望远镜被悬挂在桅杆上。拉卡伊版本的望远镜座最初向北延伸，包括南冕座、人马座、天蝎座和蛇夫座的恒星，但现代天文学家切断了望远镜的镜筒和支撑杆的顶部。和拉卡伊命名的众多星座一样，望远镜座也是暗淡的，几乎没有什么适合用小型望远镜观察的目标。

望远镜座 α：赤经 18h 27m，赤纬 −46.0°，亮度为 3.5 等，是一颗蓝白相间的亚巨星，距离我们 278 光年。

望远镜座 δ^1 和 δ^2：赤经 18h 32m，赤纬 −45.9°，是一对蓝白色双星，其亮度分别是 4.9 等和 5.1 等，在双筒望远镜中可见。这两颗星不相关，分别距离我们 708 光年和 1200 光年。

望远镜座 ε：赤经 18h 11m，赤纬 −46.0°，亮度为 4.5 等，是一颗橙巨星，距离我们 418 光年。

望远镜座 ζ：赤经 18h 29m，赤纬 −49.1°，亮度为 4.1 等，是一颗黄巨星，距离我们 126 光年。

三角座

这是位于仙女座和白羊座之间的一个小而独特的星座，由 3 颗主要的恒星组成，形成一个细长的尖塔状。因此，古希腊人把它称为德尔托顿。它也被想

M33，三角座的旋涡星系，是本星系群的一员，也是离我们最近的星系之一，距离约为270万光年。（亚当·布洛克/NOAO/AURA/NSF）

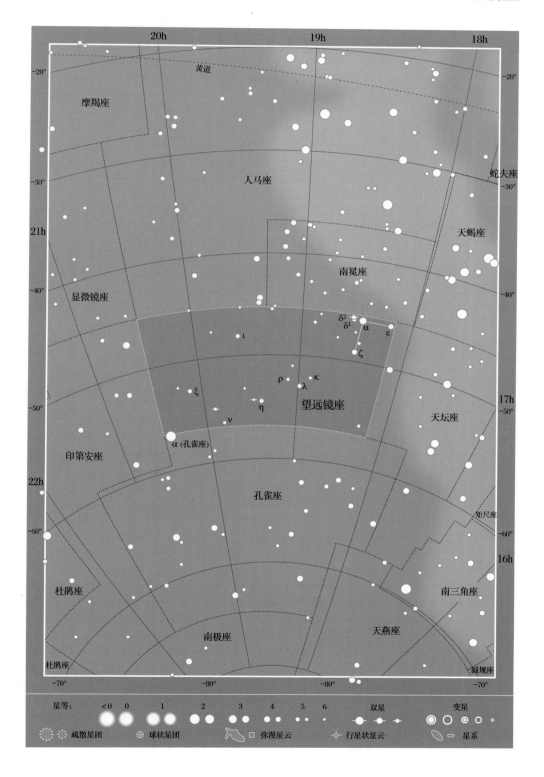

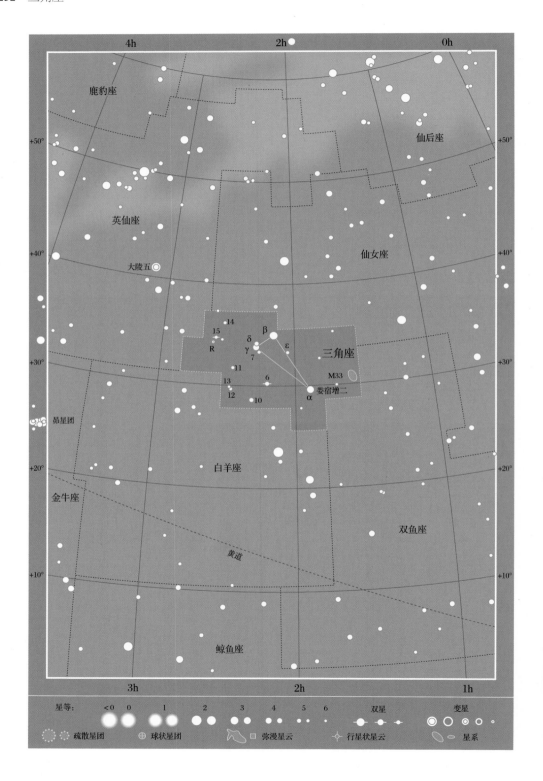

星等: <0 0 1 2 3 4 5 6 双星 变星

疏散星团 球状星团 弥漫星云 行星状星云 星系

象成尼罗河三角洲和西西里岛。它内部最重要的天体是旋涡星系 M33，它是我们本星系群的第三大成员，仅次于仙女星系和我们自己的银河系。

三角座 α（Mothallah，娄宿增二，英文名称意为"三角形"）：赤经 1h 53m，赤纬 +29.6°，亮度为 3.4 等，是一颗黄白色星，距离我们 63 光年。

三角座 β：赤经 2h 10m，赤纬 +35.0°，亮度为 3.0 等。它是这个星座中最亮的恒星，是一颗白巨星，距离我们 127 光年。

三角座 γ：赤经 2h 17m，赤纬 +33.8°，亮度为 4.0 等，是一颗蓝白色主序星，距离我们 112 光年。

三角座 6：赤经 2h 12m，赤纬 +30.3°，距离我们 291 光年，是一颗 5.2 等的黄巨星，用小型望远镜可以看到它

有一颗 6.6 等的近距离伴星。

三角座 R：赤经 2h 37m，赤纬 +34.3°，是刍藁增二型红巨星变星，亮度在 5.4 等和 12.6 等之间变化，光变周期为 9 个月左右。它距离我们 1000 光年。

M33（NGC 598）：赤经 1h 34m，赤纬 +30.7°，是一个距离我们 270 万光年的旋涡星系，又称为风车星系。它几乎正面朝向我们，覆盖的天空面积比满月还要大。尽管既大又近，M33 在视觉上却并不明亮，因为它的光线散布的区域太大。最好在黑夜用双筒望远镜或小型望远镜在低倍率下观测 M33，这样可以增强对比度。与大多数星系不同，它没有明显的星系核。若要看到旋臂，则需要相当大口径的业余天文望远镜。

南三角座

这是在半人马座 α 附近的一个小星座，但分辨起来并不难。南三角座是在 16 世纪由荷兰航海家彼得·迪克佐恩·凯泽和弗雷德里克·德·豪特曼引入的。法国天文学家尼古拉·路易·德·拉卡伊将其形象化为测量员用的带有准线

弗兰斯蒂德星号

除了天猫座 α 外，天猫座中所有主要的恒星都不是用希腊字母编号的，而是采用所谓的弗兰斯蒂德星号。这些数字来自包含 2935 颗恒星的星表——《大不列颠历史星空》，由英国第一位皇家天文学家约翰·弗兰斯蒂德（1646—1719）编纂，在他去世后的 1725 年出版。在该星表中，

弗兰斯蒂德按赤经列出了每个星座中的恒星。现在称为弗兰斯蒂德星号的数字，实际上并不是弗兰斯蒂德自己分配的，而是后来由法国天文学家约瑟夫·杰罗姆·德·拉朗德（1732—1807）添加的。在 1783 年出版的法国版星表中，拉朗德按照弗兰斯蒂德列出的恒星的顺序，为每个星座中的恒星插入了一个序列号。

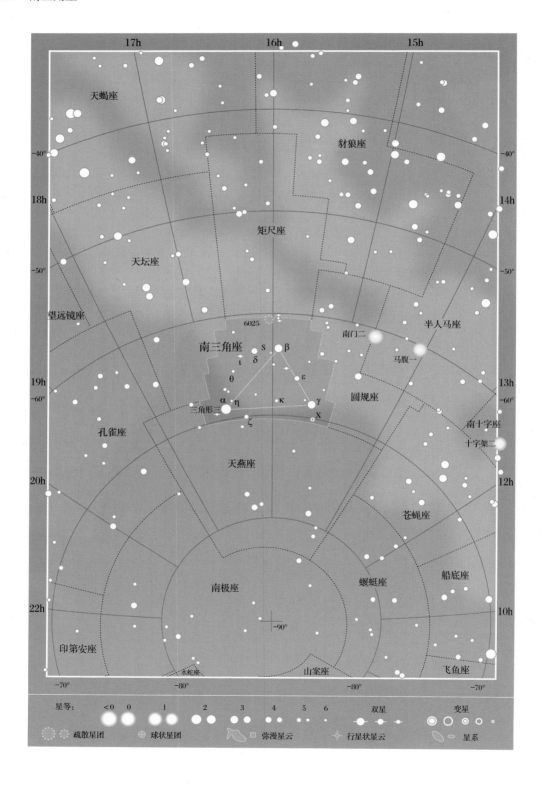

的水平仪，并将自己引入的两个星座——圆规座和矩尺座放在了它的旁边。虽然这个星座本身比较小，但它的 3 颗主要的恒星比北方天空的三角座要亮。

南三角座 α（三角形三）：赤经 16h 49m，赤纬 −69.0°，亮度为 1.9 等，是一颗橙巨星，距离我们 391 光年。

南三角座 β：赤经 15h 55m，赤纬 −63.4°，亮度为 2.8 等，是一颗白色星，距离我们 40 光年。

南三角座 γ：赤经 15h 19m，赤纬 −68.7°，亮度为 2.9 等，是一颗蓝白色星，距离我们 184 光年。

NGC 6025：赤经 16h 04m，赤纬 −60.5°。它是一个可以用双筒望远镜观测的星团，形状扁长，包含大约 60 颗亮度不超过 7 等的恒星，距离我们 2500 光年。

杜鹃座

杜鹃座是位于南天极附近的一个星座，由荷兰航海家彼得·迪克佐恩·凯泽和弗雷德里克·德·豪特曼在 16 世纪晚期引入。它代表的是南美洲的一种鸟类——犀鸟，长着大大的喙。它内部最引人注目的天体是小麦哲伦云（实际上是与银河系邻近的一个小星系）和球状星团杜鹃座 47。

杜鹃座 α：赤经 22h 19m，赤纬 −60.3°，亮度为 2.8 等，是一颗橙巨星，距离我们 200 光年。

杜鹃座 β：赤经 0h 32m，赤纬 −63.0°，是一颗聚星。用双筒望远镜或小型望远镜观看时，可以发现它由两颗几乎相同的蓝白色恒星 β¹、β² 组成，其亮度分别是 4.3 等和 4.5 等。β² 本身又是一对密近双星，公转周期为 45 年，需要用大口径的望远镜在它们相距最远时才能进行分辨，最佳观测时间是 2039—2040 年。β² 附近还有一颗 5.1 等的白色星，在过去的星图和星表中，它被标记为 β³。这 3 颗恒星在天空中有相同的自行运动，但它们到我们的距离分别是 135 光年、168 光年和 149 光年，这表明它们并没有真正的关系。

杜鹃座 γ：赤经 23h 17m，赤纬 −58.2°，亮度为 4.0 等，是一颗白色主序星，距离我们 75 光年。

杜鹃座 δ：赤经 22h 27m，赤纬 −65.0°，亮度为 4.5 等，是一颗蓝白色星，距离我们 251 光年。它有一颗 9 等伴星，用小型望远镜可以看到。

杜鹃座 κ：赤经 1h 16m，赤纬 −68.9°，距离我们 68 光年，是一对双星，其亮度分别为 4.9 等和 7.6 等，在小型望远镜中可见。这对双星在天空中与一颗 7.3 等星一同运动，而这颗星本身又是一对轨道周期为 85 年的密近双星，刚好可以用 100 毫米口径的望远镜分辨。

杜鹃座 47（NGC 104）：赤经 0h 24m，赤纬 −72.1°，是一个明亮的球状星团，与满月的目视大小相同，裸眼看上去它是一颗模糊的 4 等星。在早期的星图中，它实际上被归类为恒星，并被赋予了恒星的编号。在球状星团中，它的亮度位居第二，只有半人马座 ω 在大小和亮度上超过了它。用 100 毫米口径的望远镜可以分辨杜鹃座 47 中的恒

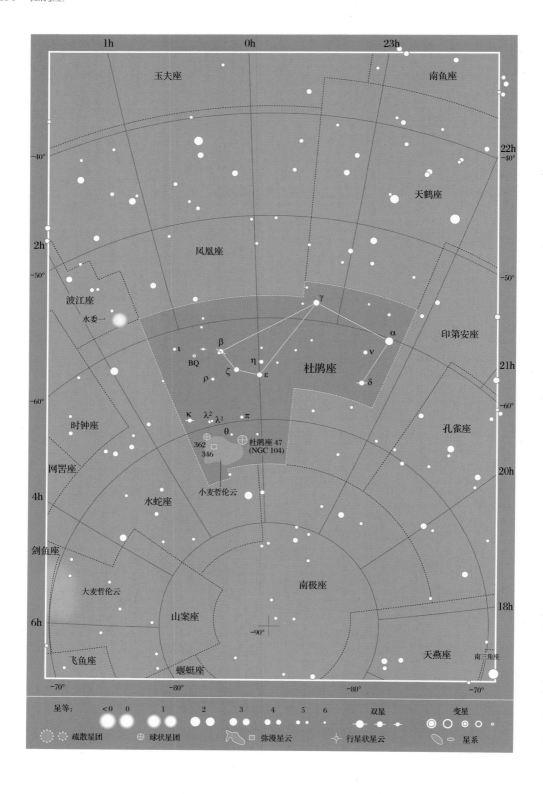

星，甚至用双筒望远镜也能看到其恒星密集的核心。它的直径约为 200 光年，距离我们 1.5 万光年，是离我们最近的球状星团之一。

NGC 362：赤经 1h 03m，赤纬 −70.8°，是一个 6 等球状星团，用双筒望远镜在小麦哲伦云的北部边缘可以看到它，但二者并不相关。NGC 362 实际上距离我们 2.8 万光年，位于银河系中。

小麦哲伦云（SMC）：赤经 0h 53m，赤纬 −73°，是银河系的一个卫星星系。它的"哥哥"——大麦哲伦云位于剑鱼座中。小麦哲伦云裸眼看起来呈模糊的蝌蚪形状，目视大小为 3.5°。用双筒望远镜和小型望远镜可以分辨出其中的星团和星云，尽管它们比大麦哲伦云中的那些要小，也不那么亮。小麦哲伦

杜鹃座47（NGC 104）是离我们最近、最亮的球状星团之一，是用小型望远镜观测的理想目标。（ESO）

云距离我们约 20 万光年，在我们的视线方向上被拉扁了（见第 167 页上的照片）。

大熊座

它是天空中第三大的星座，最明显的特征是由 7 颗恒星组成的特殊形状，称为犁或北斗，在所有星座中是最著名的。至于为什么包括北美印第安人在内的如此多的人把这群恒星想象成熊的样子在今天仍然是一个谜。在欧洲，这个星座的图案被视为马车或战车。还有一些人，尤其是阿拉伯人，认为北斗七星不是熊，而是棺材的形状。在希腊神话中，北斗七星代表卡利斯托，她因与宙斯私通而被变成熊。

北斗七星的勺口上的两颗星（天枢和天璇）被称为指针，因为它们指明了北极星的方向，北极星就在邻近的小熊座中。而北斗七星弯曲的柄则指向

了天空中明亮的大角星。7.5 等红矮星拉朗德 21185（赤经 11h 03.3m，赤纬 +35°58'）是离太阳第四近的邻居，有 8.3 光年那么远。它的名称来自 18 世纪法国天文学家约瑟夫·拉朗德所制星表中的标号。

除了摇光和天枢，北斗和该天区的其他一些恒星一起在天空中运行，这些恒星共同组成了所谓的大熊移动星团。大熊座中还包含许多星系，但用业余天文望远镜只能看到其中的几个。

大熊座 α（天枢）：赤经 11h 04m，赤纬 +61.8°，亮度为 1.8 等，是一颗橙巨星，距离我们 123 光年。它有一颗近距离的伴星。通常这两颗星靠得

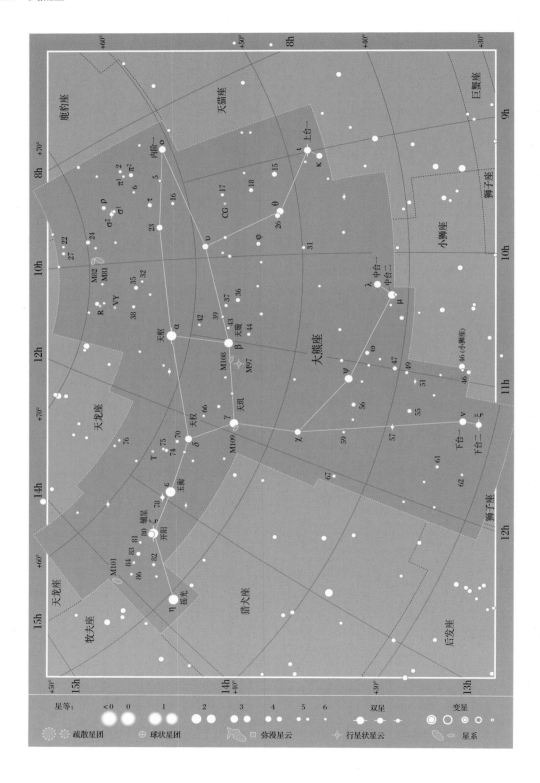

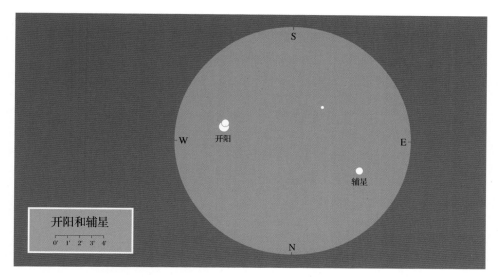

开阳和辅星是北斗七星中著名的双星，完全可以用裸眼或双筒望远镜进行观测，但通过小型望远镜观测时会发现它们形成了一个吸引人的星群。（维尔·蒂里翁）

很近，用业余天文望远镜无法将它们区分开。在它们相距最远的时候（2021—2025 年），可以用 250 毫米口径的望远镜将其分辨出来。

大熊座 β（天璇）：赤经 11h 02m，赤纬 +56.4°，亮度为 2.4 等，是一颗蓝白色星，距离我们 80 光年。

大熊座 γ（天玑）：赤经 11h 54m，赤纬 +53.7°，亮度为 2.4 等，是一颗蓝白色星，距离我们 83 光年。

大熊座 δ（天权）：赤经 12h 15m，赤纬 +57.0°，亮度为 3.3 等，是一颗蓝白色星，距离我们 81 光年。

大熊座 ε（玉衡）：赤经 12h 54m，赤纬 +56.0°，亮度为 1.8 等，是一颗蓝白色星，光谱奇特，距离我们 83 光年。

大熊座 ζ（开阳）：赤经 13h 24m，赤纬 +54.9°，亮度为 2.2 等，是一颗著名的聚星。以良好的视力或双筒望远镜观测，可以看到它有一颗 4.0 等伴星——辅星（大熊座 80）。开阳距离

我们 86 光年，辅星距离我们 82 光年，它们二者之间的距离太远，不是真正的双星。然而，通过小型望远镜可以看到开阳有另一颗密近的 3.9 等伴星，它们二者毫无疑问是相关的（见上方的目镜视图）。它的伴星是由意大利天文学家乔瓦尼·里乔利在 1650 年首次发现的，它是第一对通过望远镜发现的双星。开阳本身也是美国天文学家爱德华·C. 皮克林在 1889 年发现的第一颗光谱双星。就像辅星一样，开阳的伴星也是一颗光谱双星，这使它们成为一个高度复杂的星群。

大熊座 η（摇光）：赤经 13h 48m，赤纬 +49.3°，亮度为 1.9 等，是一颗蓝白色主序星，距离我们 104 光年。

大熊座 ξ（下台二）：赤经 11h 18m，赤纬 +31.5°，距离我们 29 光年，是第一对计算出轨道的双星。它的两颗黄色组成星（也都是光谱双星）的亮度分别是 4.3 等和 4.8 等，以 60 年为周期相互绕转。2020—2035 年，它们可以被小型

望远镜分辨出来，轨道图见第 290 页。

M81（NGC 3031）：赤经 9h 56m，赤纬 +69.1°，是一个漂亮的 7 等旋涡星系，也是天空中最亮的星系之一，用双筒望远镜就能看到。用小型望远镜来看，它是一个柔和的圆形光斑，在靠近中心的地方明显更亮。由于它向我们倾斜了一定的角度，因此看起来有点像椭圆。它的直径有月球的半径那么大。在望远镜的同一视野中，在它北面 0.5°的地方是 M82（参见下面的单独条目）。这两个星系距离我们大约 1200 万光年。M81 的照片见第 296 页。

M82（NGC 3034）：赤经 9h 56m，赤纬 +69.7°，是与 M81 邻近的一个星系，亮度是后者的四分之一，大小也不到它的一半，但用双筒望远镜仍然可以看到。在小型望远镜中，它看起来是模糊的长条形。由于其表面的亮度更高，因此它实际上看起来比 M81 更亮。专业天文学家经详细研究发现，M82 是一个边缘朝向我们的旋涡星系，有尘埃云遮挡。由于与 M81 的相互作用，它正在经历恒星形成的爆发。

M97（NGC 3587）：赤经 11h 15m，赤纬 +55.0°，是一个很难找到的 11 等行星状星云，又称夜枭星云，因为它有两个像眼睛一样的暗斑。当用大型望远镜观测时，它看上去就像猫头鹰的脸。在中等大小的望远镜中，它不过是一个苍白的圆盘，目视大小是木星的 3 倍多，而且需要口径至少为 75 毫米的望远镜才能看到。M97 距离我们 1300 光年。

M101（NGC 5457）：赤经 14h 03m，赤纬 +54.3°，是用双筒望远镜就可以看到的旋涡星系。它看起来像一个苍白的圆斑，大约有满月的一半大小。由于尺寸大，它的亮度并没有想象中的 8 等星那么亮。长时间曝光的照片显示，它是一个拥有长旋臂的正面朝向我们的

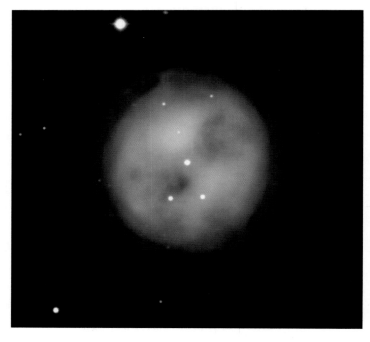

M97，又名夜枭星云，它得名于亮度为 16 等的中央恒星两侧的两个暗斑，它们就像猫头鹰的眼睛一样。这颗中央恒星是一颗白矮星，当初喷出的气体形成了星云，而恒星的能量现在使星云发光。至少需要 100 毫米口径的望远镜才能看到它的"眼睛"。以目视的感觉来看，星云呈灰色，而不是绿色。（NOAO/AURA/NSF）

M101是一个正面朝向我们的旋涡星系，在照片中呈现出不对称的形状。用业余天文望远镜只能看到它的核心以及旋臂的一点痕迹。（乔治·雅各比、布鲁斯·博汉纳、马克·汉纳/NOAO/AURA/NSF）

星系，但在小型望远镜中这些旋臂并不明显，只能看到它椭圆形的中心区域。

M101 距离我们 2200 万光年。

小熊座

据说这个星座是在公元前 600 年由古希腊天文学家泰勒斯引入的。小熊座目前包含了北天极，这一点就位于与亮度为 2 等的北极星（小熊座 α）相距 1°远的地方。由于岁差的影响，在公元 2100 年左右，北天极将最接近北极星，二者相隔不到 0.5°。此后，北天极将向仙王座移动，在公元 2234 年越过星座的边界（见第 263 页图）。

小熊座又叫"小北斗"，是因为它的 7 颗最亮的恒星勾勒出的形状就像缩小版的北斗。"小北斗"勺头上的 β星和 γ 星称为北天极的守护人。

小熊座 α（北极星）：赤经 2h

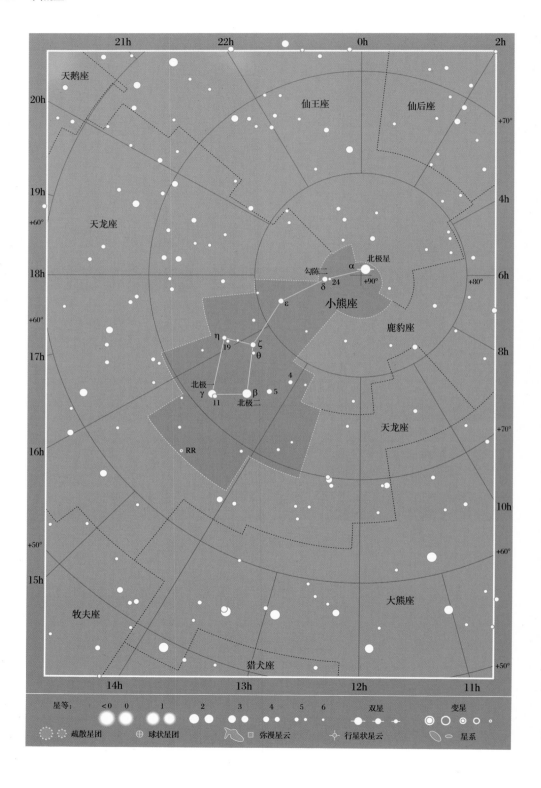

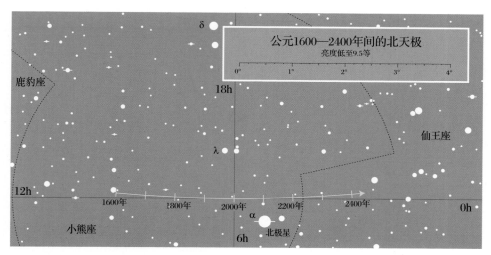

北天极在800年间由于岁差的影响而产生的移动。（维尔·蒂里翁）

32m，赤纬 +89.3°，亮度为 2.0 等，是一颗黄白色超巨星，距离我们 433 光年。它是一颗造父变星，并且是离我们最近的造父变星。它的脉动在 20 世纪逐渐减弱，在 20 世纪 90 年代稳定在百分之几的幅度。它也是一颗双星，用小型望远镜就能看到它的 8.2 等伴星。通过双筒望远镜和小型望远镜可以看到，与它相距 0.75° 处有亮度为 8 等和 11 等的两颗星，它们共同组成了一个像项链的环，而北极星就是这串项链上的珍珠。

小熊座 β（北极二）：赤经 14h 51m，赤纬 +74.1°，亮度为 2.1 等，是一颗橙巨星，距离我们 131 光年。

小熊座 γ（北极一）：赤经 15h 21m，赤纬 +71.8°，亮度为 3.0 等，是

一颗蓝巨星，距离我们 487 光年。用裸眼或双筒望远镜可以看到在它的附近有一颗橙巨星——小熊座 11，其亮度为 5.0 等。不过二者并不相关，后者距离我们 398 光年。

小熊座 ε：赤经 16h 46m，赤纬 +82.0°，亮度为 4.2 等，距离我们 304 光年。它是一颗黄巨星，也是一颗食双星，在 39.5 天内亮度变化小于 0.1 等，裸眼无法分辨。

小熊座 η：赤经 16h 18m，赤纬 +75.8°，亮度为 5.0 等，是一颗白色主序星，距离我们 97 光年。它有一颗宽距的 5.5 等伴星——小熊座 19，与它是不相关的，距离我们约 500 光年。

船帆座

船帆座以前是古代南船座的一部分，后者源自伊阿宋和阿尔戈诸英雄所乘坐的船。船帆座（连同船底座、罗盘座和船尾座）由法国天文学家尼古拉·路易·德·拉卡伊引入，作为一个单独的星座。船帆座代表船帆，船底座代表龙

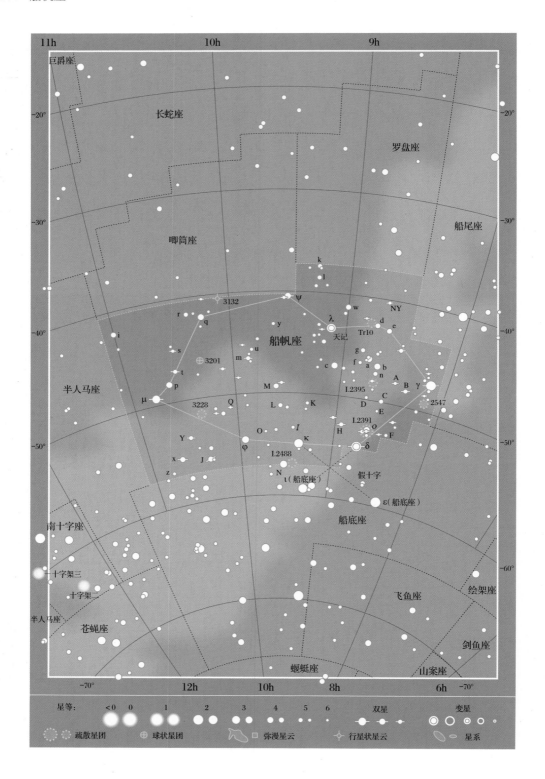

星等: <0 0 1 2 3 4 5 6 双星 变星

疏散星团 球状星团 弥漫星云 行星状星云 星系

骨或船体，而船尾座则代表船尾。拉卡伊把希腊字母统一分配给这三部分的恒星，好像它们仍然是整条船的一部分。他把 α 和 β 分给了船底座中的两颗亮星，所以船帆座的星名开始于 γ。希腊字母用完后，拉卡伊用罗马字母给剩下的主要恒星命名。

船帆座 κ 和 δ 与船底座 ι 和 ε 形成一个称为"假十字"的形状。有时人们会误认为它是真正的南十字座。船帆座在银河中，在长时间曝光的照片中可以看到大量模糊的星云。其中有以澳大利亚天文学家科林·S.古姆的名字命名的古姆星云，他在 1952 年开始对它进行观测，人们认为它是很久以前发生的一颗或多颗超新星爆发后的遗迹。在这个星座里，另一颗超新星的遗迹是船帆座脉冲星，它每秒闪烁 11 次，是为数不多的可以通过光学和射电波同时看到闪烁现象的脉冲星之一。

船帆座 γ：赤经 8h 10m，赤纬 −47.3°，距离我们大约 1100 光年，是一颗有趣的聚星。用双筒望远镜或小型望远镜可以把它分成两颗蓝白色星，亮度分别是 1.8 等和 4.2 等。其中较亮的是已知最亮的沃尔夫 – 拉叶型恒星，这是一种罕见的恒星，其表面温度非常高，似乎在喷发气体。它们还有两颗宽距的伴星，亮度分别是 7 等和 9 等，距离未知。

船帆座 δ：赤经 8h 45m，赤纬 −54.7°，亮度为 2.0 等，是一颗蓝白色主序星，距离我们 81 光年。它有一颗 5.6 等伴星，轨道周期为 147 年。它们之间的距离目前正在扩大，到 2035 年应该能达到 150 毫米口径的望远镜可以分辨的范围。这颗较亮的恒星是一颗食双星，

每 45 天中有几小时亮度下降到 2.4 等。

船帆座 κ：赤经 9h 22m，赤纬 −55.0°，亮度为 2.5 等，是一颗蓝白色星，距离我们 572 光年。

船帆座 λ：赤经 9h 08m，赤纬 −43.4°，亮度为 2.2 等，是一颗橙超巨星和不规则变星（亮度变化幅度小于 0.2 等），距离我们 545 光年。

船帆座 H：赤经 8h 56m，赤纬 −52.7°，距离我们 353 光年，是一对标准的双星，其亮度分别是 4.7 等和 7.7 等，用小型望远镜很难观测到，因为它们的亮度有巨大的反差。

NGC 2547：赤经 8h 11m，赤纬 −49.3°，距离我们 1500 光年，是一个由大约 80 颗亮度不超过 6.5 等的恒星组成的疏散星团，裸眼可见，用双筒望远镜观看时效果最佳。

NGC 3132：赤经 10h 08m，赤纬 −40.5°，是一个又大又亮的行星状星云，亮度为 8 等，称为双环星云。用小型望远镜观测，它看起来比木星还要大，中央有一颗 10 等星，距离我们 2600 光年。

NGC 3228：赤经 10h 22m，赤纬 −51.7°，它是一个由大约 15 颗暗星组成的疏散星团，距离我们 1800 光年，可以用双筒望远镜和小型望远镜进行观测。

IC 2391：赤经 8h 40m，赤纬 −53.1°，是一个裸眼可见的大星团，距离我们 570 光年。50 颗恒星分散在亮度为 3.6 等的蓝白色船帆座 o 周围，这颗恒星是仙王座 β 型小幅变星。距离它大约 1° 的地方是星团 NGC 2669，适合用双筒望远镜进行观测。

IC 2395：赤经 8h 41m，赤纬 −48.2°，是一个包含 40 颗恒星的星团，距离我们 2600 光年，适合用双筒望远

镜进行观测。5.5 等的船帆座 HX 似乎是其中最亮的成员，也可能是前景星。

在它南边 0.5° 处有一个 8 等的疏散星团 NGC 2670，距离我们 3900 光年。

室女座

室女座是天空中的第二大星座（仅次于长蛇座），也是黄道带中最大的星座。室女座通常被认为是正义女神狄克，她那象征正义的天平由邻近的天秤座代表。但另一个传说认为她是谷物女神德墨忒尔，在天空中她被描绘成拿着一穗小麦（角宿一）的形象。每年太阳从 9 月中旬到 11 月初穿过这个星座，因此在每年 9 月秋分的时候，太阳从北半天球进入天赤道以南，就在室女座中。

室女座包含离我们最近的主要星系团，该星系团延伸到邻近的后发座，这个区域有时被称为"星系王国"。室女星系团距离我们 5500 万光年，大约有 3000 个成员，其中几十个可以在 150 毫米左右口径的望远镜中看到，尽管它们看起来就是一些模糊的斑块。下面将提到一些最亮的成员。室女座的另一个著名天体与室女星系团无关，它就是最明亮的类星体 3C 273（赤经 12h 29.1m，赤纬 +2°03'）。它是一颗 13 等蓝星，据估计距离我们 30 亿光年。

室女座 α（Spica，角宿一，英文名称意为"麦穗"）：赤经 13h 25m，赤纬 −11.2°，亮度为 1.0 等，是一颗蓝白色巨星或亚巨星，距离我们 250 光年。它是一对光谱双星，受到伴星周期性的影响。它以 4 天为周期，亮度略有变化，变化幅度不超过 0.1 等。

室女座 β（太微右垣一）：赤经 11h 51m，赤纬 +1.8°，亮度为 3.6 等，是一颗黄白色主序星，距离我们 36 光年。

室女座 γ（太微左垣二）：赤经 12h 42m，赤纬 −1.4°，距离我们 38 光年，是一对著名的双星，亮度为 2.7 等。但用小型望远镜可以看到它包含一对白色星，其亮度分别是 3.4 等和 3.5 等。它们每 169 年绕彼此公转一周，二者距离最近的一次是在 2005 年，当时需要用 250 毫米口径的望远镜才能将它们分辨出来。现在，这两颗恒星正在迅速地分离，可以用小型望远镜进行分辨，在 21 世纪余下的时间里都将如此。参见第 290 页的轨道图。

室女座 δ：赤经 12h 56m，赤纬 +3.4°，亮度为 3.4 等，是一颗红巨星，距离我们 198 光年。

室女座 ε（太微左垣四）：赤经 13h 02m，赤纬 +11.0°，亮度为 2.8 等，是一颗黄巨星，距离我们 110 光年。

室女座 θ：赤经 13h 10m，赤纬 −5.5°，亮度为 4.4 等，是一颗蓝白色星，距离我们 316 光年，有一颗不相关的 9 等伴星。用小型望远镜就能看到它们。

室女座 τ：赤经 14h 02m，赤纬 +1.5°，亮度为 4.3 等，是一颗蓝白色星，距离我们 218 光年。它有一颗 9.4 等的伴星，二者是适合用小型望远镜观测的宽距光学双星。

室女座 φ：赤经 14h 28m，赤纬 −2.2°，距离我们 118 光年，是一颗黄亚巨星，亮度为 4.8 等。它有一颗 10

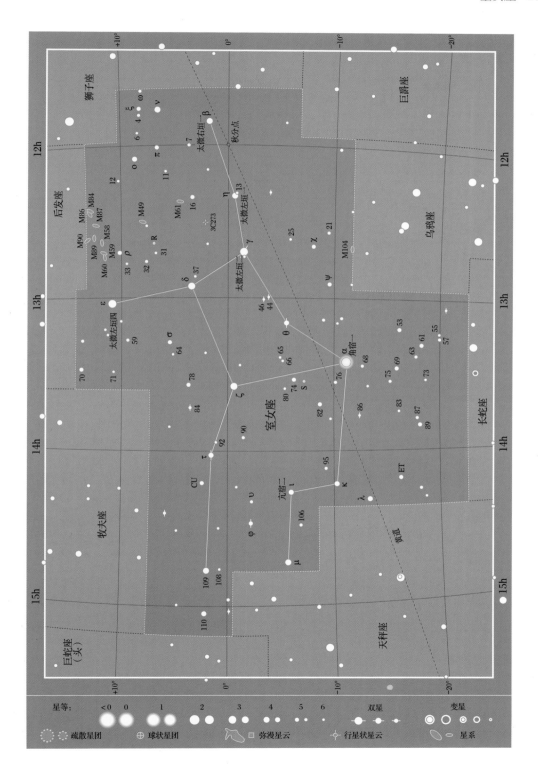

星等：　<0　0　1　2　3　4　5　6　　双星　　　变星

疏散星团　　⊕ 球状星团　　　弥漫星云　　行星状星云　　星系

等伴星，由于二者亮度反差太大，用小型望远镜很难看到。

M49（NGC 4472）：赤经 12h 30m，赤纬 +8.0°，是一个 8 等椭圆星系。在 75 毫米口径望远镜的低倍率下，它是一个圆形光斑。M49 是室女星系团中最大最亮的成员之一。

M58（NGC 4579）：赤经 12h 38m，赤纬 +11.8°，是一个 10 等棒旋星系，具有明亮的内核。

M59（NGC 4621）：赤经 12h 42m，赤纬 +11.6°，是一个 10 等椭圆星系。它有一个类似恒星的核，位于从 M60 到 M58 的四分之一处。

M60（NGC 4649）：赤经 12h 44m，赤纬 +11.5°，是一个 9 等椭圆星系，是室女星系团中最亮的成员之一，可用 75 毫米口径的望远镜观测到。

M84（NGC 4374）和 M86（NGC 4406）：M84，赤经 12h 25m，赤纬 +12.9°；M86，赤经 12h 26m，赤纬 +12.9°。它们是一对 9 等椭圆星系，出现在望远镜的同一视野中，看上去就像有明显亮核心的模糊斑块。M86 略大，明显拉长，而 M84 则呈圆形。

M87（NGC 4486）：赤经 12h 31m，赤纬 +12.4°，是一个著名的巨型椭圆星系，称为室女座 A。它也是一个强大的射电源，同时还是一个 X 射线源。通过大型望远镜拍摄的照片显示，有一股物质正从 M87 中喷射而出（见右上图）。

M87 是室女星系团中的一个巨大的椭圆星系，它的核心处有一股气体射流。（亚当·布洛克/NOAO /AURA/ NSF）

在业余天文望远镜中，M87 是一个亮度为 9 等的圆斑，有明显的星系核。

M90（NGC 4569）：赤经 12h 37m，赤纬 +13.2°，是一个 9 等旋涡星系，以一定角度朝向我们。这使它看起来有点被拉长了。

M104（NGC 4594）：赤经 12h 40m，赤纬 −11.6°，是一个 8 等旋涡星系。由于边缘朝向我们，它看起来扁长。它被称为草帽星系，因为在长时间曝光的照片中它很像一顶墨西哥帽（见第 131 页）。然而，它鼓胀的核心被紧紧缠绕的旋臂环绕着，它的外观不禁让人联想到土星。用 150 毫米口径的望远镜可以看到其边缘处有一条黑暗的尘埃带，在较亮的边缘和中心处形成了剪影。草帽星系不在室女星系团中，它与我们的距离比较近，大约为 3000 万光年。

飞鱼座

这个星座是 16 世纪末由荷兰航海家彼得·迪克佐恩·凯泽和弗雷德里克·德·豪特曼引入的。它代表了在热带水域中发现的一种能跃出水面并靠翅

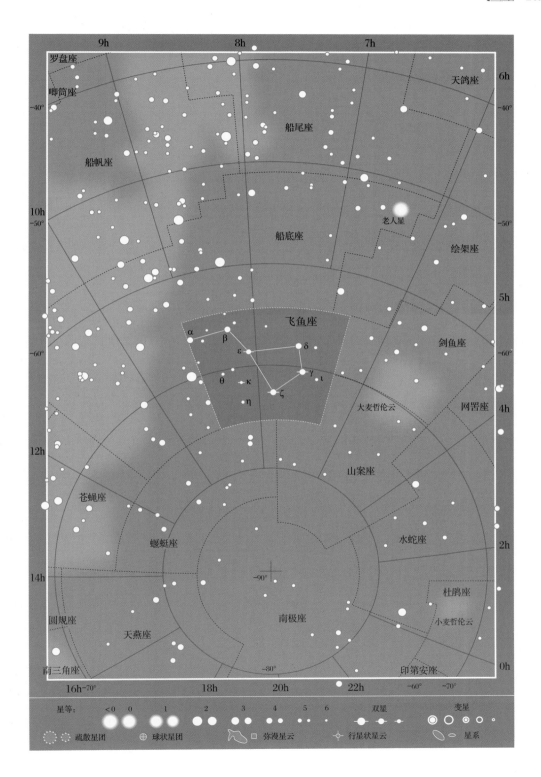

罗盘座
唧筒座
-40°
9h
8h
7h
6h
天鸽座
船尾座
船帆座
10h
-50°
船底座
老人星
绘架座
5h
-60°
飞鱼座
α
β
δ
ε
剑鱼座
θ
κ
γ ι
-60°
η
ζ
大麦哲伦云
网罟座
4h
12h
山案座
苍蝇座
蝘蜓座
水蛇座
2h
14h
杜鹃座
圆规座
天燕座
-80°
小麦哲伦云
南极座
南三角座
印第安座
16h -70°
18h
20h
22h
-60° -70°
0h

星等: <0   0   1   2   3   4   5   6   双星   变星

疏散星团   球状星团   弥漫星云   行星状星云   星系

膀在空中滑翔的鱼。它内部的恒星没有一颗是特别亮的，但有一对适合用小型望远镜观测的双星。

飞鱼座 α：赤经 9h 02m，赤纬 −66.4°，亮度为 4.0 等，是一颗蓝白色恒星，距离我们 125 光年。

飞鱼座 β：赤经 8h 26m，赤纬 −66.1°，亮度为 3.8 等，是一颗橙巨星，距离我们 108 光年。

飞鱼座 γ：赤经 7h 09m，赤纬 −70.5°，距离我们 140 光年，是一对双星。它的两个成员分别为金色和奶油色，亮度分别是 3.8 等和 5.6 等，在小型望远镜里显得很漂亮。

飞鱼座 δ：赤经 7h 17m，赤纬 −68.0°，亮度为 4.0 等，是一颗黄白色超巨星，距离我们 738 光年。

飞鱼座 ε：赤经 8h 08m，赤纬 −68.6°，距离我们 562 光年，是一颗亮度为 4.4 等的蓝白色巨星或亚巨星。用小型望远镜可以看到它有一颗 7.3 等的伴星。

狐狸座

这是位于天鹅座顶部的一个暗淡的星座，由波兰天文学家约翰内斯·赫维留于 1687 年引入，他称它为 Vulpecula cum Anser，即"狐狸和鹅"。后来，这只鹅飞跑了，只剩下了狐狸。

第一颗脉冲星是 1967 年由英国剑桥的射电天文学家在狐狸座中发现的。它大约位于著名的布罗基星团以北 1.5° 的地方。

狐狸座 α：赤经 19h 29m，赤纬

布罗基星团的恒星形成了一个衣架的形状。（维尔·蒂里翁）

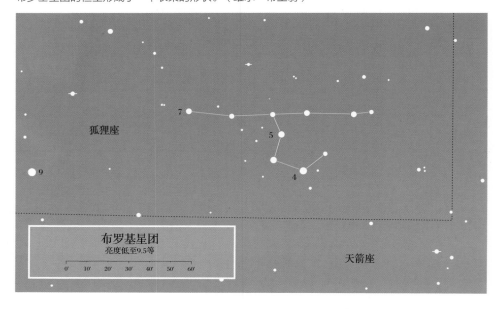

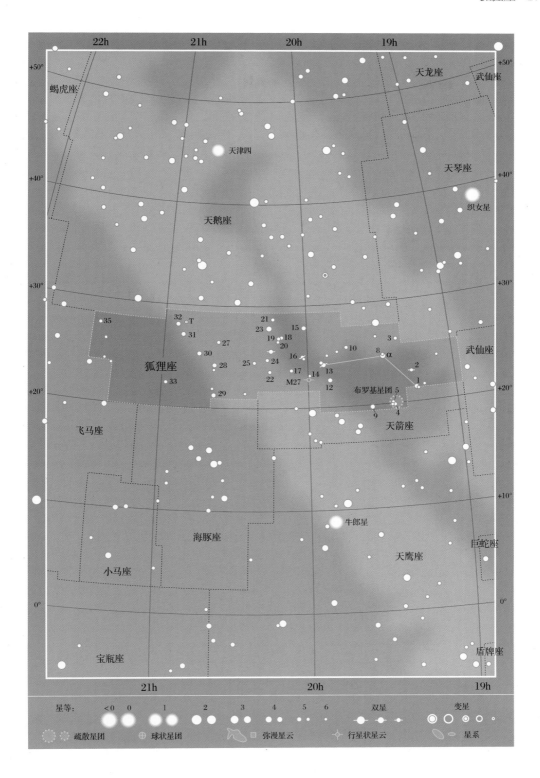

星等   <0   0   1   2   3   4   5   6   双星   变星

疏散星团   球状星团   弥漫星云   行星状星云   星系

+24.7°，亮度为 4.4 等，是一颗红巨星，距离我们 297 光年。用双筒望远镜观测，可以发现它附近有一颗 5.8 等的橙巨星，但与之无关。它距离我们 514 光年。

狐狸座 T：赤经 20h 51m，赤纬 +28.3°，是一颗黄白色超巨星，也是一颗造父变星，亮度在 5.4 等和 6.1 等之间变化，光变周期为 4.4 天。它距离我们约 1700 光年。

M27（NGC 6853）：赤经 20h 00m，赤纬 +22.7°，又称哑铃星云，是一个巨大而明亮的行星状星云。据说 M27 是此类星云中最亮的一个，用双筒望远镜可以看到它是一块薄雾状的椭圆形光斑。通过天文望远镜可以更好地看到它的哑铃形状，同时也能发现它呈绿色。M27 的亮度是 8 等，直径约为满月直径的四分之一。M27 距离我们 1400 光年（照片见第 226 页）。

布罗基星团（Collinder 399）：赤经 19h 25m，赤纬 +20.2°。通过双筒望远镜观测，它是位于人马座边缘的一个引人注目的星团，因其独特的形状而被称为衣架星团。可以看到由 6 颗恒星组成的一条直线延伸到月球直径的 3 倍之外。从这条线的中心又延伸出了由 4 颗恒星组成的一条曲线，成为衣架的钩子。这群星中最亮的那颗位于钩子上，是狐狸座 4，它是一颗 5.2 等的橙巨星。该星团中的恒星到我们的距离从 240 光年到 1400 光年不等。它们在天空中有不同的自行运动，所以这不是一个真正的星团，而是偶然的排列罢了。

第二部分　天体

在这张合成图像中，金牛座的昴星团映衬在冬季景观下。
（罗宾·斯卡格尔）

恒星和星云

恒星主要是由气体组成的球体，因其内部深处的核反应产生的能量而发光发热。它们的大小和亮度各不相同，小的有只有太阳直径百分之一大小的暗弱矮星，大的有比太阳大数百倍的耀眼的超巨星。它们的温度，低的表面温度在 3000 摄氏度左右（如冷红星），高的表面温度超过 2 万摄氏度（如极热的蓝白色星）。太阳是一颗中等温度的黄色恒星（表面温度为 5500 摄氏度），在所有方面都相当普通。

恒星诞生于星系的大量气体和尘埃云中。星际气体云简称星云，源于拉丁语中意为"云"的单词。星云在太空中不是均匀分布的，而是有一些密度更大的节点——未来恒星的种子。一旦节点的密度足够大，它就会在自身引力的作用下开始坍缩。

当它变得体积越来越小、密度越来越大时就会升温，直到这个缩小的团状物中心的温度和压力变得足够大，以至于开始发生核反应，这个气体团就变成了一颗真正的恒星。在数百万年的时间里，更常见的是在数十亿年的时间里，它自己产生热和光。

业余天文爱好者很容易观测到几个正在生成恒星的星云。其中最著名的就是猎户座大星云，它位于猎户座中猎户的宝剑上。裸眼可以看到这个星云发出朦胧的绿光，用双筒望远镜能更清楚地观察它，而在照片中它表现得更加复杂和丰富多彩（见下一页中的图片）。

嵌在猎户座大星云中的是猎户座 θ^1，它新近诞生于周围的气体。用小型望远镜可以将这颗恒星"分解"成 4 颗，它们形成一个称为猎户座四边形的星团。这 4 颗恒星中最亮的那颗释放的能量使周围的星云发光。

在这片明亮的星云后面，是一片更大的尚处于黑暗中的区域，此时恒星正在这里孕育。据估计，猎户座大星云中包含的物质足以产生数百颗恒星，这里是一个正在形成的星团。

猎户座大星云在我们的银河系中绝不是独一无二的，而在其他星系中也有许多类似的星云。其中一个例子是位于南天的剑鱼座中的狼蛛星云，它让猎户座大星云相形见绌。狼蛛星云是银河系附近的大麦哲伦云的一部分。

星团和星协

新近形成的一个著名的星团是昴星团，俗称七姐妹星团，位于金牛座中。该星团中至少有 5 颗成员星可以被正常人的视力分辨出来。用双筒望远镜和小型望远镜可以看到更多的成员星，估计整个星团大约有 100 颗恒星。其中最亮的和最年轻的恒星形成于 200 万年前，以天文学的标准来看，它们极其年轻。

昴星团属于一种疏散星团或银河星团。天文学家已知的此类星团大约有 1000 个，其中最著名的都在本书中列出。在金牛座中离昴星团不远处还有一个更大、更古老的疏散星团——毕星团，据估计它大约有 5 亿年的历史。由于比昴星团更古老，它的恒星有更多的时间移动。最终大多数疏散星团都会完全分

散开。太阳在 46 亿年前诞生时可能就是某个星团中的一员。

比疏散星团大得多的是星协，它们是分布在数百光年范围内的年轻恒星的巨大集合。猎户座中的大多数明亮恒星与我们的距离相似，这并非巧合，因为它们都是一个星协的成员。这个星协以距我们 1500 光年的猎户座大星云为中心。距离我们大约 500 光年的是庞大的天蝎－半人马星协，它从天蝎座经豺狼座延伸到半人马座和南十字座，横跨至少 60° 的天空。心宿二是其中最亮的成员，其他知名的成员还有半人马座 β、南十字座 α 和 β，以及船底座的疏散星团 IC 2602。在银河系的旋臂中，巨大的气体云和尘埃形成星协。另一种完全不同类型的星团是球状星团，它包含了更古老的恒星，这些将在第 299 页进行描述。

恒星的大小和寿命

星云是由氢和氦按 10:1 的比例混合而成的，氢和氦是宇宙物质的主要成分，所以很自然地恒星也有相同的组成。恒星的能量来自将氢转化为氦的核反应。在这种反应中，4 个氢原子被挤压在一起形成一个氦原子。在氢弹中是同样的反应。

恒星的大小有一定的限制。如果气体团的物质质量小于太阳质量的 8%（相当于木星质量的 80 倍，木星是太阳系中质量最大的行星），就不能形成真正的恒星，因为在其内部永远不会达到极端核反应所必需的初始条件。

低于这个阈值时，这个气体团就会变成一颗褐矮星。这是一种不太像恒星的恒星，它在坍缩过程中释放能量，发出微弱的光芒。如果体积更小，不到太阳质量的 1% 时，这个气体团就会形成一颗行星。换句话说，如果气态木星的质量是目前质量的至少 10 倍，它就不是一颗行星而是褐矮星；当其质量超过当前值的 80 倍，它就是一个小太阳了。如果当初真是这样的话，我们的太阳就会有一颗暗弱的伴星。

在天平的另一端，最大恒星的质量大约是太阳质量的 100 倍。人们曾经认为，质量比这更大的恒星所产生的能量足以让自身解体，但可能并非在所有情况下都是如此。一些已知恒星的质量似乎大于 100 倍太阳质量，例如船底座 η。这颗恒星的亮度过去变化不定，似乎正处于不稳定的边缘。

恒星最重要的数据指标是它的质量，因为这个指标影响着它的一切：温度、亮度和寿命。质量最小的恒星温度也是最低的，这一点也不奇怪，它们被称为红矮星。典型的红矮星，如巴纳德星（离太阳第二近的恒星），其质量约为太阳质量的十分之一，发出暗红色光，表面温度约为 3000 摄氏度。尽管巴纳德星离我们只有 6 光年远，但它太暗了，裸眼很难看到。

令人惊讶的是，质量最小的恒星的

猎户座大星云 M42 幽灵般的发光旋涡，这里是恒星形成的摇篮。其中，位于核心的猎户座 θ¹ 是一个聚星，称为猎户座四边形（见小图）。它位于被称为鱼嘴的黑暗天体的顶端附近。M42 以北是 M43，一块较小的圆形斑，实际上是同一团气体云的一部分。再往北一点是更暗的 NGC 1977，最上部的是 NGC 1981 疏散星团。M42 南边是猎户座 ι 和宽距双星 Struve 747。（大图：莱恩·斯坦伯格和家人/亚当·布洛克/NOAO/AURA/NSF；小图：吉姆·拉达/亚当·布洛克/NOAO/AURA/NSF）

猎户座的马头星云，它是一片由温度较低的气体和尘埃组成的暗云，呈现在发光的氢形成的明亮背景下，它的剪影看起来就像星际中的象棋棋子。（奈杰尔·夏普/NOAO/AURA/NSF）

寿命最长。它们的核反应很慢，可以存活上万亿年，是太阳寿命的 100 倍。根据定义，质量为 1 太阳质量的恒星的表面温度为 5500 摄氏度，预计寿命约为 100 亿年。我们的太阳目前正处于青壮年时期。

从质量上看，像天狼星这样的恒星的质量是太阳质量的两倍，只能存活大约 10 亿年，是太阳寿命的十分之一。蓝白色的天狼星的表面温度是 11000 摄氏度。室女座中的角宿一的体积更大，质量约为太阳质量的 11 倍，表面温度约为 24000 摄氏度。这颗极热、极亮的

恒星的寿命不到太阳寿命的 1%。

恒星的温度和颜色

恒星的颜色是其温度的直接指示器。测量恒星温度最精确的方法是研究它所发出的光的光谱，这可以通过一种叫作分光镜的装置来实现。

根据温度的高低，恒星被划分为一系列所谓的光谱类型，如第 281 页中的表格所示。最蓝和最热的恒星被归类为 O 型和 B 型。O 型恒星非常罕见，目前

没有发现一颗离我们足够近以至于看起来非常明亮的 O 型恒星。B 型恒星则较常见，典型的例子是南十字座 α 和 β 以及半人马座 β 和角宿一，它们是实际上最蓝的恒星。

接下来是较冷的蓝白色 A 型恒星，包括天狼。然后是 F 型恒星，呈白色或黄白色，例如南河三。G 型恒星是黄色的，包括太阳、半人马座 α 和鲸鱼座 τ。更冷的是 K 型恒星，比如毕宿五，它的颜色是橙色。最冷的是 M 型恒星，例如最红的一等恒星心宿二和参宿四。红矮星也有 M 型光谱，但它们都没有亮到裸眼可见的程度。

每一光谱类型又被细分为从 0 到 9 共 10 个级别。在这个更精细的级别上，

太阳的排名是 G2。光谱类型所使用的看似随意的字母序列源自早先的分类方案，该方案曾被重新排列和进行了缩写，从而产生了现在的系统。恒星光谱类型的顺序可以通过如下口诀来记住：Oh，Be A Fine Girl，Kiss Me（"哦，做个好女孩，吻我"）。

鉴于人眼的个体差异以及观察恒星的不同条件，恒星的颜色必然是主观的。例如，天文学家定义织女星的光谱类型为 A0，是纯白色，然而大多数人的眼睛能明显看到它有蓝色光晕。北河二也是一样，是同样的 A 型。另外，尽管一些所谓的红巨星或超巨星显现出真正的红色，但更多的是深橙色或棕褐色。在这本书的图表中，那些最重要的恒星是根

巨蛇座的鹰状星云M16中温度较低的氢气柱和长达5光年的尘埃云。图片顶部炽热的年轻恒星发出的紫外线会使柱子表面蒸发出气体，在新恒星形成的地方留下了更密集的团块。在哈勃空间望远镜拍摄的这张照片中，氢气被描绘成绿色，而不是通常的粉红色。（NASA/ESA/哈勃遗产团队）

据它们的光谱类型来着色的，而不是根据它们在人眼中的实际呈现效果。

一对明显的矛盾还出现在太阳身上，它的光通常被认为是白色的，却被归类为黄色恒星。事实上，白天的太阳看起来之所以呈白色是因为它的光辉太强烈。如果我们能从远处看到它，那么它就会显得暗淡得多，看起来确实是淡黄色的。事实证明，一颗裸眼可见的真正呈白色的恒星的光谱类型在 F0 附近，例如比太阳表面温度高 2000 摄氏度的老人星。

这本书第一部分的星座讲解中所描述的恒星的颜色表明了恒星在观察者眼中的样子，尽管它们真正的颜色是微妙的，与你的视觉印象可能并不一致。的确，你会发现颜色的浓淡随着夜间大气条件的变化而变化。对于暗淡的恒星，

大麦哲伦云中的NGC 2070，因其蜘蛛状的外形而被称为狼蛛星云。它的中心是疏散星团R136，包含一些已知的温度最高和体积最大的恒星。这样的大质量恒星的寿命很短，很可能死于超新星爆发。（ESO）

恒星光谱类型			
类型	对应颜色	温度范围 / 摄氏度	例子
O	蓝色	40000~25000	船尾座 ζ（超巨星）
B	蓝色	25000~11000	角宿一（巨星） 轩辕十四（主序星） 参宿七（超巨星）
A	蓝白色	11000~7500	织女星（主序星） 天狼星（主序星） 天津四（超巨星）
F	白色	7500~6000	英仙座 α（超巨星） 南河三（亚巨星） 北极星（超巨星）
G	黄色	6000~5000	太阳（主序星） 半人马座 α（主序星） 鲸鱼座 τ（主序星） 五车二（巨星）
K	橙色	5000~3500	波江座 ε（主序星） 大角星（巨星） 毕宿五（巨星）
M	红色	3500~3000	巴纳德星（主序星） 心宿二（超巨星） 参宿四（超巨星）

如果不借助光学设备，就根本不可能看到任何颜色。

当根据恒星的光谱类型与实际光度（绝对星等）作图时，所有燃烧氢的处于稳定状态的中年恒星都处于被称为主序带的区域中。这种恒星光度与光谱类型的对比图称为赫茨普龙－罗素图（简称赫罗图），以丹麦天文学家埃希纳·赫茨普龙和美国人亨利·诺里斯·罗素的名字命名。

恒星在主序带上的位置是由其质量决定的，质量最小的恒星在底部，质量最大的恒星在顶部。因为太阳拥有中等质量，所以它就大概位于主序带中间的位置。

尽管大多数恒星都在主序带上，但在主序带的上方和右侧有一些特别明亮的恒星，而在左侧和下方还有一些暗淡的恒星。这些恒星都处于演化的晚期。

我们可以通过对太阳未来演化的预测来更好地了解它们的情况。

恒星的演化

如前文所述，太阳形成于大约 46 亿年前，现在的年龄大约是其预期寿命的一半。然而，再过几十亿年，它核心的氢就会被耗尽。为了寻找更多的氢作为燃料，太阳内部的核反应将开始向外扩展，于是释放出更多的能量。最终，当被燃烧的氢壳包围时，太阳核心的氦原子也会开始发生核反应，聚变融合在一起，形成碳原子。

随着所有这些额外的能量被释放出来，太阳将变得比今天更加明亮，并出现惊人的膨胀现象。但随着外层的膨胀，太阳会逐渐变冷、变红，变成一颗红巨星，

英仙座的双星团NGC 869和NGC 884，它们是银河系旋臂中的一对疏散星团。左边的NGC 884包含了几颗红巨星，这表明在这两个星团中，NGC 884的演化程度更高。（利兰·韦兰/弗林·哈斯/NOAO/AURA/NSF）

类似于明亮的毕宿五和大角星。太阳在膨胀到最大的时候，直径将达到它目前直径的至少 100 倍，把水星、金星甚至地球都吞没在它的外层之内。不用说，那时我们星球上的所有生命早就灭绝了。

在赫罗图上，随着太阳亮度的增加，它将向上移动，远离主序带，而随着光谱类型的变化，它还将向右移动。主序带顶端的恒星比太阳大得多，在演化的这一阶段，它们变得巨大和明亮，以至于被称为超巨星。红超巨星的典型例子是参宿四和心宿二，它们都比太阳大上百倍。其他那些还没有演化到变成红色的恒星仍然属于超巨星的行列，例如参宿七、天津四和北极星。

为了区分一颗恒星是巨星还是超巨星，或者是否位于主序带上，天文学家除了划分光谱类型外，还为恒星划分了光度等级（见第 284 页的表）。例如，像太阳这样的 G 型主序星被划分为 GV，而像五车二这样的 G 型巨星则被划分为 GⅢ，而 G 型超巨星危宿一被划分为 GIb。

顺便提一句，应该注意的是主序星通常被称为矮星，尽管它们中最大的可能比太阳大好几倍。因此，虽然太阳在很大程度上算是一颗普通的恒星，但在天文学中，它仍被归类为矮星。

综合起来，利用光谱类型和光度等级我们就可以描绘出恒星目前的主要特性，但是这些特性会随着恒星的年龄而

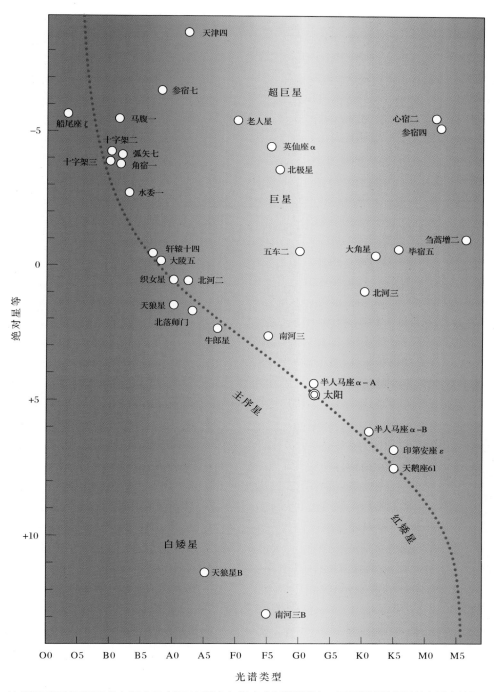

该赫罗图呈现了恒星的实际光度（绝对星等）与温度（光谱类型）。不同类型的恒星落在图中的不同区域。主序带从左上角延伸到右下角，太阳大约位于它的中间位置。巨星和超巨星位于主序带的上方，而白矮星则位于主序带的下方和左侧。（维尔·蒂里翁）

恒星光度等级	
Ia0	特别明亮的超巨星
Ia	明亮的超巨星
Iab	普通亮度的超巨星
Ib	超巨星
II	明亮的巨星
III	巨星
IV	亚巨星
V	主序星
VI或sd	亚矮星

改变。恒星在一生中只有百分之几的时间处于红巨星阶段，对于像太阳这样的恒星来说，红巨星阶段不超过几亿年。红巨星是已经变老并即将死亡的恒星。

恒星的死亡

一旦红巨星膨胀到一定的尺寸，其膨胀的外层就会飘散到太空中，形成恒星烟圈，称为行星状星云，尽管它与行星无关。1785 年，威廉·赫歇尔首次使用这个名字，因为从他的望远镜里看，它们就像行星那小而圆的样子。

也许最著名的行星状星云是天琴座中的环状星云 M57，尽管它不容易看到。更大的一个则是位于狐狸座中的哑铃星云 M27，它可以在晴朗的黑夜用双筒望远镜观测到。另外两个可以用业余天文望远镜观测到的小而明亮的行星状星云是天鹅座的 NGC 6826 和仙女座

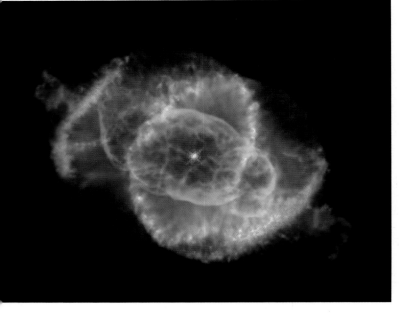

天龙座中的猫眼星云NGC 6543，它由相互重叠的喷射气体组成。在哈勃空间望远镜拍摄的这幅图像中，不同的颜色代表不同温度的气体。（布鲁斯·巴利克，华盛顿大学/NASA）

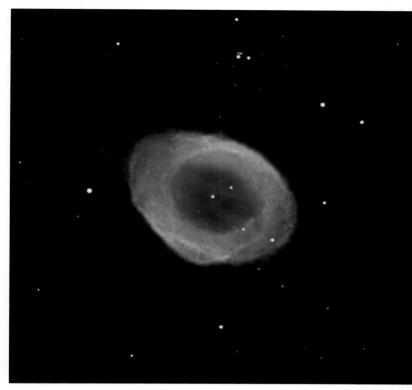

天琴座中的环状星云 M57，实际上是中央恒星喷射出的气体圆柱。它之所以看起来像一个环，是因为我们看到的是圆柱体的末端。（亚当·布洛克/NOAO/AURA/NSF）

的 NGC 7662。

在行星状星云的中心，先前红巨星的核心呈现为一颗小而炽热的恒星。通常在几千年后，行星状星云周围的气体将会消散，中心恒星就成为所谓的白矮星。

白矮星的直径和地球相仿，但包含了原恒星的大部分物质。在行星状星云阶段，这颗恒星只有大约 10% 的质量损失。因此白矮星是密度特别大的星体。一茶匙白矮星物质的质量是数千千克。在此后几十亿年的时间里，白矮星会慢慢地冷却下来，逐渐变得暗淡无光。

白矮星都很小，所以非常暗弱，没有一颗是裸眼可见的。附近的明亮恒星天狼星和南河三都有白矮星伴星，但是南河三的伴星离其母星太近，用业余天文望远镜很难分辨。天狼星的伴星只有

在最有利的条件下才能看到。最容易看到的白矮星是波江座 o² （也称为波江座 40）的伴星，用小型望远镜就能看到。更有趣的是这个系统中较暗的第三个成员，它是一颗用业余天文望远镜也能看到的红矮星。

我们的太阳似乎注定要经历行星状星云阶段，然后才会以白矮星的身份死亡。但是对于质量是太阳几倍的恒星来说，它们位于主序带的上端，有着更壮观的结局。正如我们所看到的，它们首先成为耀眼的超巨星，而不是巨星。它们没有机会到达行星状星云阶段。由于它们的质量太大，以至于中心的核反应以失控的方式持续下去，直到恒星变得不稳定并爆发。这样的爆发现象称为超新星爆发。

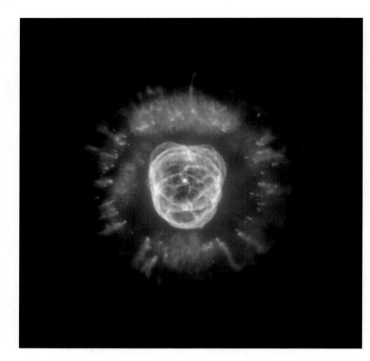

位于双子座的爱斯基摩星云NGC 2392，这张照片是哈勃空间望远镜以前所未有的清晰度拍摄的，因其酷似一张被毛皮大衣包裹的脸而得名。事实上，这件"毛皮大衣"是在红巨星阶段从中心星抛出的物质圆盘，而"脸"则是由炽热的中心星吹到太空中的气泡。（安德鲁·弗鲁赫特，空间望远镜科学研究所/NASA / ESA）

船底座 η 的周围区域，星云中心的左部，这是过去因爆发喷射出去的红色气体云。在船底座 η 的右边就是泡状的钥匙孔星云，其形状像数字8，比背景星云略暗。船底座 η 是一颗巨大的不稳定恒星，在接下来的10000年中可能成为超新星。（M.贝塞尔、R.萨瑟兰和M.巴克斯顿，RSAA）

船底座 η 星云NGC 3372，它是在南半球裸眼可见的大麦哲伦云中的发光氢云，内部包含了温度较高的年轻星团。这个星云以船底座 η 来命名，这颗恒星是一颗大质量恒星，位于星云中最亮的中心部分，正好在V形暗条中。（NOAO/AURA/NSF）

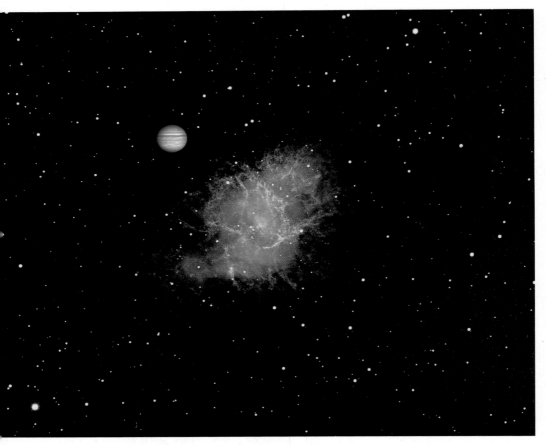

蟹状星云M1，它是一颗超新星爆发后留下的残骸，图中对它与木星的大小进行了比较。星云的蓝色来自在其磁场中旋转的电子，而红色的则是氢气。蟹状星云脉冲星是靠近星云中心的两颗恒星中下边的那一颗，而另一颗星则是一个不相关的前景天体。[蟹状星云图像：拉尔德·汤普森，夏威夷大学/加拿大–法国–夏威夷望远镜（CFHT）]

超新星及其遗迹

　　在超新星爆发中，恒星的亮度升高数百万倍，因此在几天内，这颗恒星的亮度可以与整个星系的亮度相媲美。恒星的外层物质以 5000 千米 / 秒的速度被抛向太空。公元 1054 年，地球上的天文学家在金牛座中看到了一次超新星爆发。当时这颗星比金星还亮，在 3 周内的白天都可以看到。它在出现一年多之后，终于从人们的视野中消失了。

　　在那次爆发的位置，有天空中最著名的天体之一——蟹状星云，它就是爆发后恒星的残骸。用业余天文望远镜观测，蟹状星云看起来就像一块脏兮兮的补丁，而用大型仪器长时间曝光拍摄的照片看得最清楚。在接下来的约 5 万年的时间里，蟹状星云的气体将逐渐消散在太空中，形成纤细的痕迹，就像天鹅座的帷幕星云（见第140页）那样，都是先前超新星的遗迹。

在银河系中观测到的最近一次的超新星爆发发生在 1604 年。它是蛇夫座中的一颗恒星，其最大星等约为 −3 等，比木星还要亮。德国天文学家约翰尼斯·开普勒对其进行了研究，因此这颗星通常被称为开普勒超新星。

从那以后，人们在望远镜中看到了其他星系中的数百颗超新星，其中只有一颗亮到足以用裸眼看到，即邻近星系大麦哲伦云中的超新星 1987A。它在 1987 年 2 月 24 日首次被发现，在 5 月下旬亮度升高到最高 2.9 等，到了年底才最终从人们的视野中消失。

银河系中的下一颗超新星早该出现了。当它出现的时候，应该是一幅壮观的景象。许多天文学家猜想它比天空中所有的恒星都耀眼，亮到能照出物体的阴影。

恒星可能不会在超新星爆发中完全毁灭。有时，爆发后的恒星的核心会变成一个比白矮星更小、密度更大的天体，

超新星 1987A（图中右下角非常明亮的恒星），于 1987 年在大麦哲伦云中爆发，靠近狼蛛星云（左）。这颗超新星在南半球用裸眼可以看到，持续了数月。（ESO）

称为中子星。在这样的天体中，恒星原子中的质子和电子被超新星的巨大力量粉碎，结合在一起形成了中子。典型中子星的直径只有 20 千米，但其质量相当于一两个太阳的质量。

由于中子星非常小，所以它能自转得很快而不解体。当它们旋转时，我们就会收到像灯塔光束一样的辐射脉冲。天文学家已经探测到 2500 多个这样的射电脉冲源，称其为脉冲星。其中一颗位于蟹状星云的中心，它每秒辐射 30 次。其他的脉冲星有的每秒脉动数百次，而最慢的要 10 秒以上才脉动一次。大多数中子星太暗弱，在光学上是看不见的，但蟹状星云中的脉冲星已被观测到，它与射电脉冲同步辐射闪光。

黑洞

如果爆发后恒星的核心质量超过 3 倍太阳质量，那么即使是中子星也不是它的结局；相反，它变成了一种更奇怪的东西——黑洞。没有任何力量可以支撑一颗质量超过太阳质量 3 倍的、处于死亡阶段的恒星来对抗它自身的引力。它会持续缩小，变得越来越小，密度越来越大，直到它的引力变得如此之大，以至于任何东西都无法逃脱，甚至连它自己的光也无法逃脱。它自掘坟墓，成为一个黑洞。

由于黑洞是看不见的，对于业余观测者来说，它只有理论意义。然而，专业天文学家已经探测到各种来源的 X 射线辐射，他们认为这些辐射是由热气体落入黑洞中所引起的。黑洞的第一个最有名的候选者是天鹅座 X–1，它围绕着天鹅座颈部的一颗 9 等恒星运行。

双星和聚星

在裸眼看来，恒星都是孤立的天体。但实际上它们中的绝大多数都有一颗或多颗伴星，只是由于伴星太暗或离主星太近，以至于用裸眼无法单独看到，但可以通过望远镜分辨它们。许多有吸引力的双星和聚星都在双筒望远镜和小型望远镜的可观测范围内，其中最好的观测目标在这本书第一部分的星座讲解中都已描述过。

双星有两种。在一种情况下，这两颗星并不是真的物理相关，而是碰巧位于同一条视线上，称之为光学双星，其中一颗恒星可能比另一颗离我们远许多倍。这样的双星比较少见，在大多数情

况下，两颗恒星通过引力在物理上联系在一起，形成了一个真正的双星系统。这两颗恒星在双星轨道上运行，它们围绕共同的质心运动一周可能需要几十年、几百年甚至上千年的时间。这取决于它们之间的距离。还有三合星系统、四合星系统甚至更大的恒星家族，在这种情况下，轨道会变得非常复杂。

离太阳最近的恒星半人马座 α 是一个三合星系统——一对明亮的双星伴随着一颗暗的红矮星（比邻星）。另一个著名的聚星是双双星天琴座 ε。用双筒望远镜观测时，它是一对宽距双星，但用中等大小的业余天文望远镜则会发

4对快速移动的双星的轨道：蛇夫座70（轨道周期为88年）、武仙座 δ（轨道周期为34.5年）、大熊座 χ（轨道周期为60年）和室女座 γ（轨道周期为169年）。（伊恩·里德帕斯/维尔·蒂里翁）

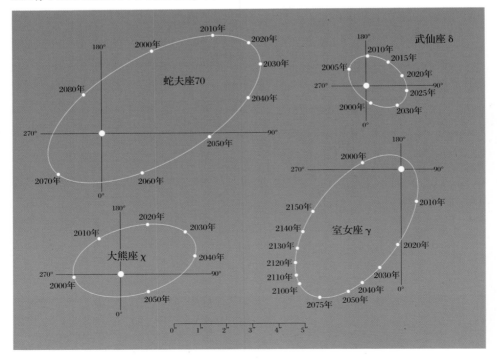

间距角与位置角

可以用 3 个参数来描述双星的外观：单个成员的亮度、它们的间距角以及相对方向（称为位置角，用 PA 表示）。间距角通常以角秒（"）表示，尽管角分（'）可能用得更广。位置角比较难以理解，它指的是暗星相对于亮星的方向，以北（0°）、东（90°）、南（180°）和西（270°）逆时针方向进行测量。实际上，可以通过地球旋转时天体在望远镜视场中的运动方向来判断东西方向（90°～270°）。下图展示了通过倒置望远镜目镜所观察到的景象，底部是北方，右边是东方。图中显示了位置角为 150° 的双星。

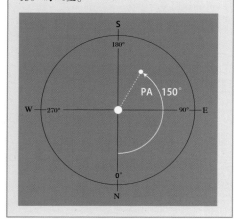

现，这些恒星本身又都是双星，这就构成一个四合星系统。

更引人注目的是北河二，一个由 6 颗恒星组成的系统，它们都由引力互相联系在一起。用业余天文望远镜可以看到，北河二中有两颗明亮的蓝白色恒星，它们靠得很近，而不远处还有较暗的第三颗恒星。专业天文学家发现，这 3 颗星本身又都是光谱双星，它们中的两颗恒星都靠得很近，用任何望远镜都无法单独观测到，但通过对恒星发出的光进行分析，就可以发现伴星的存在。北河

二中这两颗较亮的星要用近 500 年的时间才能绕对方运行一周，而它们的光谱伙伴仅在几天内就能互相旋转一周。有时，在地球上看到的双星系统的成员会互相遮挡。这种食双星现象将在关于变星的章节中讨论。

观测双星

对于业余天文爱好者来说，观测双星的吸引力在于分辨近距离的双星，并比较它们的亮度和颜色。有些双星有着美丽的色彩对比，例如天鹅座 β 双星分别是黄色和蓝绿色。色彩类似而相距较近的双星有仙女座 γ，而颜色几乎相同的双星有天鹅座 61。恒星的颜色难以捉摸，但是如果你让望远镜稍微离焦一点，或者轻拍望远镜让图像振动，它们的颜色就会变得更明显。

两颗恒星靠得越近，分辨它们所需的望远镜的口径就要越大。第 401 页上有一张表格，给出了不同口径的望远镜的分辨率，但这并不是全部，因为双星两部分的相对亮度也会影响它们的可观测性。如果一颗恒星比另一颗暗得多，它就会被主星的光遮掩，因此比与主星亮度相似的伴星更难被看到。

另一个需要考虑的因素是，那些轨道周期较短的双星的轨道会在几年内发生显著的变化。4 对快速移动的双星的位置变化显示在第 290 页的图中。

这本书中有关有趣天体的注释（即第一部分的星座讲解）给出了分辨各种双星所需的望远镜口径的信息，但不可能有硬性的规定。这在很大程度上取决于观测者的视力、望远镜的质量和观测条件。找到答案的唯一方法就是看你自己了。

变 星

有些恒星的亮度会随着时间而变化，称为变星。业余天文学家可以对这些恒星进行有价值的观测。观测者可以通过对该变星与附近的已知亮度的恒星进行比较来估计变星的亮度，然后将观测结果绘制在图上，形成所谓的光变曲线，说明恒星的亮度如何随时间变化。这样的图可以揭示出很多被研究恒星的性质。对页图上绘制了 3 颗著名变星的光变曲线。

正如人们所预料的那样，恒星亮度发生变化的原因通常是它们的光输出发生了实际变化，但这不是唯一可能的解释。在某些情况下，这颗恒星是一个双星系统中的一员。在这个双星系统中，一颗恒星周期性地遮挡另一颗恒星使其变暗。要做到这一点，恒星的轨道必须几乎与我们的视线平行。第一对被注意到的食双星，也是最著名的，是英仙座的大陵五。它的光变现象是在 17 世纪 60 年代由意大利的蒙塔纳里发现的。

食变星

大陵五包括一颗蓝白色主序星，大部分光线来自这颗恒星，它被一颗淡橙色亚巨星环绕。每隔 2.87 天，大陵五的亮度在 5 小时内从 2.1 等降至 3.4 等，这是因为较暗的恒星遮住了较亮的恒星，5 小时后当亮星重新出现时亮度又恢复了正常。它在最亮时可以和 1.8 等的英仙座 α 比较，而最暗时可以和 3.0 等的英仙座 δ 比较（参见第 294 页中的图）。稍后，当较亮的恒星从较暗的

恒星前面经过时，亮度次最低，但亮度下降的幅度太小，裸眼无法察觉。大多数变星观测者的职业生涯都是从观测大陵五的变化开始的。关于它的亮度的预测在天文学杂志上已有介绍。

食双星的极端形式是天琴座 β。这两颗星十分接近，由于引力作用，各自扭曲成了细长的形状。每隔 12.9 天，天琴座 β 的亮度在 3.3 等和 4.4 等之间变化。即使在不掩食时，它的亮度也会随着拉长的恒星绕轨道运行而不断变化。观测时可以借助它附近的 3.2 等的天琴座 γ 和 4.3 等的天琴座 κ 来比较亮度。

脉动变星

那些亮度本身发生变化的恒星大多数是因为它们的大小发生了物理变化，称之为脉动变星（不要与脉冲星混淆）。对天文学家来说，其中尤为重要的是造父变星，命名此类变星的原型是仙王座 δ（造父一）。

造父变星是一种黄超巨星，它们的脉动周期从 2 天到 40 天不等，亮度变化幅度高达 1 等。造父一本身的大小每 5.4 天变化一次，亮度在 3.5 等和 4.4 等之间变化，是适合业余天文爱好者观测的简单目标。造父一的用于比较亮度的恒星有 4.2 等的仙王座 ε 和 3.4 等的仙王座 ζ（参见第 295 页上的图）。其他明亮的适合业余天文爱好者观测的造父变星有天鹰座 η（亮度变化范围为 3.5～4.3 等，光变周期为 7.2 天）、

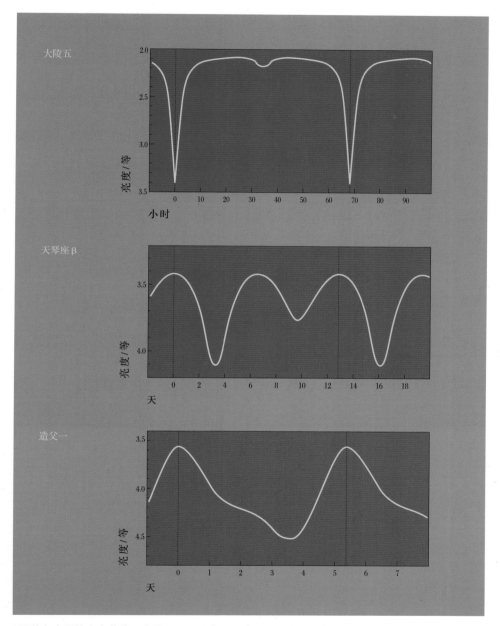

3颗著名变星的光变曲线：大陵五、天琴座 β 和造父一。它们的亮度在几天内以一种可预测的方式增高和降低。注意，造父一达到最亮的速度比随后降低的速度要快。大陵五的亮度为两个极小值之间的次小值时无法用裸眼观测到。（维尔·蒂里翁）

双子座 ζ（亮度变化范围为 3.6 ～ 4.2 等，光变周期为 10.2 天）以及南半球的船底座 l（亮度变化范围为 3.3 ～ 4.2 等，光变周期为 35.6 天）。

造父变星的重要性在于它们的脉动周期与它们的绝对星等直接相关：造父变星越亮，完成一个脉动周期所需的时间就越长。因此，天文学家有了一个简单的方法来确定恒星的绝对星等，那就是只需观察它们的脉动周期，然后把绝对星等与视星等相比较，就很容易计算出恒星的距离了。因此，造父变星是银河系和其他星系之间重要的距离指示器。

另一类重要的脉动变星是天琴座 RR 型变星。它们是常在球状星团中被发现的古老的蓝色恒星，亮度在不到一天的时间里变化 0.5 ～ 1.5 等。它们的原型天琴座 RR 本身的亮度范围是 7.1 ～ 8.1 等，光变周期为 0.57 天。这类恒星都有相似的绝对星等，这也使它们成为有价值的距离指示器。

脉动变星的次要类型有仙王座 β 和盾牌座 δ，它们的脉动周期都只有很短的几小时，亮度变化的幅度很小，裸眼无法察觉。

每种类型的变星都落在赫罗图上的特定区域中，代表不同质量的恒星处于其演化的不同阶段。发生这样或那样的亮度变化似乎是所有恒星衰老过程中的必然现象，我们自己的太阳有一天也会这样。

长周期变星

红巨星和红超巨星这些古老的恒星被证明大多是变化的。它们的脉动不像上面提到的恒星那样有规律。已知最丰富的变星类型是刍蒿增二型，也称长周期变星，其周期从 3 个月到 2 年不等，亮度变化幅度为几等。这就是我们的太阳预计在数十亿年后会演化成的变星类型。

它们的原型是鲸鱼座 o（刍蒿增二），这颗红巨星的亮度变化范围为 3 ～ 9 等，光变周期为 11 个月左右。它每个周期的确切时间和亮度变化幅度

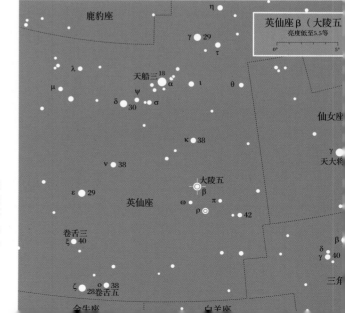

英仙座 β（大陵五）的亮度比较星图。它是食双星的原型，每隔 2.87 天，在 5 小时内亮度从 2.1 等变化到 3.4 等。为了避免与暗星混淆，比较星的亮度数字没有标注小数点。（维尔·蒂里翁）

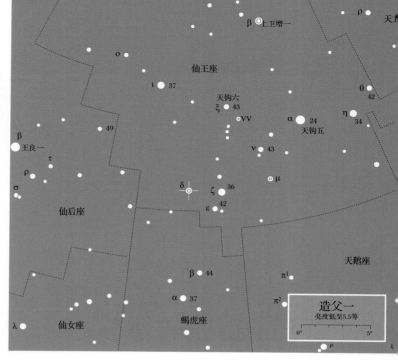

造父变星的原型造父一（仙王座 δ）的比较星图。在5.4天内，它的亮度从3.5等变化到4.4等。为了避免与暗星混淆，比较星的亮度数字没有标注小数点。（维尔·蒂里翁）

都略有不同。在第 117 页上有一张它的寻星图。另一颗知名的刍蒿增二型变星是天鹅座 χ，它在天鹅的脖子上。

较不稳定的是半规则变星，典型的周期约为 100 天，亮度变化幅度为 1 等或 2 等。最后，不规则变星几乎没有或根本没有可辨别的模式。所有这些恒星都是红巨星和红超巨星，它们已经到达了不稳定的阶段，大小和亮度都摇摆不定。著名的半规则和不规则变星有心宿二、参宿四、武仙座 α 和仙王座 μ。

新星

在所有的变星中最壮观的是新星，它突然爆发，亮度变化幅度约为 10 等（10000 倍）或更大，有时裸眼都可以看到以前没有恒星的地方出现了一颗新星。novae（新星）这个名字来自拉丁语，意思是"新的"，因为它们曾经被认为是真正的新星。现在我们知道，它们只不过是一些古老而暗淡的恒星经历的短暂爆发。尽管名字相似，但它们与超新星没有关系，正如 288 页解释的那样，超新星是由于不同原因而爆发的大质量恒星。

根据目前的理论，新星都是密近双星，其中一颗是白矮星。从伴星向白矮星喷出的气体在爆发中被抛出，这颗恒星不会在新星爆发时解体。事实上，一些新星已经经历了不止一次的爆发，例如蛇夫座 RS 和罗盘座 T。也许所有的新星都会在一定的时间内反复爆发。

新星的亮度可以在几天内增到最大。业余天文学家通常是最先发现此类爆发并通知专业天文台的人。经过几天或最多几周之后，新星会缓慢地变暗，在几个月的时间内慢慢地恢复到以前的状态，有时还会出现一些小的额外爆发。跟踪新星的进程是变星观测中最有趣的方面之一。明亮的裸眼新星大约每 10 年出现一颗，但更多的是较暗的新星，可以通过双筒望远镜看到。

M81是大熊座中一个近乎完美的旋涡星系，它相对于我们的视线倾斜一定的角度，因此看起来它的大小沿着一条轴线被压缩了。（奈杰尔·夏普/ NOAO /AURA/ NSF ）

星　系

我们的太阳和夜空中所有可见的恒星都是一个巨大的恒星系统的成员，这个星系称为银河系。我们的银河系是旋涡状的，由恒星和星云组成的旋臂从恒星密集的中央核球处向外延伸。它的直径约为 10 万光年，太阳位于距银河系中心约 3 万光年的一条旋臂上。天文学家估计银河系至少包含 2500 亿颗恒星。

银河系中的大多数恒星都位于一个大约 2000 光年厚的星盘上。从我们的位置看，这个星盘就像一条模糊朦胧的光带，在晴朗黑暗的夜晚横亘于天空。我们称它为银河，银河系这个名字经常用于指我们所在的这个星系。银河系中心就在人马座方向，该区域中的天体特别稠密。请注意，银河系的平面相对于天赤道平面的角度是 63°。这是由地轴的倾斜和地球绕太阳公转的平面相对于星系平面的倾斜共同作用的结果。

猎犬座中的 M3。用双筒望远镜和小型望远镜就可以看到，它是环绕在我们银河系周围的球状星团中最明亮、所含天体最多的一个。球状星团包含银河系中一些最古老的恒星。（莫林·范登伯格，莱顿大学/尼克·西马内克/艾萨克·牛顿望远镜小组）

猎犬座中美丽的旋涡星系M51。它的伴星系是NGC 5195。在相互作用中，这个伴星系显然扭曲了M51伸出的旋臂，现在它位于旋臂的后面。（哈维尔·门德斯/艾萨克·牛顿望远镜小组和尼克·西马内克）

球状星团

在我们的银河系周围，有 100 多个球状的星群，称为球状星团。每个星团都包含了 10 万至几百万颗恒星，它们都由引力联系在一起。我们可以用裸眼或双筒望远镜看到几个球状星团，其中全天最亮的球状星团是半人马座 ω 和杜鹃座 47，而北半球天空中最亮的球状星团是武仙座 M13。

用裸眼和双筒望远镜观测时，这些天体呈现出柔和的光斑。用中等大小的望远镜可以分辨出其中的个别红巨星，星团呈现斑点状的外观。球状星团形成于银河系的早期，包含一些已知最古老的恒星，年龄为 100 亿年或更久，是太阳年龄的两倍多。

本星系群

我们的银河系有两个小的形状不规则的伴星系，叫作大、小麦哲伦云，它们分别位于南天的剑鱼座和杜鹃座。在裸眼看来，它们就像是从银河中分离出去的一部分。大麦哲伦云的恒星数量约为银河系的十分之一，距离我们约 17 万光年。小麦哲伦云的恒星数量只有大麦哲伦云的五分之一，而且比大麦哲伦云位置稍远一些，大约距离我们 20 万光年。这两个星系都包含了大量的星团和明亮的星云，适合用各种大小的设备进行观测。我们简直无法想象生活在麦哲伦云中的天文学家所能看到的银河系的壮丽景象。

星系按其形状分为E型（椭圆）、S型（旋涡）、SB型（棒旋）和不规则型。人们曾经认为，随着时间的推移，星系会从一种类型演化成另一种类型，但事实上并非总是这样。（维尔·蒂里翁）

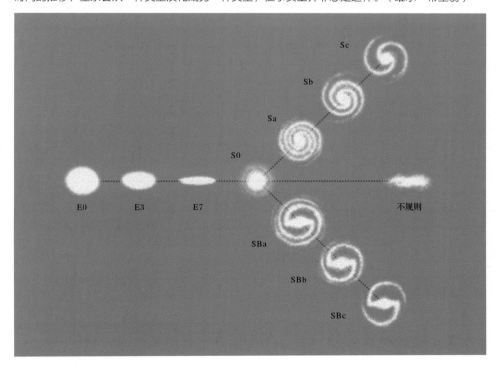

在用最大型的望远镜所能看到的宇宙中，无数星系像岛屿一样星罗棋布。大多数星系都是星系团的成员，星系团包含十多个乃至数千个星系。我们的银河系是被称为本星系群的一个小星系群中的第二大成员，该星系群包含 50 多个星系。

我们可以用裸眼看见本星系群中最大的星系，它位于仙女座中，是一个模糊的细长光斑。它就是仙女星系，称为 M31。据估计，它包含的恒星数量大约是银河系的两倍，直径大约比银河系大 25%。它距离我们约 250 万光年。

NGC 5850是一个11等棒旋星系，位于室女星系团中。它的旋臂紧紧围绕着中央棒，形成希腊字母 θ 的形状。（杰夫和保罗·诺伊曼/亚当·布洛克/NOAO/AURA/NSF）

大熊座中的NGC 4013，它是一个侧边朝向我们的旋涡星系，它的中央平面上有一条黑暗的尘埃带。[布莱尔·萨维奇和克里斯·霍克，威斯康星大学/奈杰尔·夏普，NOAO/威斯康星大学、印第安纳大学、耶鲁大学和NOAO（WIYN）天文台/NSF]

M87是室女星系团中的一个巨大的椭圆星系，周围环绕着数百个球状星团，图中模糊的点就是它们。（NOAO /AURA/ NSF）

大熊座的M82是一个旋涡星系，边缘朝向我们。它正在经历一次巨大的形成恒星的爆发。（奈杰尔·夏普/NOAO/AURA/ NSF）

　　长时间曝光的照片显示仙女星系是一个旋涡星系，但它是倾斜的，因此我们可以看到它的侧面。用业余天文望远镜观测，仙女星系有两个小的伴星系，分别是M32和M110，它们相当于麦哲伦云。通过大型天文望远镜还能看到另外几个较暗的星系。

　　在本星系群中，另一个可以用业余设备观测的是三角座中的M33。这也是一个旋涡星系，比仙女星系离我们稍远一些，所包含的恒星要少得多。在晴朗黑暗的天空背景下，我们可以用双筒望远镜观测到M33。

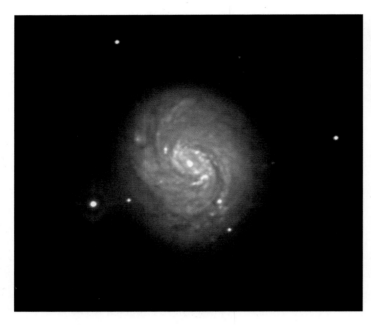

本星系群中距离我们最近的星系群位于处女座，它的一部分延伸到邻近的后发座。在室女星系团已知的 3000 多个成员中，有几十个都可以用业余天文望远镜观测到。

星系的类型

天文学家将星系分为椭圆型、旋涡型和棒旋型等（见第 299 页上的图）。从完美的球形（即 E0 型）到平坦的透镜形状（即 E7 型），椭圆星系包括宇宙中最大和最小的星系。超巨型的椭圆星系包含 10 万亿颗恒星，是已知最明亮的星系。室女星系团中的 M87 就是一个例子。在尺度大小的另一端，矮椭圆星系类似于大型球状星团。矮椭圆星系可能是宇宙中数量最多的星系，但它们的暗淡使其很难被看到。

旋涡星系（S 型），如仙女星系 M31，有从中央核球处伸出的旋臂。这种星系通常有两条旋臂，有的则更多。在棒旋星系（SB 型）中，比如位于波江座的 NGC 1300，这些旋臂从星系中心由恒星和气体组成的棒的末端伸出。我们在宇宙中看到的大多数星系都是又大又亮的旋涡星系。

根据旋涡星系和棒旋星系的旋臂环绕核心的紧密程度，可以对其进行细分：Sa 型和 SBa 型的旋臂环绕得最紧，而 Sc 型和 SBc 型的旋臂环绕得最松。仙女星系属于 Sb 型。直到最近，我们的银河系还被认为是在 Sb 和 Sc 之间的类型，但现在一般把它归类为棒旋星系，尽管它的棒很短。

特殊的星系

在一些星系里发生着奇怪的事情。例如，某些星系以射电波的形式释放出大量的能量。这些射电星系包括室女座的超大型椭圆星系 M87 和半人马座的

NGC 5128（见下图）。NGC 5128 看起来像一个椭圆星系，却是与一个旋涡星系并合的结果。有些旋涡星系有异常明亮的核，这些星系被称为赛弗特星系，是以美国天文学家卡尔·赛弗特的名字命名的。卡尔·赛弗特在 1943 年首次注意到这类星系。鲸鱼座星系中的 M77（见第 302 页上的照片）是最亮的

NGC 5128，也称为半人马座A，它是一个超巨型椭圆星系，有一条突出的尘埃带。椭圆星系通常不含尘埃，所以NGC 5128被认为是椭圆星系与旋涡星系并合的结果。（ESO）

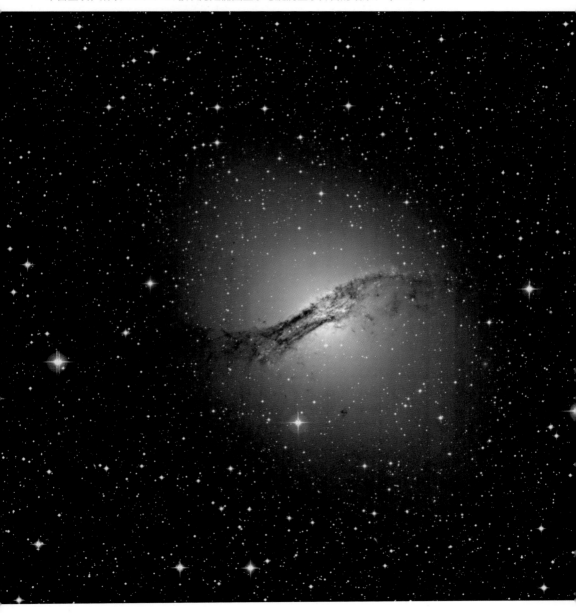

赛弗特星系。

最奇特的是那些被称为类星体的天体，它们在直径不到 1 光年的区域内释放的能量相当于数百个普通星系释放的能量。尽管类星体的性质不同寻常，但它们在视觉上一点也不明亮，这就是它们直到 1963 年才被人发现的原因。最亮的类星体是 3C 273，它是室女座中的一颗不起眼的 13 等恒星。

哈勃空间望远镜的观测结果表明，类星体实际上是宇宙的遥远星系中高度发光的核心。射电星系、赛弗特星系和类星体现在都被认为是相关的，统称为活动星系。它们的中央能源是一个巨大的黑洞，吞噬着周围星系的恒星和气体，而当两个星系碰撞时，它的能力可以通过吸入气体来进一步得到增强。大多数星系可能在其演化的早期就经历过这样的活动过程。

膨胀的宇宙

1929 年，美国天文学家埃德温·哈勃做出了宇宙学中最重要的一项发现：星系之间的距离越来越远，宇宙就好像气球在充气一样不断膨胀。然而，像本星系群这样的星系团并不会膨胀——它们是由相互作用的万有引力维系在一起的。

哈勃发现宇宙正在膨胀，这一发现来自对每个星系光谱的研究。它表明，由于高速退行（称为多普勒效应），来自星系的光的波长正在延长。这种波长的延长称为红移，因为来自星系的光被移动到光谱的红端（长波长）。

哈勃发现，星系中光的红移量随着

来自遥远星系的光的红移是通过其光谱中谱线位置的变化来测量的。这里，谱线位置的变化显示在视觉窗口中，即人眼敏感的波长范围。所有来自星系的光都以相同的幅度移动，因此，当星系的一些光移到可见光窗口的红端之外时，其他的光就从紫外端移进了可见光窗口。（维尔·蒂里翁）

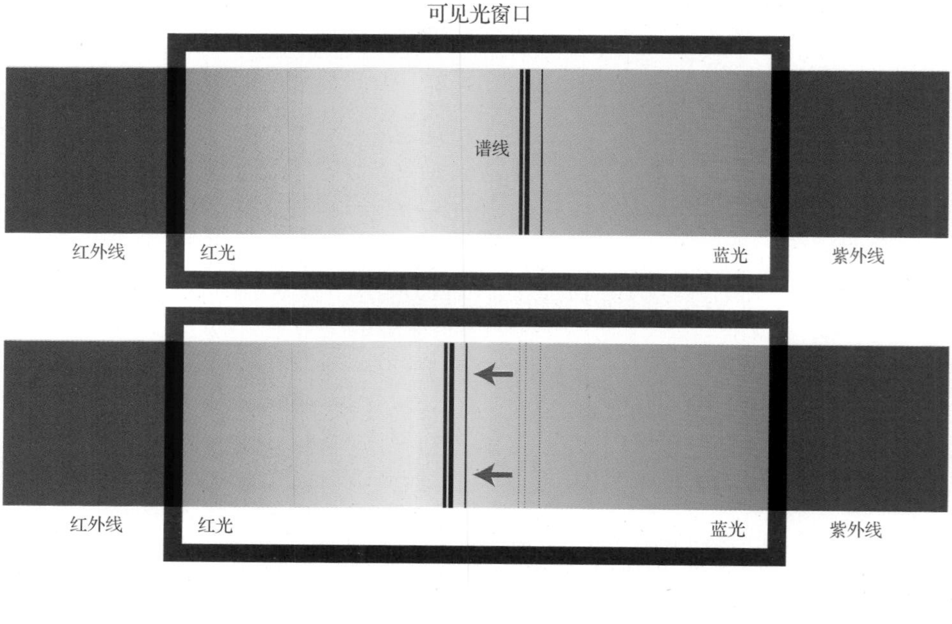

可见光窗口

谱线

红外线　　红光　　　　　　　　　　　　　　　蓝光　　紫外线

红外线　　红光　　　　　　　　　　　　　　　蓝光　　紫外线

飞马座的斯蒂芬五重星系，它包括5个星系：NGC 7317（左上方）、NGC 7318A和NGC 7318B（中间）、NGC 7319（右下方）和NGC 7320（左下方）。然而，NGC 7320的红移幅度比其他的要小，并且它的个头看起来更大，这表明它是一个前景天体，而不是星系群的真正成员。（奈杰尔·夏普/ NOAO /AURA/ NSF）

距离的增大而增大。因此，通过测量星系的红移幅度，天文学家就可以知道它离我们有多远。例如，类星体显示出十分巨大的红移幅度，说明它们一定是宇宙中可见的最远的天体，有的距离我们100亿光年以上。

既然宇宙在膨胀，我们就有理由得出这样的结论：它在过去曾经比现在更小，密度也更大。根据最广为接受的理论，整个宇宙最初是一个被压缩的超密团，由于某种未知的原因，这个超密团在大爆炸中炸开来了。星系是那次爆炸的碎片，它们之间的空间在膨胀，目前其仍然在向外飞行。

就我们目前所知，宇宙将永远膨胀下去。据目前最准确的估计，大爆炸发生在138亿年前。这就是我们所知道的宇宙的年龄。要想知道大爆炸之前发生了什么是不可能的。

太　阳

　　我们的太阳是一个由氢气和氦气组成的发光球体，直径为 140 万千米，是地球直径的 109 倍，质量是太阳系中所有行星质量之和的 745 倍。太阳对地球上所有的生命来说都是至关重要的，因为它提供了使我们的星球适合居住的热和光。对天文学家来说，太阳很重要，因为它是我们唯一可以近距离观测的恒星。研究太阳可以让我们知道很多关于恒星的知识。

　　大多数天体之所以给观测者带来麻烦，是因为它们太暗了，而太阳恰恰相反，它的麻烦在于太亮了，观测者直接观测它是很危险的。借助任何一种光学仪器，无论是双筒望远镜还是天文望远镜，只要有一瞬间瞥过太阳，人就有可能失明。这一点怎么强调都不为过：即使用裸眼盯着太阳几秒也会对你的视力造成永久性损害。有一种既安全又简单的方法可以观测太阳，那就是把太阳的影像投射到一个白色的表面（如屏幕或卡片）上（参见第 311 页中的太阳图像）。

2000年5月19日的太阳，在太阳活动高峰期出现了几个太阳黑子群，每一个都比地球大很多倍。请注意太阳临边昏暗的现象，在此背景下可以看到较亮的光斑。（夏威夷大学米斯太阳天文台）

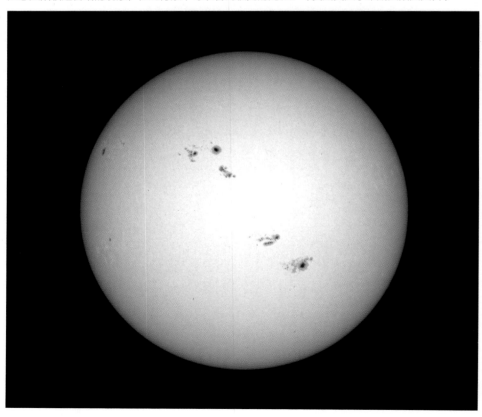

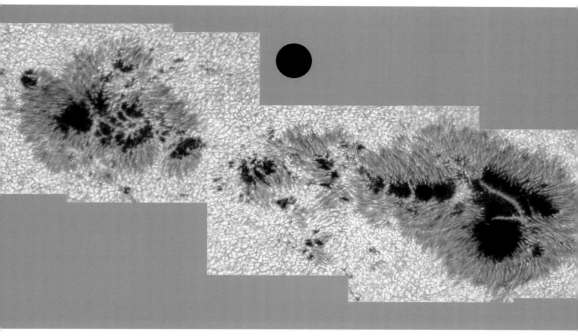

1998年9月4日出现的复杂的太阳黑子群，跨度大约为20万千米。黑色的圆圈用来表示地球的大小。黑子半影外侧的丝状结构使它们看起来像向日葵。请注意"向日葵"周围的太阳光球层上的米粒状结构。（德国基彭霍伊尔太阳物理研究所）

　　有些望远镜的目镜后面安装了黑色的太阳滤光镜，千万不要使用这种设备！因为太阳聚焦的光和热会毁坏滤光镜，不可避免地会带来灾难性的后果。用在望远镜上观测太阳的安全滤镜确实存在，它由玻璃或塑料薄膜制成，表面有一层金属涂层。这些滤镜都要放在望远镜筒的前部，可以将射入的光和热的量降低到安全水平。用一种叫作聚酯薄膜的塑料薄膜制成的滤光片来观测太阳时会呈现出偏蓝色的图像，而其他类型的滤光片则呈现出黄色或橙色的太阳图像。

　　通过投影方式或安全滤镜观测太阳，可以看到明亮的太阳表面。这就是光球层，由5500摄氏度的气体组成。尽管以地球的标准来看，这个温度是非常高的，但与发生核反应的太阳核心相比还是很低的，因为核心处的温度大约为1500万摄氏度。

　　在高倍率放大下，光球层呈现出一种斑驳的米粒状效果，这是由于热气泡在光球层中沸腾，就像锅里的水沸腾一样。米粒的直径从300千米到1500千米不等。

　　仔细观察太阳的投影图像，你会注意到太阳的边缘看起来比圆盘的中心更暗，这就是临边昏暗现象。这是由于光球层的气体在某种程度上是透明的，所以在圆盘的中心比在边缘能更深入地观察到太阳内部更热更亮的部分。

　　光球层上的亮斑称为光斑，在临边昏暗的背景下可见。光斑是温度较高的气体区。更突出的是太阳黑子，在光球层上它们是较冷的气体。

太阳黑子与太阳辐射

太阳黑子是在太阳内部的磁力线穿透光球层的地方产生的。强磁场的存在阻止了热量从太阳内部向外流动，因此产生了温度较低的太阳黑子。太阳黑子有一个称为本影的黑暗中心，温度约为4000摄氏度，它被温度约为5000摄氏度的明亮的半影包围。太阳黑子本影的温度与红巨星（如毕宿五）的表面温度相似，所以如果能观察一个单独的黑子，就会发现它发出的光非常明亮。但在实际情况下，太阳黑子与周围光球层的亮度形成对比，因此显得很暗。

太阳黑子的大小不一，小的比太阳的米粒组织还小，大的比地球大许多倍。对于那些巨大而复杂的斑块，用特殊的太阳滤光片就能观察到。在日出后或日落前不久，由于地球大气的影响，太阳变得较暗，裸眼就能看到这种大的太阳黑子。

一个大的太阳黑子大约需要一周的时间来发育完全，然后在接下来的两周左右慢慢消失。最大的太阳黑子往往会成群形成，其长度几乎跨越从地球到月球的距离。太阳黑子群可以持续一到两个太阳自转周期（一两个月）。

当太阳自转时，在它的一侧会出现新的太阳黑子，而在另一侧太阳黑子消失。通过观测太阳黑子在太阳表面移动的过程，我们就可以测算太阳的自转周期。

由于太阳是气态的而不是固态的，它在各个纬度上的旋转速度都不相同。它在赤道处自转得最快，周期为25天；在纬度45°的地方，这一过程减慢至28天左右；在两极附近最慢，为34天。通常所说的自转周期的平均值为25.38

太阳数据	
直径	1392000 千米
质量	1.99×10^{30} 千克
平均相对密度	1.41（水的密度为1）
体积	1304000（地球的体积为1）
视亮度	−26.7
绝对亮度	+4.82
自转周期（平均）	25.38 天
自转轴倾角	7.25°
与地球的平均距离	149600000 千米

天，指的是在纬度为17°处的旋转速度。这些自转周期都是相对于一个固定的外部点而言的。由于地球本身不是固定的，而是绕着太阳运转，所以一个太阳黑子相对于地球自转一周的时间要比绕固定点的时间长两天左右。

通常，一个太阳黑子群包含两个主要的组成部分，它们处于东西方向上。当太阳旋转时，率先移动通过日面的黑子被称为前导（p）黑子，通常比它的追随者——后随（f）黑子大。p黑子和f黑子有相反的磁极，就像马蹄形磁铁的两端。在一对太阳黑子之间有无形的磁力线连接并封闭成环。

耀斑、日冕物质抛射和极光

有时，一个复杂的太阳黑子群中强烈的磁力线会纠缠在一起，产生称为耀斑的突发能量闪光。这种闪光可能持续几分钟到1小时。耀斑释放出的X射线和紫外线辐射会对地球产生影响，如使无线电通信中断以及对卫星产生干扰。

有的耀斑还伴随着所谓的日冕物质抛射（CME）。这是一种从太阳那里抛出的巨大热气泡，尽管日冕物质抛射

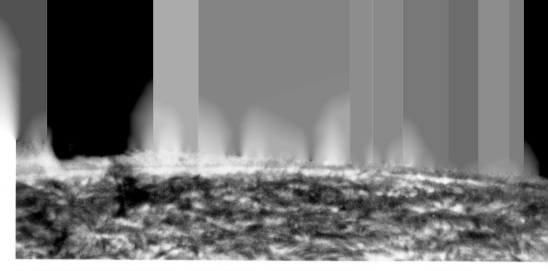

向太空延伸65000千米的日珥，看起来就像在太阳边缘燃烧的巨大树木。（大熊湖太阳天文台）

也可以在没有耀斑的情况下发生。来自日冕物质抛射中心的原子粒子需要两三天的时间才能到达地球，然后与磁气圈相互作用，产生梦幻般的极光（一般称为北极光或南极光）。

当极光出现时，天空中闪烁着一片片绿色和红色的光影。这些光影以拱门、折叠的窗帘或光线的形象出现，持续数小时并不断改变形象。

极光出现在围绕地球磁极的环形区域中，这一区域称为极光椭圆区（又称极光卵），原子粒子沿着地球的磁力线加速进入上层大气，使其发光。这些椭圆形区域或多或少是永久性的，但通常在椭圆形区域以外更北或更南的纬度上是看不见极光的。然而，在太阳活动极大期，地球被日冕物质撞击，极光会延伸到低纬度地区。

太阳活动周期

我们观测到的太阳黑子的数量以及其他形式的太阳活动都在一个平均为11年的周期内出现盛衰变化，不过单个周期的长度有时短至8年，有时长至16年。在太阳活动极小期的时候，太阳表面可能连续几天都一尘不染，而在太阳活动极大期，任何时候都可能会出现100多个黑子。

不过太阳活动水平因周期而异。太阳黑子的平均可见数量为40～180个，即使在太阳活动本应很平静的时候，一些大的黑子也会爆发。太阳活动是出了名的不可预测，这也增加了它对观测者的吸引力。

然而，我们可以推断出一些普遍规律。每个新周期的第一个太阳黑子出现在太阳赤道以南和以北30°～35°的纬度上。随着太阳活动周期的推进，太阳黑子会在离赤道更近的地方形成。太阳黑子的数量逐渐增加到一个峰值，然后开始衰减。

当太阳活动极小期临近时，该周期的最后一个黑子出现在赤道以北5°～10°的纬度上。与此同时，也就是在太阳活动极小期前后，下一个太阳活动周期的第一个太阳黑子开始出现在高纬度地区。太阳黑子很少出现在太阳赤道上，而在超过40°的太阳高纬度地区，黑子更是极为罕见。

太阳的外层

在光球层的外面是一层稀薄的气体，称为色球层，大约有 1 万千米厚。色球层的亮度非常低，除非使用特殊的仪器，否则通常是看不见的。然而，在发生日全食的几秒内，在月球完全遮住太阳表面之前和之后的瞬间，它会以粉红色新月形的样貌显现。这种粉红色是由氢气发光造成的，该层的名字即由此而来，意思是"有颜色的球"。

日全食时，在太阳的边缘还能看到巨大的簇状或环状气体，称为日珥。日珥从色球层延伸到太空。它们具有与色球相同的玫瑰色特征，是由氢气发光引起的。

像太阳的许多特征一样，日珥也是由磁场引起的。所谓的宁静日珥在太阳上延伸 10 万千米甚至更长，经常形成成千上万千米高的优雅拱形。在太阳表面的明亮背景下，它们的轮廓称为纤维。宁静日珥可以持续数月的时间。

与此对应，另一种称为爆发日珥，它的寿命只有几小时，往往出现在太阳的边缘，以 1000 千米 / 秒的速度向太空中喷射物质。 所有形式的太阳活动（太阳黑子、耀斑和日珥）都遵循 11年的活动周期。

在日全食时可以看到壮观的日冕。这是在2001年6月21日日全食时拍摄的照片，当时正是太阳活动极大期。（约翰·沃克）

观测太阳

对所有的初学者来说，太阳投影是最值得推荐的观测太阳的方法。为此，最好准备一个小型折射望远镜。如果使用口径大于 100 毫米的反射镜，就要缩小进光口径，否则太阳光的热量会损坏光学元件。用望远镜瞄准太阳时要非常小心。盖上主镜和寻星镜，确保没有光线照进眼睛。应眯着眼睛沿着镜筒观测，或者利用望远镜的影子来使其对准太阳（千万不要通过望远镜看太阳）。

普通观测者可以在目镜上安装一个轻便的太阳观测箱，将太阳的图像投射到里面。可以通过计数单个太阳黑子和太阳黑子群的数量，记录太阳活动变化情况。这是太阳观测的主要目的之一。

还可以绘制太阳外观的草图。太阳观测图纸的标准尺寸是直径为 150 毫米的圆面。将圆分割成 1 厘米见方的小块，这样就可以将太阳黑子的位置精确地画到这张图上。

对于太阳投影图像，北半球的观测者看到的上边是北方，左边是西方，而对南半球的人来说则正好相反。为了便于在任何时候确定方位，我们可以观察太阳黑子随时间从东向西漂移的过程。

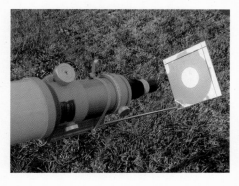

为了安全观测太阳，可以把它的影像投射到白色屏幕上。如果没有专门的太阳滤光片，则千万不要通过任何光学仪器直接观测太阳。（ESO）

日冕和太阳风

太阳最外层的光辉来自日冕，这是一种暗弱的气体光环，只有当灿烂的光球层在日全食时被遮住后才能看到。日冕是由温度为 100 万到 200 万摄氏度的稀薄气体组成的。日冕气体的花瓣状流带从太阳的赤道地区延伸出来，而更短、更纤细的羽状物则从极地辐射出来。日冕的形状在太阳活动周期中发生着变化：在太阳活动极大期，太阳上有很多活动区域，日冕的形状比在太阳活动极小期时更圆。

来自日冕的气体不断地喷射到太阳系，形成所谓的太阳风。太阳风的原子粒子以大约 400 千米／秒的速度飞过地球。太阳风最明显的作用是让彗星出现背离太阳的彗尾。

太阳风跨过最遥远的行星轨道向外延伸，最终与恒星之间稀薄的气体融合在一起。因此，从某种意义上说，太阳系的所有行星都处在日冕的外围。

太阳系

从某种意义上说，我们的太阳是不寻常的，因为它不像大多数恒星那样有伴星，而是由八大行星、各种卫星和无数小碎片组成的一个大家庭。这些被太阳引力捕获的天体构成了太阳系。

太阳系中的所有天体都是通过反射太阳光而发光的。一些最亮的行星可以与最亮的恒星相媲美，或者比它们还要亮。所有行星围绕太阳公转的平面大致相同，所以它们总是出现在黄道附近。因此，如果有一颗明亮的星星扰乱了黄道上我们已经熟悉的星座形状，那么几乎可以肯定它是一颗行星（当然也有可能是一颗新星）。

行星的轨道

从太阳北极的上空看，所有行星以逆时针方向围绕太阳运行。它们的轨道在形状上略呈椭圆形，因此每颗行星在各自的轨道上与太阳之间的距离总是略有不同。离太阳最近的轨道点称为近日点，最远的点是远日点。

按到太阳的距离排列，八大行星依次是水星、金星、地球、火星、木星、土星、天王星和海王星。4 颗内行星由岩石构成，体积相对较小。剩余的 4 颗是主要由气体和液体组成的巨行星。

在火星和木星的轨道之间，有一条由岩石构成的小行星带。有些小行星偏离了这条环带，与行星的轨道相交，造成发生撞击的危险。在太阳系的外围有各种各样的小型冰冻天体，其中包括冥王星。冥王星曾被认为是第九大行星，但在 2006 年被降级为矮行星。

金星的轨道是所有行星中最圆的，它到太阳的距离的变化不到 1.4%（地球到太阳的距离的变化为 3.4%）。轨道最扁的行星是水星，它在远日点时到太阳的距离比在近日点时到太阳的距离远 50% 以上。有些小行星的轨道比这还要扁，而彗星的轨道则更狭长，它们可以从太阳系最内部运动到海王星之外。

太阳系中距离的基本单位是天文单位（AU），即地球到太阳的平均距离，它相当于 149597870 千米。光穿过这段距离需要 499 秒（8.3 分钟），所以我们在地球上看到的太阳实际上是在 8.3 分钟之前的样子。虽然与地球上的日常距离相比，天文单位显得很大，但与表示恒星之间距离的光年相比，天文单位就显得微不足道了。一光年等于 63240 天文单位。

行星绕太阳公转的时间取决于它到太阳的距离。距太阳最近的行星绕太阳公转的速度最快，最远的行星绕太阳公转的速度最慢。行星的轨道周期通常用地球上的天和年来表示，从水星的 88 天到海王星的 165 年不等。这些值在专业上称为恒星周期，是根据一个固定点（如遥远的恒星）来测量的。

行星的相位

当水星和金星这两颗内行星沿着轨道运行时，它们会周期性地从地球和太阳之间经过。当这种情况发生时，它们

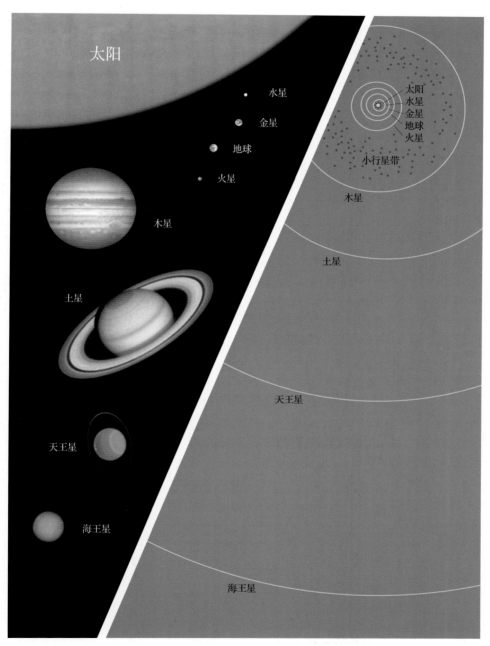

左上图：与太阳的一部分相比时行星的大小。右上图：按比例显示的行星轨道。（维尔·蒂里翁）

处于下合点位置。此时它们离地球最近，尽管这一事实对观测者来说没什么用，因为此时它们被遮掩在太阳的强光中，以没被照亮的半球对着我们。

水星和金星的轨道与地球的轨道相比分别倾斜了 7° 和 3.4°。这使得它们

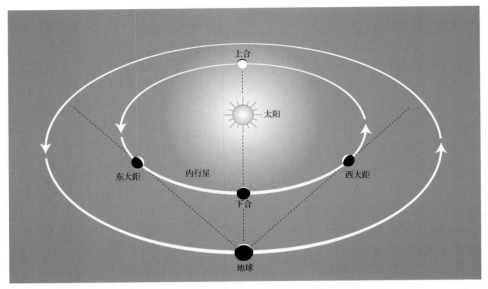

当金星或水星位于地球和太阳之间时，我们就说它们处于下合点。当它们和地球分别位于太阳的两侧时，则处于上合点。而它们与太阳构成最大夹角时称为大距。（维尔·蒂里翁）

通常在下合点时从太阳的圆盘上方或下方经过。但偶尔从地球上看时它们会穿过太阳表面，这种现象称为凌日。在凌日过程中，这颗行星看起来是一个小黑点，就像小的太阳黑子，与耀眼的太阳表面形成对比。水星凌日比金星凌日更常见，将会在 2032 年 11 月和 2039 年 11 月出现，而 2012 年的金星凌日是 2117 年之前的最后一次。

当水星或金星同地球分别位于太阳的两侧时，称为上合。然而，当火星或其他的外行星同地球分别位于太阳的两侧时，则称为合。由于比地球离太阳更远，外行星永远不会来到地球和太阳之

凌日："太阳和日光层观测站"（SOHO）探测器于2006年11月8日拍摄了多张水星凌日的照片，在这张合成图中，水星的运行轨迹在太阳表面形成了一条虚线。（ESA /NASA）

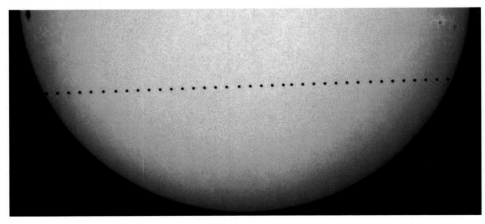

间，所以所谓的合没有歧义。处于合相的行星在太阳的强光下是看不见的。

观测水星和金星这两颗内行星的最佳时间是它们与太阳之间的夹角最大（即大距）时。在大距时，金星几乎完全处于半相位。然而，由于水星为椭圆轨道，其相位会有50%的显著变化。在东大距时，行星在夕阳西下后再落下，而在西大距，它们在早晨日出之前就升起了。

对于水星，从一个东大距到下一个东大距，或从一个西大距到下一个西大距之间的时间是116天。而对于金星，这个大距的周期是584天。由于金星很明亮，即便不在大距时也可以很好地观测。

顺便说一句，对于行星，从一个特定的相位（无论是合、大距还是别的什么）到下次出现在这个相位，两者的时间间隔称为会合周期。由于我们的观测平台——地球在围绕太阳的轨道上不断地运动，所以会合周期与恒星周期不同。

观测火星和其他外行星的最佳机会是它们在天空中与太阳的夹角为180°时，这就是所谓的冲（水星和金星轨道处于地球和太阳之间，不能形成冲）。在冲的位置，行星在当地时间午夜（或夏令时凌晨1点）出现在北半球观测者的正南方（南半球观测者的正北方）。冲是观测外行星的最佳机会，因为这时它们离地球最近，所以它们最大最亮。

其他类似太阳系的星系

天文学界最近最令人兴奋的进展之一是发现了围绕其他恒星的行星，这些行星称为系外行星。现在已知上千颗恒星有一颗或多颗行星，其大小从比地球小到比木星还大许多倍的都有。寻找系外行星有两种主要的方法：一是掩星法，即天文学家会寻找那些亮度略有下降的恒星，因为可能有行星在它的前面移动；二是径向速度法，即观察恒星所发出的光的多普勒频移，因为它和行星在围绕它们共同的质心运动。此外在一些情况下，我们甚至可以用哈勃空间望远镜直接看到行星。

行星是由恒星形成后遗留下来的气体和尘埃构成的圆盘形成的，这一过程发生在大约46亿年前的太阳周围。一些恒星的周围也有这样的盘，例如织女星、北落师门和绘架座β。我们很可能正在亲眼见证行星形成的过程。

围绕绘架座β的一个碟状尘埃盘，由哈勃空间望远镜拍摄，是行星形成的有说服力的证据。绘架座β本身被中心的黑色区域所遮蔽。尘埃盘几乎与我们平行，与太阳系大小相似。（NASA）

月 球

月球是地球的天然卫星，也是离地球最近的天体邻居，一直以来都是令观测者着迷的对象。尽管它的体积小（直径为 3475 千米，大约是地球直径的四分之一），但是它十分接近我们，平均距离为 384400 千米，甚至我们裸眼都能够在月面上辨识出一些特征，把它们想象成月球上的人形。而用普通双筒望远镜则能够看到其表面坑坑洼洼的丰富细节。第 326 ~ 335 页将描述用小型望远镜可以观测到的有趣的月面物体。

月球的外观变化最为明显，称为月相。在一个月中，我们可以看到它的形状从一个细细的月牙变成完全被照亮的圆盘，然后又变了回来。这是它围绕地球运动的结果。它的轨道运动决定了我们能看到它被阳光照射的那一面的大小。

当月球与太阳在一条直线上时，它所有的阳面都背向我们，这就是朔（初一）。大约一天以后，月球在傍晚的天空中以新月的形式出现。在这个阶段，它的暗面可以被地球反射回来的光微弱地照亮。这种现象称为"地球照"，通俗地说就叫"新月抱着旧月"。

月相：月球绕地球运行时经历一个相位循环，我们可以看到月球被照亮的那一面有着不同的比例。（维尔·蒂里翁）

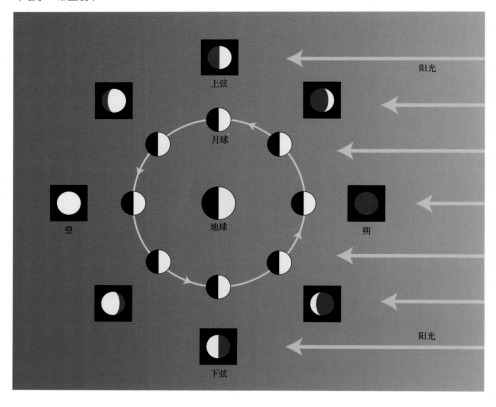

初十的盈凸月。黑暗处是低地平原（月海），这里相对缺少陨石坑，与明亮、崎岖的高地形成对比。接近顶部的是雨海，其岸边有马蹄形的虹湾。雨海的南部是明亮的哥白尼环形山的辐射纹。这张照片上的大部分特征都可以用小型望远镜甚至双筒望远镜观测到，但一定要把望远镜固定好。（里克天文台）

一周后，我们看到月球一半亮一半暗，这一阶段称为上弦月。此时月球绕轨道运行了四分之一圈。然后月球会逐渐变圆，在新月后的大约 15 天，月球会由盈凸变成圆月。满月时的月球与太阳相对，在日落时升起。在这一阶段之后，月相以相反的顺序重复，在满月后大约一周时变为下弦月，然后经过残月回到朔。当月球的相位逐渐增大接近满月时，我们说它在"盈"；而当相位减小时，我们就说它在"亏"。

月球数据	
直径	3475 千米
质量（地球质量为 1）	0.012
平均密度（水的密度为 1）	3.35
体积（地球的体积为 1）	0.02
视亮度（满月）	−12.7
自转周期	27.32 天
公转周期	27.32 天
会合周期	29.53 天
月地平均距离	384400 千米
轨道偏心率	0.055

月球运动

一个完整的月相变化周期为 29.5 天，这个时间间隔称为一个朔望月。然而还有第二种月球周期，叫作恒星月，为 27.32 天。这是月球相对于一个固定点（如一颗遥远的恒星）沿着轨道绕行一周所需的时间。两者的不同之处在于，地球是在围绕太阳运行的，所以月球必须经过一个轨道周期多一点，才能回到从地球上看到的同一相位。

近地点和远地点：当最接近地球的时候（左），月球看起来明显比在最远的时候大。

由于月球的轨道近似椭圆，它与地球的距离在一个月内会发生变化。当它离地球最近的时候，即过近地点时，月球会比它离地球最远的远地点时大12%。

月球的自转周期为 27.32 天，与公转周期相同，这称为同步自转。它的产生是由于地球引力的影响。由于同步自转，月球始终保持着一面朝向我们，所以无论何时看月球，我们总是看到同样的月面部分。

但在实践中，由于天平动效应，我们能看到的月球表面略多于一半。月球的赤道相对于它的公转轨道平面倾斜约6.5°，所以有时我们可以看到超过月球的北极或南极 6.5° 的地方，这就是纬天平动。

此外，月球在其椭圆形轨道上的运动速度在接近和远离地球时发生有规律的变化，而其轴向自转速度保持一致。因此，月球在轨道上运动时似乎有左右摇摆现象，所以我们可以看到它的左右边缘超过 7.75° 的地方，这就是经天平动。这些天平动的最终结果是，我们可以看到月球表面的 59%。

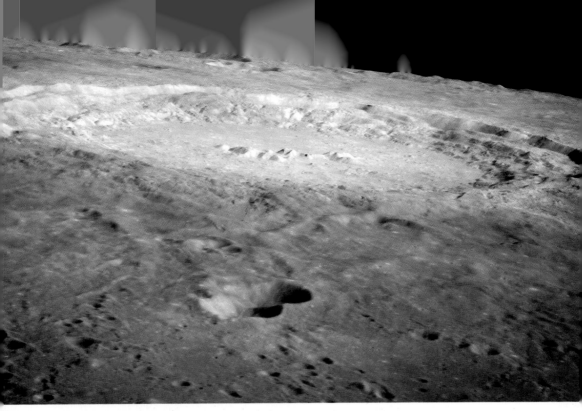

1969年"阿波罗12号"的宇航员从轨道上拍摄的斜视角下的哥白尼环形山，照片显示了这个巨大月面结构的颜色相对较浅。照片前景中锁眼形状的结构是福特环形山。（NASA）

月球表面

划分月球亮部和暗部的线称为明暗界线。站在明暗界线上的宇航员会看到太阳升起或落下。明暗界线附近的物体由于照明角度较低而变得轮廓鲜明。由于没有大气来柔化阴影，环形山和山脉的棱角显得特别分明。随着太阳从月球表面上升得越来越高，细节就变得越来越模糊，但与此同时，明亮的高地和黑暗的低地平原之间的反差变得更加明显。

在满月前后，许多单独的月面特征很难被辨认出来。唯一的例外是那些有明亮辐射纹的环形山，显然那些辐射纹是由环形山形成时抛出的粉末状岩石形成的。在高照度光线下，这些纹理显得尤其突出。著名的例子是直径为 96 千米的哥白尼环形山和直径为 40 千米的

阿里斯塔克斯环形山，它们是月球上最明亮的区域。而最壮观的第谷环形山的直径为 85 千米，辐射纹延伸了 1000 多千米。

除了两极附近的一些小的区域外，月球上的每个地方都有长达两周的日光照射，表面温度会超过 100 摄氏度，高于水的沸点。接下来是两周的夜晚，气温又骤降至零下 170 摄氏度或更低。然而在月球的两极，一些陨石坑的底部永久见不到阳光，因此温度永远不会超过冰点。在这里，彗星撞击形成的冰可能存在于地表之下。

在观赏了明亮的满月之后，你会惊奇地发现月球表面的岩石实际上是深灰色的。平均而言，月球表面反射的光只有 12%。如果月球像金星那样被云层覆盖，它的亮度将会是金星的 5 倍以上。

月海、山脉和环形山

月面上的结构有各种奇怪的名字。暗色的低地平原称为"月海"(maria),maria 在拉丁语中是"海"的意思,这是因为最早的观测者把它们想象成一望无际的水域。尽管几个世纪以来人们都清楚地知道月球上既不存在空气也不存在液态水,但这个名字仍然流传至今。例如,月面上有风暴洋、雨海和静海。

而较暗的低地称为湾、沼或湖。月海地区是由巨大的撞击形成的,后来被淹没了,但不是被水淹没,而是被熔岩淹没,所以这么看来老名字也许并不是那么不合适。

月球上的山脉以地球上的山脉来命名,例如阿尔卑斯山脉、亚平宁山脉。而环形山则是以历史上的哲学家和科学家的名字命名的,尽管这种方法有些随意。

月面的低地平原湿海,由凝固的熔岩覆盖,有些地方已经出现褶皱了。在它的北岸有一个很大的环形山,名叫伽桑狄环形山,以它表面上复杂的裂缝而闻名。(ESO)

1969年11月，"阿波罗12号"精确着陆在两年半以前"探测者3号"到达的地方。图中，宇航员皮特·康拉德正准备将"探测者号"的照相机取下带回地球。背景是登月舱。（NASA）

"环形山"这个词很容易让人产生误解，因为它让人联想到一个圆形的深碗。对于最大的环形山，更好的说法是有围墙的平原。例如，位于月面中心附近的直径为150千米的托勒密环形山明显呈六边形，而再往南115千米的普尔巴赫环形山也是如此。这些扭曲的形状可能是由月球地壳的应力造成的。

许多大的环形山都有台地墙，这是由于环形山的塌陷造成的，而中央峰则是在形成环形山时，由于陨石撞击后的反弹而形成的。既有台地墙又有中央峰的典型例子有西奥菲勒斯环形山、阿尔扎赫尔环形山和哥白尼环形山。

从最大的环形山到最小的月海，大小尺度几乎是连续的。月海表面最像环形山的是危海，其直径约为500千米，是最大的环形山直径的两倍。一些环形山被黑色的熔岩所淹没，留下了海一样的表面，最著名的是柏拉图环形山，有100千米宽，在雨海的北岸。

柏拉图环形山附近有一个巨大的半圆形坑，其名字叫作虹湾，直径为250千米，连接着环形山和月海之间的缝隙。这里通往雨海，在斜射的阳光下，只能看见几条低矮的山脊，这是由于它的壁被先前的熔岩所覆盖。而虹湾的壁仍然屹立着，形成了一座弧形山脉，称为侏罗山脉，高4.5千米。每个月的初十前后，侏罗山会出现日出，这是月球观测者最难忘的景象之一（见第317页上的照片）。

1609 年，伽利略将他的第一台望远镜对准了月球。有人认为环形山和月海是由火山活动引起的，而反对者则认为它们是由陨石和小行星撞击造成的。直到 20 世纪 60 年代末，当空间探测器和宇航员第一次到达月球时，争论才最终得到平息——撞击理论得到了支持，尽管人们后来承认也有一定数量的火山活动。

空间探测器的探索

1964 年和 1965 年，美国的 3 个探测器"徘徊者 7 号""徘徊者 8 号"和"徘徊者 9 号"向月球进发，传回的一系列照片显示了月球上直径在 1 米以下的结构，这比地球上的望远镜所能看到的结构的 1% 还要小。人们发现，即使月球表面最光滑的地方也有小坑，这些小坑是由亿万年间的陨石撞击造成的。当时正在计划的载人任务着陆点的选择必须特别小心，以防止登陆舱坠落到火山口或撞上大石头。

"徘徊者号"对月球表面的粗略探察是先前两次任务的后继：一是"探测者号"，它们是一系列自动软着陆的飞船（而"徘徊者号"仅仅是撞击着陆）；二是月球轨道探测器，顾名思义，它们从近距离轨道拍摄月球。

从 1966 年到 1968 年，这两组探测器的探测结果彻底改变了我们对月球的认识，为载人阿波罗登月计划铺平了道路。"探测者号"发现月球表面的岩石已被微陨石侵蚀成一种称为风化层的致密表土，幸运的是风化层足够坚固，可以承受宇航员和航天器的质量。月球探测器拍摄的照片使天文学家能够绘制出最详细的月球正面和背面的地图。

位于月球背面的齐奥尔科夫斯基环形山，它的直径为 185 千米，有一个深色的底面和一座突出的中央峰，1967 年由月球轨道探测器 3 号拍摄。人类总共发射了 5 个月球轨道探测器，对整个月球进行了详细的拍摄，并为阿波罗宇航员绘制了可能的着陆点。月球轨道探测器拍摄的图片以条状的形式传回地球，因此图片上有条状痕迹。（NASA）

1972年12月，在"阿波罗17号"最后一次登月任务中，宇航员尤金·塞尔南和哈里森·施密特花3天时间探索了月球正面东南部的澄海。

上图：站在一块滚下山坡的岩石面前，施密特显得很矮小。前景是电动月球车。（NASA）

右图：施密特用耙子从月球土壤中铲出卵石。（NASA）

　　1959年10月，苏联的"月球3号"探测器第一次瞥见月球的背面——月球永远一面对着地球。尽管以现代的标准来衡量，它拍摄的照片并不出色，但至少揭示了月球的两个半球之间的主要差异：月球的背面几乎没有任何月海区域，相反，到处都是坑坑洼洼的明亮高地。之所以会出现这种不对称性，是因为月球背面的地壳厚约15千米。

　　像月海这样的大型低地盆地确实存在于月球的背面，但它们没有被黑色熔岩淹没。来自月球内部的火山熔岩更容易从面向地球的半球的较薄地壳中泄漏出来。月球背面最突出的黑暗区域根本不是真正的月海，而是一个名为齐奥尔科夫斯基环形山的深坑，直径为185千米，有月球正面上虹湾的四分之三大小。

阿波罗计划

一旦月球轨道探测器发现了可能的着陆点，宇航员就可以登上月球了。1969 年 7 月 20 日，名为"鹰"的"阿波罗 11 号"登月舱载着尼尔·阿姆斯特朗和巴兹·奥尔德林在静海的西南部进行了首次载人登月。两名宇航员花了两小时探索月球表面，进行实验，并收集样本供地质学家进行研究。人类第一次在太空中接触到另一个世界。

1972 年 12 月，"阿波罗 17 号"完成了一系列载人着陆任务，宇航员带回了 380 多千克的月球样本，其中大部分目前仍保存在 NASA 位于得克萨斯州休斯敦的约翰逊航天中心。如果把阿波罗计划的总成本计算在内，1 千克月球岩石价值 1 亿美元。除了"阿波罗号"带回的样本外，苏联的 3 个自动月球探测器也带回了几百克月球土壤。

我们从这些珍贵的样本中了解到了什么？关于月球岩石最令人震惊的事实

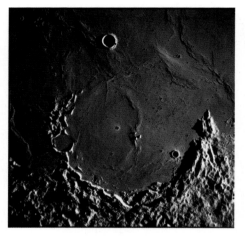

勒特罗纳环形山位于风暴洋的南岸，由熔岩形成。它的一面岩壁已经被摧毁，中央峰的部分仍然存在。低角度的光照使凝固的熔岩的褶皱呈现出鲜明的轮廓。这张照片是1972年"阿波罗16号"在执行任务时从轨道上拍摄的。（NASA）

是它们有如此大的年龄。例如，"阿波罗 11 号"带回的月球样本被证明有 37 亿年的历史，比地球上几乎所有的岩石都要古老。然而，它们的发源地静海是月球上最年轻的地区之一。在带回的所有岩石中，最年轻的一块来自"阿波罗 12 号"在风暴洋中的登陆点，它们也有 32 亿年的历史。

不出所料，月球上的月海被熔岩流覆盖，其成分与地球上的火山玄武岩相似。但它们不像地球上的熔岩区那么崎岖不平，因为自熔岩形成以来的数十亿年里，微陨石已经打磨侵蚀了月球的岩石表面，形成了几米深的一层土壤，即风化层。

与此形成对比的是，在后来的阿波罗任务中进行采样的高地由一种被称为斜长岩的浅色岩石构成，这在地球上很少见。来自高地的岩石被证明比来自月海的岩石更古老，大部分可以追溯到 40 亿年甚至更久以前。它们支离破碎

位于月球南部高地的第谷环形山，直径85千米，是月球上最年轻的大环形山，估计有1亿年的历史。明亮的辐射纹是撞击形成环形山时被碰飞的物质留下的痕迹，延伸到了整个可见的月球表面。第谷环形山内部斜坡上的台地墙，在其他大型环形山上也能看到，都是由滑坡造成的。这张照片是1967年由"月球轨道飞行器5号"拍摄的。（NASA）

的样貌见证了月球在其历史早期遭受陨石猛烈撞击的过程。

月球的起源和演化

在阿波罗登月时代，关于月球的起源有3种主要理论：一是它是在我们的地球形成后不久分裂出去的；二是它曾经是一个独立的天体，后来被地球的引力俘获；三是地球和月球同时形成，直到现在。但以上3种理论都有缺陷。

阿波罗登月计划实施之后，出现了第四种理论，通常称为大碰撞理论，它综合了其他理论的各个方面。根据这一现在被广泛接受的观点，一个火星大小的流浪天体与年轻的地球相撞，碎片喷射到环绕地球的轨道上，并在那里组合成月球。

对月球样本的精确年代测定表明，这次碰撞发生在大约45亿年前，也就是地球形成约1亿年之后。那时，铁已经下沉到地球的中心，形成了地核，所以在碰撞中从外层抛出的物质主要是岩石。

虽然关于月球起源的许多细节仍不清楚，但我们现在对它后来的历史有了比较清楚的了解。月球在环绕地球的轨道上快速积累物质（这个过程称为吸积）时产生了大量热量，最终熔化了它的外层。一层密度较低的岩屑形成了原始的月壳，然后月壳被太阳系形成过程中遗留下来的其他碎片撞击了几亿年。在太阳系的其他岩石天体上也可以看到类似的痕迹，特别是像月球一样的水星。

这一重度撞击过程造就了月球表面上杂乱的高地和月海盆地，彻底改变了大半个月球表面，而这一面就是月球自转被潮汐锁定后面向地球的那一面。

大约40亿年前，流星碎片的风暴减弱了。慢慢地，熔岩开始从月球内部渗出，凝固后形成黑暗的低地月海。而凝固的熔岩皱脊有数百千米长，只有几百米高。在低光照下，通过双筒望远镜和小型望远镜我们可以看到月海。特别要注意的是，初五到初六的时候，在丰富海的东部可以看到蛇形脊。静海和雨海也有明显的皱脊。事实上，静海上还有一座拉蒙特环形山，它只不过是凝固的熔岩形成的低矮山脊。

在有的地方，特别是风暴洋西部的马里乌斯环形山附近，人们发现了一些由熔岩上涌产生的水泡状圆顶。最大的圆顶，或者更确切地说最复杂的圆顶，是吕姆克山。它位于风暴洋更北的地方，有70千米宽。在月球上没有像维苏威火山这样的火山锥，显然这是因为月球上的熔岩太稀，无法堆积成山。

各种各样的山谷为地质活动提供了进一步的证据。一个明显的例子是阿尔卑斯月谷，它穿过了柏拉图环形山附近的阿尔卑斯山。阿尔卑斯月谷似乎是月壳断裂的结果，那些较窄的沟槽称为沟

哈德利沟纹是一条干涸的熔岩通道，1971年"阿波罗15号"的宇航员曾到过这里。（NASA）

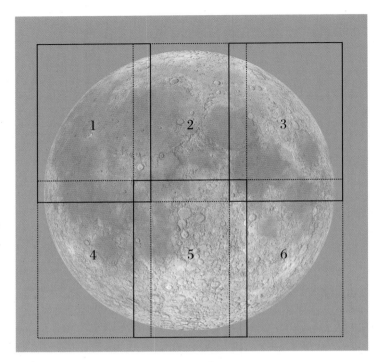

第336~347页上月面图的索引图。在这些图上，月球的顶部是北方，就像用裸眼和双筒望远镜看到的那样。由于天文望远镜的顶部是南方，所以天文望远镜的使用者应该把这些图倒转过来使用。图的左边是西方，就像在地球上一样，尽管在天空的其余部分，西方在相反的方向，即对着西方地平线。

纹。靠近月球中心的希吉努斯环形山位于一条长而无边的裂缝中央，这条裂缝附近的地面沉降形成了一些较小的环形山。一些月球断层形成了较矮的悬崖，例如在努比乌姆海东部边缘延伸了120千米的直壁。

另一种类型的沟纹称为弯曲沟纹，像蜿蜒的河流一样流淌在月海的表面。"阿波罗15号"就降落在哈德利沟纹的边缘。这些弯曲的沟纹不是由流水形成的，它们可能是崩塌的隧道，熔岩流曾经从这里经过。

10亿年前，火山喷发停止了，月球逐渐冷却。从那以后，除了偶尔会有一颗陨石在月球表面撞击出一个新的陨石坑外，它几乎没有任何变化。例如，哥白尼环形山形成于大约10亿年前，第谷环形山大约在1亿年前由撞击形成。

月面图1[*]

阿里斯塔克斯环形山：年轻的环形山，直径为40千米，内壁上有多个台地墙。这是月球上最亮的部分，也是月面上一些主要辐射纹的中心。高光照条件下，在其内壁上可以看到深色条纹。阿里斯塔克斯环形山一直是许多月球暂现现象（TLPs）的红色辉光出现的位置，这些现象可能是由月球表面的气体逸出造成的。而北面的群山则出现了奇妙的刻蚀样貌。

哥白尼环形山：月球上最壮观的环形山之一，直径为96千米，是月面上

---

[*] 由于大部分月面地名尚无规范译名，本书月面图中仅标注了部分常见地名的中文名称，其余保留英文名称。——译注

一些主要辐射纹的中心，它有台地墙和大量的中央峰。哥白尼环形山的辐射纹跨越了雨海和风暴洋，长达600多千米。

恩克环形山：直径为28千米的低壁环形山，被附近的开普勒环形山发出的辐射纹所覆盖。在高光照条件下，它闪闪发光。

欧拉环形山：一座小而清晰的环形山，直径为26千米，位于雨海的西南部，是月面上一些次要辐射纹的中心。

福特环形山和福特A环形山：位于哥白尼环形山南部，形似钥匙孔，长18千米，深近2千米，在低光照条件下相当醒目。

哈尔帕卢斯环形山：位于冷海上，直径为40千米，在高光照条件下十分明亮。直径为25千米的福柯环形山位于它和虹湾之间。

希罗多德环形山：与阿里斯塔克斯环形山的大小相似（直径为36千米），但结构不同——希罗多德环形山有一条黑暗的熔岩流，它不是辐射纹的中心。位于希罗多德环形山北部壁外的是W形的施罗特里月谷，全长185千米。

赫维留环形山：巨大而明亮的环形山，直径为114千米，位于风暴洋的西岸，地面上有些裂缝。它在北部与更小更尖锐的卡瓦勒里斯环形山（直径为59千米）相连。

开普勒环形山：位于风暴洋的主要辐射纹的中心，是一座明亮的环形山，直径为30千米，有中央峰和很明显的台地墙。

马兰环形山：位于虹湾以西的高地上，直径为40千米。

马里乌斯环形山：位于风暴洋上的暗色平底环形山，直径为40千米。它引人注目的原因是位于一条皱脊上。这个地区有许多圆顶状的结构，熔岩曾从它的表面冒出来。

风暴洋：广阔的黑暗平原，没有明确的边界，从雨海向南延伸到湿海。风暴洋的最大宽度约为2500千米，面积超过200万平方千米。它上面点缀着许多环形山和明亮的辐射纹。

普林茨结构：直径为46千米的U形地层，是被风暴洋的熔岩淹没的一座半损毁的环形山的遗迹。值得注意的是它的北部有蜿蜒的峡谷。

毕达哥拉斯环形山：壮观的大环形山，直径为145千米，有高度近5千米的台地墙和突出的中央峰，靠近月球正面的西北边缘。

赖纳尔环形山：位于风暴洋上的开普勒环形山以西30千米处，是一座尖锐的环形山。特别值得注意的是，在西部和北部黑暗的平原上有一处蝌蚪形状的明亮物质飞溅纹。

莱因霍尔德环形山：位于哥白尼环形山西南方向43千米处，是一座明亮的环形山，有台地墙。它的东北部有一处较小较低的环地，名为莱因霍尔德B环形山。

吕姆克山：位于风暴洋西北方向的

哥白尼环形山，风暴洋上的一座巨大而明亮的环形山，带有辐射纹。它是月球表面最令人印象深刻的景象之一。（月面合成图）

一个不寻常的结构，只有在低照度条件下才看得见。吕姆克山的直径为73千米，是一个不规则的、凹凸不平的圆丘。

虹湾：雨海上的一处巨大（直径为250千米）而美丽的海湾。它的堤已被入侵的熔岩冲垮，只剩下几条较低的皱脊。它剩下的壁称为侏罗山脉，在晨光的照耀下熠熠发光。它的北部边缘有很深的、直径为38千米的比安奇尼环形山。

月面图2

阿格里帕环形山：直径为44千米，呈椭圆形，中部有山峰，与戈丁环形山形成一对整齐的环形山。

阿那克萨哥拉环形山：直径为52千米，位于月球北极附近，是一个广阔的辐射纹系统的中心。

阿基米德环形山：位于雨海东部的一座独特的环形山，直径为81千米，以其几乎完美的底面而闻名。1971年，"阿波罗15号"在它东南方向的亚平

阿里斯基尔环形山（右上角）、奥托吕科斯环形山和被熔岩覆盖的阿基米德环形山在雨海的东部形成了一群迷人的目标。（月面合成图）

宁山脚下着陆。

阿里斯基尔环形山：位于雨海东部，直径为54千米，有台地墙，周围有许多山脊，中间有一座900米高的中央峰。在高光照条件下，它被一个较暗的辐射纹系统所包围。它与南面的奥托吕科斯环形山形成一对。

亚里士多德环形山：宏伟的环形山，直径为88千米，部分被熔岩淹没，与东面较小的米切尔环形山相接触。无数的山脊从它的外墙辐射出来。它与南方的殴多克索斯环形山形成一对。

奥托吕科斯环形山：这是一座直径为39千米的突出的环形山，位于阿里斯基尔环形山以南。它是在高照度条件下可见的一个暗弱辐射系统的中心。

卡西尼环形山：有部分被淹没毁坏的墙壁，外观不寻常，直径为57千米，包括一个17千米宽的碗状火山口卡西尼A。

埃拉托色尼环形山：位于亚平宁山脉南端的浪湾边缘，是一个突出而深邃的火山口，有台地墙和中央峰的小坑。它的直径是59千米。

殴多克索斯环形山：直径为70千米，中间有小峰，四周有台地墙，位于亚里士多德环形山的南部。

戈丁环形山：与阿格里帕环形山为伴，但它更小更深，直径为34千米，有中央峰，墙壁明亮，有暗弱的辐射纹系统。

希吉努斯环形山：一个直径为9千米的无框环形山，位于200千米长的月溪中心，在小型望远镜中可见。它显然是地表塌陷后形成的，东边是另一条月溪——阿里亚代乌斯月溪。

朗伯特环形山：位于雨海上，直径为30千米，有中央坑，坐落在一处皱脊上。在低光照条件下，它的南方有一

个更大的像幽灵一样的环——朗伯特 R。

林奈环形山：澄海上的一个亮斑，最好在高光照条件下进行观测。它的中心是一个直径为 2.2 千米的小陨石坑。

曼尼里乌斯环形山：是一座直径为 38 千米的明亮的环形山，位于汽海上，有台地墙和中央峰。随着光照的增强，可以看到它有一个辐射纹系统。它的邻居墨涅拉俄斯环形山（直径为 27 千米）位于澄海的边缘。

雨海：巨大的圆形平原，直径为 1150 千米，与阿尔卑斯山脉、高加索山脉、亚平宁山脉和喀尔巴阡山脉接壤，在西南方向与风暴洋相通。雨海有个双重结构，可以看到一个较小的内环，有一些孤立的山脉和皱脊隐约可见。注意它的熔岩表面有不同的颜色。在黑暗的地面上还有几座突出的孤立山脉，包括比科山脉、皮东山脉，以及直列山脉、斯匹次卑尔根山脉和特纳利夫山脉。

澄海：是一个大的圆形月海，面积为 670 千米 ×600 千米，西北方有高加索山脉，西南方有海玛斯山脉。较亮的辐射纹从第谷环形山穿过黑暗的熔岩平原，中间经过了直径为 16 千米的贝塞尔环形山。在高光照条件下，可以看到澄海周围有深色的熔岩，同时可以看到东边有一条主要的皱脊（巨蛇脊）。1972 年，"阿波罗 17 号"在澄海的东南边缘着陆。

柏拉图环形山：位于雨海北部的高地上，底面为深色，直径为 101 千米，在任何角度的光照条件下都很明显。平坦的地面上有很多微小的环形山。在这一地区人们曾观测到暂时的地表模糊现象，据推测这是由放气造成的。西墙内侧似乎有山泥倾泻，以致部分脱落。

皮西亚斯环形山：位于雨海上的一座小环形山（直径为 19 千米），但又深又亮。它有菱形的轮廓，在高光照条件下十分明亮。

史塔杜斯环形山：哥白尼环形山东面的"幽灵"环，只有一些山脊和小坑勾勒出它的轮廓，在低角度光照条件下才能看到。它的直径是 68 千米。

提莫恰里斯环形山：位于雨海上的一座直径为 34 千米的环形山，有台地墙和独特的中央坑。它是一些暗弱的辐射纹的中心。

特里斯内克环形山：直径为 25 千米，周围有裂隙。

阿尔卑斯谷：是一条 155 千米长的平地山谷，穿过月球的阿尔卑斯山脉，连接雨海和冷海。

月面图3

阿特拉斯环形山：直径为 88 千米，

波西当尼斯环形山，结构复杂，部分被毁，位于静海的东部，靠近一条明亮的皱脊——巨蛇脊。（月面合成图）

有台地墙和复杂的地形。它的西北部是阿特拉斯 E 环形山——一个被毁坏的环。阿特拉斯环形山和赫拉克利特环形山是这个地区众多环形山中的一对。

伯克哈特环形山：一座复杂的环形山，直径为 54 千米，两侧都有重叠的旧地层结构（伯克哈特 E 和 F）。

博格环形山：一个很突出的环形山，尽管其大小仅算中等（直径为 41 千米）。它位于死湖的中心，有中央峰，附近有月面谷。

克莱奥迈季斯环形山：位于危海北部，直径为 131 千米，形状不规则，底部的一部分被淹没。西壁被直径为 44 千米的环形山打断。

恩迪弥翁环形山：底面颜色较深，直径为 122 千米，其壁高达 4900 米。

富兰克林环形山：直径为 56 千米，直径为 39 千米的刻普斯环形山位于其西北方向。

杰米纽斯环形山：直径为 82 千米，有中央峰。附近的两座较小的环形山——穆萨拉 B 和杰米纽斯 C 有明亮的辐射纹。

赫拉克利特环形山：底面平坦，直径为 68 千米，包含了直径为 14 千米的清晰明亮的赫拉克利特环形山 G。

勒莫尼耶环形山：一座被淹没的古老的环形山，它的西壁被来自澄海的熔岩冲刷掉了。它的直径为 68 千米。

危海：绝对是一处漆黑的低地平原，四周环绕着高高的山脉，像一座巨大的环形山，面积为 420 千米 × 550 千米。它的平坦底面上的主要特征是直径为 22 千米的皮卡德环形山，它的北面是较小的皮尔斯环形山。

静海：一处形状不规则的低地，面积为 540 千米 × 875 千米。存在的皱脊表明平原上曾有过无数的熔岩流。静海中的主要环形山是位于其西侧的变形的阿拉戈环形山，其直径为 26 千米。1969 年，"阿波罗 11 号"第一次载人登月任务的登月舱就在静海的西南部着陆。

普林尼环形山：是一座直径为 41 千米的独特的环形山，有复杂的中央峰与中央环形山结合，位于澄海和静海之间，东北方向是道斯环形山（直径为 18 千米）。

波西当尼斯环形山：是一座位于澄海东北岸的大环形山（直径为 95 千米），它的一部分被熔岩破坏，底面包括一道弯曲的山脊、几个月谷和一座较小的碗状环形山。已经被毁坏的沙科纳克环形山紧靠它的东南部，直径为 50 千米。

普罗克洛斯环形山：位于危海西部边缘的一座又小（直径为 27 千米）又亮的环形山。在高光照条件下，它是一系列扇形辐射纹的中心。

塔伦修斯环形山：位于丰富海西北部，是一座低壁环形山，直径为 57 千米，内部还有同心环。西北侧的墙上有直径为 11 千米的卡梅伦环形山。它是一系列暗弱辐射纹的中心。

泰勒斯环形山：一座带有辐射纹的明亮的环形山，直径为 31 千米，位于冷海东北部。

月面图 4

布利奥环形山：一座位于云海中的美丽的环形山，有阶梯状的墙壁和复杂的中央峰，直径为 61 千米。两个较小的陨石坑——布利奥 A 陨石坑（直径为 25 千米）和布利奥 B 陨石坑（直径为 21 千米）形成一条向南延伸的链。

弗兰斯蒂德环形山：坐落在风暴洋上，直径为 19 千米，其北面有一圈更大的被侵蚀的山丘——弗兰斯蒂德 P，它在满月的背景下显得很明亮。

伽桑狄环形山：位于湿海北部边界上，直径为 111 千米，一部分环被淹没，内部有复杂的月谷、山脊和山丘。较深的伽桑狄 A 环形山（直径为 32 千米）横亘在它的北壁，较小的伽桑狄 B 环形山（直径为 25 千米）位于更北的地方。

格里马尔迪环形山：位于月球正面西侧，直径为 173 千米，底面颜色较暗，有着宽阔的布满坑洞的墙壁。靠近边缘的地方有一个较小的暗斑，是直径为 156 千米的里乔利环形山。

海因泽尔环形山：呈奇特的锁眼状，由 3 座融合在一起的环形山组成，其中两座较小的环形山是海因泽尔 A 和海因泽尔 C。

西帕路斯环形山：由熔岩流形成的海湾，直径为 57 千米，位于湿海的岸上，

周围有许多月谷。

兰斯伯格环形山：是一座直径为 39 千米的明亮的环形山，有巨大的台地墙和中央峰，位于风暴洋上。1969 年，"阿波罗 12 号"在兰斯伯格环形山的东南部着陆。

勒特罗纳环形山：是一道宽 118 千米的大湾，位于风暴洋的南侧。它面向风暴洋一侧的壁显然被黑色熔岩冲毁了。

湿海：是一处直径为 420 千米的圆形低地平原，伽桑狄环形山位于其北部边缘。它的周围有月谷和皱脊。它在南方侵蚀了多佩尔迈尔环形山和李环形山，而维泰洛环形山躲过了一劫。东部为环状湾西帕路斯，它的形成与地表断裂活动密切相关。

席卡尔德环形山：是一座直径为 212 千米的大型环形山，底面较暗。它的南边是重叠在一起的内史密斯环形山（直径为 78 千米）和福西尼德环形山（直径为 115 千米）。它的西南面是著名的瓦根廷环形山，直径为 85 千米，显然是一个火山口，边缘是凝固的熔岩。

席勒环形山：是一座奇特的脚印状环形山，长 179 千米，宽 65 千米。

希尔萨利斯环形山和希尔萨利斯 A 环形山：直径分别为 44 千米和 48 千米。附近有长达 400 千米的希尔萨利斯月溪，它延伸至南边的达尔文环形山（直径为 122 千米）。

月面图5

艾布·菲达环形山：是一座明亮光滑的环形山，有像经过雕刻的内壁，直径为 62 千米。"阿波罗 16 号"于 1972 年在这里以北的高地着陆。

席卡尔德环形山，图中左上方的一个大型月面结构，位于熔岩覆盖的瓦根廷环形山的北部。注意，形状奇怪的海因泽尔环形山和席勒环形山分别位于图中的右上角和右下角。（月面合成图）

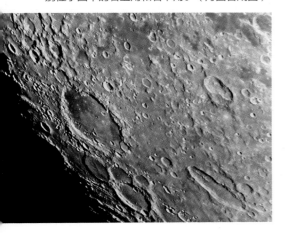

阿尔巴塔尼环形山：直径为 131 千米，有中央峰。它的西南边缘处有明亮的克莱因环形山，其直径为 43 千米。

阿里辛西斯环形山：是一座明亮的环形山，外形不规则，直径为 80 千米。与较小的维尔纳环形山形成一对。

阿尔佩特拉吉斯环形山：是一座深达 3900 米的碗状环形山，位于阿方索环形山的外斜坡上，中央有一个巨大的圆顶。它的直径为 40 千米。

阿方索环形山：直径为 111 千米，有复杂的墙壁和一道贯穿其中心的山脊。它的底面上有大量的陨石坑和裂缝，在高光照条件下可以看到几个暗斑。据报道，阿方索环形山是一个模糊的地方，可能是由于气体从这里释放出来而造成的。

阿尔扎赫尔环形山：直径为 97 千米，有台地墙和突出的中央峰。它的东面有一座引人注目的环形山，其中心有一座山峰，就像一个缩小版的阿尔佩特拉吉斯环形山。这座环形山叫作鹦鹉环形山 C，直径为 30 千米。

巴罗夏斯环形山：位于莫罗利卡斯环形山东南部，直径为 83 千米，东北侧的墙被直径为 37 千米的巴罗夏斯 B 所打破。西南方是克莱尔环形山，它的直径为 77 千米，位于巴罗夏斯环形山和居维叶环形山之间。

伯尔特环形山：位于云海东部，直径为 16 千米，是一座尖锐明亮的环形山。望远镜显示，它的东墙上有一个较小的火山口（直径为 7 千米），名叫伯尔特 A，在低光照条件下，可看到一条向西延伸的裂隙。

布兰卡纳斯环形山：直径为 106 千米，位于克拉维斯环形山以南。

克拉维斯环形山：一处有围墙的大平原，直径为 231 千米。值得注意的是，在其凸出的表面上，有明显的弧形小陨石坑。它的南墙被长达 50 千米的卢瑟福环形山打断，它的东北侧的墙被长达 51 千米的波特环形山打断。

德朗布尔环形山：一座直径为 51 千米的明亮的环形山，内部不规则，位于静海西南部。

德朗达尔环形山：一处巨大、低洼、有侵蚀地层的环形山，直径为 227 千米，位于云海东南部。南部边缘坐落着部分环被毁坏的勒格泽耳环形山，直径为 64 千米。它的西部有明亮的赫尔环形山（直径为 33 千米）。

弗拉·毛罗环形山：云海北部古老的侵蚀环形山群中最大的成员，直径 97 千米。这个环形山群还包括邦普兰环形山（直径为 59 千米）、帕里环形山（直径为 47 千米）和居里克环形山（直径为 61 千米）。1971 年，"阿波罗 14 号"在弗拉·毛罗环形山以北着陆。

赫拉克利特环形山：长 86 千米的

克拉维斯环形山，是月球南部高地上的一处壮观地貌，它的表面有一个由较小的陨石坑构成的弧形串。（月面合成图）

狭长形奇特结构，有中央山脊，位于斯托弗尔环形山以南。它的南端被赫拉克利特 D 环形山环绕。在赫拉克利特环形山和斯托弗尔环形山之间坐落着直径为 75 千米的利塞塔斯环形山。居维叶环形山位于赫拉克利特环形山的东面，直径为 77 千米。

赫歇尔环形山：深达 3900 米，中部山峰细长，位于托勒密环形山的北部，直径为 39 千米。更靠北的是稍小一些的斯波勒环形山，直径为 26 千米，这是一个部分填满的环形带。

依巴谷环形山：在阿尔巴塔尼环形山以北，直径为 144 千米，已被侵蚀。它的中央峰实际上是一个小陨石坑。在它的东北部是霍罗克斯环形山，直径为 30 千米，深达 2800 米。在依巴谷环形山和阿尔巴塔尼环形山之间有哈雷环形山（直径为 35 千米），它的东面是欣德环形山，宽 29 千米，深达 2800 米。

隆哥蒙塔努斯环形山：位于月球南部崎岖不平的高地上，是一处有墙的大平原，直径为 145 千米。东边的山脊形成一个新月形，称为隆哥蒙塔努斯 Z。

马吉努斯环形山：位于克拉维斯环形山以北，是一处有墙的大平原，直径为 156 千米，中心有小峰的凸形浮凸。它的西南侧的墙被较小的马吉努斯 C 陨石坑打断，直径为 47 千米。

云海：不规则的黑色低地平原，覆盖着无数的皱脊和环形山。在它的南岸是被淹没的皮塔图斯环形山，西南部是一对覆盖着暗熔岩的环形山：坎帕努斯环形山和墨卡托环形山（直径都是 46 千米）。它最著名的特征是东部的一条 116 千米长的断层，称为"直壁"，位于伯尔特环形山和塞比特环形山之间。

直壁南北贯穿着一座古老的覆盖着熔岩的环形山，只有东部的一半还在。在直壁的南端是鹿角山，这显然是一处被淹没的环形山遗迹。

莫罗利卡斯环形山：是一座直径为 115 千米的独特环形山，中央有两座山峰，壁高达 5000 米。它在一定程度上抹平了北部的一个较小的、未命名的月面结构。

莫雷环形山：位于克拉维斯环形山东南部杂乱的高地上，直径为 114 千米，有一座中央峰。更靠近南极的是直径为 68 千米的雪特环形山和直径为 84 千米的牛顿环形山。

皮塔图斯环形山：位于云海南岸，直径为 101 千米，底面颜色较暗。由于来自云海的熔岩侵入，它的部分墙壁已被摧毁，只留下了中央峰的遗迹。注意它的内壁周围的沟纹。一个较小的、类似被熔岩淹没的环带与它相连，其直径为 43 千米，叫赫西俄德环形山。

托勒密环形山：直径为 154 千米，呈六角形。它的古老的底面上布满了坑坑洼洼的小陨石坑，其中最著名的是直径为 9 千米的亚蒙尼环形山。

普尔巴赫环形山：虽破旧但依旧明显的直径为 115 千米的大型环形山。它的底部有山脊，北墙被 30 千米宽的椭圆形的普尔巴赫 G 环形山打断，而南墙被雷乔蒙塔努斯环形山侵入。

雷乔蒙塔努斯环形山：直径为 127 千米，已被淹没。它的中央峰顶部有一个小坑。它与普尔巴赫环形山形成一对，外形都明显呈六边形。

沙伊纳环形山：位于克拉维斯环形山西南部，直径为 110 千米。它的底面上有 3 个陨石坑，最大的是直径 12 千米的沙伊纳 A 陨石坑。

施特富勒环形山：位于莫罗利卡斯环形山以西，直径为 130 千米。它的东墙被几个火山口的侵入所破坏，其中最大的是法拉第环形山，直径为 69 千米。法拉第环形山的南墙受到法拉第 C 环形山（直径为 28 千米）的破坏，而其本身则侵入了施特富勒 P 环形山（直径为 40 千米）。

塞比特环形山：这是位于云海东南部的一座迷人的三重环形山，直径为 55 千米的主环形山被直径为 20 千米的塞比特 A 环形山破坏，而后者被更小的塞比特 L 环形山破坏。

第谷环形山：位于月球南部的高地上，直径为 85 千米。它在所有的光照角度下都很显眼，在高光照条件下更明亮。它有高达 4500 米的大型台地墙、壮观的中央峰和粗糙的底面。第谷环形山是月球上主要的带有辐射纹的环形山。来自第谷环形山的辐射纹向四面八方延伸至 1500 千米以外。注意，在高光照条件下第谷环形山周围有黑色的"领子"。第谷环形山是月球最年轻的地貌，大约有 1 亿年的历史。

沃尔特环形山：直径为 134 千米，内壁上的塌方和内部的几个陨石坑大大地改变了它的形状。它的外形几乎呈正方形。

维尔纳环形山：直径为 71 千米，壁高 4200 米，明显比邻近的环形山更尖锐、更圆。维尔纳环形山的底面上点缀着几座小山。

月面图6

卡佩拉环形山：位于酒海以北，直径为 48 千米，因地表断层而变形，有大型中央峰。与它西面毗连的是依西多禄环形山，其直径为 41 千米。

凯瑟琳娜环形山：围绕酒海西部的 3 座环形山之一，直径为 99 千米。暗弱的凯瑟琳娜 P 环形山覆盖了它北面的大部分地面。

西里尔环形山：直径为 98 千米，有复杂的台地墙、多座中央峰和崎岖的地面。它与西奥菲勒斯环形山相重叠。

弗拉卡斯托留斯湾：直径为 121 千米，呈马蹄形，位于酒海南岸。黑暗的熔岩已经冲破了它的北墙，淹没了它的内部。直径为 27 千米的弗拉卡斯托留斯 D 环形山扭曲了它的西墙。

让桑环形山：面积为 180 千米 × 240 千米，形状不规则，曾遭到猛烈撞击。它的北部为法布里修斯环形山，其直径为 79 千米，有一个中央峰。让桑环形山的西墙上有一座较小（直径为 35 千米）而尖锐的洛克耶环形山。让桑环形山的东南方坐落着双环形山——施泰因海尔环形山和瓦特环形山（直径分别为 63 千米和 67 千米）。法布里修斯环形山以北更远的地方坐落着梅修斯环形山，其直径为 84 千米。

朗格伦环形山：位于丰富海东部的一片明亮的平原，有台地墙、外脊和复杂的中央峰。它的直径是 132 千米，是一个辐射纹的中心。在它西北方的丰富海上，有 3 座较小的环形山，分别叫作朗格伦 F 环形山、朗格伦 B 环形山和朗格伦 K 环形山，它们的大小依次递减。朗格伦环形山以南是呈流线型的文德利努斯环形山，其直径为 141 千米。

马德勒尔环形山：位于酒海西北部的一座突出的环形山（直径为 28 千米），

有中央山脊。

丰富海：是一处面积为840千米×660千米的不规则的黑暗低地，与静海相连。在它的西部边界有几个陨石坑，尤其是古登堡环形山（直径为71千米）和戈克伦纽斯环形山（55千米×73千米）。这个区域有许多裂隙。

酒海：是一处直径为340千米的圆形低地平原，与几座环形山接壤，其中著名的有西奥菲勒斯环形山、西里尔环形山、凯瑟琳娜环形山和弗拉卡斯托留斯环形山。有一道外围的山围绕着酒海，称之为阿尔泰峭壁。

梅西耶环形山和梅西耶A环形山：丰富海上的一对椭圆形的环形山，尽管面积很小，但很显眼，直径分别为14千米和11千米。两束明亮的辐射纹从西面的梅西耶A环形山延伸出来。两座环形山在高光照下都显得很明亮。这一对环形山可能是一次擦边碰撞的结果。

帕雷泽西环形山和帕雷泽西月谷：它们位于佩塔维斯环形山东侧。帕雷泽西环形山的直径为42千米，位于帕雷泽西月谷南端。帕雷泽西月谷长达110千米。

佩塔维斯环形山：是一座壮观的有壁的环形山，直径为184千米。一条明亮的月谷贯穿其底面，从庞大复杂的中央峰一直延伸到部分为双层结构的台地墙。山脊线从它的外墙辐射出来。佩塔维斯环形山以西是罗特斯勒环形山，其直径为58千米，有一座中央峰。

皮科洛米尼环形山：位于阿尔泰峭壁上，是一座美丽的环形山，直径为88千米，有宽阔的中央峰和台地墙。

斯涅尔环形山：直径为86千米，已被毁坏，横跨浅浅的斯涅尔峡谷，向西北方向延伸至直径为45千米的博达环形山，向东南方向延伸至直径为63千米的亚当斯环形山。

西奥菲勒斯环形山：位于酒海西北部边缘，直径为99千米，中间有一座高达2200米的大山。台地墙在离地面5000米以上的地方拔地而起，有许多外部的山脊。

里伊塔月谷：位于让桑环形山和法布里修斯环形山东北方的一条环形山链，它的总长度约为500千米。里伊塔环形山的直径为71千米，有一座小的中央峰，位于月谷的北端。

位于酒海西岸的西奥菲勒斯环形山（图中上部）、西里尔环形山和凯瑟琳娜环形山组成的弧形环形山链是这片月面的一个显著特征。（月面合成图）

月面图

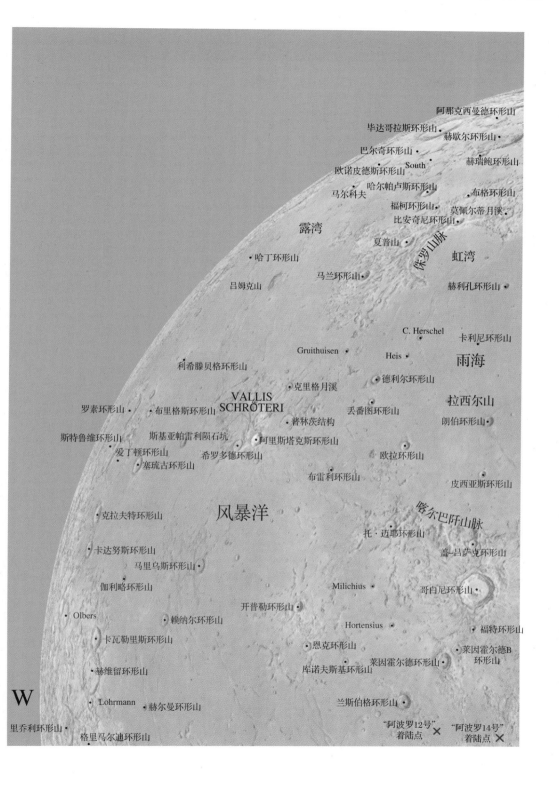

阿那克西曼德环形山

毕达哥拉斯环形山

赫歇尔环形山

巴尔奇环形山

South

赫瑞鲍环形山

欧诺皮德斯环形山

哈尔帕卢斯环形山

布格环形山

马尔科夫

福柯环形山

莫佩尔蒂月溪

比安奇尼环形山

露湾

夏普山

保罗山脉

虹湾

哈丁环形山

马兰环形山

赫利孔环形山

吕姆克山

C. Herschel

卡利尼环形山

Gruithuisen

Heis

雨海

利希滕贝格环形山

克里格月溪

德利尔环形山

VALLIS
SCHRÖTERI

丢番图环形山

拉西尔山

罗素环形山

布里格斯环形山

普林茨结构

朗伯环形山

斯特鲁维环形山

斯基亚帕雷利陨石坑

阿里斯塔克斯环形山

爱丁顿环形山

希罗多德环形山

欧拉环形山

塞琉古环形山

布雷利环形山

皮西亚斯环形山

克拉夫特环形山

风暴洋

喀尔巴阡山脉

卡达努斯环形山

托·迈耶环形山

马里乌斯环形山

盖-吕萨克环形山

伽利略环形山

Milichius

哥白尼环形山

Olbers

赖纳尔环形山

Hortensius

福特环形山

卡瓦勒里斯环形山

恩克环形山

莱因霍尔德B
环形山

赫维留环形山

莱因霍尔德环形山

库诺夫斯基环形山

W

Lohrmann

赫尔曼环形山

兰斯伯格环形山

里乔利环形山

格里马尔迪环形山

"阿波罗12号"
着陆点 ✕

"阿波罗14号"
着陆点 ✕

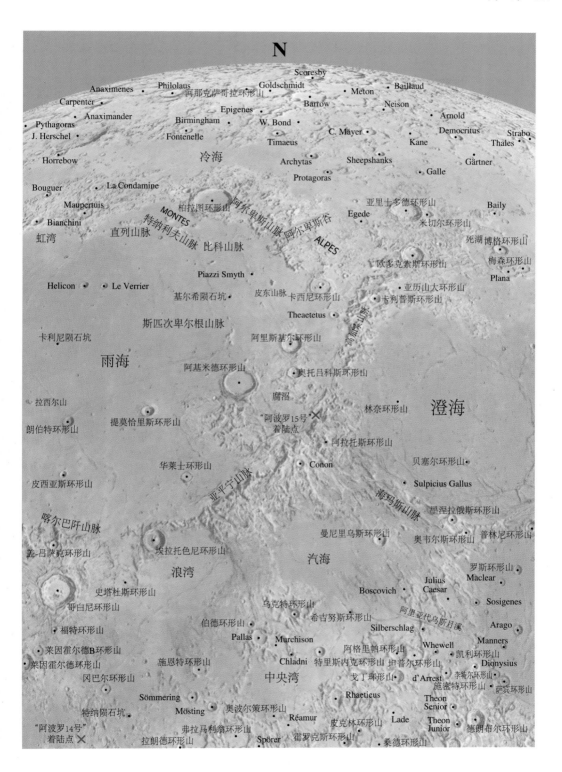

N

Scoresby
Anaximenes　Philolaus　Goldschmidt　Meton　Baillaud
阿那克萨哥拉环形山
Carpenter　Epigenes　Bartow　Neison
Anaximander　Birmingham　W. Bond　Arnold
Pythagoras　Fontenelle　C. Mayer　Democritus　Strabo
J. Herschel　Timaeus　Kane　Thales
Horrebow　冷海　Archytas　Sheepshanks　Gärtner
Protagoras　Galle
Bouguer　La Condamine
Maupertuis　亚里士多德环形山　Baily
Bianchini　柏拉图环形山　阿尔卑斯山脉　Egede　米切尔环形山
虹湾　MONTES　特纳利夫山脉　比科山脉　阿尔卑斯谷　死湖 博格环形山
直列山脉　ALPES　梅森环形山
欧多克索斯环形山
Helicon　Le Verrier　Piazzi Smyth　Plana
基尔希陨石坑　皮东山脉　卡西尼环形山　亚历山大环形山
卡利普斯环形山
斯匹次卑尔根山脉　Theaetetus
卡利尼陨石坑　阿里斯基尔环形山
雨海　阿基米德环形山　奥托吕科斯环形山
腐沼
拉西尔山　林奈环形山　澄海
朗伯特环形山　提莫恰里斯环形山　"阿波罗15号"　阿拉托斯环形山
着陆点
华莱士环形山　贝塞尔环形山
皮西亚斯环形山　Conon
Sulpicius Gallus
喀尔巴阡山脉　海玛斯山脉　墨涅拉俄斯环形山
盖-吕萨克环形山　埃拉托色尼环形山　曼尼里乌斯环形山　奥韦尔斯环形山　普林尼环形山
浪湾　汽海　罗斯环形山
史塔杜斯环形山　Boscovich　Julius　Maclear
哥白尼环形山　Caesar　Sosigenes
福特环形山　乌克特环形山　Silberschlag　Arago
莱因霍尔德B环形山　伯德环形山　希吉努斯环形山　阿里亚代乌斯峭月溪　Manners
Pallas　Murchison　Whewell　凯利环形山
莱因霍尔德环形山　施恩特环形山　Chladni　阿格里帕环形山　坦普尔环形山　Dionysius
冈巴尔环形山　特里斯内克环形山　李曦尔环形山
中央湾　d'Arrest　施密特环形山　萨宾环形山
Sömmering　戈丁环形山
特纳陨石坑　Rhaeticus　Theon
"阿波罗14号"　Mösting　奥波尔策环形山　Senior
着陆点　Réaumur　皮克林环形山　Lade　Theon　德朗布尔环形山
弗拉马利翁环形山　Junior
拉朗德环形山　Spörer　霍罗克斯环形山　桑德环形山

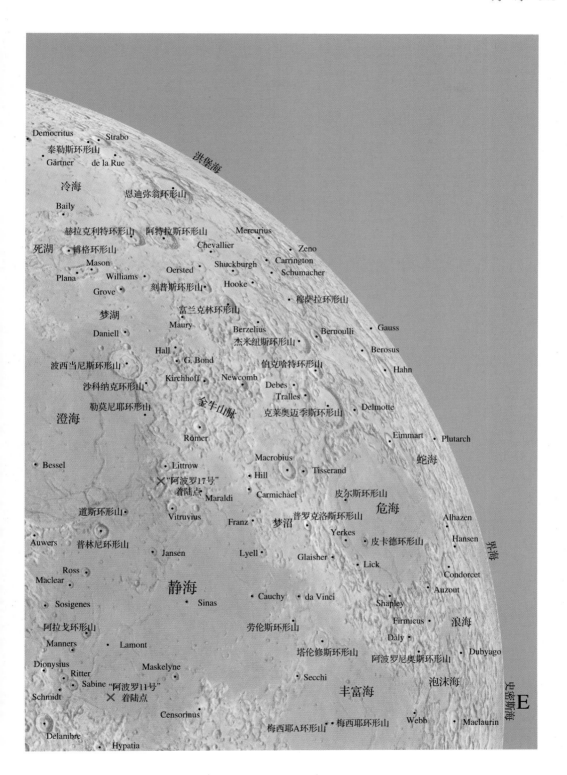

Democritus　Strabo
泰勒斯环形山
Gärtner　de la Rue

洪堡海

冷海
Baily
恩迪弥翁环形山

赫拉克利特环形山　阿特拉斯环形山　Mercurius
死湖　博格环形山　　　Chevallier　　　　Zeno
Mason　　　　　　　Shuckburgh　Carrington
Plana　Williams　Oersted　　　　　Schumacher
Grove　刻普斯环形山　Hooke
梦湖　　　　　富兰克林环形山　　　穆萨拉环形山
Maury　　　　Berzelius　　Bernoulli　Gauss
Daniell　　　杰米纽斯环形山　　　　Berosus
Hall　　　　　　　　伯克哈特环形山
波西当尼斯环形山　G. Bond　　　　　　　Hahn
Kirchhoff　　Newcomb
沙科纳克环形山　　　　　　Debes
勒莫尼耶环形山　　　　　Tralles
澄海　　金牛山脉　克莱奥迈季斯环形山　Delmotte
Römer
Eimmart　Plutarch
Bessel　　Littrow　Macrobius
蛇海
×"阿波罗17号"　Hill　Tisserand
着陆点　Maraldi　Carmichael　皮尔斯环形山
道斯环形山　Vitruvius　　　　　　危海　Alhazen
Auwers　　Franz　梦沼　普罗克洛斯环形山　Hansen
普林尼环形山　　　Yerkes　皮卡德环形山
Ross　Jansen　Lyell　Glaisher　　Lick
Maclear　　　　　　　　　　　　Condorcet
静海　　　　　　　　　　　　　Auzout
Sosigenes　Sinas　Cauchy　da Vinci　Shapley
阿拉戈环形山　　　　　　　　Firmicus　浪海
Manners　Lamont　劳伦斯环形山　Daly
Dionysius　　Maskelyne　塔伦修斯环形山　Dubyago
Ritter　　　　　　　　　阿波罗尼奥斯环形山
Sabine "阿波罗11号"　Secchi　泡沫海
Schmidt　×着陆点　丰富海
Censorinus
Delambre　梅西耶A环形山　梅西耶环形山　Webb　Maclaurin
Hypatia

界海

史密斯海

E

W

风暴洋

知海

湿海

东洋

PALUS
EPIDEMIARUM

Hevelius

Kunowsky

Reinhold

Lohrmann

Hermann

兰斯伯格环形山

"阿波罗12号"
着陆点 ✕

"阿波罗14号"
着陆点 ✕

里乔利环形山

Damoiseau

弗兰斯蒂德环形山

格里马尔迪环形山

Fra Mauro

Bonpland

Euclides

勒特罗纳环形山

Hansteen

Herigonius

Rocca

希尔萨利斯环形山

希尔萨利斯 A环形山 Billy

伽桑狄 B环形山

Darney

Fontana

伽桑狄 A环形山

Opelt

Crüger

Zupus

伽桑狄环形山

Lubiniezky

Agatharchides

布利奥斯环形山

de Vico

达尔文环形山

Mersenius

Loewy

布利奥斯 A陨石坑
布利奥斯 B陨石坑

Eichstädt

Prosper
Henry

Paul
Henry

西帕路斯环形山

König

Byrgius

Cavendish

Liebig

Kies

de Gasparis

多佩尔迈尔环形山

Campanus

Vieta

Palmieri

Mercator

Fourier

李环形山

维泰洛环形山

Lagrange

Ramsden

Cichus

Piazzi

Elger

Capuanus

Clausius

Lacroix

Haidinger

Lehmann

Drebbel

A
C

Epimenides

海因泽尔环形山

席卡尔德环形山

Mee

Lagalla

Inghirami

Nöggerath

瓦根廷环形山

内史密斯环形山

Bayer

福西尼德环形山

席勒环形山

Rost

Pingré

Segner

Zucchius

Bettinus

Bailly

Kircher

里菲山脉

Reinhold　Schröter　Chladni　Triesnecker　Agrippa　Tempel

Gambart　Godin

Sömmering　中央湾　Rhaeticus　Theo...
Senior

Turner　Mösting　Oppolzer　Réamur　Pickering　Lade　Theon
Junior

"阿波罗14号"
着陆点　×　Lalande　Flammarion　斯波勒环形山　霍罗克斯环形山　Saunder　德朗布尔环...

赫歇尔环形山　Gyldén　依巴谷环形山　Taylor

弗拉·毛罗环形山　Alfraganus

邦普兰环形山·　·帕里环形山　托勒密环形山　Müller　欣德环形山　"阿波罗16号"
着陆点　×　Zöllner

Palisa　哈雷环形山　Andel　Dollond　Kant

知海　居里克环形山　Davy　阿尔巴塔尼环形山　Ritchey　Descartes

阿方索环形山　克莱因环形山　艾布·菲达环形山　Cyrillus

·Darney　Burnham

Opelt　Lassell　鹦鹉环形山　Vogel　Tacitus

·Lubiniezky　云海　阿尔佩特拉吉斯环形山　Argelander　Almanon　Catharina·

布利奥环形山　阿尔扎赫尔环形山　Airy　Geber

布利奥A陨石坑　塞比特环形山　Donati　Abenezra　Fermat

·布利奥B陨石坑　Nicollet　伯尔特环形山　Faye　Azophi　Sacrobosco

König　直壁　Delaunay　Playfair

·Kies　La Caille　Blanchinus　Pons

普尔巴赫环形山　Apianus　Pontanus

赫西俄德环形山　雷乔蒙塔努斯环形山　维尔纳环形山　Wilkins

·墨卡托环形山　·皮塔图斯环形山　Poisson　Zagut

Weiss　阿里辛西斯环形山　Goodacre　Lindenau

Cichus　赫尔环形山　沃尔特环形山　Celsius　Rabbi Levi

Gauricus　德朗达尔环形山　Nonius　Gemma
Frisius

坎帕努斯环形山　Wurzelbauer　勒格泽耳环形山　Kaiser　Riccius

Ball　Fernelius

Haidinger　Heinsius　Sasserides　Miller　Buch　Büsching

·Epimenides　Orontius　施特富勒环形山

Wilhelm　Huggins　Nasireddin　莫罗利卡斯环形山　·Nicolai

Lagalla　第谷环形山　Pictet　Saussure　法拉第环形山　巴罗夏斯环形山　Spallanzani

Montanari　Brown　Proctor　利塞塔斯环形山　Dove

Street　克莱尔环形山　Breislak　Pitiscus

隆哥蒙塔努斯环形山　Baco　Ideler

Bayer　马吉努斯环形山　居维叶环形山　Vlacq

Schiller　赫拉克利特环形山　Hommel

Rost　波特环形山　Deluc　Lilius　Asclepi　Rosenberger

·Segner　克拉维斯环形山　Jacobi　Tannerus　Nearch

Zucchius　Zach　Kinau　Hagecius

Bettinus　沙伊纳环形山　卢瑟福环形山　Pentland　Mutus　Helmholtz

Bailly　Kircher　布兰卡纳斯环形山　Gruemberger　Cysatus　Curtius　Manzinus

Wilson　Klaproth　莫雷环形山　Simpelius　Boguslawsky　Boussingault

Casatus　雪特环形山

牛顿环形山　Schomberger

阿尔泰峭壁

S

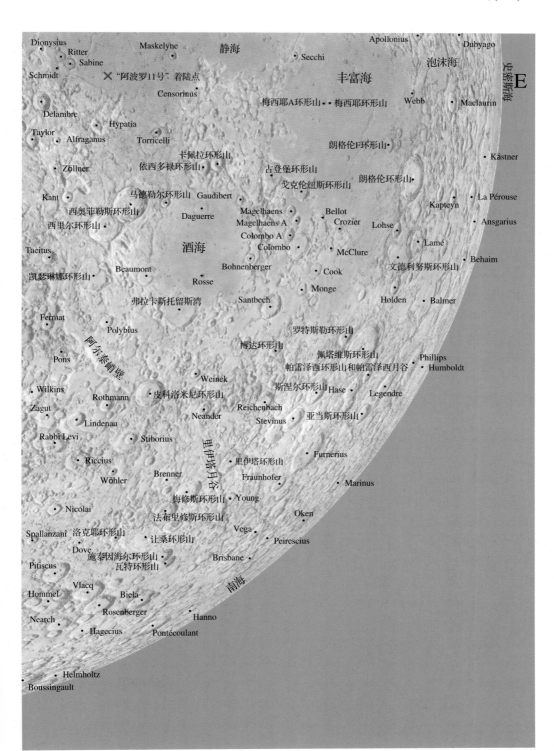

Dionysius
Ritter
Sabine
Schmidt
Maskelyne
静海
Secchi
Apollonius
Dubyago
泡沫海
史密斯海
E
"阿波罗11号"着陆点
Censorinus
丰富海
梅西耶A环形山 · · 梅西耶环形山
Webb
Maclaurin
Delambre
Hypatia
Taylor
Alfraganus
Torricelli
朗格伦F环形山 ·
Kästner
Zöllner
卡佩拉环形山
依西多禄环形山
古登堡环形山
戈克伦纽斯环形山
朗格伦环形山 ·
Kant
马德勒尔环形山 Gaudibert
Magelhaens
Bellot
Kapteyn
La Pérouse
西奥菲勒斯环形山
Daguerre
Magelhaens A
Crozier
Lohse
Ansgarius
西里尔环形山
Colombo A
Lamé
Tacitus
酒海
Colombo
McClure
Behaim
凯瑟琳娜环形山
Beaumont
Bohnenberger
Cook
文德利努斯环形山
Rosse
Monge
Fermat
弗拉卡斯托留斯湾
Santbech
Holden
Balmer
Polybius
罗特斯勒环形山
阿
尔
泰
峭
壁
Pons
博达环形山
佩塔维斯环形山
Phillips
帕雷泽西环形山和帕雷泽西月谷
Humboldt
Wilkins
Weinek
斯涅尔环形山 Hase
Legendre
Zagut
Rothmann
皮科洛米尼环形山
Reichenbach
Lindenau
Neander
Stevinus
亚当斯环形山
Rabbi Levi
Stiborius
里
伊
塔
月
谷
Furnerius
Riccius
里伊塔环形山
Brenner
Fraunhofer
Marinus
Wöhler
梅修斯环形山 · Young
Nicolai
法布里修斯环形山
Oken
Spallanzani
洛克耶环形山
Vega
Dove
让桑环形山
Peirescius
Pitiscus
施泰因海尔环形山
Brisbane
瓦特环形山
Hommel
Vlacq
Biela
南海
Nearch
Rosenberger
Hanno
Hagecius
Pontécoulant
Helmholtz
Boussingault

日食和月食

有时太阳、月球和地球正好排成一条直线，就会发生日食或月食。当月球直接从太阳和地球之间经过时，就会发生日食。月球的影子落在地球上，在影子里看，太阳的一部分或全部就被遮住了。当月食发生时，从地球上看，月球和太阳各据一边，月球进入地球的阴影而变暗。

假如月球绕地球运行的平面与地球绕太阳运行的平面相同，那么每月初一（朔）就会出现日食，每次满月（望）时就会出现月食。但实际上月球的轨道与地球的轨道之间有 5° 的夹角，这足以确保 3 个天体的排列很少精确地位于同一条直线上。只有在朔或望时，月球正好越过地球轨道，才会发生月食。

在地球上，每年至少能看到两次日食，最多可达 5 次，而月食最多可发生 3 次。一年中日食和月食的最大可能次数是 7 次。月球位于地平线上的任何地方时我们都能看到月食，而日食则只能在月球阴影经过的窄带内才能看到。因此，对于地球上的某个地方，月食发生的频率大约是日食的两倍。

在科学上，日全食是最重要的天象。发生日全食时，月球完全遮住了太阳的光辉，让天文学家得以观察到太阳微弱的外层气体晕——日冕。要看到太阳完全黯然失色，我们必须处在月球阴影最黑暗的中心部分——本影，本影扫过地

食：从地球上看，当月球经过太阳的前面时，就会发生日食；当月球进入地球的阴影时，就会发生月食。（维尔·蒂里翁）

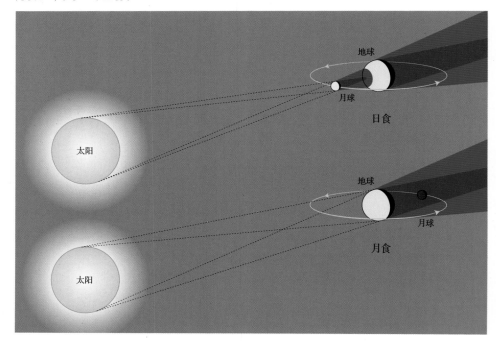

球形成日全食带。日全食带的宽度通常为几百千米，但在日全食带之外，出现日偏食的区域则要广阔得多。

　　天文学家们经常在全球旅行，追逐发生日全食的珍贵时刻。时间最长的日全食在理论上可以持续 7.5 分钟以上，但在实际上通常的时间是 2 ~ 4 分钟。日全食证明了自然界中最不寻常的巧合之一：太阳和月球在天空中竟然几乎是一样大的。这是因为尽管月球的直径是

太阳的 1/400，但它到地球的距离也是太阳到地球距离的 1/400。

　　然而，当月球在它的椭圆轨道上离我们最远的时候，它会显得稍微小一点，而不能完全覆盖太阳，仍然可以在月球黑暗的圆盘四周看到一圈明亮的阳光。这种现象称为日环食。日偏食和日环食只具有观赏价值，它们的科学意义没有日全食重要。

观测日食的安全方法

　　用裸眼观测太阳时需要合适的滤光片，它们现在已经可以商业化生产，所以我们没有理由再使用不安全的材料。一种叫作密拉的专门用来观测太阳的滤光片，实际上是一种镀铝塑料薄膜。而另一种滤光片是用较厚的黑色聚合物制成的。在密拉滤光片下，太阳呈蓝色，但黑色聚合物滤光片则使太阳呈现更自然的橙色。这些滤光片可以安装在硬纸板上，制成简单轻便的日食眼镜，如右图所示。

　　焊工的遮光玻璃有 13 ~ 14 层，也可以作为安全的太阳滤光片，用于裸眼观测日食。两三层过度曝光的黑白负片也很安全，因为底片上的银可以吸收太阳的光和热。不适合的物料有墨镜、中密度滤光片、彩色胶卷及光碟。尽管这些材料会使太阳光变暗，但是太阳的热量仍然会透过它们伤害到眼睛。

可以通过特殊设计的滤光镜来安全观测日食。普通的太阳镜是非常不合适的。（ESO）

　　一个简单的不需要滤光片的方法是在卡片纸上扎一个针孔，让阳光通过这个小孔投射到白色表面上。这实际上是在用针孔照相机观测太阳。这种方法的缺点是，形成的太阳影像小而模糊，需要有强烈的阳光才能成功，不能有云。如果你喜欢使用望远镜，最安全的方法是把太阳的图像投射到一个白色表面上来观测（见第 311 页）。

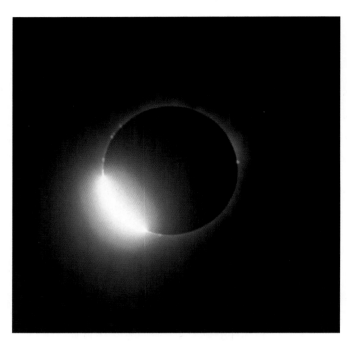

2001年6月21日，赞比亚，日全食生光时观测到的"钻石环"，粉红色的日珥在太阳内部日冕的珠光白色的映衬下清晰可见。关于这次日食的完整日冕照片，请参阅第311页。（约翰·沃克）

日食的阶段

当月球的边缘开始进入太阳表面时，日食的初亏就开始了。整个日食过程需要1.5小时。通过安装特殊滤光镜的天文望远镜，或通过双筒望远镜、天文望远镜将太阳的影像投射到白色表面上，就可以观测到日偏食。此时可以对漆黑的月球轮廓和太阳黑子的本影进行亮度比较，从而证实太阳黑子并不完全是黑色的，而是呈现出一定的褐色。

直到日全食前大约20分钟，太阳的三分之二以上被遮住时，天空才开始明显变暗。诡异的半明半暗的光线笼罩着大地，动物的行为就像夜幕降临时一样。当最后一缕阳光被月球完全遮住时，日全食就到来了。

在最后的几秒里，一道阳光从月面上群山之间的崎岖边缘投射过来，形成"贝利珠"。贝利珠是以英国天文学家弗朗西斯·贝利的名字命名的，他在1836年的日食中描述了这种现象。日全食时通常会有一颗珠子比其他的更亮，使它看起来像一枚耀眼的钻戒。

然后，月球完全覆盖了太阳，珍珠色的日冕出现在视野中。现在不用采取保护措施就可以安全观看了。

羽状的日冕从太阳的极地和赤道延伸到太阳直径几倍远的地方。日冕的形状会随着太阳活动周期而发生变化，在接近太阳活动高峰期时更圆一些。我们可以看到粉红色的日珥从太阳的色球层绕着月球的黑色轮廓显现出来。在黑暗的天空中还可以看到明亮的恒星。

很快，美丽的日全食景象就结束了。生光时也会出现像钻戒一样的光芒，这标志着日全食阶段的结束。而复原时月球完全离开太阳的日面，日食到此结束。

月食

　　虽然月食持续的时间较长，但远不如日食那么壮观。月球需要几小时才能完全穿过地球黑暗的阴影（即本影）。而在本影外的部分，也就是半影，由于光太亮了，几乎不会造成月球表面明显变暗。

　　月全食会持续 1.7 小时。即使在月全食时，月球也很少是完全看不到的，这是因为地球大气层将光散射到地球的阴影中，所以在月全食期间月球是红色的。

　　在月食的初期阶段，阴影呈深灰色，与较亮的月球表面形成鲜明对比。但随着月食的进程，月球的更多部分被遮挡，阴影似乎变亮了，变成橙色或古铜色。双筒望远镜是观测这些多彩变化的理想工具。

　　月球的外观在每次发生月全食时都不完全相同。最黑暗的月食发生在地球大气中异常多云或多尘的时候（如火山喷发后）。虽然月食是一种有趣的自然景观，但它在科学上的意义不大。

1992年12月9日发生的一次非常黑暗的月全食，人们看到了不同寻常的色彩效果。在那次月全食中，除了带点蓝色的明亮月牙外，月球的大部分几乎是裸眼看不到的。（埃里克·赫顿）

水 星

对于观测者来说，水星是一个令人失望的天体。用小型望远镜可以看到它每 88 天绕太阳公转一周的阶段变化，但由于这颗行星很小，其他的东西很少能看到。由于它通常在地平线附近被看到，那里的视野不好，而且它的表面特征的对比度也很低，因此，它难以捉摸地出现在夜晚或早晨的天空中，大多数观测者只要能偶尔瞥见它一眼，就心满意足了。

作为太阳系最内层的行星，水星离太阳最近，每年只有屈指可数的几段时间才能看到它。此时它与太阳的角距最大或接近最大，即所谓的大距。水星的轨道明显呈椭圆形，它距离太阳 4600万 ~ 7000 万千米。在大距时，两者之间的夹角为 28° 到不足 18°。大距时需要放大 250 倍才能看见满月大小的水星。

事实表明，每年有两个有利于寻找水星的时间段。在北半球中纬度地区，3月和 4 月太阳落山后（水星东大距）以及 9 月和 10 月太阳升起前（水星西大距）最容易看到水星。对于南半球中纬度地区来说，最好的时间是 3 月和 4 月的早晨以及 9 月和 10 月的晚上。

即使水星处于最佳观测位置，也需要一条无遮挡的清晰的地平线才能看到它。双筒望远镜有助于我们在暮色中辨认出水星，因为水星永远不会出现在完全黑暗的天空中。因为这些复杂因素，难怪许多城镇居民从未见过水星。尽管如此，它还是值得寻找的，因为它处于最佳观测位置时，几乎可以和天狼星一样明亮。

水星偶尔会在太阳前面经过，此时它只是一个小黑点。这种现象称为水星凌日。即将到来的水星凌日分别发生在 2032 年 11 月 13 日、2039 年 11 月 7 日、2049 年 5 月 7 日和 2052 年 11 月 9 日。

水星的自转

由于观测水星十分困难，人们长期以来对它自转所需的时间有误解。19 世纪末，意大利天文学家乔瓦尼·斯基亚帕雷利提出，这颗行星的自转周期为 88 天，与绕太阳公转所需的时间相同。因此，它的一个半球永远朝向太阳，就像月球朝向地球一样。在 20 世纪 20 年代，德高望重的行星观测者尤金·安东尼亚迪根据假设的 88天自转周期编制了一幅地图，这似乎一劳永逸地解决了水星观测问题。

1965 年出现了一个意外。位于波多黎各的阿雷西博射电天文台的天文学家将射电波发射到水星上，根据反射电波频率的变化，他们推断水星每 59 天自转一周，这是它绕太阳公转所需时间的三分之二。

如此大的自转和公转周期之比会产

水星数据	
直径	4879 千米
质量（地球的质量为 1）	0.06
平均密度（水的密度为 1）	5.43
体积（地球的体积为 1）	0.06
自转周期	58.65 地球日
公转周期	87.97 地球日
会合周期	115.88 地球日
轴向倾斜度	0.0°
与太阳的平均距离	5.791×10^7 千米
轨道偏心率	0.206
轨道倾角	7.0°
卫星数量	0

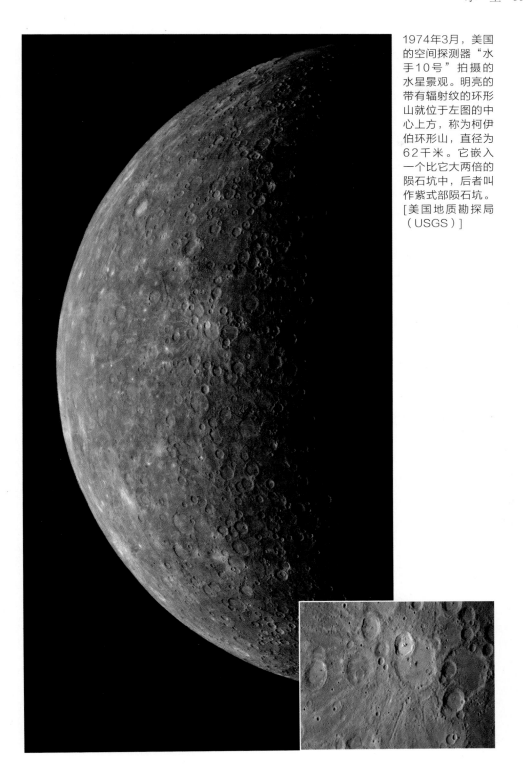

1974年3月，美国的空间探测器"水手10号"拍摄的水星景观。明亮的带有辐射纹的环形山就位于左图的中心上方，称为柯伊伯环形山，直径为62千米。它嵌入一个比它大两倍的陨石坑中，后者叫作紫式部陨石坑。[美国地质勘探局（USGS）]

生一些奇怪的结果。太阳的确会从水星表面升起和落下，但其过程非常缓慢。从水星表面看，太阳绕着天空转一圈（比如从第一天中午到第二天中午）需要 176 地球日，而在此期间，水星绕太阳转了两圈，自转了 3 圈。

从水星上看太阳比从地球上看要大 2.5 倍。致命剂量的高能太阳辐射炙烤着水星处于白天的半球。正午时分，太阳的高温将赤道上的岩石炙烤到 400 摄氏度以上，热得足以熔化锡和铅。然而，由于没有大气层来保持高温，在漫长的夜晚，水星表面的温度会下降到零下 180 摄氏度。

水星的直径为 4879 千米，仅比月球大 40%，比太阳系中的其他大行星都要小。考虑到水星和月球一样是由岩石构成的，没有空气，也没有水，所以它和月球在外观上如此相似也就不足为奇了。

水星的表面

我们第一次近距离观察水星是在 1974 年，当时空间探测器"水手 10 号"飞掠水星，拍摄了这个表面布满大小陨石坑的星球。这些陨石坑看上去几乎与月球上的环形山一模一样。那里的环形山有的很深很年轻，有的则很古老且被侵蚀；有的带着台地墙，有的带有中央峰和明亮的辐射纹。

水星上的许多特征都以艺术家、作曲家和作家的名字命名，如巴赫、莫扎特、凡·高、莎士比亚和契诃夫。最大的环形山的直径为 630 千米，被命名为贝多芬环形山。

乍一看，很难区分水星和月球的图像。在太阳系历史的早期，小行星、陨石和彗星的撞击以同样的方式在两个天体上形成了环形山。

水星的不同之处是，撞击产生的物

威尔第环形山，水星上直径为 145 千米的环形山，与月球上的许多环形山具有相似的特征，如台地墙、复杂的中央峰和周围的次级环形山。左上方带阴影的地貌是马尔西亚陨石坑，直径 50 千米。[NASA/喷气推进实验室（JPL）/马克·罗宾逊]

在"水手10号"拍摄的这张照片中，名为瓣状陡坡的褶皱位于水星表面。在图中，它纵贯上下，长达200千米，穿越了古老的环形山和环形山平原。这表明自这些特征形成以来，水星的大小略有缩小。（NASA/JPL/马克·罗宾逊）

质并不像在月球上那样飞溅得那么远，因为水星的表面重力更大——是月球的两倍多，尽管只是地球的38%。水星上重力更大的另一个结果是，在环形山的直径相同的情况下，水星上的环形山往往比月球上的浅。

陡坡、平原和盆地

名叫瓣状陡坡的悬崖蜿蜒了几百千米，而其高度在1千米左右，是水星表面的一大特征。它与月球上的任何东西都不同。在水星历史早期，地核冷却导致了水星收缩，从而出现地壳岩石被压缩和发生断裂，因此留下了这些特征。

水星表面岩石的色调比月球表面岩石的色调稍暗，只反射了照射到岩石上的阳光的11%，而月球表面的反射率为12%。总的来说，水星实际上是太阳系中表面色调最暗的行星，尽管月面上的月海比水星还要暗一些。

在水星高地上的大型环形山之间散布着许多小环形山。这些地区称为环形山平原，在月球上并没有真正的对应物。它们的出现显然比大型环形山更早，不过尚不确定它们是由火山活动形成的还是由大型撞击的喷出物沉积形成的。未来的水星轨道飞行器应该能回答这个问题。

其他特别值得进一步研究的区域是水星两极附近的深坑，这些深坑的内部永远不见阳光，因此在深度冻结中保存了从行星内部渗出的气体和彗星撞击所沉积的冰。

水星上最突出的特征是一个巨大的牛眼状结构，称之为卡洛里盆地。它的直径为1500千米，比月球上的"海洋"还要大，接近地球半径的四分之一。

卡洛里盆地有几个同心的山环，周围有辐射状的山脊和凹槽，延伸约1000千米。它的内部和周围的许多低洼地带都被熔岩淹没了。就像雨海等月海一样，卡洛里盆地是由大约39亿年前的一次巨大撞击形成的。

3亿年前，地质活动就在水星上停止了，就像在月球上一样。从那以后，除了偶然出现的陨石撞击外，水星表面几乎没有什么变化。

尽管外表与月球相似，但人们认为水星的内部更像地球。水星的质量相对较大，而直径较小，这意味着它有一个很大的铁核，其直径是水星的四分之三。这是一个和月球一样大的铁核。

对大得如此不成比例的铁核的一种解释是，水星原本要大得多，但在与一个或多个小行星大小的天体的碰撞中，它的大部分岩石外层被炸飞了，也可能就在这个过程中，它被撞进了目前的椭圆形轨道。水星以它自己的方式成为一个迷人的世界，其中包含了许多关于太阳系起源和演化的线索。

金　星

许多人看到过金星，但并不认识它。这颗明亮的行星在傍晚或早晨出现，有时是长庚星，有时是启明星。作为暮色中最明亮的天体，金星胜过天空中的每一颗星星。当金星最亮时，经常被新闻报道说成一个悬停着的不明飞行物。

金星围绕太阳公转的距离为 1.08 亿千米；它比任何其他行星都更接近地球，距离为 4000 万千米。它的直径为 12100 千米，仅比地球小 5%，就像地球的孪生兄弟。金星之所以在天空中熠熠生辉，主要原因不是它的大小和与我们的距离，而是它那永不消散的云层反射了三分之二的光线。这些云使金星如此明亮，却也隐藏了它的表面。

与水星一样，金星仅限于在傍晚和

金星上的云团每4天环绕金星一周，从赤道到两极呈螺旋式上升，形成V形或Y形。这些图案在紫外线下最明显，在这张由金星轨道飞行器"先驱者号"拍摄的照片上就是如此。（NASA /艾姆斯）

金星数据	
直径	12104 千米
质量（地球的质量为1）	0.82
平均密度（水的密度为1）	5.24
体积（地球的体积为1）	0.86
自转周期	243.02 地球日
公转周期	224.70 地球日
会合周期	583.92 地球日
轴向倾斜度	177.4°
与太阳的平均距离	1.082×10^8 千米
轨道偏心率	0.007
轨道倾角	3.4°
卫星数量	0

金星的相位：在全相位时，金星离地球最远，视直径只有10角秒；当处于一半相位时，视直径可增加到24角秒；最亮的时候，视直径接近40角秒。（维尔·蒂里翁）

早晨的天空中才能看到，但它的轨道比水星的轨道要大得多，与太阳的夹角比水星与太阳的夹角要大，最大可达47°。我们可在日落后或日出前的几小时内观测到金星。金星在太阳表面的凌日现象比水星的凌日现象更为罕见，往往成对出现，两对之间相隔一个多世纪。21世纪的金星凌日发生在2004年和2012年，而下一对直到2117年和2125年才会发生。

观测金星

在望远镜中，金星看起来就像一个白色台球。当它围绕太阳运行时，它表现出周期性的相位。在其相位到达一半时，正处于大距，它看起来有木星的一半大。放大75倍后，它的大小将和裸眼看到的月球一样。当金星接近地球时，它的表面尺寸会增长到与木星相当甚至超过木星。

从地球上看，金星在584天内经历了一个会合周期（从一次上合到下一次上合）。它的会合周期比它绕太阳公转的时间（恒星周期）长2.5倍。这两个间隔之所以非常不同，是因为地球和金星在各自围绕太阳的轨道上运动得相对很快。

当金星是一弯新月的样子时，它离地球就很近，可以用普通的双筒望远镜观测到它的相位。有些人甚至说曾用裸眼看到过金星呈新月形。从地球上看，当这颗行星圆盘的27%左右被照亮时，它看起来最明亮。这是距离和相位的最佳组合。

金星的最大亮度可达 −4.7 等，几乎是第二亮的木星亮度的7倍。在这个时候，通过望远镜观测金星的时机最佳，因为此时的天光昏影可以有效地减少金星的眩光。

通过望远镜只能看到金星云层中模糊的痕迹，通常是 V 形或 Y 形的云影。这些云影在极地地区更亮一些，并且有暗边。这种极地变亮的现象叫作金星角。

观测者一般将金星绘制在直径为50毫米的圆内，并对其亮度进行评估，亮度等级从极亮到非常暗。观测表格由大的天文学会的有关部门编制，不同的社团所使用的亮度级别不一样。

金星的明暗分界线（被照亮的部分的边缘）可能不规则，包括尖端的延伸和变钝。这与其说是云层高度的差异，不如说是亮度的差异。这是由金星上从赤道到极点的螺旋状环流造成的。

令人好奇的是，用二分法观测到的半相位时间与预测的时间不一致。这称为相位异常或施罗德效应，是由德国天文学家约翰·施罗德在 18 世纪末发现的。当金星的相位减小时，二分法在东大距（傍晚）前后的预测通常会提前几天，而当相位增加时，在西大距（早上）前后的预测则会相应晚一些。这通常是明暗交界线附近的云的颜色比其他部分的颜色更深的缘故。

金星上的一个更奇怪的现象是灰光。当在黑暗的天空中观测金星时，会看到新月状的金星上黑暗的那部分明显地变亮了。要可靠地观测到灰光，必须将被照亮的那部分挡住，否则观测可能不准确。目前，灰光的真实性仍有争议，但如果它存在，则可能是由阳光的散射或大气中的电效应导致的。

大型陨石可以穿透金星厚厚的大气层，形成撞击坑。照片的前景是直径为39千米的豪依环形山，周围是一层明亮的喷出物。这幅由麦哲伦雷达数据生成的图像已经被上色，以匹配苏联的金星着陆器记录的色调。（NASA）

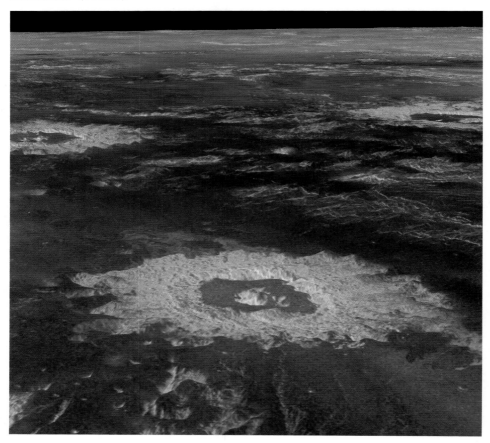

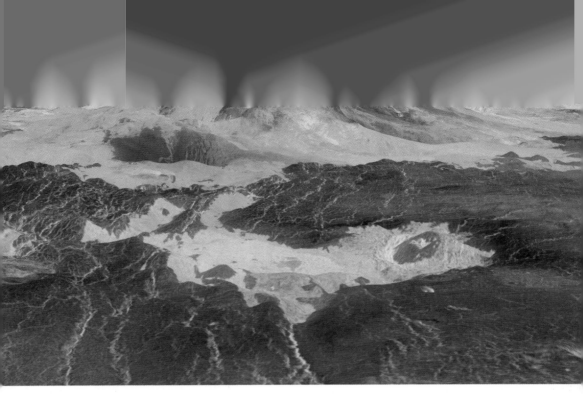

金星上8千米高的玛阿特山，根据麦哲伦雷达图像重建。熔岩流在前景的平原上蔓延，在那里可以看到一个陨石坑。图像中垂直方向的比例被放大了10倍，使地形看起来比实际上更险峻。（NASA）

在云层之下

由于云层的笼罩，天文学家无法看到金星的表面，直到 20 世纪 60 年代以前，也只能猜测金星的自转周期。然而他们猜错了，与水星一样，雷达观测提供了令人惊讶的真相。事实证明，金星的自转方向是从东到西，与地球和其他行星相反，而且它的自转速度非常缓慢，每 243 天自转一周，比金星绕太阳公转周期的 225 天还要长。然而，它上面的云每 4 天旋转一周，也是逆行（从东到西）。这是高空大气中高速风造成的结果。

在空间探测器到达金星之前，没有人能预测到金星上独特的恶劣环境。首先发现这些的是苏联的"金星 4 号"探测器。1967 年 10 月，它从云层中降落下来时发现金星的大气几乎完全是由无法呼吸的二氧化碳构成的，但在探测器到达金星表面之前，高温和巨大的压力就把它摧毁了。

经过更好的加固，后来的探测器完好无损地到达了金星表面。在金星上，白天和夜晚的温度都达到了 460 摄氏度，大气压是地球上的 90 倍以上。为什么金星会如此炎热，甚至比水星的日面还要热？要知道它的云层将到达其表面的太阳光的四分之三都反射掉了。

答案在于温室效应，它在金星上比在地球上强得多。大约 1% 的太阳光能穿透云层到达金星表面，所以那里就像地球上阴云密布的天空一样阴暗。入射的太阳光被金星的表面吸收，然后以波长较长的红外线形式重新辐射出去。虽然大气中的二氧化碳对可见光来说是透明的，但会捕获红外线，由于红外线被捕获后会转化为热能，所以金星大气的温度就会上升。

对温室效应的另一个贡献来自云层本身。它们不像地球上的云层那样由水蒸气构成，而是由浓度为 80% 的硫酸构成，这种硫酸的浓度比汽车蓄电池中的硫酸浓度还要高。硫酸是另一种红外吸收剂。二氧化碳、硫酸和少量的水蒸气合在一起，把金星变成了一个吸收太阳热量的完美场所。

通过望远镜可以观测到硫酸云的最上层，从金星表面海拔 65 千米处开始，厚达几千米。在大约 55 千米的高处有一层薄薄的雾，它显然是由硫酸颗粒组成的，这些硫酸颗粒给云层染上黄色。

金星最稠密的云层位于海拔 50 千米的地方，从这一层落下腐蚀性的硫酸雨。在云层的下面，耀眼的闪电撕裂了黑暗。尽管金星的英文名字"Venus"（维纳斯）来自美丽的天神，但它本身俨然是地狱的化身。

金星的表面

尽管云层遮住了金星的表面，但天文学家仍然能够借助雷达穿透云层获取金星的表面特征。整个金星的详细地图是由飞行器绘制的，其中最著名的是 1990 年由 NASA 发射到金星轨道上的"麦哲伦号"探测器。

金星表面的大部分地区是起伏的平原，但有 3 个主要的大陆区域。其中一个名为伊什塔高原，其面积与美国相当。有一座名为麦克斯韦的山脉，海拔 12 千米，比地球上的珠穆朗玛峰还高。所有大陆中最大的一块是阿弗洛狄忒高地，面积与南美洲相当，被一个延伸了数千千米的裂谷分割开来。

"麦哲伦号"探测器的雷达发现了直径从 2 千米到 100 千米的大小不等的陨石坑，这表明大型陨石可以穿过稠密的大气层而不会燃烧殆尽。最令人兴奋的是玛阿特山的侧翼有流淌着新鲜熔岩流的火山山脉，该山高达 8500 米，是金星上的第二高峰，位于赤道附近的阿弗洛狄忒高地。显然，在今天，金星仍然是一颗活跃的行星，有火山活动形成的高原。

金星上其他类型的火山地貌包括扁平的煎饼样的圆顶（被认为是由喷发的黏性熔岩形成的）、环状的裂缝和被称为冕的山脊（直径达数百千米，显然是由地下岩浆上涌后的下沉造成的）。

苏联的着陆探测器在金星表面拍摄的照片显示，一片布满岩石的荒地沐浴在硫黄的辉光中。这些探测器所做的化学分析证实了金星表面岩石的成分与地球上的火山玄武岩相似。如果地球诞生在离太阳更近的地方，那么它将会变成什么样子呢？这是一个诱人的假设，同时也是一个可怕的情景：如果温室效应发生在我们这里，地球将会变成什么样子？

在云层下，金星沐浴在硫黄的黄色辉光中。这是1982年降落在那里的"金星13号"探测器拍摄的照片，在照片底部可以看到飞船的一部分。（布朗大学/俄罗斯科学院）

火　星

火星的特点在于它的红色或橙色外表比任何恒星的颜色都要鲜明，这也是人们把它与战神联系在一起的原因。它可能是所有人类观察到的行星中最令人兴奋的，尽管不是最容易观察到的一颗。火星是一个多岩石的世界，大约有地球的一半大小。它一天的时间比我们在地球上的一天长 40 分钟左右，它一年的时间几乎是地球上一年的两倍——687 地球日。在此期间，它经历季节性的变化，包括极地冰帽的融化以及表面特征的大小和形状的变化。它的大气层非常稀薄，我们通常可以直接看到它的表面，但偶尔也会有白云或沙尘暴遮挡视线。对这颗红色星球的研究是非常重要的，因为总有一天人类会在它的表面上行走。

1997年的火星，由哈勃空间望远镜拍摄。中心的暗部是大流沙（又称大瑟提斯高原）。它的南部是低地希腊盆地，布满了霜和云。图片的右边，在埃律西昂火山周围也有白云飘浮。（史蒂夫·李/吉姆·贝尔/迈克·沃尔夫/NASA）

观测火星

和所有的外行星一样，观测火星的最佳时间是在它处于冲的时候。因为火星轨道在地球之外，所以它没有内行星那样的相位周期，虽然它在 90° 的大距位置时有明显的盈凸，就像满月前几天的月相那样。

火星每 26 个月就会出现一次冲，但有的冲比其余的要受欢迎得多，因为火星的轨道明显呈椭圆形，与太阳的距离在 2.07 亿千米到 2.49 亿千米之间。当在近日点出现冲的情况时，比如在 2018 年和 2035 年，火星距离我们大约 5600 万千米，是观测的最佳时机，称为大冲。

在这个时候，火星非常明亮，星等为 −2.9 等，可以与木星相匹敌。用望远镜放大到 75 倍，就可以看到它和满月一样大。（顺便说一句，由于行星轨道的

火星数据	
直径	6792 千米
质量（地球的质量为 1）	0.11
平均密度（水的密度为 1）	3.94
体积（地球的体积为 1）	0.15
自转周期	24.62 小时
公转周期	686.98 地球日
会合周期	779.94 地球日
轴向倾斜度	25.2°
与太阳的平均距离	$2.279×10^8$ 千米
轨道偏心率	0.093
轨道倾角	1.9°
卫星数量	2

偏心，最接近的日期可能会与大冲相差一周或更长。）

但在 2012 年和 2027 年火星处于远日点冲，火星距离地球 1 亿千米，几乎是最近距离的两倍，即使是在高倍率望远镜里，它也显得不起眼。因此，天文学家不会错

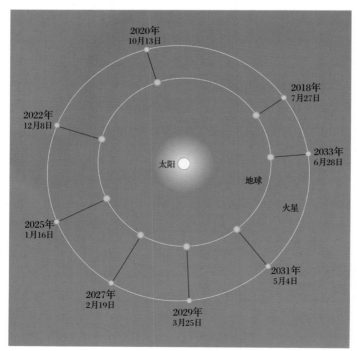

15 年内火星的冲，每次的实际距离分别为：
2018 年，5770 万千米；
2020 年，6260 万千米；
2022 年，8230 万千米；
2025 年，9620 万千米；
2027 年，10140 万千米；
2029 年，9720 万千米；
2031 年，8370 万千米；
2033 年，6390 万千米。
（维尔·蒂里翁）

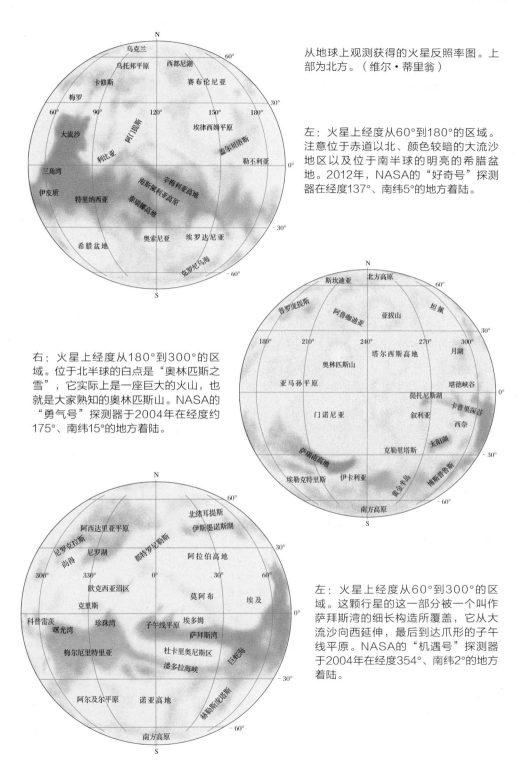

从地球上观测获得的火星反照率图。上部为北方。（维尔·蒂里翁）

左：火星上经度从60°到180°的区域。注意位于赤道以北、颜色较暗的大流沙地区以及位于南半球的明亮的希腊盆地。2012年，NASA的"好奇号"探测器在经度137°、南纬5°的地方着陆。

右：火星上经度从180°到300°的区域。位于北半球的白点是"奥林匹斯之雪"，它实际上是一座巨大的火山，也就是大家熟知的奥林匹斯山。NASA的"勇气号"探测器于2004年在经度约175°、南纬15°的地方着陆。

左：火星上经度从60°到300°的区域。这颗行星的这一部分被一个叫作萨拜斯湾的细长构造所覆盖，它从大流沙向西延伸，最后到达爪形的子午线平原。NASA的"机遇号"探测器于2004年在经度354°、南纬2°的地方着陆。

过火星最接近我们时的观测机会。

通过望远镜观测时，火星上最明显的特征是白色的极地冰盖，它与赭色的沙漠形成鲜明的对比。处于夏季的那个半球的冰盖会明显缩小，留下一个个独立的"岛屿"。因为火星的南半球在近日点时向太阳倾斜，所以它比北半球更温暖，而北半球在远日点向太阳倾斜。

曾经我们认为是植被的黑色构造，现在知道是布满岩石和尘埃的区域。这种特征年复一年地随着风吹动周围的尘埃而改变，所以任何火星地图都只能近似地反映火星的真实面貌。这种特征被称为反照率特征，因为它只是表面亮度的差异，并不一定对应于实际的物理特征。

最突出的低反照率特征是一个大三角区域，名为大流沙。当它面向地球的时候，用中等口径的业余天文望远镜可以看到，它就像一处明亮的圆形低地。

它的南部称为希腊盆地。

有时，黄色的云会出现在火星上，特别是在希腊盆地和太阳湖地区。这些云实际上是沙尘暴，随着在近日点附近火星温度的升高，强风会将沙尘吹起来，遍布全球，掩盖火星的地表特征。

火星的自转速度是 15°/小时。由于火星的自转速度比地球稍慢一些，所以每天晚半个多小时我们就能看到同样的景象。

火星图通常用直径为 50 毫米的圆盘来绘制，和金星一样。除此之外，观测者们还用 0 级到 10 级来估计火星表面特征的亮度，0 级对应于白色的极冠，10 级对应于漆黑的天空。报告表格由业余天文组织发布。

虚幻的运河

认为火星和地球有太多相似之处的

2001年由哈勃空间望远镜观测到的火星沙尘暴。6月，除了北极地区和左下方有一些水冰云外，天气基本上是晴朗的，但是一场风暴正在希腊盆地酝酿（左图右下方）。到了8月，这颗行星的表面几乎完全被遮蔽（右图），右上角的黑点是奥林匹斯山的顶部。在右图中，火星是凸形的，因为我们观测的视角改变了。（詹姆斯·贝尔/迈克尔·沃尔夫/空间望远镜科学研究所/AURA）

奥林匹斯山上空的冰晶云（左上）和塔尔西斯突出部的火山链，其中包括艾斯克雷尔斯山（上）、帕弗尼斯山（中）和阿尔西亚山。这是用"火星环球勘测者号"拍摄的图像拼接而成的。从地球上可以看到这些云。右下角的裂隙地带是水手谷断层复合体。（NASA/JPL/MSS）

想法使早期的天文学家误入歧途。火星上的深色区域（从棕色到灰绿色）被称为海洋和湖泊，因为人们相信它们里面充满了水，而对橙色区域以地球上的地名进行命名，如火星上的地名有阿拉伯、利比亚、叙利亚和西奈。

到了19世纪末，人们才意识到火星上根本没有海洋，于是人们对黑暗区域进行了更有趣的解释：那里覆盖着原始植被，比如苔藓或地衣。为了支持这一观点，观测者说当火星极地冰盖在夏季融化时，火星表面就变得更大更黑，这可以解释为植被在更温和、更湿润的条件下的生长。

火星生命理论最极端的支持者是美国天文学家帕西瓦尔·洛厄尔。他的想法受到了意大利观测者乔瓦尼·斯基亚帕雷利的启发，他在1877年报告说，他看到了纵横交错的长长的直线。斯基亚帕雷利把这些线条称为"canali"，在意大利语中的意思是"通道"，但它不可避免地被翻译成"运河"，暗示它们是人造的。

对洛厄尔来说，运河是先进文明在干旱星球上生存的证据，他们依靠运河从极地冰盖引来融水，灌溉赤道地区的

农作物。他的想法催生了整整一代的科幻小说，包括赫伯特·乔治·威尔斯著名的《世界大战》。

其他大多数天文学家都没能看到这些运河，或者在它们的位置上只能探测到宽阔的、不规则的污迹。现在我们很清楚，洛厄尔的运河是虚幻的，它也证明了人类观测的不可靠性，人们往往努力刻意超越目视的极限。

对火星的太空探测

目前，火星是空间探测器积极探索的目标，这将促成取样返回任务和最终的人类着陆。1965 年 7 月，NASA 的"水手 4 号"探测器在距离火星 1 万千米处掠过时，发回了火星的第一张特写照片。它拍摄了火星上的陨石坑，看起来像是月球上被侵蚀的环形山。从那以后，一系列探测器对这颗行星进行了越来越详细的研究，包括从轨道上和在表面着陆。

火星这颗行星的南北半球形成了鲜明对比。北半球的地势较低，比较平坦，被火山喷发的熔岩所覆盖，最近的火山喷发发生在过去的几亿年间。而南半球的地势较高，一直遭到严重撞击，这使它与月球高原有很多相似之处。

在火星上的主要结构中，有一条由 3 座火山组成的火山链，位于一个名为塔尔西斯突出部的高原地区，横跨赤道。这些火山被命名为艾斯克雷尔斯山、帕弗尼斯山和阿尔西亚山。其他类型的火星地貌及其名称包括低地平原、高原、山谷、峡谷和侵蚀坑。

塔尔西斯火山链的西北部有一座更大的火山——奥林匹斯山，从地球上可以看到它像一个白色的环，最初被命名为"奥林匹斯之雪"。奥林匹斯山宽 600 千米，高 21 千米，是太阳系中最大的火山，比地球上的夏威夷火山岛还要大。整个塔尔西斯地区以频繁出现白云而闻名，经常被描述为形状像字母 W。山脉的存在可以解释云为什么经常出现在这个地区。

还有一个巨大的峡谷系统，宽达 500 千米，深 4 千米，从塔尔西斯突出部向东延伸。火星表面的这条巨大的裂谷称为水手谷，它长达近 4000 千米，可以覆盖整个美国，使地球上的大峡谷相形见绌。从地球上可以看到水手谷，它被称为科普莱特斯。它之所以明显，是因为黑暗的灰尘经常聚集在它的根部。

在南半球有两个大的撞击盆地：希腊盆地和阿尔及尔盆地。后者的直径为 900 千米，其大小与月球上的雨海相似，而希腊盆地则几乎是后者的 3 倍，其大小相当于风暴洋。然而与月海不同的是，阿尔及尔盆地和希腊盆地中充满了浅色的尘埃。在经过近日点之后，周期性地出现了许多沙尘暴，掩盖了火星表面。

火星表面的大部分是布满灰尘的红

上图："勇气号"火星车在2006年拍摄的古谢夫陨石坑内的红色岩石表面。在左图中可看到"勇气号"的车轮搅动出的明亮火星底层物质，据信那是只有水存在时才会产生的含盐矿物。在火星车周围可以看到许多多孔的黑色火山岩，其中较光滑、较轻的一块（插图的前景）可能是铁陨石。（NASA/JPL/康奈尔大学）

色沙漠，到处散落着各种大小的岩石，它们都是由陨石撞击形成的。土壤的锈红色是由氧化铁造成的。火星可能是太阳系中铁矿石资源最丰富的地方，甚至连天空都是粉红色的，这是尘埃微粒悬浮在稀薄的大气中的结果。

　　登陆火星的宇航员需要穿上宇航服来探索火星表面，就像他们在月球上一样，因为火星上的大气无法呼吸，而且气温在零摄氏度以下。大约95%的大气由二氧化碳组成，其余大部分是氮气和氩气，还有少量的水蒸气。火星上的平均大气压力只有6毫巴（600帕），相当于地球上海拔35000米处的压力。在夏季的午后，火星地表温度可以达到20摄氏度，但是随着高度的增加，大气温度会迅速下降到冰点以下。而在两极，地表温度约为零下130摄氏度。

　　每个极地冰盖都有永久的核心，它由几米厚的水冰组成，每年冬天二氧化碳含量都会升高。大气中的二氧化碳被冻结，形成一层薄薄的极地冰盖，可以延伸到从极地到赤道的一半位置。在火星上的每一年中，随着春天的到来，二氧化碳从一个极地冰盖蒸发出来，迁移到另一个半球，在冬天时在另一个极地冰盖中再次被冻结起来。这使得火星上每年大气压力的变化幅度大于25%。这样的大气运动可能有助于引发横扫火星的沙尘暴。

火星上的水

　　虽然没有证据表明罗威尔所说的运河的存在，但运行在火星轨道和表面上的探测器已经发现了令人信服的迹象，表明火星上曾经有水流动。那些弯曲的通道看起来就像干涸的河床，蜿蜒穿过火星表面的部分地区，而一些低地似乎曾被洪水淹没。

　　NASA 的 3 台探测器——2004 年着陆的"勇气号"和"机遇号"，以及2012 年着陆的"好奇号"——发现了火星上曾有水存在的直接证据。

　　"勇气号"降落在一个叫作古谢夫的陨石坑里（见下页图），这里被认为是以前的湖泊所在地。而"机遇号"降落在子午线平原上，那里是火星反照率特征"子午湾"的西部边缘。两台探测器都在火星表面的岩石中发现了矿物质，这表明火星上曾经存在液态水。

"好奇号"是一台更大更先进的探测器，它在盖尔陨石坑中着陆，拍摄了沉积岩层。机载仪器对这些岩石的分析表明，它们是由火山口内部的水流形成的。

今天的火星上并不缺少水，它们处于冰冻状态，因为大气压力太低，水不可能以液体的形式存在。除了大气中有水蒸气的迹象外，火星上的大部分水都存在于极地冰盖，以及从两极向南北延

长900多千米的马丁峡谷，向北延伸到一个名为古谢夫的直径160千米的陨石坑（位于这张由"海盗号"探测器拍摄的火星照片的顶部）。NASA的"勇气号"探测器于2004年1月在古谢夫陨石坑着陆。水可能曾经流经马丁峡谷，在古谢夫陨石坑内部形成一个湖泊。在陨石坑底，风吹走轻尘，露出了下面的岩石，因此那里的颜色很暗。（USGS）

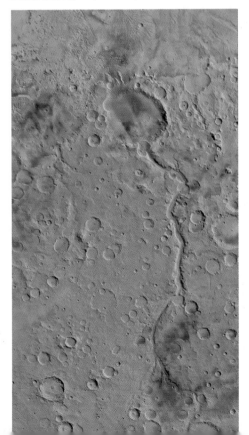

伸30°左右的地下永冻层中。

如果火星上曾经存在水道和湖泊，那么那时的大气一定更稠密，而稠密的大气会使火星保持温暖。也许火山喷出的气体足以暂时改变气候。另外，地下冰可能是由于火山加热或陨石撞击而融化的。不管怎样，在过去的某个时候，火星上可能会有生命出现，而像细菌这样的微生物至今可能仍在红色沙土下存活着。

寻找火星上的生命

1976年，美国的两台名为"海盗号"的空间探测器对火星进行了首次生命探索。每台探测器分为两部分：轨道飞行器和着陆器。"海盗1号"探测器降落在一个叫作克律塞的低地平原上，在火星上潮湿的时期这里似乎有水流过。而着陆器来到火星的另一边，降落在一个称为乌托邦的区域，它位于北极冰盖的外缘。

"海盗1号"探测器的机械臂采集了一些土壤样本，并将它们放入所携带的生物实验室中。该实验室对它们进行了分析，以寻找火星微生物的踪迹。尽管经过了细致的分析，"海盗1号"探测器还是没有在火星土壤中发现生命。

这并不是说火星上没有生命，也许生命存在于"海盗1号"探测器无法取样的地方，比如地下深处或岩石内部。也许生命曾经出现过，但随着气候的变化而灭绝了。火星上可能有生命化石，而现在没有了生命。未来的探测工作将研究这些可能性。

一个来自前空间探测器时代的谜题现在已经得到了解释：如果火星上没有植被，那么什么因素导致了黑暗地区

火星的卫星火卫一（右下方）和火卫二（左下方），它们是被捕获的小行星。图中，在相同的规模和相似的光照条件下，天文学家将它们与小行星加斯普拉（左上方）进行了比较。加斯普拉是由"伽利略号"探测器拍摄的，火卫一和火卫二是由"海盗号"轨道飞行器拍摄的。（NASA）

的季节性变化？风吹起的灰尘提供了答案。轨道飞行器记录了许多由季节性的风吹来的灰尘引起的火星表面颜色变化的例子。例如，大流沙高原是一处平缓的暗色火山岩地区，它的一部分周期性地被颜色较浅的灰尘覆盖，后来又被吹散干净。火星上的风吹起灰尘，速度可达 200 千米 / 小时。这些灰尘也是一种强大的侵蚀剂，可以对地表岩石进行打磨。

火星的卫星

如果不提及火星的两颗小卫星火卫一和火卫二，任何关于火星的讨论都是不完整的。火卫一和火卫二是在 1877 年发现的，但都超出了普通业余天文望远镜的观测极限。空间探测器拍摄的照片显示，它们是坑坑洼洼的大块岩石，形状像土豆。火卫一的体积较大，距离火星较近，尺寸为 26 千米 × 18 千米。火卫二的大小大约为 16 千米 × 10 千米。

火卫一比其他卫星离自己的母星都要近——距离火星表面只有 6000 千米。在这个距离上，火卫一每天绕火星运行 3 圈。火卫一和火卫二以前可能是小行星，它们离火星太近了，以至被火星的引力捕获。对于未来第一批踏上火星的宇航员来说，它们将是火星天空中迷人的景象。火星这颗冰冻的红色沙漠星球似乎完全适合生命存在。

木　星

　　木星是行星之王，也是可以用小型望远镜观测的最迷人的行星。用简陋的双筒望远镜就可以看到这颗行星的奶油色圆面和 4 颗主要的卫星，它们被称为伽利略卫星，以 1610 年发现它们的意大利科学家伽利略的名字命名。有些视力异常敏锐的人用裸眼就能看到伽利略卫星，它们就像木星两边的暗星一样。

　　用一台小型望远镜可以看到木星圆面上的主要特征：平行于赤道的暗带，以及在南半球像眼睛一样的大红斑。这似乎是在 1831 年首次发现的，其实早在 1664 年人类就发现了类似的特征。仔细研究这些特征后我们会发现，木星的自转周期是随纬度变化的，在明亮的赤道地区平均为 9 小时 50 分钟（称为系统 I，是太阳系的所有行星中自转速度最快的），在高纬度地区则要增加约 5 分钟（称为系统 II）。因此，赤道带每 48 天就比南北各区域多自转一圈。此外，大红斑相对于它的周围环境也有轻微的漂移。

2014 年哈勃空间望远镜拍摄到的木星，浅色的云区与深色的暗带交替出现。在南半球有旋转的大红斑，而它的南面是白色的椭圆斑。[NASA / ESA /A. 西蒙，戈达德太空飞行中心（GSFC）]

通过小型望远镜甚至双筒望远镜很容易看到木星的4颗主要卫星，图中从左至右分别是木卫二、木卫一、木卫四和木卫三。这4颗卫星并不总是能同时看到。（克里斯·沃克/卡尔文学院天文台）

这些效应表明木星的可见表面并不是固体。我们看到的是云，它们在不停地翻滚和旋转，颜色和形状都在改变，从来不重样。这就是木星吸引人的地方。

裸眼很容易发现木星，它看起来就像一颗明亮的奶油色恒星。它每13个月发生一次冲，而在大冲的时候它距离我们6亿千米，其亮度可达到−2.9等。在这种情况下，放大40倍的木星就有裸眼所见的满月那么大。

即使木星不处于冲的位置，它仍然比天空中所有的恒星都要亮。它的亮度来自它的高度反射云和它令人印象深刻的大小——它是太阳系中最大的行星。

仔细观察木星的轮廓，可以进一步确认它不是一颗固体行星。木星的赤道有

一点凸起。它的赤道的直径接近143000千米，但从一个极点到另一个极点的长度大约要比这个值小9000千米。木星在赤道处的直径相当于地球直径的11倍。尽管木星主要由宇宙中最轻的两种元素——氢和氦组成，但它的质量是太阳系中其他所有行星质量总和的2.5倍。

观测木星

观测者一般在预先打印出来的空白圆形轮廓上绘制木星，图面上赤道的直径为64毫米，而极地的直径为60毫米。表格由业余天文学会发布。当然也可以在计算机上绘制。在勾勒出主要特征后，可以从前部边缘开始逐步添加细节。在前部边缘，木星每10分钟旋转6°，因此那些特征将很快消失。木星表面的亮度可以在0级到10级的范围内进行评估（欧洲的观测者认为0级是最亮的，10级是最暗的，但在美国情况正好相反）。通过持续观测木星的旋转，观测者可以绘制整个木星的表面图。

其中最有价值的工作是测量不同的斑点穿过木星中央子午线的时间。中央子午线是连接木星两极且经过中央的假想线。计时观测可以确定斑点的旋转速度，并揭示出木星大气中的风造成的经

木星数据	
直径	142984 千米
质量（地球的质量为1）	317.83
平均密度（水的密度为1）	1.33
体积（地球的体积为1）	1321
自转周期	9.84 小时
公转周期	11.86 地球年
会合周期	398.88 地球日
轴向倾斜度	3.1°
与太阳的平均距离	7.784×10^8 千米
轨道偏心率	0.048
轨道倾角	1.3°
卫星数量	60+

度方向上的漂移。即使在这个已广泛使用空间探测器和空间望远镜的时代，长期的木星观测也是有用的。

因为木星云层的特征是如此无常和易变，我们不可能预测木星的外观。它的圆面上有交替分布的明亮部分和黑暗部分，分别称之为区和带，根据它们的纬度命名为赤道、热带、温带和极地。主要的带和区及其名称和缩写如下图所示。

在亮区，冻结的氨晶体形成又高又冷的云，这里的气体向上升。而那些暗带中的云又低又热，气体下降（"热"只是一种相对说法，因为云顶的温度大约为零下150摄氏度）。由于木星大气中有复杂的化学物质，云带的颜色从黄色、棕色变化到橙色、红色甚至紫色，硫黄色是其中最明亮的颜色。

500千米/小时的高速风把这些区和带的边缘吹成汹涌的旋涡，外观呈现出圆齿形。木星上的天气是无法预测的。黑斑和亮点可能会突然在云层中突显，持续数周甚至数十周，然后消失。业余观测者的一个重要作用就是在这些风暴

木星云层的主要带和区。这个轮廓的横向直径为64毫米，纵向直径为60毫米，是用于绘制木星的圆盘图。（维尔·蒂里翁）

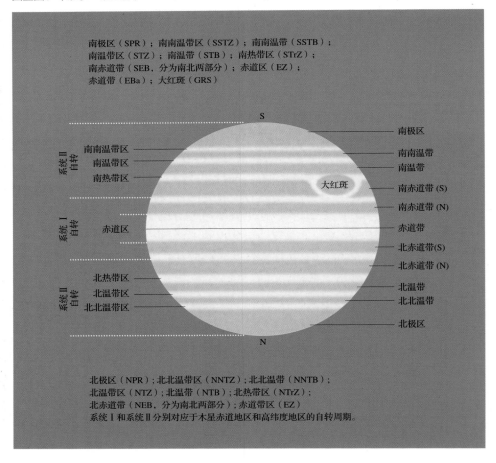

南极区（SPR）；南南温带区（SSTZ）；南南温带（SSTB）；
南温带区（STZ）；南温带（STB）；南热带区（STrZ）；
南赤道带（SEB，分为南北两部分）；赤道区（EZ）；
赤道带（EBa）；大红斑（GRS）

系统II自转

S

南极区
南南温带区 —— 南南温带
南温带区 —— 南温带
南热带区 —— 南热带区

大红斑 —— 南赤道带 (S)
南赤道带 (N)

系统I自转

赤道区 —— 赤道带
北赤道带(S)
北赤道带(N)

系统II自转

北热带区 —— 北温带
北温带区 —— 北北温带
北北温带区

北极区

N

北极区（NPR）；北北温带区（NNTZ）；北北温带（NNTB）；
北温带区（NTZ）；北温带（NTB）；北热带区（NTrZ）；
北赤道带（NEB，分为南北两部分）；赤道带区（EZ）
系统I和系统II分别对应于木星赤道地区和高纬度地区的自转周期。

大红斑以南的木星云层上有深色的斑点，这是1994年7月"苏梅克–列维9号"彗星碎片撞击木星的地点。这张照片是由哈勃空间望远镜拍摄的。（空间望远镜科学研究所/NASA）

出现和移动时追踪它们。

大红斑

在木星的所有表面特征中，最著名也是迄今为止持续时间最长的是大红斑，它的中心大约位于南纬22°。它十分壮观，19世纪后期是它最漂亮的时候，从北到南长达14000千米，横向长达40000千米，足以吞掉3个地球。但近年来它已经缩小到不到原来大小的一半。大红斑为什么收缩以及是否会持续下去，都是未知的。

尽管它的名字是大红斑，但它并不总是红色的。它通常是粉红色的，有时会褪色成灰色。它的颜色缘于红磷或硫。即使是现在，人们也并不完全了解它的性质，但它似乎是一个螺旋上升的气柱，类似于地球上的飓风，它的顶部在周围

云层的上空约8千米处扩展开。

木星上的其他小点，包括一系列长寿的白色椭圆，是类似的旋涡风暴系统。似乎是为了更强调木星上的风暴，空间探测器在木星的黑夜一侧拍摄到了大量闪电，其规模比地球上的任何雷暴都要大得多。

2005年，一个小红斑（其宽度大约是大红斑的一半）在南纬34°以南形成，它由南温带的三大块白色椭圆云合并而成。合并后卵形体的增大造成了足够的扰动，从大气深处带出了红色物质。在这里可以看到大红斑形成过程的重演。没人知道这个小红斑会持续多久。

木星气象学的关键问题是发现它发出的热量是接收的太阳热量的两倍。木星在刚形成时很热，今天仍然保存着一部分热量。内部储存的热量驱动着木星复杂的云层系统，使得大红斑和它的小

"伽利略号"空间探测器拍摄的木星的4颗最大的卫星，从左至右：布满火山且有着硫黄表面的木卫一、处于冰冻状态且有裂纹的木卫二、有深色标记和明亮陨石坑的木卫三，以及以瓦哈拉冲击盆地为中心的木卫四。（NASA）

兄弟持续的时间比地球上的任何风暴都要长。

有趣的是，木星和太阳的化学成分几乎相同，主要是氢和氦。人们认为在木星的中心有一个大约是地球两倍大的岩石内核，但是没有空间探测器能够在上面着陆。

在稀薄的高空冻结氨云层下面是复杂的化学物质，使得云带成为暗色。再往深处的温度与地球相似，水蒸气凝结成云。

在可见云顶以下1000千米处，温度和压力上升到氢被压缩成液体的程度。木星上的液态氢海洋大约有2万千米深。在它的下面，在300万地球大气压的作用下，氢被压缩成具有金属性质的超密态。这种物质称为金属氢。

炽热的金属氢内部的对流，是木星形成强烈磁场的原因。它的磁场强度是地球的10倍，并延伸到木星半径100倍之外。如果地球上的人类用裸眼能看到木星周围的磁气圈，它的大小将是满月的两倍多。

彗星的撞击

1994年，"苏梅克－列维9号"彗星与木星相撞，这是行星观测史上最引人注目的事件之一。这颗彗星是在20世纪20年代被捕获并进入木星轨道的，但直到1993年才被发现，此时它分裂成了20多块碎片。这些小碎片在1994年7月16日至22日的一周时间内撞向木星，在木星的云层上留下了黑色的痕迹，人们在地球上用小型望远镜就可以看到。

接下来的几个月里，这些暗斑在木星的云带上扩散开来，花了一年多的时间才逐渐消失。木星的卫星木卫四和木卫三上的陨石坑链表明，它们过去也曾被解体的彗星碎片撞击过。

木星的卫星和光环

木星拥有60多颗卫星，就像一个迷你太阳系。借助最简单的光学望远镜，人们可以看到4颗最大的伽利略卫星在围绕木星旋转，每晚它们都在变换位置——有时在木星背后看不见，有时从木星表面掠过，有时则躲在木星的阴影中。

伽利略卫星中最接近木星的是木卫一，其直径为 3643 千米（比我们的月球稍大），每 42.5 小时公转一周。木卫一是太阳系中火山活动最活跃的天体。1979 年，"旅行者 1 号"探测器拍摄到了木卫一上 8 座火山同时喷发的照片。在木卫一上，其他数以百计的火山口清晰可见，尽管它们实际上并没有喷发。这些火山喷发物不仅有与地球上的熔岩相似的物质，还有硫，硫凝固后形成了木卫一表面鲜艳的红色、橙色和黄色。

木卫一是熔融态的，因为它处在木星和其他伽利略卫星的引力作用下，它们释放的潮汐能熔化了木卫一的内部。木卫一的内部物质翻腾到其表面，进行着无休止的内外物质循环。一些硫逃逸到最靠近木星的木卫五上，给它披上了一层橙色外衣。木卫五是一个形状不规则的岩石天体，直径只有 200 千米，非常小，用业余天文望远镜很难看到。

在木卫五的轨道上有一圈微弱的尘埃，向内延伸到距木星云顶仅 3 万千米的地方。这个脆弱的木星环是一颗或多颗小卫星破裂的结果。

向外经过木卫一后遇到的就是木卫二，它是伽利略卫星中最小的，直径为 3122 千米。木卫二被包裹在白色冰壳中，裂纹可能是由潮汐力造成的。在破裂的冰壳之下，木卫二上可能有一片液态水的海洋。

紧随木星之后的是木卫三，它是木星的卫星中最大最亮的一颗。更重要的是，它的直径为 5262 千米，是太阳系中最大的卫星，甚至比水星还大。木卫三

和直径为 4821 千米的木卫四都是由岩石和冰组成的球体，有点像巨大的泥雪球。

木卫四上布满了陨石坑，最大的陨石坑的直径达 3000 千米，被称为瓦哈拉盆地。它类似于月球和水星上的大盆地，周围环绕着波浪状的山脊。木卫三也受到过撞击，但没有木卫四那么严重，而且其表面有一条奇怪的凹槽，很明显是由于卫星表面冰层的断裂和压力造成的。木卫三和木卫四上的亮点是最近的撞击事件暴露出的新冰。

木星其余的卫星都很小，无关紧要。它们中的大多数（尤其是最外层的那些逆轨道运行的卫星）可能是被木星引力捕获的过路天体。

喷向高空。1979年"旅行者1号"探测器拍摄的照片显示，一座名为洛基的火山在木卫一的边缘喷发，将硫黄云喷向150千米高的太空中。木卫一上的火山以火神命名。（USGS）

土 星

明亮的光环环绕在土星赤道的上空，使它成为最美丽的行星。这些与众不同的环可以用小型望远镜清楚地观测到。用在地面上安装固定的性能优良的双筒望远镜可以看到行星的轮廓被环拉长成一个椭圆。用在地面上安装好的双筒望远镜还应该能看到土星最大的卫星——土卫六，它每 16 天绕土星运行一周。

土星的光环反射的光比它自身反射的光还多，所以在最好的情况下，土星看起来就像是一颗明亮的黄色恒星，亮度为 −0.3 等，只有天狼星和老人星比它更亮。如果没有土星环，土星的亮度将不超过 0.7 等。

奇怪的是，有时土星看起来没有光环，原因在于其自转轴的倾斜角度。当土星围绕太阳运行时，土星环呈现给我们的角度从 0° 到 27° 不等。土星环的厚度非常小，当它们的边缘朝向地球时（大约每 15 年一次，如 2009 年和 2025 年），即使用地球上最大口径的望远镜也无法观测到。因此，土星的亮度不仅取决于它和我们之间的距离，而且取决于土星环的形状。

土星每 29.5 年围绕太阳公转一周，它与太阳的平均距离为 14.3 亿千米，是日地距离的 9.5 倍。土星移动得如此缓慢，每一年零两周的时间就会来到冲的位置。

"旅行者2号"探测器在1981年拍摄的土星照片。注意卡西尼缝和环上微妙的细节。土卫三、土卫四和土卫五在土星下方看起来就像小点，土卫三的影子投射在土星的云层上。（USGS）

当土星处于典型的冲时，用裸眼观测放大90倍的土星，它将和满月一样大。

在很多方面，土星都是木星的缩小版。它的赤道直径仅次于木星，自转周期仅次于木星。和木星一样，它也主要由氢和氦组成。不过，在某种程度上，土星在所有行星中是独一无二的：它的平均密度只有水的70%。这是一个值得注意的事实，因为这颗行星的质量不到木星的三分之一，所以它的引力较小，中心区域没有被压缩得那么紧密。

从轮廓可以明显看出土星的密度较小，它的形状比木星还扁。土星两极的直径比赤道直径小10%，比木星小6%。

观测土星

在望远镜里，土星看起来像一个平静的赭色圆盘，两极较暗，有一些水平暗条纹。这些条纹的图案与木星上的很相似。此外，土星把它的影子投射到土星环上，土星环又把它的影子投射到土星上，形成了一条黑暗的赤道带。

用小型望远镜就能看到土星及其光环的迷人景象，但认真研究至少需要200毫米口径。在绘制土星时，观测者要先在一系列预先打印好的空白图表中挑选能匹配土星环的倾斜角度的轮廓图。在这样的空白图表上，土星两极的直径为50毫米，赤道直径为55毫米，环的直径为126毫米。就像木星一样，土星的主要特征要在其旋转出视野之前快速地勾勒出来，并添加细节。

观测者对土星上各种特征的亮度进行估计：在欧洲的标准中，1级对应于环中最亮的部分，10级对应于黑色的天空；而美国的标准正好相反，如0级对应于黑色的天空，8级对应于环中最亮

土星数据	
直径	120536 千米
质量（地球的质量为1）	95.16
平均密度（水的密度为1）	0.69
体积（地球的体积为1）	764
自转周期	10.23 小时
公转周期	29.45 地球年
会合周期	378.09 地球日
轴向倾斜率	26.73°
与太阳的平均距离	1.4267×10^9 千米
轨道偏心率	0.054
轨道倾角	2.5°
卫星数量	60+

的部分。云层中的标记可以在它们穿过土星中心子午线时进行计时，就像木星一样。

土星没有像木星那样有趣的旋转着的、五颜六色的风暴云，也没有大红斑。然而，每隔30年左右，土星的北半球就会出现一个巨大的白斑。显然，白斑是在太阳加热作用下产生的风暴云，因为它出现在土星的北极最倾向太阳的时候。这样的爆发曾出现在2010年12月，它在土星上蔓延开来，直到9个月后最终消失。

除了白斑，土星的大气层也不缺乏其他活动，只是它的云层通常被高海拔的雾霾所掩盖。空间探测器已经记录到土星上类似于木星上的低对比度云团旋涡。

因为都有内部热源，土星和木星的气象状态很相似。像木星一样，土星辐射出的热量是它所接收到的太阳热量的两倍，这是它诞生时就注定的。然而，由于土星离太阳较远，它的云层的温度比木星云层的温度低30摄氏度，在大气中形成的高度也低一些。对云层系统的跟踪显示，土星上的大风速度高达1800千米/小时，比木星上的风速快两倍多。

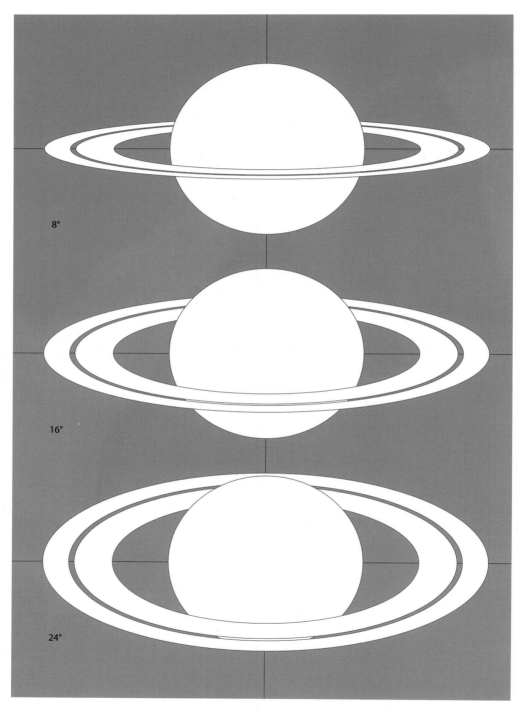

8°

16°

24°

在绕太阳公转时，土星环以0°到27°的不同角度呈现，所以可以用一系列模板来描绘这颗行星。
（维尔·蒂里翁）

土星环

显然，人们对土星的兴趣主要集中在它的光环上。从地球上看，它们是一个环绕土星的连续圆盘，但这是假象。1655 年，荷兰科学家克里斯蒂安·惠更斯第一个意识到土星环不是一个整体，而是由围绕土星轨道运行的小颗粒组成的。

土星环的中心部分称为 B 环，是最宽最亮的部分。它与外围较暗的 A 环之间有一个 5000 千米宽的缺口，称为卡西尼环缝，用 75 毫米口径的望远镜就能看到。从 B 环向内延伸到土星的是所有环中最暗的透明的 C 环。

在 A 环的外部可以看到一个被称为恩克环缝的狭窄缝隙，而在良好观测条件下使用大型望远镜的观测者报告说，在环内出现了明显的波纹，这表明环内物质的密度因地而异。

但是，即使最好的望远镜的观测结果也无法与空间探测器所揭示的大量细节相提并论，如 1980 年和 1981 年飞掠土星的两台"旅行者号"探测器，以及 2004 年开始环绕土星运行的"卡西尼号"探测器。在这些探测器的近距离观测下，这些环被分解为成千上万个狭窄的小环和缝隙，就像留声机唱片上的纹脊和沟槽。

有些小环并不是完全的圆形，而是椭圆形。卡西尼环缝也不是空的，而是包含了线状的小环。"旅行者号"探测器还首次揭示了一个名为 F 环的外环，它被环绕在它附近的卫星的引力所扰动，看起来就像扭曲的绳子。

土星环的直径为 27.5 万千米，厚度不超过 100 米。如果用相同的厚度与直径之比来比较的话，CD 或 DVD 的直径将达 5 千米。

组成环的颗粒大小不一，小至尘埃，大如房屋。它们的成分主要是冰冻的水，可能还夹杂着尘埃，就像压实的雪球。

土星环可能是在土星强大的引力作用下无法形成卫星的物质所形成的。抑或，它们可能就是先前的一颗卫星的残骸，它因为离土星太近而解体了，或者被彗星撞碎了。事实上，这些光环可能被来自彗星的冰物质不时补充。

在有的地方，细微的尘埃覆盖着环，产生了被称为辐条的暂时性深色特征。这些类似辐条的特征最初是由地面观测者发现的，但只有用空间探测器才可确定它们的真实性。

土星的卫星

近年来，人们通过空间探测器和地基观测发现了土星的许多小卫星，总数超过 60 颗，而且目前还在不断增加。最里面的小卫星与土星环的关系密切。其中一颗名为"潘"，在恩克环缝所在的 A 环内运行。另一颗名为"阿特拉斯"，在 A 环的外缘运动。在离土星稍远的地方，土卫十六和土卫十七沿着同一轨道运行，这让 1966 年首次在地球上发现它们的天文学家们感到十分困惑。共享轨道在土星的卫星中很常见。从地球上可以看到的土卫三有两个兄弟，即土卫十三和土卫十四，它们在同一轨道上运行。从地球上可以看到的土卫四与"旅行者号"探测器发现的微小的土卫十二也是共享轨道。

卫星的引力效应有助于维持土星环上的缝隙。例如，土卫一的引力将颗粒

土卫一是土星较小的卫星之一，它有一个巨大的陨石坑，中间有一座撞击后形成的山峰。这个陨石坑被称为赫歇尔陨石坑，以1789年发现土卫一的天文学家威廉·赫歇尔的名字命名。土卫一表面的其余部分布满了较小的陨石坑。这张照片是"卡西尼号"探测器在2005年拍摄的。（NASA/JPL/空间科学研究所）

从卡西尼环缝中拉出。像土星的大多数卫星一样，土卫一本身是一个由冰冻的水和岩石组成的脏雪球。它有一个直径为139千米的陨石坑，比月球上的哥白尼环形山还大，足足是它自身直径400千米的三分之一。这一奇特的陨石坑称为赫歇尔陨石坑，当初的撞击几乎粉碎了土卫一。

土卫八是土星的第三大卫星，是另一个奇怪的天体，它的一面比另一面亮5倍。这可能是从更远的土卫九上撞击出来的尘埃造成的，土卫九是土星卫星中最黑暗的一颗。土卫九身上的黑色尘埃落到土卫八上并被卷起，覆盖了土卫八的正面，而其背面明亮的冰则暴露在外。

作为土星最大的卫星，土卫六的直径为5150千米，它本身就应该被视为一颗行星。它比水星还大（但比木星的主要卫星木卫三略小），是唯一拥有大量大气的卫星。事实上，土卫六表面的大气压力比地球海平面的压力大50%。但是由于离太阳太远，土卫六的表面温度很低，大约为零下180摄氏度。

土卫六的大气中有90%是氮气，剩下的大部分是甲烷。它的表面覆盖着橙色烟雾，在可见光波段无法看到它的表面，但通过红外波段和雷达可以探测到土卫六的大部分。2005年1月，"惠更斯号"探测器飞向土卫六的表面，降落在一片覆盖着水冰和点缀着冰卵石的地方。有科学家认为，甲烷雨会时不时地落在土卫六上。

"卡西尼号"探测器拍摄的土星环，从左到右依次是暗弱的C环、B环（最亮的部分）、卡西尼环缝（内部有微弱的小环）、边缘有狭窄的恩克环缝的A环、最外层的F环。（NASA/JPL/空间科学研究所）

天王星、海王星和更远的天体

在理论上，天王星应该是用裸眼可以看见的，它最亮的时候是 5.5 等。但它是如此暗弱，以至于古代的天文学家从未注意到它。天王星直到 1781 年 3 月才被发现，当时威廉·赫歇尔用他的望远镜系统地观测了天王星。

一旦知道了天王星的位置，就很容易用双筒望远镜找到它，因为它在相对于背景恒星运行。通过望远镜可以看到这颗遥远的行星有蓝绿色圆盘，充满了特殊的魅力，但即使用大口径的望远镜进行观测，也看不出天王星的任何细节。

天王星是太阳系外围的 4 颗气态巨行星之一，其他 3 颗分别是木星、土星和海王星。天王星的赤道直径不到土星的一半，但比地球要大 4 倍。它距离太阳 2900 万千米，比地球远 19 倍。季节在天王星上的流逝非常缓慢，因为这颗行星需要 84 年才能公转一周，周期非常极端，因为天王星似乎已经被撞翻了，这颗行星的自转轴的倾角为 98°，这意味着它的自转轴几乎躺在其轨道平面上。

结果，每隔 42 年，天王星的一个极点就会指向太阳，而它的另一个极点则要

1986年"旅行者2号"探测器拍摄的天王星的绿色圆盘以及环绕圆盘的光环，圆盘无任何特征。最亮的环位于最外层，也就是 ε 环。在照片上，背景恒星和卫星也可以看到。（埃里希·卡尔科什卡/NASA）

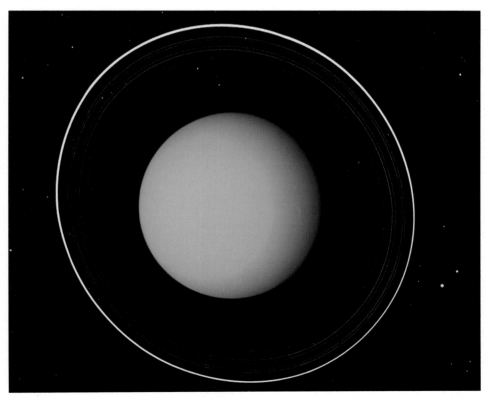

天王星数据

直径	51118 千米
质量（地球的质量为 1）	14.54
平均密度（水的密度为 1）	1.27
体积（地球的体积为 1）	63
自转周期	17.24 小时
公转周期	84.02 地球年
会合周期	369.66 地球日
轴向倾斜度	97.77°
与太阳的平均距离	2.871×10^9 千米
轨道偏心率	0.047
轨道倾角	0.8°
卫星数量	27

在黑暗中度过数十年。在这 42 年间，天王星的赤道地区面向太阳。在每一个长达 84 年的公转周期中，太阳光会直射在天王星的每一个纬度上。这种现象在其他任何行星上都不会发生。没有人知道为什么天王星会以这种独特的方式侧躺着，也许很久以前它曾与另一个巨大的天体相撞。

天王星之所以出名还有另一个原因：它是人们发现的第二颗有光环的行星。1977 年，天文学家观测到天王星从一颗恒星前面经过。出乎意料的是，他们注意到这颗恒星在被天王星的圆盘遮挡之前和之后，断断续续地"眨了几次眼睛"，他们由此推断，天王星周围有 9 个模糊的光环。1986 年 1 月，"旅行者 2 号"空间探测器飞掠这颗行星，证实了这些光环的存在。后来，天文学家用红外波段从地球上拍摄下了这些光环，已知的光环数量已经增加到 13 个。

这些环很窄，大多只有几千米宽，中间有宽阔的缝隙。它们位于天王星云层上方 12000 ~ 72000 千米，由围绕它们运行的小卫星的尘埃和其他碎片组成。

除了这些光环，天王星还有 5 颗从地球上可以看到的大卫星，即天卫五、天卫一、天卫二、天卫三和天卫四，它们的直径从 500 千米到 1500 千米不等。"旅行者 2 号"探测器发现了 11 颗较小的卫星，然后人们在地球上又发现了其他更远的卫星。像光环一样，内层的卫星围绕天王星那倾斜的赤道，以近乎圆形的轨道运行，而外层卫星的轨道则是椭圆形和倾斜的，这表明它们是在天王星形成后被捕获的。

即使"旅行者号"探测器近距离进行观测，这颗行星平淡无奇的气态表面也令人失望，尽管后来哈勃空间望远镜观测到了一些云层的特征。在结构上，天王星被认为有一个岩石内核，它被一层冰覆盖着，外面是一层由氢和氦组成的大气。大气中含有大约 2% 的甲烷，这使得这颗行星呈绿色。

海王星：最外层的巨星

海王星，太阳系最外层的大行星，在某些方面是天王星的孪生兄弟。它稍微小一些，通过业余天文望远镜可以看

海王星数据

直径	49528 千米
质量（地球的质量为 1）	17.15
平均密度（水的密度为 1）	1.64
体积（地球的体积为 1）	58
自转周期	16.11 小时
公转周期	164.8 地球年
会合周期	367.49 地球日
轴向倾斜度	28.32°
与太阳的平均距离	4.4983×10^9 千米
轨道偏心率	0.009
轨道倾角	1.8°
卫星数量	14

海王星上的冰蓝色云团被大暗斑扰乱，这是一个地球大小的反气旋，周围环绕着白色的甲烷卷云。这张照片是由"旅行者2号"探测器在1989年8月拍摄的。（NASA）

出它的圆盘同样毫无特征。由于其云层上方的大气中含有更多的甲烷，因此海王星呈更鲜艳的蓝绿色。海王星还是太暗了，即便在最亮的时候也只有 7.8 等，裸眼很难看到，但当你知道在哪里去找时，就可以用双筒望远镜找到它。

与天王星的意外发现不同，海王星是事先就被预测到的。天文学家发现天王星没有按照预期的轨道运行，因此有人怀疑它被一颗尚未发现的行星的引力所牵引。在法国，数学家奥本·勒维耶在 1846 年计算出了这颗新行星的位置，击败了英国人约翰·库奇·亚当斯，后者一直在研究同一个问题。同年 9 月，柏林天文台的天文学家在接近勒维耶的预测位置发现了海王星。

海王星以 4500 万千米的平均距离绕太阳运行，比地球远 29 倍，其公转周期为 165 年。由于离太阳太远，海王星上又冷又黑。不像平淡的天王星，海王星的云纹让人联想到木星。1989 年 8 月，"旅行者 2 号"探测器到达海王星时，其上搭载的照相机发现了一个类似于木星大红斑的大暗斑。大暗斑逐渐向赤道漂移，到 1994 年哈勃空间望远镜观测海王星时，它已经消失了，尽管从那以后又出现了类似的暗斑。

类似于其他的巨行星，海王星的卫星和行星本身一样有趣。在已知的 14 颗卫星中，最大的是海卫一，其直径为 2700 千米，超过月球直径的四分之三。它拥有太阳系中已知最冷的表面，温度为零下 235 摄氏度，表面覆盖着冻结的氮气和甲烷。氮气或甲烷气体的间歇泉从地表下喷涌而出，在明亮的冰面上留下黑色的条纹。

海卫一围绕海王星逆行（从东到西）运转，这表明它是被捕获的。来自海王星的潮汐力导致海卫一的轨道逐渐缩小，这样海卫一以螺旋路径不断靠近海王星，直到在遥远的将来它碎裂开来。破碎的海卫一将在海王星周围形成一组比目前环绕它的暗弱而狭窄的环要坚实得多的环。海王星最著名的光环被命名为伽勒环、勒维耶环、拉塞尔环、阿拉戈环和亚当斯环，这是根据参与发现和早期研究这颗行星的天文学家的名字命名的。

外海王星天体（简称海外天体）

海王星之外有一大批冰冻天体，统称为海外天体。1930 年，克莱德·汤博在亚利桑那州的洛厄尔天文台发现了第一颗这样的行星，并将其命名为冥王星。2006 年之前，冥王星一直被认为是太阳系的第九大行星，直到 2006 年国际天文学联合会将其重新归类为矮行星。

冥王星比八大行星中的任何一颗都要小得多，直径不到 2400 千米，比海王星最大的卫星海卫一还要小。冥王星更不像行星的理由还有它穿过海王星轨道的偏心轨道，如 1979 年 2 月到 1999 年 2 月之间它与太阳的距离比海王星还要近。没有其他的大行星会穿过另一颗大行星的轨道，当然许多小行星会这样。

20 世纪 90 年代，天文学家发现了许多海外天体，现在已知的大约有 2000 个。其中之一是 2005 年发现的阋神星，它几乎和冥王星一样大。阋神星和冥王星现在都被归类为矮行星，这一类别还包括小行星带中最大的成员——谷神星。

2008 年，另外两个海外天体被归类为矮行星，它们是妊神星和鸟神星。毫无疑问，还有更多的大型海外天体有待发现，有些可能比冥王星还要大。

冥王星每 248 年绕太阳运行一周，它到太阳的平均距离几乎是地球的 40 倍。冥王星的亮度只有 15 等，很难被发现，更不用说研究了。更遥远、更暗淡的阋神星大约需要 560 年才能公转一周。

已知冥王星有 5 颗卫星，到目前为止，其中最大的卫星是 1978 年发现的冥卫一，它的大小是冥王星的一半。冥卫一每 6.4 天绕冥王星运行一周，与冥王星绕轴自转的时间相同。因此，冥卫一始终悬挂在冥王星表面的一个点的上空，在冥王星的一个半球上可以永久地看到它，而在另一个半球看不见它。

2015年7月"新视野号"探测器所观测到的冥王星，在这里以近似真实的颜色显示。中间下方是明亮的汤博区。（NASA/约翰·霍普金斯大学/ SWRI）

我们第一次近距离观测冥王星及其卫星是在 2015 年，当时 NASA 的"新视野号"探测器飞过它们。冥王星的表面主要由冰冻的氮和堆积如山的水冰组成，这些水冰在远离太阳的极端寒冷的环境中像岩石一样坚硬。黑暗的区域非常古老，由于阳光的长期作用已经变成褐色，而明亮的区域则相对年轻。左图中最大的亮区被命名为汤博区，以冥王星的发现者命名。

彗星和流星

彗星是很脆弱的天体，由冻结的气体和尘埃松散地组合而成，以高度扁长的轨道环绕太阳运行，每隔几年到几千年就会回到太阳系内部。此时，从地球上看，它发出幽灵般的光芒，持续几周或几个月后，就会消失在遥远的黑暗中。

彗星只有反射阳光时才能发光，当它远离太阳时，它很小（通常只有几千米宽），而且很暗弱。而当接近太阳时，彗星变暖，释放出气体和尘埃。在太阳辐射的影响下，彗星周围的气体开始发出荧光，就像霓虹灯管中的气体一样，从而大大增加了彗星的亮度。

变暖的彗星释放出的气体和尘埃会形成一个直径约为 10 万千米的晕或彗发。彗发的中心是彗核，这是彗星中唯一的固体部分，是一个由冰、尘埃和一些岩石混合组成的"脏雪球"。大彗星彗核的直径可能为几十千米，但大多数彗星彗核的直径都只有 1 千米左右。若要与地球的质量相当，则需要 10 亿多个彗核。

并不是所有的彗星都有尾巴，但确实很多彗星都有彗尾。典型的彗尾长 1°～2°（月球直径的 2～4 倍），但在特殊情况下可能更长。彗星在近日点附近时最亮，彗尾最长，所以它们最亮的时候通常为日落后或日出前不久，而在天黑下来时它们就已经西沉了。

彗尾的一部分是由太阳风从彗星头部吹来的气体组成的，而太阳风是来自太阳的原子粒子流。彗尾的另一部分是由头部释放出来的灰尘微粒组成的。由于气体分子发出荧光，因此气态彗尾呈

哈雷彗星绕太阳运行的轨道呈椭圆形，相对于行星轨道的倾角较大。它每隔76年从水星和金星的轨道之间飞到海王星之外，然后再飞回来。（维尔·蒂里翁）

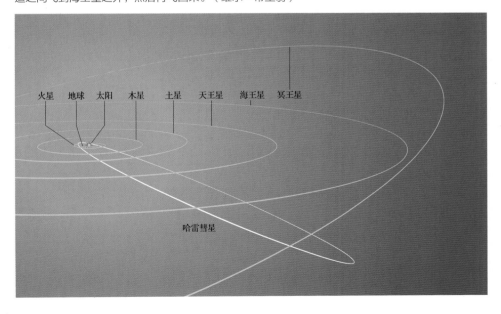

火星　地球　太阳　木星　土星　天王星　海王星　冥王星

哈雷彗星

1997年4月在巨石阵上空看到的海尔－波普彗星。仙后座在图中的右上方，昴星团在图中的左上方。这颗彗星上次出现的时间是在4200年前，大约就是巨石阵正建造的时候。（保罗·萨瑟兰）

蓝色，而尘埃彗尾则由于反射阳光而呈黄色。

彗尾总是指向远离太阳的方向。气态尾巴大多是笔直的，但尘埃尾巴往往呈扇形，因为尘埃粒子的运动落后于彗星。有些彗星的尾巴似乎是向着太阳的，但这是从特殊的角度观测弯曲的尘埃尾巴的结果。

彗尾可以延伸1亿千米左右，比从地球到太阳的距离还远，如1997年壮观的海尔－波普彗星的气体和尘埃彗尾。然而，尽管它的外表光鲜亮丽，但它的密度不及实验室真空环境的密度，在它后面出现的恒星不会变暗。彗尾给人一种快速掠过天空的感觉，但实际上彗星与恒星的相对运动在一个夜晚很难察觉。

由于彗星很大，扩散得很广，所以最好用双筒望远镜和宽视场的天文望远镜来观测。我们可以用软铅笔在白纸上以负片方式画出彗星，记录彗发的形状、中心的凝结和彗尾。我们应绘制最亮的背景恒星，以便以后可以从星图中测量彗发和彗尾的大小。

彗星的亮度很难估计。一种方法是将双筒望远镜或天文望远镜适当散焦，对彗星的像与附近恒星的像进行比较。这种方法只适用于较为明亮聚积的彗星。对于更多的比较发散的彗星，在让望远镜散焦之前要在头脑中记住彗发的聚焦图像，并将其与附近恒星的散焦图像进行比较。

每年出现的彗星包括已知的回归彗星以及新发现的彗星，业余天文爱好者可以用天文望远镜看到几十个这样的天体，用双筒望远镜也能看到几个，但只有在偶然的情况下，才会有一颗彗星的亮度达到裸眼可见的程度。3000多颗彗星有已知的轨道，而且一直陆续有更多的彗星被发现，其中一些是由业余天文学家发现的。新彗星都以其发现者的名字进行命名。

长周期（超过几个世纪）的彗星来自由成千上万颗裸眼看不见的彗星组成的彗星群，这个彗星群称为奥尔特云，环绕在太阳系的暗淡边缘，距离太阳大约 1 光年。经过太阳系附近的恒星的引力扰动将彗星从这片云推入新的轨道，使它们靠近太阳。

还有一个彗星云，称为柯伊伯带，它位于海王星轨道之外。大多数周期彗星（即那些周期短于几百年的彗星）来自柯伊伯带，而不是奥尔特云。

已知周期最短的彗星是恩克彗星，它每 3.3 年绕太阳运行一周。它太古老，已经失去了大部分气体和尘埃，裸眼看不到。最著名的是哈雷彗星，以英国天文学家埃德蒙·哈雷的名字命名。他在 1705 年计算了哈雷彗星的轨道。哈雷彗星大约每 76 年返回一次。它最后一次出现是在 1985—1986 年，2061 年它将再次回归，经过近日点。它的轨道从距离太阳 8800 万千米（在水星和金星的轨道之间）到海王星之外的 53 亿千米。

流星和流星雨

彗星上的尘埃会散布到太空中，而地球和其他行星不断地吸引彗星尘埃。当彗星尘埃微粒进入大气层时，它们会在约 100 千米的高空因摩擦而燃烧，产生流星现象。流星的发光几乎在一瞬间结束，通常持续不到 1 秒。在晴朗的夜晚，每小时都能看到几颗流星。

这种随机出现的流星称为偶发流星。不过，地球偶尔会穿过彗星的轨道，遇到密集的尘埃，从而产生所谓的流星雨，从天空中的一个方向以每小时几十颗的

流星雨似乎是从天空中一小块被称为辐射点的地方发射出来的。这张图显示了天琴座流星雨的辐射轨迹，辐射点位于天琴座，靠近明亮的织女星。（维尔·蒂里翁）

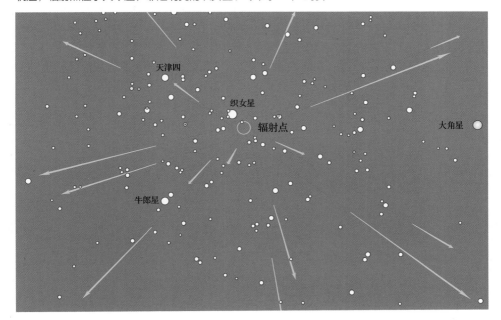

流量辐射出流星。

流星出现的天空区域称为辐射点。然而，它并不是最好的观测点，因为流星从这个方向迎面而来，所以观察这里时它们的轨迹是最短的。在距离辐射点90°的地方可以看到最长的流星轨迹。

流星雨是以辐射点所在的星座命名的。例如，英仙座流星雨（在地球上每年8月都会看到的明亮流星雨）看上去是从英仙座辐射出来的，此外还有双子座流星雨等。历史上的一件怪事与象限仪流星雨有关，它来自一个区域，而那里曾经是现在已经不存在的象限仪座的一部分。

流星雨的强度是用每小时天顶流量（ZHR）来测量的，这是一个观测者在黑暗的天空中直接看到的流星的数量。由于流星雨的辐射点很少正好位于天顶位置，所以我们每小时实际上看到的流星数量将低于理论上的ZHR。此外，明亮的月光、人造光污染将掩盖较暗的流星，再次减少观测到的流星数量。

业余天文学家可以对流星雨进行有价值的观测：对裸眼可见的流星的数量进行计数，并估计它们的亮度。如果有流星手表，那么观测是相当舒适的。观测可能会持续几小时，因此要穿得暖和些，还可以躺在帆布躺椅或日光浴床上。

典型的流星亮度是2等或3等，但有些流星比最亮的恒星还要亮，偶尔还会出现称为火流星的壮观流星，它往往会投下阴影。有些流星在坠落时还会分裂，而有些则会留下一串发光的气体，几秒后消失。下表显示了每年可以看见的主要流星雨。ZHR只是一个大略值，每年都有很大的变化。

一个极端的例子是狮子座流星雨，通常其流量每年都是中等。而当它的母彗星坦普尔–塔特尔彗星返回近日点时，狮子座流星雨会以33年为周期爆发一次。1966年，一场壮观的狮子座流星雨出现在美国上空，像下雪一样，每小时多达10万颗，而在1999年、2001年和2002年每小时的流星数量高达4000颗。

主要的流星雨			
流星雨	活动期	极大日期	极大值
象限仪座	1月1~6日	1月3~4日	100
天琴座	4月18~25日	4月21~22日	10
宝瓶座 η	4月24日~5月20日	5月5日	40
宝瓶座 δ	7月15日~8月20日	7月28~29日	15
英仙座	7月17日~8月24日	8月12~13日	80
猎户座	10月14~31日	10月20~22日	25
金牛座	10月20日~11月30日	11月12日	10
狮子座	11月10~24日	11月17~18日	10
双子座	12月7~16日	12月13~14日	100

小行星和陨星

在火星和木星轨道之间，有一个由碎石块组成的小行星带。直到 1801 年，意大利天文学家朱塞佩·皮亚齐发现了其中最大的一颗——谷神星，小行星带的存在才为人所知。天文学家们此前曾推测，在火星和木星之间可能存在着一颗未知的行星。

据估计，在小行星带中至少有 100 万颗直径不小于 1 千米的小行星。然而，即使把它们都加在一起，其体积也不到月球的一半。小行星并不像人们曾经认为的那样，是被破坏的先前行星的残留物，实际上是其他行星在形成时的残余物，尽管它们中的许多已经被撞成更小的碎片了。

谷神星的直径为 940 千米，大小只有月球的四分之一多一点。它绕太阳公转一周需要 4.6 年。2006 年，国际天文学联合会将谷神星列入了矮行星的新类别，因为它的体积相对较大，而且又与大多数不规则的小行星不同，它是圆形的。

2015 年，NASA 的"曙光号"小行星探测器进入谷神星的轨道，拍摄了谷神星表面遭遇猛烈撞击的陨石坑，并发现其表面有亮点。这些亮点是冰蒸发后留下的含盐沉积物。在谷神星黑暗多尘的表面下，有一层大约 100 千米深的水冰。事实上，地球上的大部分水可能来自在太阳系早期地球与谷神星等冰冷小行星的碰撞。

尽管谷神星的体积很大，但它并不是最亮的小行星，最亮的是直径为 525 千米、由浅色岩石构成的灶神星，有

时用裸眼就能看到它。谷神星、灶神星、智神星和其他几颗小行星的亮度足够大，可以用双筒望远镜在夜晚找到。如果不确定哪颗是小行星，可以先画出这些星星，然后在第二天晚上再看一遍。

我们第一次近距离观察小行星是在 1991 年，当时"伽利略号"探测器在飞往木星的途中掠过小行星加斯普拉，发现它是一个形状不规则的、长约 18 千米的岩石天体，上面布满了陨石坑。加斯普拉类似于火星的卫星火卫一和火卫二（见第 369 页上的照片），因此，这些卫星可能是被捕获的小行星。小行星也可以有自己的卫星。1993 年，当"伽利略号"探测器飞掠 60 千米长的小行星艾达时，发现了它的卫星——艾卫。

95% 的小行星都在位于火星和木星之间的主带上运行，但也有一些明显的例外。有一组称为特洛伊的小行星，它们与木星沿着同一轨道运行。对我们来

最大的小行星谷神星，2015 年由"曙光号"探测器拍摄。左上方明亮的斑块是直径为 90 千米的奥卡托陨石坑，其内充满了含盐沉积物。（NASA/JPL）

说,最重要的是近地小行星,它们的轨道接近甚至横穿地球的轨道。其中一些天体可能是已熄灭的彗星的彗核。

这种类型的小行星在过去一定撞击过地球,其他小行星可能在未来也会撞击地球,造成毁灭性的影响。寻找这些有潜在危险的小行星是一个重大的国际项目。

陨石和陨石坑

到达地球表面的天体称为陨石。大多数陨石是来自小行星的碎片,但少数稀有样本的成分表明它们来自月球或火星。

据估计,每年有 1 万多块陨石落在地球上,但实际上只有 10 多块被找到,其余的落在无人居住的地区或海里。大多数我们观测到的陨星都是石质的,如果不能马上找到,它们很快就会风化掉——至少在正常情况下是这样。但在南极洲,科学家发现了大量的古代陨石,其中包括许多罕见的类型,这是由于冰冠的自然深度冻结使其保留了原始状态。另一个丰富的陨石来源地是地球上的沙漠,那里的干旱条件也有利于保存陨石。

石质陨石通常称为球粒陨石,这是因为它们含有大量称为球粒的矿物质。没有球粒的那一小部分陨石称为无球粒陨石。最有趣的一类石质陨石是碳质球粒陨石。这些岩石的含碳量高,是现存最原始的岩石之一,自太阳系形成以来几乎没有变化。一些碳质球粒陨石可能是彗星的碎片。

少数的中间态陨石是石铁陨石,它的一半是铁,另一半是岩石。除了球粒陨石之外,另一种主要的陨石是铁陨石。这些陨石含有 90% 的铁和大约 10% 的镍。

已知最大的陨石——西霍巴陨星是一块铁陨石,重约 60 吨。它撞击地球的速度相对较慢,没有砸出一个大坑,也没有破裂。它坠落的地方位于纳米比亚的赫鲁特方丹附近。相比之下,最大的石陨石重达 1.7 吨,是 1976 年坠落在中国吉林市附近的一组陨石之一。

在大约 2.5 万年前,一块特别大的陨石(据估计重达 25 万吨)坠入亚利桑那州的沙漠,撞击出了现在直径为 1.2 千米的著名的陨石坑。大部分陨石在撞击中被毁,但仍有足够多的碎片散落在陨石坑周围,表明这块陨石是由铁构成的。

现在地球上已知的陨石撞击点大约有 190 个,其中一个位于墨西哥的希克苏鲁伯,直径为 150 千米,形成于 6500 万年前。当时地球上的恐龙灭绝了。

直径约为1.2千米的陨石坑,深约200米,是约5万年前在亚利桑那州的沙漠中由一块铁陨石撞击形成的。大部分陨石因撞击产生的高温而蒸发掉了。(伊恩·里德帕斯)

第三部分　观测设备的选择与使用方法

双筒望远镜和天文望远镜有两个主要的用途：它们能比人眼收集更多的光，并把物体放大。在天文学中，前一个用途是最重要的。天文学家利用大型望远镜，不是因为它们的放大倍数更大，而是因为它们强大的聚光能力能使较暗的天体进入视野，并能分辨出更多的细节。

望远镜有两种主要类型：一是折射式，通过主透镜（即物镜）收集光线；二是反射式，使用镜面会聚光线。所有的小型望远镜都是折射式的。天文望远镜有可更换的目镜，以提供不同的放大倍数。双筒望远镜是一种改进型折射望远镜，它通过棱镜折射光，使光路更短，更便于携带。

把折射式望远镜和反射式望远镜的优点结合在一起的望远镜现在很流行，这就是折反射式望远镜，它可以被看作反射式的改进型。下面依次讨论每种类型的望远镜。

双筒望远镜

几乎每个天文学家使用的第一个光学设备都是一台双筒望远镜。事实上，它们对于任何观测者来说都是必不可少的，即使是那些拥有大型望远镜的人。双筒望远镜的优点是便于携带，视野开阔，而且相对便宜。

双筒望远镜通常有一个中央调焦轮，可以让你快速锁定感兴趣的目标。其中有一个目镜应该可以单独调节，以适应两只眼睛之间的视觉差异。那种只能通过单独调整两只目镜来聚焦的双筒望远镜都比较笨重，应避免使用。尽管市场上有可变倍率的变焦双筒望远镜，但为了获得最佳的光学质量，最好还是选用固定倍率的双筒望远镜。

大多数用于天文学研究的双筒望远镜都靠所谓的普罗棱镜来折射光线，如下图所示。另一种设计是使用所谓的屋脊棱镜来提供直通式光路。虽然后者更

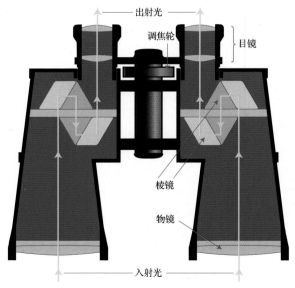

出射光

调焦轮

目镜

棱镜

物镜

入射光

我们可以通过调整双筒望远镜以适应双眼的观测，请按照以下步骤进行操作。

1. 改变目镜之间的间隔，通过围绕中心轴旋转双目镜的两部分来实现。

2. 转动中央的调焦轮，直到通过不可调的那只目镜看到的图像聚焦清晰。

3. 转动单独可以调节的那只目镜来使它清晰聚焦。记下设置的情况，以备将来参考。

4. 转动中央的调焦轮，将使两个目镜可以同时聚焦。

紧凑，但由于口径较小，因此不太适合天文学研究。

双筒望远镜上的标记包含两个数字，例如 8×30、8×40、7×50 和 10×50。第一个数字是放大倍数，第二个数字是收集光线的物镜的口径（以毫米为单位）。例如，放大 8 倍意味着物体看起来是用裸眼看时的 8 倍，也就是看上去距离缩短为原来的八分之一。

然而，提高放大倍数要付出双倍的代价，这一条适用于各种光学仪器。首先，当图像被放大时，由于光线被分散到更大的区域，图像就会变暗。因此，放大倍数越大，需要越多的光使得图像足够明亮。这只能通过更大的通光口径来实现，也就是采用更大口径的物镜。

其次，放大倍数越大，视野就会越小。为了让双筒望远镜得到令人满意的视野和可接受的明亮图像，应在放大倍数和口径之间寻找合适的比例，如至少是 1:5。

另一个需要考虑的因素是，放大倍数大于 10 的双筒望远镜很难保持稳定，因为图像会随着手的颤抖而振动。高倍率的双筒望远镜需要安装在支架上，但这影响了便携性。

现今制造的稳像双筒望远镜使用微处理器、陀螺仪或机械悬挂系统来弥补手的抖动问题，但它比普通双筒望远镜重，成本也更高。

好的双筒望远镜一般有 3°～6° 的视野（是月球视直径的 6～10 倍），这是天文望远镜无法比拟的令人惊叹的广角视野。相比之下，使用低倍目镜的望远镜的典型视场大小只有 1°。

双筒望远镜是观测以下目标的理想工具：星座、银河、变星、星团、星云、大星系、彗星、小行星、月球和月食。但是，千万不要用它瞄准太阳！

挑选望远镜

哪种望远镜最合适，取决于你打算观测的目标的类型以及你的预算。许多业余天文爱好者都是从选用 50~60 毫米口径的小型折射望远镜开始观测活动的。用这些设备足以揭示月球和行星的细节，观察比较明亮的星系和行星状星云，分辨许多著名的双星。这类设备尤其适合对太阳进行投影，因为太阳非常明亮，不需要大的口径（但要记住第 311 页介绍的安全注意事项，如果没有经过认证的滤光片，就不要通过任何类型的光学设备直接观测太阳）。由于聚焦的阳光和热量会损坏反射式望远镜的第二面反射镜，所以折射望远镜更适用于观测太阳。

因为拥有较大的口径，简单的牛顿反射式望远镜的成本优势通常超过所有其他因素。业余天文爱好者通常选择口径为 150~250 毫米的牛顿望远镜。它唯一真正的缺点是，反射镜片需要定期更新反射涂层，尽管更新一次可以维持多年。

如果你想专门观测行星或近距离的双星，对折射镜清晰度的要求就要高一些。如果紧凑和便携性是决定性因素，那么折反射望远镜就有优势。

无论你最终决定使用哪种类型的望远镜都应记住：口径越大，看到的东西就越多，所以尽量选择你能负担得起的最大口径的望远镜。

折射望远镜，简称折射镜，通过透镜收集光线，然后将其聚焦到一个长而窄的镜筒末端的目镜上。几乎所有口径小于100毫米的望远镜都是折射望远镜。在该图中，D是望远镜的口径，F是主镜的焦距。

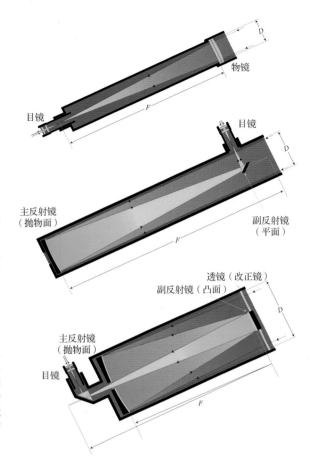

反射望远镜，简称反射镜，将光线从凹面的主反射镜反射到靠近管口的副反射镜上，再将光线转移到目镜上。图中展示的是牛顿式，是普通人最常用的一种，目镜位于镜筒的侧面。

折反射望远镜，如流行的施密特-卡塞格林式，在镜筒的前部有一个薄透镜，以改善望远镜的视野。穿过镜片后，入射光从主反射镜反射到副反射镜上，然后通过主反射镜上的孔反射到目镜上。（维尔·蒂里翁）

入门望远镜

口径为 50~60 毫米的小型望远镜的成本可能是双筒望远镜的好几倍，但获得的光量较少。与双筒望远镜相比，小型望远镜有更高的放大率和稳固的支撑装置。不幸的是，在一些批量生产的望远镜中，支架并不像人们想象的那样稳固，当移动望远镜时，图像会抖动几秒。

作为卖点，一些小型望远镜提供了放大率格外高的目镜。但对于小型望远镜来说，使用如此高的放大率，得到的只能是非常模糊的影像，甚至几乎看不清楚，因此完全是浪费。

一般来说，一个好的挑选原则是望远镜的最高可用放大率是口径（以厘米为单位）乘以 20。只要避开上述陷阱，许多小型望远镜都可以把本书中提到的各种天文景观带进视野。

最小的望远镜一般都是折射望远镜（见本页顶图），它通过透镜收集和聚焦光线。对于更有野心的观测者来说，口径为 75 毫米的望远镜是进行认真观测的最低要求。而口径大于 75 毫米的望远镜通常是反射式的，因为在同样的尺寸下，它们比折射式的便宜。最受欢迎的反射望远镜的口径是 150 毫米和 220 毫米，可以用来观测这本书中列出的所有目标。

业余天文爱好者使用的反射镜通常是按照牛顿于 1668 年发明的样式制造的。在牛顿反射镜中，由凹面的主反射镜收集的光线被反射回镜筒中，射到较小的副反射镜上，副反射镜再将光线反射到筒侧的目镜中（见上页中图）。当然副反射镜会遮挡来自主反射镜的部分光线，但是副反射镜的这种遮挡并不严重，不会对图像产生负面影响。牛顿式望远镜的一种极端形式是大视场望远镜（RFT），它使用焦距非常短的主镜和低倍率目镜，有大约 3° 的视场，虽然不如双筒望远镜好，但适合一般的观星。

反射望远镜的另一种类型是卡塞格林式，从副反射镜反射回来的光线通过主反射镜上的孔，而主反射镜上可以安装目镜或其他探测器。大型专业望远镜通常都采用卡塞格林式或其变体。

在折反射望远镜系统中，透镜和副反射镜结合在一起，入射光通过望远镜前部的薄玻璃板落在主反射镜上，像在反射望远镜中一样被反射回来。在业余天文望远镜中，最常见的变体是施密特–卡塞格林望远镜（SCT）。

折反射望远镜的优点是，由于光路在镜筒中经过二次反射，望远镜的总长度比传统的反射镜短得多，因此在质量和空间上都有优势，再加上便携性的提高，弥补了其成本较高的缺点。因为照相机可以安装在主反射镜后面而不使其失去平衡，所以折反射望远镜在天文摄影中特别受欢迎。

至于成本，请记住望远镜是一种精密的光学仪器，因此，你必须花与买其他设备（如高质量相机）一样多的钱来购置它。

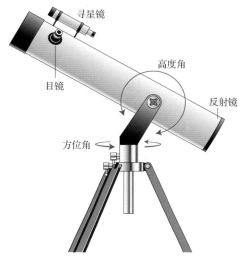

安装在地平经纬仪上的牛顿反射望远镜，这是最简单的支架形式。望远镜放在一个叉式支架上，可以上下旋转（在高度上）和左右转动（在方位角上）。（维尔·蒂里翁）

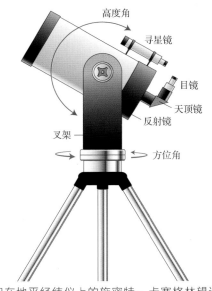

架在地平经纬仪上的施密特–卡塞格林望远镜。赤道式望远镜支架的底座是倾斜的，这样的话，望远镜筒的叉架的臂将指向天极。（维尔·蒂里翁）

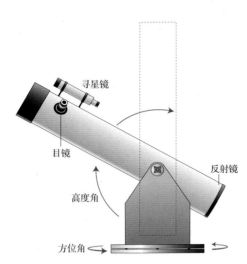

道布森式支架是一种很受欢迎的支架，适合各种口径的反射镜。在这种情况下，我们只需要用低倍率进行观测就可以了。（维尔·蒂里翁）

望远镜支架

望远镜需要安装在支架上，支架可以支撑并旋转望远镜，以便指向天空中的不同位置。支架的质量和望远镜的光学质量一样重要，因为即使是最好的望远镜，如果它一直在摇晃，或者很难控制它跟踪天体，那么就别指望用它能看到多少东西。稳固和运动平滑对于望远镜支架来说是最重要的。

最简单的望远镜支架是地平经纬仪（见上页上图）。它有两个轴，一个是水平的，另一个是垂直的，这使得望远镜既可以上下旋转（在高度上），又可以左右转动（在方位角上）。使用地平经纬仪时，通常将望远镜放在其顶部的叉形支架上。对于小型、轻型望远镜来说，叉架可以简化为单臂。

除非把折射镜安装在一个非常高的三脚架上，否则当让望远镜指向上方时，

目镜就会太低，你无法舒服地进行观察。常见的解决方法是在末端目镜的前面插入一个天顶棱镜。天顶棱镜将光线旋转90°，这样观测者就可以向下观测目镜，这是一种更舒适的观测姿势。对于牛顿反射镜，短的三脚架就足够了，因为目镜靠近镜筒的顶部，所以通常可以站着观测。

对地平经纬仪来说，一个不错的附件是被称为慢速运动控制系统的小旋钮。通过转动它，可以在每个轴上慢速移动望远镜。这对于在观测时让天体在视野中始终居中以及在地球自转时对天体进行跟踪都很有用。要知道在使用高倍率时，地球的自转可以在很短的时间内使天体移出望远镜的视野。

对于大口径牛顿反射镜，地平式支架的流行版本是道布森式支架，以发明它的美国天文爱好者约翰·道布森的名字进行命名。道布森式的望远镜筒是用轻质材料制成的，因此它的重心位于镜子末端附近。镜筒的下端（主镜）由一

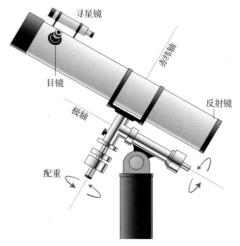

在德国式赤道仪中，有一根轴（极轴）与地轴平行，它指向天极；另一根轴（赤纬轴）与它垂直。（维尔·蒂里翁）

个木质盒子支撑，盒子的底部是胶木，可以在用特氟隆（一种用于制造不粘锅的光滑材料）制成的垫子上左右旋转。胶木能够在特氟隆垫子上平稳地滑动，类似一个简单而稳定的轴承。而镜筒在轴上由更多的特氟隆垫子支撑，可以上下旋转（见对页上图）。

尽管这种方法从表面上看起来很简单，但事实证明这是一种非常有效的方法。低廉的价格和良好的便携性使得它广泛地应用于广角、低倍率、不需要精确追踪的观测。

能精确地抵消地球自转而跟踪目标的支架是赤道仪。赤道仪的一根轴是极轴，它指向天极（北天极或南天极，取决于观测者所在的半球）。由于天空看上去在围绕着天极旋转，所以只要转动极轴就能让天体始终保持在视野中。第二根轴与极轴垂直，称为赤纬轴，它可以使望远镜上下转动。

目前，市面上有几种赤道仪，其中最常见的是德国式赤道仪，安装在这种赤道仪上的望远镜可以抵消赤纬轴的质量。而叉式赤道仪常用于折反射望远镜，叉架的臂部指向天极，位于两个叉臂之间的望远镜筒以赤纬轴为轴。

赤道仪通常配备小型电动机，能使赤道轴缓慢地旋转，从而使它以与地球自转完全相同的速度旋转。一旦将望远镜对准了一个天体，打开驱动电动机，这个天体就会在观测者希望的时间内始终保持在视场中。这对于高倍率的观测或摄影来说是必不可少的。如果你想分辨暗淡的双星或绘制行星图，经验证明静止的图像很重要。

为了便于定位天体，通常在主镜筒的一侧安装一台较小的瞄准望远镜，称为寻星镜。在小型望远镜中，由一个小玻璃窗口反射发光二极管发射的红色光点，通过将光点对准所观测的恒星来瞄

到底是哪个方向

天文望远镜的成像与用裸眼或双筒望远镜观测时相比，上下和左右都是颠倒的。为了方便观测，有的望远镜使用 90° 角的天顶棱镜，它会使成像在垂直方向上翻转，最终得到的图像只是左右颠倒，像照镜子一样。当对照星图或月面图，用望远镜进行观测时，必须要考虑这些不同的方向。

用裸眼或双筒望远镜看到的月球。

通过天文望远镜看到的月球：上下颠倒，左右颠倒。

通过90°角的天顶棱镜看到的月球：上下正常，左右颠倒。

准目标。对于较大型的望远镜，用小口径的低倍率折射镜作为寻星镜。它的目镜上有十字交叉的丝线，就像枪支的瞄准器一样。有的用一系列同心圆来代替十字线，用微弱的光线照明，可方便观测者把目标放在视野的中心。

计算机控制的望远镜现在已经很普及了，它可以自动对准天空，指向任何需要观测的天体，观测者可以从成千上万个天体中挑选观测目标，天体的位置被编程存储在操控手柄中。这种望远镜通常称为 GOTO 天文望远镜。此外，我们也可以用家用计算机通过软件来控制望远镜。与传统的天文望远镜不同的是，GOTO 天文望远镜的地平式支架是电动的，用于跟踪目标，但其精度不如赤道仪。

使用望远镜

关于用不同口径的望远镜能看到什么以及为什么这样，有几点说明。第一次使用天文望远镜的人都会惊讶地发现眼前的景象是上下颠倒的。要把景象调到正常，可以在目镜中插入一个额外的镜头。

当光通过透镜或被镜面反射时，就会有一部分光损失。天体通常都非常暗淡，任何光线损失都是应尽量避免的。从天文学的角度来说，成像的方向其实并不重要，所以多余的镜头就省掉了，图像保持倒立。如果需要的话，使用正像棱镜可以将图像正确地翻转过来以供日常观测。

观测时，应该记录日期、时间、仪器的口径、放大率和天空情况。天文学家以"年 / 月 / 日"的形式记录日期。天文事件发生的时间通常以世界时（UT）表示，它与格林尼治标准时间（GMT）相同。如果你所在的时区与格林尼治不同，而且平时使用的是当地时间（比如

眼睛和观测方法

人眼本身就是一种光学仪器，在视网膜的后表面成像。晚上，视网膜对光更加敏感，这一过程称为暗适应，但这种敏感性的增强是缓慢地积累起来的。因此，当你晚上从一个灯光明亮的房间出来时，应该在开始观测之前给眼睛留出调整的时间。

灵敏度的主要变化一般出现在前 10 分钟，而暗适应能力在半小时或更长时间内会持续改善。但是，绿光和蓝光会迅速破坏暗适应能力，红光则不然，所以观测者在晚上需要看东西或读写时，应使用红光，比如带有红色滤光片的手电筒。

视网膜上的图像由两种类型的神经末梢来感知，这两种神经末梢因其形状不同而被分别称为视杆细胞和视锥细胞。视网膜的中央部分只由视锥细胞组成，而视杆细胞则主要位于外部区域。视杆细胞对光比视锥细胞更敏感。因此，如果稍微瞥向物体的旁边，使图像落在视网膜外部区域的视杆细胞上，就更容易看到暗弱的物体。这种方法叫眼角余光法。另外，轻拍望远镜使图像轻轻抖动，也是一种使极暗弱的物体更容易被看到的方法。

位于夏威夷的8米口径的北双子反射望远镜，它是世界上最强大的望远镜之一。在圆顶转动时，它会拍摄一系列照片，然后将它们叠加在一起，形成透明的天文台外观。（彼得·米肖与柯克·普奥豪普米尔/双子天文台）

美国东海岸的东部标准时间），那么一定要标明你使用的是哪种时间系统。另外，还要考虑到夏令时的差异。

　　顺便说一句，眼睛需要时间来适应黑暗，然后才能看到很暗弱的物体。因此，当你晚上出去观测的时候，要给眼睛至少10分钟的时间来适应黑暗。要想瞥见模糊的物体，一个有用的技巧是眼角余光法。也就是说，要向物体的旁边看，这样它的光线就会落在视网膜的外围，也就是更敏感的地方。

目镜和放大率

　　双筒望远镜和玩具望远镜有固定的目镜，而天文望远镜的目镜是可更换的，提供了一系列放大率以便观测不同的对象。例如，星团和星系需要低放大率，行星最好用中等放大率，而要分辨密近双星时则需要最高放大率。

　　目镜的放大率取决于两个因素：它自身的焦距和望远镜的焦距。要计算出望远镜的放大率，只需要做一个简单的算术运算：用望远镜的焦距除以目镜的焦距，其结果就是目镜的放大率。

　　因此，目镜的焦距越短，放大率就越高。目镜上都标注有以毫米为单位的焦距，典型的目镜焦距范围是6~40毫米。另外还有一种透镜，称为巴洛透镜，把它插入镜筒中，可以使目镜的放大率倍增（通常是原放大率的两倍），从而为目镜套装提供更大的选择范围。

制造商经常用焦比来描述望远镜，如 f/6 或 f/8。焦比是透镜或镜面的焦距与其口径的比值。如果你还不知道望远镜的焦距，就可以用口径乘以制造商给定的焦比值。例如，焦比为 f/6 的 100 毫米口径的望远镜焦距为 600 毫米，如果它的焦比是 f/8，那么焦距就更长了，为 800 毫米。而对于焦比为 f/6 或 f/8 的 150 毫米口径的望远镜，则焦距分别是 900 毫米和 1200 毫米。

假如有一个焦距为 20 毫米的目镜，将其安装在焦距为 600 毫米的望远镜上时，它的放大率就是 600 除以 20，即 30 倍，通常用 ×30 来表示。对于开展天文学研究来说，这是一个相当低的倍率。在焦距为 1200 毫米的望远镜上，同一目镜的放大率就是 60 倍。如果目镜的焦距只有一半，即 10 毫米，那么放大率就是现在的两倍。注意，望远镜的口径在这些计算中是无关紧要的，焦距是决定放大率的唯一因素。

使用最普遍的目镜是普洛目镜，以其发明者、奥地利的眼镜制造商西蒙·普洛的名字命名。而用于深空观测的宽视场目镜有各种各样的其他类型，不同类型的目镜有着不同大小的视场，即使它们的焦距相同。

有的目镜上标注有视场大小，通常是 30°~80°，但这是可见视场。它不是实际目视的视场，最终的结果还取决于望远镜的焦距。要得到目镜的真实视场，可以用可见视场除以放大率。例如，对于视场为 50° 的目镜，如果放大率为 40，那么得到的真实视场为 1.25°，刚好是满月直径的两倍。

测量望远镜视场的一个简单方法是，测量天赤道附近的一颗恒星穿过视场所用的时间。地球在 1 秒内自转 0.25 弧分，所以如果恒星穿过视场需要 60 秒，那么视场的宽度就是 $60 \times 0.25 = 15$ 弧分。

目镜的另一个指标是适瞳距，也就是使眼睛位于目镜前能刚好看到整个视野的位置上。良好的适瞳距意味着不需要把眼睛贴到目镜上，所以那些需要戴眼镜观测的人应该选择具有较好适瞳距的目镜。顺便说一句，即使你是近视或远视，也不需要戴眼镜来进行观测，因为你可以调整天文望远镜或双筒望远镜的焦距来进行补偿。

集光力和分辨率

在集光力和分辨率方面，望远镜的口径是最重要的。在其他条件相同的情况下，用较大的口径能看到更暗的恒星和更精细的细节，但到底有多暗和多精细还取决于大气条件、设备的光学质量和观测者的视力。实验表明，业余天文望远镜的口径和能看到的最暗恒星的关系如下表所示。

望远镜的极限星等	
口径	极限星等
50 毫米（2 英寸）	11.2
60 毫米（2.4 英寸）	11.6
75 毫米（3 英寸）	12.1
100 毫米（4 英寸）	12.7
150 毫米（6 英寸）	13.6
220 毫米（8.5 英寸）	14.4

望远镜的分辨率是用弧秒（"）来表示的。1 弧秒是一个非常小的量，相当于几千米外的一枚硬币的大小。望远镜的分辨率决定了所能看到的月球或行星的细节，以及可分辨的双星之间的最小距离。各种口径的望远镜的理论分辨率极限如下表所示。在特殊情况下，这里所列的极限星等和极限分辨率可能会被超越，但在许多情况下，特别是在城市里进行观测时，达不到极限数值。

望远镜的极限分辨率	
口径	极限分辨率 / 弧秒
50 毫米（2 英寸）	2.3
60 毫米（2.4 英寸）	1.9
75 毫米（3 英寸）	1.5
100 毫米（4 英寸）	1.1
150 毫米（6 英寸）	0.8
220 毫米（8.5 英寸）	0.5

透明度和视宁度

最后谈谈大气层本身。专业的天文台都建在高山上，尽可能高，但大多数业余天文爱好者都被困在自家后院的环境中，经常会受到城市雾霾和街灯眩光的影响。大气有两个方面需要考虑，即透明度和视宁度。

大气的清澈程度被天文学家称为透明度。衡量大气透明度的指标是裸眼能看到的最暗恒星的星等。观察流星时应注意天顶的极限星等，因为它影响每小时的流星流量。当观测暗弱的天体，特别是星云、星系和彗星时，透明度就需要处于最佳状态。

大气的稳定程度称为视宁度，它对于行星和双星的观测是至关重要的。大气中的湍流会使图像"沸腾"，分辨率大幅降低。邻近建筑物上升起的热空气是一种特别恼人的局部气流。良好的透明度和视宁度并不总是相辅相成的。在暴风雨后大气清澈透明的夜晚，视宁度却特别糟糕，而在有些许雾气的夜晚，当透明度较低时，视宁度却最稳定。

视宁度用 5 分制来衡量：1 表示完美，2 表示好，3 表示中等，4 表示差，5 表示非常糟糕。这称为安东尼亚迪等级，以发明它的天文学家尤金·安东尼亚迪的名字进行命名。如果在一个中等条件的夜晚，一对密近双星不能被清晰地分辨，那么就在一个更好条件的夜晚再观测一次。透明度和视宁度有一个共同的特点：它们在越接近地平线的地方越差。因此，为了获得最亮以及最稳定的图像，应该在角度尽可能大的地方观测天体。

现代天文学家的"武器库"中还有一种有用的东西，那就是特殊的滤镜，它被设计用来增强暗弱天体（如星云、星系和彗星）的可见性。这种滤镜可以安装在目镜筒上。目前滤镜有两种主要类型：一种叫作"减少光污染滤镜"，或称"LPR 滤镜"，它能阻挡光污染，从而增加天体与夜空的对比度；另一种更极端的类型是星云滤镜，它会屏蔽其他所有的波长，只保留那些星云和彗星发出的最强的光的波长。

最后，天文学家的装备中一种重要而经常被忽视的东西是保暖衣物。在看似温暖的夜晚，运动服和跑鞋是实用的装备，而在深冬则要穿得像个登山运动员，棉袄、厚裤子、帽子、保暖袜和靴子，一样都不能少。

致谢与参考资料

这本书至今已经是第 5 版了。不同国籍的作者和插画家因为对星空的共同爱好而走到了一起，这本书正是他们出色合作的结晶。书中的摄影插图充分体现了另一种国际合作，它们来自许多国家的专业和业余天文学家。这些令人赞叹的图片可与人类创造的最经久不衰的艺术品比肩。专业天文台和爱好者很乐意贡献他们的成果，这使得本书图文并茂。人们对天空的憧憬完全超越了国界——理应如此，因为我们共享同一片蓝天。

笔者要感谢那些为本书贡献图片的人和机构，特别是位于美国亚利桑那州图森市的美国国家光学天文台的工作人员，每一张图片都有单独授权。感谢马克·罗西克和位于亚利桑那州弗拉格斯塔夫市的美国地质勘探局提供的月球地图。本书的月面地物名称参考了国际天文学联合会的行星命名辞典。英国天文协会的理查德·麦克基姆为本书火星反照率地图的绘制提供了有价值的指导。

在编写这本书的当前和以前版本时，笔者广泛参考了下列资料：天文数据证认测量和文献书目数据库（SIMBAD），M. 佩里曼等人（就职于位于诺德惠克的欧洲空间局下属机构）编制的《依巴谷星表和第谷星表》，范莱文的新版本《依巴谷星表》，由 R.W. 辛诺特和 M. 佩里曼（就职于欧洲空间局，由美国马萨诸塞州剑桥市的天空出版公司负责出版）所编制的《千年星图》，维尔·蒂里翁和 R.W. 辛诺特（由天空出版公司和剑桥大学出版社负责出版）所编制的《天图 2000.0》（第 2 版），《全天星表 2000.0》第 1 卷和第 2 卷（由天空出版公司和剑桥大学出版社负责出版），多瑞特·霍弗莱特（就职于耶鲁大学天文台）所编制的《亮星星表》第 4 版，《华盛顿双星星表》（网络版），《变星总目》（网络版），美国变星观测者协会（AAVSO）的国际变星指数，罗伯特·伯纳姆父子（分别居住于纽约多佛和伦敦康斯特布尔）所著的《伯纳姆天体手册》以及《天空与望远镜》杂志（位于马萨诸塞州剑桥市）。

关于星座起源和神话的更多细节可以在伊恩·里德帕斯（居住于剑桥市卢特沃斯）的《星星的故事》中找到。要了解更多个别星名含义的知识，请参见保罗·库奇尼和蒂姆·斯玛特编写的《现代亮星星名词典》（由天空出版公司负责出版）。

一如既往，我们还要感谢哈珀 – 柯林斯出版社（出版本书英文版的出版社）的编辑们的持续支持。

伊恩·里德帕斯
维尔·蒂里翁